高等院校建筑学系列教材

设计与建造

基于场所环境的建筑学基础教学实践

高旭 伊若勒泰 编著

清华大学出版社
北京

图书在版编目（CIP）数据

设计与建造 ： 基于场所环境的建筑学基础教学实践 / 高旭，伊若勒泰编著. -- 北京 ： 清华大学出版社，2024. 9. (高等院校建筑学系列教材). -- ISBN 978-7-302-67321-7

Ⅰ. TU-41

中国国家版本馆CIP数据核字第2024V11D94号

责任编辑： 刘一琳　王　华
装帧设计： 陈国熙
责任校对： 薄军霞
责任印制： 杨　艳

出版发行： 清华大学出版社
网　　址： https://www.tup.com.cn，https://www.wqxuetang.com
地　　址： 北京清华大学学研大厦 A 座　　**邮　　编：** 100084
社 总 机： 010-83470000　　**邮　　购：** 010-62786544
投稿与读者服务： 010-62776969，c-service@tup.tsinghua.edu.cn
质量反馈： 010-62772015，zhiliang@tup.tsinghua.edu.cn
印 装 者： 北京博海升彩色印刷有限公司
经　　销： 全国新华书店
开　　本： 210mm×285mm　　**印　　张：** 19.5　　**字　　数：** 435 千字
版　　次： 2024 年 9 月第 1 版　　**印　　次：** 2024 年 9 月第 1 次印刷
定　　价： 118.00 元

产品编号：100628-01

前言

“建筑初步”和“建筑建造1”是建筑学专业在基础教学阶段的重要课程，是专业启蒙与设计导引的开端，同时也是后续“建筑设计”与“建筑建造2～4”系列主干课程的基础与保障，担负着专业基本能力培养的重要职责。内蒙古工业大学建筑学专业多年来持续进行教学研究与改革，探索教学的途径与方法，为边疆地区建筑学人才的培养做出具有积极意义的尝试与实践。

早期阶段（1985—2008年）：2008年之前的内蒙古工业大学建筑学专业在“教育部高等学校建筑类专业教学指导委员会”的统一指导下进行教学实践，教学体系与课程内容和当时国内多数建筑院校所遵循的巴黎美术学院体系（布扎体系）基本相同。“建筑初步”课程作为建筑学专业的入门课程，在当时以专业基本表达技能训练为主，训练内容以线条练习、渲染练习、基本绘图表现技法为主，同时依据选用的教材讲授建筑学专业的基本知识。

专业评估后（2009—2018年）：2009年内蒙古工业大学建筑学专业首次通过专业评估，以此为契机对原有教学体系与课程内容做了较大幅度调整，“建筑初步”课程的教学目标在表达技能训练的基础上，增加了空间环境感知等强调自身感知的教学内容。自2014年起，陆续有多位任课教师参加了顾大庆老师在香港中文大学举办的面向全国建筑院校的基础教学教师培训，并以此为基础将“建筑初步”课程的训练内容调整为解析重构、城市认知、空间转换和实体建造四个更加明确的部分。

新的改革实践（2019年至今）：自2019年开始，建筑系以一年级基础教学阶段的课程改革作为试点，根据本校建筑馆这一独特教学资源进行教学内容重构与教案设计改革。在一年级课程设置中增加“建筑建造”实践课程，与“建筑初步”课程共同形成基础教学阶段的以“具身认知+空间建构+实体建造”为核心内容的教学架构，在“建筑初步”课程设定“空间环境认知”“操作训练”“综合应用”三个专题训练中展开教学，综合培养学生认知、操作和创新能力。“建筑建造”课程则更加注重训练学生从设计到建造全过程的知识运用与解决问题的综合实践能力。以上两门课程的教学建立在内蒙古工业大学建筑馆这一特定场所环境的基础上，构成了具有鲜明特点的教学架构。

本教程的素材大部分来自内蒙古工业大学建筑学专业近五年的基础教学实践成果，其中包括“建筑初步”和“建筑建造”两门课程的教案及部分学生的优秀作业。这部分成果是近几年基础教学改革较为全面的总结与展示，期待后续随着教学改革与实践的不断深入会有更加丰硕的成果得以展示。

目录

上篇
“建筑初步”课程教学

第1章　课程简介

1. 课程目标

“建筑初步”课程以培养具有建筑基础知识的认知和初步空间设计的能力为目标，重点培养学生的认知、表达与创新能力，为后继创新设计能力的提升奠定坚实基础。课程目标明确为以下三点。

知识目标：贯彻“具身认知”学习模式，通过现场教学指导学生进行观察、测量、绘图和模型制作等连续训练过程，启发并引导学生建立建筑与环境、建筑与空间、空间与人体行为相互作用关系的感知与理解，培养基本的建筑环境与空间认知能力，并且在持续不断的学习过程中掌握基本建筑设计知识，理解基本建筑概念。

能力目标：在建筑理论知识学习的基础上，通过在教学过程中坚持感官体验与理性分析相结合，引导学生理解具身体验的学习方法、加强建筑空间感知能力；在不同阶段设定测量、绘图、模型、视频以及文本等多元表达训练，通过多次进阶性练习提升设计表达能力；在教学过程中通过小组共同指导和“一对一”设计讨论，引导学生建立科学有效的专业学习方法，逐步培养学生的自主学习能力；通过对专业知识的广泛学习和优秀案例的分析讲解，以课程作业评价的多元化标准作为示例，引导学生建立独立思考意识和价值判断多元取向。

素质目标：开展兴趣牵引和创新探索，注重激发学生的主动性与学习兴趣，关注本专业的前沿发展和技术创新方向，在专业基础阶段培养创新意识，提升专业素养，同时树立正确的职业道德观念，为创新型建筑工程应用型人才能力的培养奠定基础。

2. 教学内容

“建筑初步”课程的教学内容可分为“空间环境认知”“操作训练”“综合应用”三个部分（表1-1）。其中，“操作训练”部分又可细分为三个具有密切关联的专题训练。

空间环境认知：以建筑馆A馆、B馆作为空间环境认知教学案例，师生在真实场所环境中进行现场踏勘教学，通过学生感知体验在前、教师讲解分析补充在后这一从感性到理性的教学过程，引导学生完成基于自身体验的建筑空间环境图

表1-1 教学环节学时分配

学期	第1学期（96学时）			第2学期（112学时）	
教学内容	空间环境认知	操作训练			综合运用
	空间环境认知	板片操作训练	杆件和板片操作训练	空间与体量操作训练	校园饮品店设计
学时	32	32	32	40	72

示作业，并以此为基础进一步开展测量、测绘以及模型制作等教学内容。使初学者实现对建筑空间环境从感知体验到理性认知的自发转变，增强学生对建筑与环境、空间与实体以及人体与尺度的理解与认知。

操作训练：在具身认知与空间建构的主框架内，根据建筑馆的空间环境特征选择操作训练的适当位置，分别以杆件、板片及体块作为基本构成要素，依据教学目标设定操作练习题目。这一系列练习旨在加强学生以单一构成要素进行空间操作的基本能力，培养设计分析及表达能力。学生在练习过程中要同时进行草图练习、模型制作、文本表达及计算机辅助设计等基本技能的训练，并在能力训练基础上提升美学修养。

操作训练1：根据建筑馆的空间环境特征选择陶艺实验室前广场作为训练场地，以板片作为基本构成要素，依据教学目标设定题目，训练以板片作为单一构成要素进行空间建构的基本操作能力，培养设计分析能力及尺度感知意识。

操作训练2：根据建筑馆的空间环境特征选择沙龙前广场作为训练场地，以杆件和板片作为基本构成要素，依据教学目标设定题目，训练在两种要素共同作用下进行空间建构的基本操作能力，着重训练对场地环境现有条件的分析，对模数、网格等基本概念的理解与应用，并以杆件要素建立秩序网格，在此基础上以展览作为基本功能需求进行板片要素的围合与覆盖。练习过程中继续强化基本技能的训练和应用。

操作训练3：根据建筑馆的空间环境特征选择建筑馆入口庭院空间作为训练场地，以实体体量作为基本操作要素，依据教学目标设定题目，训练以“实体”与“虚空”关系为基础的空间建构基本操作能力。教学前段注重分析场地环境条件，根据场地内路径、视线、构筑物及相邻建筑门窗开洞等环境特征进行场景想象与行为设定；教学后段引导学生针对行为与场景对实体体量进行挖空、切削、推拉、对位等基本操作，建立适合行为的空间尺度和空间序列关系，同时能够满足与场地环境条件相呼应的基本逻辑关系。

综合应用：在完成单一系列基本要素操作训练后，选择建筑馆环境中连通内部院落与外部广场、道路的两处“狭缝”空间为场地环境，将服务于校园生活的小型公共建筑作为训练内容载体，以校园中学生日常生活使用为线索，进行以环境分析、空间操作、功能组织以及材料应用为主要内容的综合性设计训练。在教学过程中，首先，强调分析场地环境中有价值的线索，并以此作为新建建筑概念生成与深入发展的起点；其次，要求明确建筑基本结构体系（柱结构、墙结构等）、结构特征与空间形体的关系表达；再次，在设计中需要明确主要建筑材料的使用与表达，包括结构材料、围护材料以及室内主要装饰材料的肌理、色彩等；最后，根据功能要求与空间行为关系完成室内家具陈设布置以及适当的室外景观环境设计。通过这一较为综合性的设计训练为后续高阶性建筑设计课程奠定坚实的基础。

3. 教学组织

根据教学目标和教案设计，以及教学组专职任课教师情况，“建筑初步”课程的教学大致分为集中讲授、小组辅导、作业练习和评价反馈四个阶段。

集中讲授环节主要安排在课程初始阶段和训练题目开始阶段，其中课程初始阶段主要集中讲解课程总体概况、教学目标、教学实施方法、成绩评价标准等内容；训练题目开始阶段主要包括设计任务书解读、相关案例分析、设计操作方法等内容讲解。另有4～5个相关专题讲座是针对学习过程中基本技能的应用进行讲授。集中讲授环节占课时总量的1/5。

小组辅导是建筑学专业课授课的核心环节，为确保课程教学质量，教学过程中小组师生比保持在1:8到1:10，指导教师根据学生对训练题目的理解以及所完成的设计成果进行有针对性的集中讲解和“一对一”辅导，围绕设计任务与组内学生充分开展相关讨论。在单独辅导过程中，应根据学生的个性化需求给出相应指导意见或建议，确保学生在规定时间内完成符合教学预期目标的设计成果，同时鼓励学生在一定范围内表达个性化的设计主张及创新思路。小组辅导环节占课时总量的3/5。

作业练习是发展设计思路、形成理性思维以及强化专业基本能力的重要过程。在小组辅导后，根据设计训练教案统一安排，学生在规定时间内需完成相应作业练习，包括徒手草图绘制、过程模型制作、专业软件绘图、案例搜集分析、文本或PPT汇报等多元化练习内容。学生在长时间作业训练中，可较为熟练地掌握绘图、模型制作、软件应用及文本写作等基本专业技能，同时能够逐步理解基本技能对于专业学习的重要性。“建筑初步”是建筑学专业课程的起步阶段，需要学生在较短时间内掌握较多专业基本知识与基础技能，因此作业练习环节所需时间较多，课后大约需要总课时量的两倍时间用于完成作业练习。

评价反馈是学习过程的重要环节，本课程共有5个训练题目，每个题目完成后都会进行全年级统一评图活动，除本年级教学组教师外，还邀请其他年级的专业课教师、校外同行专家、企业实践建筑师共同参与评图活动，给学生提供与评图教师、专家深入交流的机会，同时教学组还根据作业成果进行阶段性教学总结并进行统一反馈，学期末组织专门的教师学生座谈会，针对本学期整体教学情况进行系统性的教学总结，对存在的问题进行深入讨论并予以及时修正。评价反馈环节占课时总量的1/5。

教学组在设计教案时始终强调“具身认知”教学理念的贯彻和“沉浸体验”教学方法的实施，根据不同训练题目的任务要求，在教学过程中引导学生在特定场地环境中进行观察、感受、理解，并在教师的指导下结合训练内容进行理性分析与设计研究，同时配合专题知识讲座、绘图、模型、文本以及VR体验等多元化的教学手段展开教学。

4. 课程特色与创新

“建筑初步”课程经过近几年的持续建设与发展，目前已形成了专题化、实践化、多元化、多样化和开放化的课程特色。

教学阶段专题化：课程教学分为“空间环境认知”“操作训练”“综合应用”三个专题，阶段明晰，组织有序，任务明确。

教学过程实践化：课程教案通过以教学目标为导向，分专题、分阶段地设定一系列目标明确的实践训练内容，通过持续不断的训练使学生的基本设计能力得到有效提升。

成果表达多元化：利用手绘草图、尺规作图、工作模型、软件绘图、文本手册等多元化表达形式进行设计研究、深化及成果汇报。

指导方式多样化：建立“讲授+指导+讨论”的教学方式；教学过程中“一对多”与“一对一”方式有机结合。

课堂教学开放化：通过实施沉浸体验式教学、师生互动式教学、多方介入式评价等形成开放化的教学模式。

“建筑初步”课程教学组根据初学者对空间环境认知表面化的问题，引入“具身认知”理念指导教学活动，以建筑馆空间环境作为教学载体开展教学，在现场采用观察体验、阐释讲解、问答交流等直接有效的教学方法，引导学生在学习全过程中进行长期深入的体验式学习，目前建筑学院已经拥有新旧建筑交织融合的A、B、C三座高品质教学实验场馆，为学生提供了完善的建筑认知实践场景，对建筑学专业基础教学提倡的“具身认知”教学理念具有重要的价值。内蒙古工业大学建筑馆是国内最具知名度的建筑学专业教学场馆之一，其设计理念在空间、环境、材料、建造等方面均有独特呈现，这样的真实建筑是“沉浸体验”教学方法实施的最佳环境。课程各阶段的设计任务与学生所处教学环境、身体感受、空间体验高度关联，引导学生全面调动自身感官，在真实体验中自主学习，思考建筑空间建构的原理与方法。

课程特别注重专业基础能力的培养，在各训练阶段现场教学过程中，强调学生沉浸体验并结合教师理性分析的教学方法，启发学生将生理体验与心理状态相关联，使学生能够直观地理解空间、环境、结构、材料、建构等建筑学基本概念。教学过程中注重开展表达多元化训练，利用手绘草图、尺规绘图、工作模型、专业软件、数字媒体、工作手册等形式进行多元化设计表达。

课程实施“多维视野”的教学评价方式，教学过程中积极开展教师自我评价、学生评价、同行评价、专家评价等一系列多维评价。以系列设计专题作为主线，强化设计阶段性目标与总体目标的系统构建，每个教学单元之间形成进阶效果。各阶段学习成果均有成绩评定，指导教师、高职称校外专家与实践建筑师参与评图，形成师生互动、生生互动的多方式评价体系。

第2章　课程训练专题

1. 从建筑馆开始——空间环境认知

教学目标

目标一：通过绘图的方式，初步理解建筑实体与建筑外环境的关系。

目标二：通过绘图的方式，初步探索公共建筑的“室内空间与外部环境所组成的整体”。

目标三：通过模型制作，初步理解建筑外部空间与人体尺度的关系。

设计任务

任务一：给定基地范围的总平面图。学生持总平面图对场地进行踏勘，将图纸与实际情况进行对应，并在此基础上，绘制场地图底分析图。

任务二：给定基地范围的一层平面图。学生持一层平面图对场地的首层空间进行踏勘，将图纸与实际情况进行对应，并在此基础上，绘制场地图底分析图。

任务三：学生持总平面图与一层平面图对场地进行踏勘，并对建筑立面尺度进行测量，然后在此基础上对建筑形态、表面与环境进行素模雕刻。

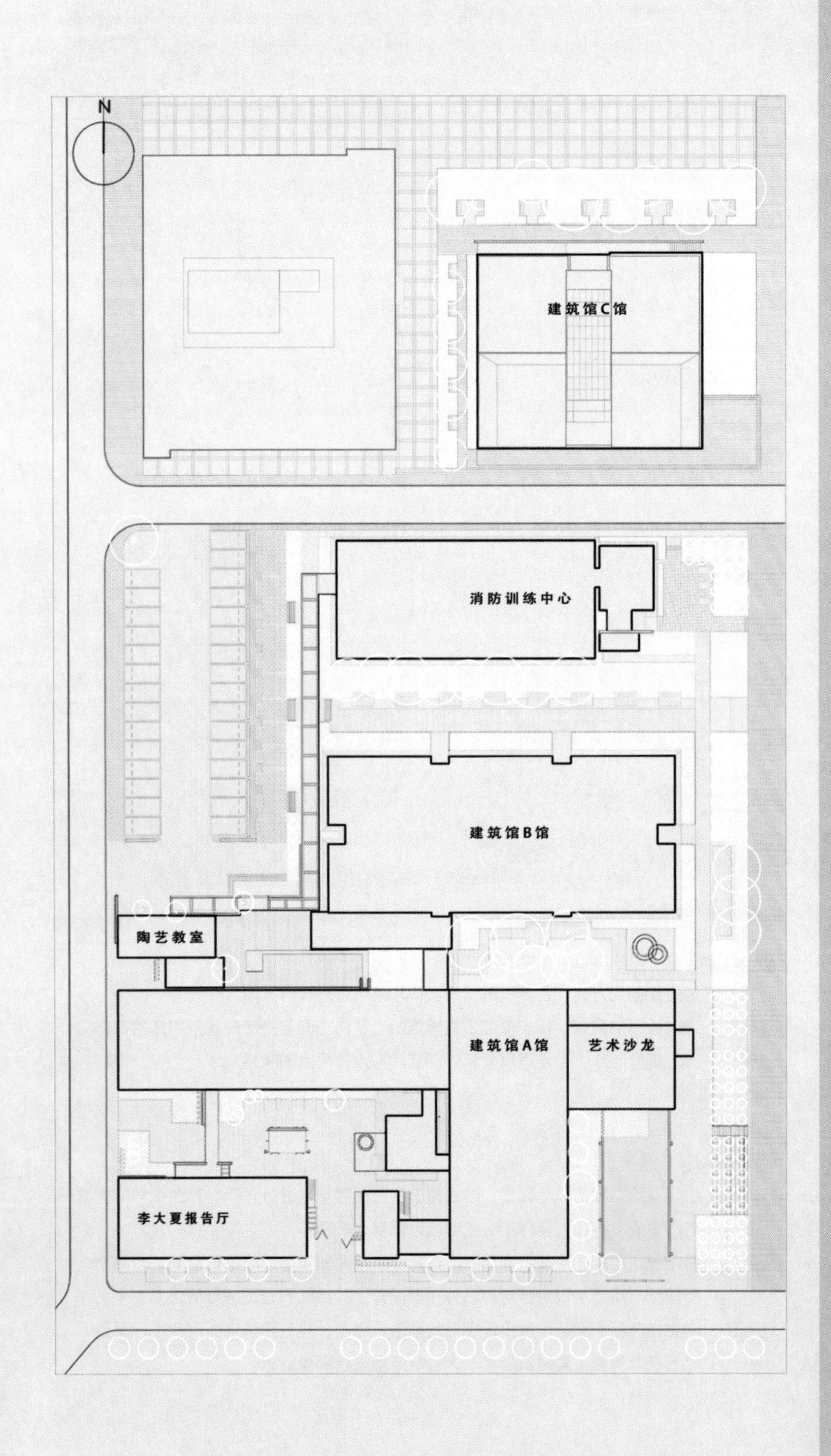
N
建筑馆C馆
消防训练中心
建筑馆B馆
陶艺教室
建筑馆A馆
艺术沙龙
李大夏报告厅

任务解读

1）题目设定

建筑学教育以重交流、重体验、重实践为特点，在建筑学基础教学阶段的重要教学目标是培养学生建立对建筑与环境关系的正确认知，树立正确建筑观。本课程最开始的练习从建筑与环境认知入手，通过在4周时间内完成有计划的教学训练，使学生在较短的时间内能够建立起从专业视角出发的基本建筑环境观，并对建筑与环境关系中的一些基本概念有初步理解。

建筑与环境认知训练所选取的对象是内蒙古工业大学建筑馆，原因如下：其一，该建筑（群）是优秀的建筑作品，曾荣获亚洲建筑师协会金奖、全国优秀工程勘察设计一等奖等诸多国内外设计奖项，在国内同类型建筑中具有较高知名度；其二，建筑馆是建筑学院集日常教学、办公、科研于一体的多功能教学建筑，是广大师生每天都感受到的真实场所环境，具备开展“具身认知”教学理念实施的优势条件；其三，建筑馆的设计理念、空间品质、环境塑造、材料运用、光影呈现、构造节点等具体设计手法可成为最直接的教学案例。综合以上因素，我们认为，建筑馆是一个具备建筑环境认知先天优势条件的建筑案例，也是实施“沉浸体验”式教学方法的最佳环境，其为教学提供了完善的建筑认知实践场景（图2-1）。

作为“建筑初步”课程的开始阶段，建筑与环境认知训练主要围绕建筑馆展开实地踏勘，通过教师指导学生观察、体验、分析及测量等一系列训练环节，使学生对建筑馆空间环境有较为深入的认知与理解，并建立初步的建筑环境观念。在此训练过程中需要思考并理解如下几个关键问题。

问题1：如何理解建筑与环境的关系？

“建筑”一词意为人工庇护所，是人类采用人工材料从自然环境中分隔的人造空间。建筑与周边环境存在普遍的关联，不能够脱离环境独立存在，建筑与环境的关系包括建筑与自然环境和人工环境的关系，如与山川、河流、树木等的关系，与街道、广场、小品设施等的关系以及建筑物所处的历史文化环境。这些都是人们可以感受到的，是身心能够进行体验的外部空间。所谓建筑环境感知，并不是单纯对建筑物本身的理解与认知，也包括建筑物所处的环境范围，即人们对建筑的内外空间、功能、形象有整体性的认知，并对建筑所处的空间范围有较清晰的感受。

对于建筑的认知与理解不仅要专注于建筑本身，还更应关注它所处的环境。

图2-1　内蒙古工业大学建筑馆鸟瞰、空间场景
来源：作者自摄

内蒙古工业大学建筑馆在设计中除了对空间、结构、材料及构造等建筑本体问题进行了深入思考，同时也对周边环境采取主动积极的空间融合设计策略，强调在空间、流线及视线上的相互渗透、交流和融合，在建筑馆的院落内外有大量利用原工厂设施或构件改造而成的院门、天桥、栏杆等建筑要素，并向院外增设了室外会场、景墙、座椅等外部空间设施，使建筑学院的部分空间向校园开放、延伸。这些措施使得这个项目的建筑空间不是停留在其本身和内部，而是与校园环境整体呈现一种合作、相融的态势。

与此同时，我们也注意到，在多数情况下建筑与环境的关系随时间发生着变化，这里就需要关注建筑与环境的历时性问题，例如建筑馆于2009年完成改造投入使用，在十余年的时间里由于规模扩建以及周边设施不断修整完善，建筑与环境发生了较为明显的变化，我们通过建筑馆及周边环境不同时期照片的对比，可以发现建筑与环境在时间流逝的过程中发生变化的诸多痕迹，更能够感受到“光阴的故事”在建筑与环境中悄然发生（图2-1、图2-2）。在这个过程中也包含了环境改变的偶然性，隐藏着感知景观变化的线索。建筑与周边环境存在普遍的关联，有时作为对自然的回应，建筑本身就是景观，景观或风景作为建筑与环境的延伸，承载着建筑除功能之外更多的美学价值。

问题2：如何理解建筑实体与外部空间的关系？

研究实体与外部空间时，首先面临的困难是如何界定它们的形状和范围。外部空间与建筑体形的关系就好像铸造行业中砂型（模子）与铸件的关系：一方表

图2-2　建筑馆不同时期照片的对比
来源：作者自摄

现为实，另一方表现为虚，两者互为镶嵌、非此即彼、非彼即此，呈现互余、互补或互逆的关系。从这种意义上讲，外部空间和建筑体形一样，都具有明确、肯定的界面，只不过正好处于互逆的状态。但是从另一方面看，由于外部空间融合在漫无边际的自然空间中，它与自然空间之间没有任何明确的界线，因而它的形态与范围又是十分难以界定的。

外部空间具有两种典型的形式：一种是以空间包围建筑物，这种形式的外部空间称为开敞式的外部空间；另一种是以建筑实体围合而形成的空间，这种空间具有较明确的形状和范围，称为封闭式的外部空间。但在实践中，外部空间与建筑体形的关系却并不限于以上两种形式，而是复杂得多。这就意味着除前述的开敞与封闭的两种空间形式外，还有各种介乎其间的半开敞或半封闭的空间形式。

建筑馆（群）由若干建筑实体与外部空间组成，空间形态丰富且具有多重变

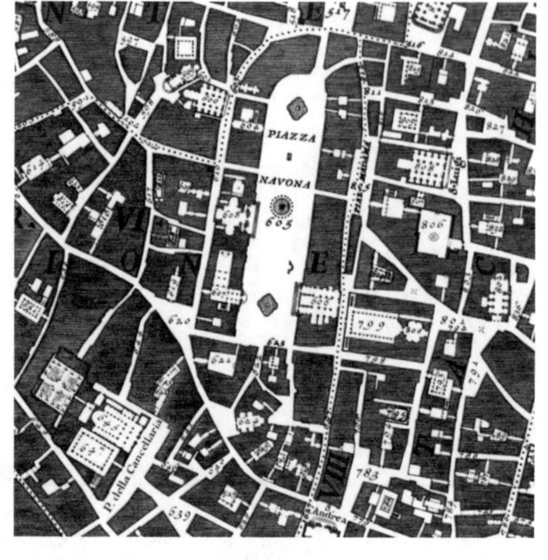

图2-3　鲁宾花瓶（左）
来源：摄图新视界官网；
作者：Furian

图2-4　诺利地图（右）
来源：MORPHOCODE官网；
作者：Giambattista.Nolli

化，其中有多种围合、半围合以及开敞的外部空间类型，是理解建筑实体与外部空间关系的最佳实例。

问题3：如何通过绘图的方式表达空间关系？

图底关系是研究形态视觉结构中“图形”与“背景”的理论。它以知觉的选择为基础。一般认为，人们在观赏形体环境时，被选中的事物就是知觉的对象即“图”，而被模糊的事物就是选中对象的背景即“底”。通常拥有闭合轮廓线的形态，比较容易获得“图”的概念。

鲁宾花瓶（图2-3）是解释这一理论最为恰当的例子，当人的视点在黑色和白色两种图形中切换时，会有人脸和花瓶两种不同图形的感知。这种因视点的改变而发生的图形含义的变化，被称为图底（地）反转或双重意向。图与底的互换强调了组成整体各元素同等的重要性，元素本身的特性以及元素之间的关系变得多义而有趣。

图底关系理论在建筑与规划学科内被广泛应用，诺利地图（图2-4）就是利用这一原理在建筑组群与城市公共空间之间的一种表达方式，诺利地图是1736年意大利建筑师、测绘师詹巴蒂斯塔·诺利绘制的一份完整、精准的罗马地图，它把私有的建筑空间作为“图”,涂黑表示；公共空间作为“底”，留白表示。诺利地图不只是简单地区分建筑实体与外部空间，而是进一步表达了公共与私有的关系。图中的公共空间不仅包括各类室外的城市开放空间，还包括市民可以自由出入的公共建筑（如教堂等）的内部空间。诺利地图的图底关系体现了对罗马这座城市的传统结构、肌理与公共空间特征的认识，而这种表达城市结构的方式，使原先作为底的城市开放空间也成为积极的主体，呈现出清晰的图形感。

综上，我们已经对建筑与环境的关系有了一个概括性的认知，能够在已有的生活经验基础上对建筑与环境展开进一步的研究与讨论。

2）背景知识

尺度：从建筑学的角度而言，尺度就是连接人及其行为和建筑及其空间的纽带。在建筑学科内，“尺度”是一个极其重要的概念，包括人体尺度与比例、空间尺度、心理距离等多个基本概念。理解并掌握这一系列基本概念需要在长时间

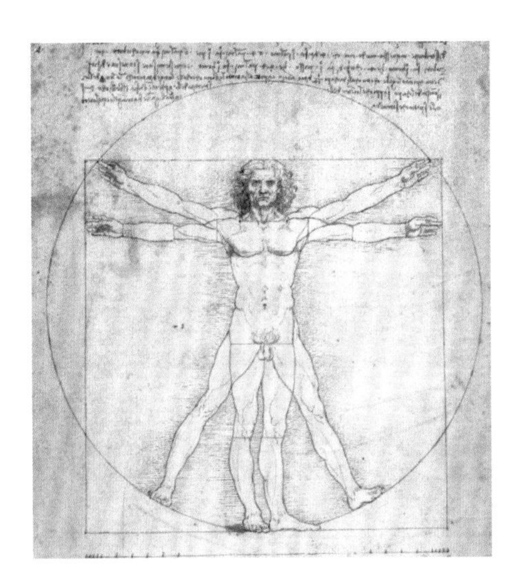

图2-5 《维特鲁威人》
来源：加勒里克斯在线博物馆官网；
作者：达·芬奇

的专业学习过程中不断学习、体会及运用，从而建立敏感而准确的“尺度感”。

人体尺度与比例：建筑设计是为人服务的，因此在建筑设计时有必要深入了解关于人体的基本尺寸以及各部分之间的比例关系。古罗马建筑师维特鲁威在《建筑十书》中，把完美的人体与正方形、圆形结合起来，而列奥纳多·达·芬奇则成功地用绘画的方式将维特鲁威用文字描述的内容表现出来，完成了著名的《维特鲁威人》（图2-5），他所展示的是以西方人体为标准的比例关系，并不具备代表性，不同年龄、人种之间会有很大差异，因此在设计中需要区别对待。

空间尺度：人体行为及人群数量是确定建筑空间尺度的重要依据。即使是同一个人，在站、坐、蹲、躺、攀爬、行走、奔跑等不同姿态下，对空间三维尺寸的要求也有很大的差别。在工作与生活中，人的某一功能行为往往包含一系列动作，因此，相应的空间和物件设计要考虑综合的动作域，而非单一的动作。

心理距离：在确定空间尺度时，除了考虑生理需求，还需把握人的心理感受。美国人类学家爱德华·霍尔将人际交往中的心理距离划分为四种，即亲密距离（0～450mm）、个人距离（450～1200mm）、社交距离（1200～3600mm）和公共距离（3600mm以上）。当心理距离不合适时，人们会试图进行调整，以维持自身安全和情绪稳定。

灰空间：这是室内与室外空间过渡交融的那部分空间，如建筑的柱廊、檐下、阳台等，是一种兼具室内和室外空间特性的空间类型。在更广义的范围内，界限模糊、具有流动性的空间被认为都应属于灰空间的范畴。灰空间不仅是实体围合而成的有形空间，更重要的是它带给人的一种心理体验，是一种无形空间。例如，下雨时路上行人手里的雨伞，这个小小的雨伞下面形成了一个流动的空间，对于行人来讲，它可以遮风避雨，从而产生一个温馨舒适的灰空间。所以灰空间既是一种界限模糊、室内外相互过渡的有形空间，又是一种心理上的无形空间。灰空间是建筑师常用的一种手段，可以使“城市—建筑”形成柔性边界，变得暧昧多义，亦可以“减少现代建筑跟城市空间分离成私密空间和公共空间而造成的感情上的疏远”。

界面：是指物体和物体之间的接触面，在建筑学范畴内可以理解为两个不同属性空间之间的接触面，也可以简单理解为各种材料构成的建筑外立面或者由若干建筑外立面形成的连续的街道界面、城市界面等。

气候边界：室内与室外的边界可以被称为气候边界，一般由建筑的屋顶、外墙和地面构成，简单的理解就是屋子里开空调时，气候边界里的温度可以被空调有效控制，气候边界外基本不受空调影响。通常气候边界内部可以避免被风霜雨雪入侵。

景观环境：由各类自然景观（地质地貌景观、水文地理景观、生物景观、气象气候景观）和人文景观（历史遗迹景观、建筑与设施景观、文化艺术景观、风土人情景观）资源所组成的，具有美学价值、人文价值和生态价值的空间关系。一个典型的景观环境应同时包括自然景观和人文景观两种要素，如山河湖海、日月星辰以及各种人造物等，都是景观环境的组成要素。在本书中我们对建筑馆的建筑本身以及周边景观环境的研究更侧重于其美学价值和人文价值。

绿色建筑：工业革命以来，伴随着全球经济发展的是对自然资源的无度索取和有害物质的大量排放，人类赖以生存的地球环境遭到严重破坏，生态事件频发，并越演越烈。对建筑界而言，将可持续发展理念融入建筑全寿命周期中，设计、建造、运维绿色建筑已成为共识，也是未来建筑发展的必然趋势。在世界范围内，绿色建筑概念尚无统一而明确的定义。我国的2024年版《绿色建筑评价标准》（GB/T 50378—2019）中，将绿色建筑定义为："在全寿命期内，节约资源、保护环境、减少污染，为人们提供健康、适用、高效的使用空间，最大限度地实现人与自然和谐共生的高质量建筑。"

3）案例分析

日本建筑师藤本壮介设计的"北海道儿童精神康复中心"就是一个典型的案例（图2-6（a））。藤本壮介在康复中心的设计中特别关注人与建筑的互动，从总平面图可以看到，24个大小相同的正方形基本单元以不规则的方式组合在一起。通过图底转换的分析可以看到，建筑基本单元的组合看似纷乱，实际上围合了两个大的和若干个小的室外空间。这些外部空间形状自由多变、联系方式灵活多样，使用者总是能在不规则的外部空间中找到"偶然"的中心。

B.L.U.E建筑设计事务所位于昆山的设计项目江南半舍民宿（图2-6（b）），在图底关系上将建筑化整为零以回应乡村肌理，将一个完整的形体拆分成若干小尺度的建筑，通过排列从中建立起新的秩序。江南半舍民宿仿佛一个从传统水乡肌理中生长出来的、与自然交融的空间。在总体布局上，用一个连续的大空间，串联起10个独立的"盒子"，形成了建筑的平面。这些"盒子"既有公共功能的餐厅、茶室，也有供客人居住的客房，以及民宿主人的私人生活空间。房子错落有序，空间上既独立又相互联系。建筑间的空隙让自然得以渗透进室内，模糊内与外的边界。

（a）北海道儿童精神康复中心（藤本壮介）
来源：ArchDaily官网；作者：Sou Fujimoto

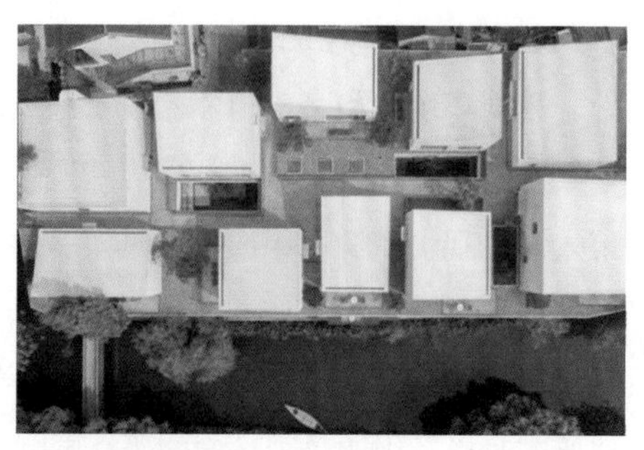

（b）江南半舍民宿（B.L.U.E. 建筑设计事务所）
来源：根据B.L.U.E.建筑设计事务所改绘（左）；有方（作者：夏至）（右）

图2-6　案例

4）教学实施

第一阶段：（第一周，4+4学时）

集中讲授：设计任务书的解读；背景知识的讲解；教学进度安排的计划；师生分组。

现场教学：首先下发基地总平面图（A3线框图），然后以教学小组（8～10人）为单位，在指导教师带领下对场地进行实地踏勘，将图纸与实际情况进行对应比较，并在此基础上，绘制场地图底分析图。

绘图方法：将图幅大小为 A3 的硫酸纸覆盖于给定的总平面图上。其后将建筑实体利用尺规排线方法绘制为黑色色块，外部环境绘制为白色色块，鸟瞰视角图底分析图以 1∶500比例绘制。（将道路边线绘制为虚线进行定位。）

第二阶段：（第二周，4+4学时）

现场教学：下发建筑馆A馆、B馆一层平面图，以小组为单位，指导教师带领学生持一层平面图对场地的首层空间进行踏勘，将图纸与实际情况进行对应比较，在此基础上绘制场地图底分析图。

绘图方法：将图幅大小为 A3 的硫酸纸覆盖于给定的一层平面图上。按照以下规则，以1∶500的比例对场地首层空间人视角进行图底分析图绘制。（将道路边线绘制为虚线进行定位。）

（1）将同时阻隔行为与视线的元素绘制为黑色色块，如构筑物、墙体等。

（2）将阻隔行为但不阻隔视线的元素绘制为灰色色块，如水池、草坪、树池、玻璃等。

（3）将既不阻隔行为又不阻隔视线的元素绘制为白色色块，如人行道、平台、广场等。

（4）有门禁不能进入的房间（各实验室、院士工作站、建筑博物馆等）可以绘制为黑色，B馆北侧消防实训中心绘制为黑色，日常封闭的门视作墙体或玻璃，日常开启的门视作不存在，图纸与实际不符之处通过实地测量进行修正。

第三阶段：（第三周，4+4学时）

实践训练：学生持总平面图与一层平面图对场地（沙龙及外部环境）进行踏勘，并对沙龙内部空间、家具布置、外部形体及环境布置进行测量，完成基本测量平面图、剖面图、立面图纸，在此基础上进一步核验尺寸，绘制完成图幅为A2的沙龙室内外环境平面图（1∶50），以此为模型制作建立数据基础。

第四阶段：（第四周，4+4学时）

实践训练：在测量基础上进行模型制作，着重表达建筑空间关系、形体关系、环境设计以及建筑空间环境与人体尺度关系。模型制作使用不同厚度的白色雪弗板、模型木板、有机玻璃及卡纸板等材料，通过重叠、开洞、划痕、雕刻等方法，对建筑内部空间、外部形体与场地环境进行一种概括的表达，最终完成1∶50的建筑模型。（每组制作或购买10个1∶50的模型小人，置入模型场景中，并讲解其相应的活动。）

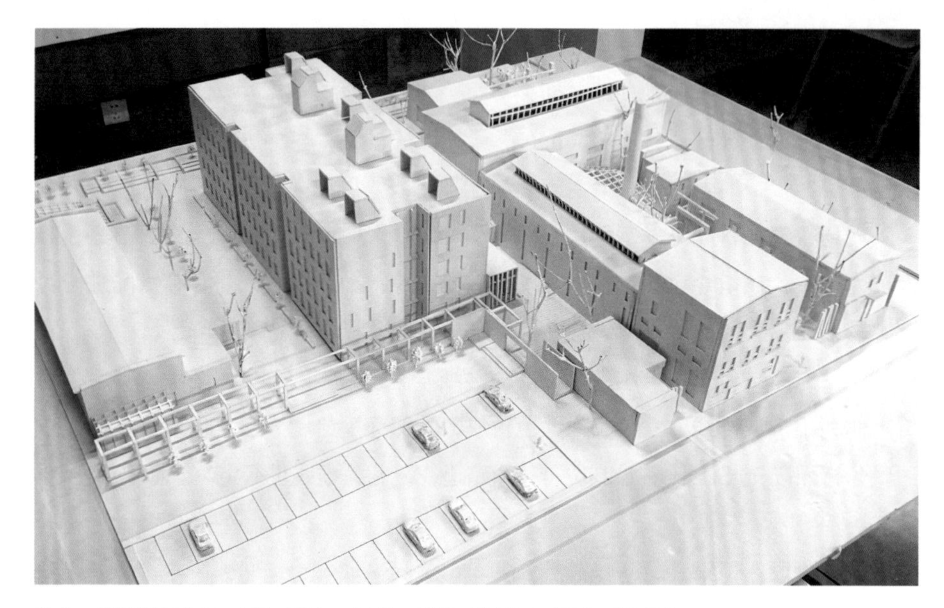

作业：建筑学专业2020级　王安、解瑶、赵楠、游曼丽、张琦、门嘉鑫

实地踏勘：建筑学作为空间的艺术，在文字描述上处于天然的弱势，即使结合具有丰富信息的图片，由于“降维”带来的信息损失，也不可避免地造成空间感受的缺失，怎么也不如进入建筑内亲身体验。在老师的带领下，我们先确立了思考的原则，空间概念形成来源于不断的空间体验，简单的描述不可能使人理解空间场地，所以我们的认知课程从两个方向着手，即图面认知和场地踏勘。在场地认知的初期，我们需要对建筑馆从内到外全面地踏勘，了解建筑馆的整体情况，以便于我们进行后面的场地环境认知。

建筑学院的教学楼主要是建筑馆A馆、B馆，还包括了李大夏报告厅及建筑馆B馆后的消防实训基地。通过老师的实地讲解，我们意识到学院之间有着很强的领域感，学院的周围会存在一些可以表示建筑属性的环境要素，在出入口和与其他学院交界的地方，我们都可以找到这些元素，例如工厂吊车梁排列的出入口标识，红砖铺砌的地面，一些锈迹斑斑的旧窗框组装起来的景观构筑物。这些具有工业特色和年代感的旧厂房机器、红砖、旧窗框，能够让人在进入建筑之前就意识到建筑的风格属于旧厂房，具有明确的指向性。A馆和李大夏报告厅是建筑学院最初的部分，在建筑内部的材料和结构的使用及新旧对比，空间规划和建筑整体的功能定位方面，能够让人清楚地认识到与旧厂房建筑的区别与联系，通过体验建筑就能明白它们是由内蒙古工业大学原来的老旧厂房改造而来，主要用到的建筑材料是红砖，这种建筑材料表现出了这两栋建筑在这个学院中的独特性，它们包含的时代气息最浓厚，存在的年代也最久远。

建筑馆A馆整体呈L形，L形的长边部分主要包括了素描教室、评图空间以及一部分实验室，为学生们提供了良好的学习环境。L形的短边部分的一层空间主要为建筑学科图书馆，方便师生查阅相关资料；二层及以上主要是教师办公室和部分实验室。长短边的重合部分，一层是对外经营的艺术沙龙，重要社交活动均在此进行；二层及以上是行政办公室。A馆的主入口处是一个巨大的玻璃门厅，放置着供师生休息的椅子及一个较大的木制古建筑节点模型。A馆的南侧是李大夏报告厅，中间隔着一个立方体构筑物，起到丰富场地空间环境的作用。A馆的东侧是学院的沙龙广场，与学院的艺术沙龙相通，广场中有一部分高起的平台，广场地面的防腐木铺装也不尽相同。

随后我们对建筑馆B馆进行踏勘。B馆相较于A馆，时代气息没有那么强烈，主要的功能就是增加了教室以及教师办公室。A、B馆之间用玻璃连廊相连接，有效地区分了A、B两馆的年代氛围，自然过渡到两边不同材料、不同作用的建筑空间，又与室外的环境形成呼应。B馆的主要建筑材料是混凝土砌块，但是为了与A馆产生联系，在B馆的外墙面上还嵌入了一部分红砖。

课程开始的最初阶段，教师带领学生对场馆进行踏勘，首要目的就是让学生了解建筑学院的整体情况，将手中的图纸和建筑学院实景相对应，在理解地图的同时对学院有一个整体概念。在踏勘的过程中，我们看到了很多形态各异的树木，学院为倾斜严重的树木增加了支架来保证它们的生长，这些树木大部分是与旧厂房环境共同保留下来的，除丰富学院景观的目的外，还希望在细节处体现人与自然共生的设计理念。学院的许多地方都可以看到旧工厂留存下来的废旧工业机器的遗骸零件，这些零件散布在学院的各个角落；还有一些原先旧工厂留存的梁和柱，都被合理地布置在了学院各处，老师说这些都是用来强调学院领域感的，只要一走进这个范围，我们就可以清晰明确地知道自己进入了建筑学院的领地。显示学院领域感的除了景观装饰还有地面铺装。

对建筑场馆实地踏勘的目的是理解空间、区分建筑和非建筑，在一年级的第一个作业就布置这样的内容，是在加深我们对于这个专业的基本空间认知。对于一个建筑学专业新生来说，想要做好一个建筑，首先就需要大量的实地踏勘、案例收集和切身体会，才能对“建筑”这个定义更加明确，在进行设计的时候入手才会更加准确。

学会实地踏勘是建筑学新生需要掌握的一项技能，我们应该知道进入一座优秀建筑时需要观察的关键要素。在内蒙古这样广袤的地方，可学习、可借鉴的案例分布得非常零散，不可能现场参观每一个建筑案例。然而，我们可以利用周围的一些精彩设计作品进行实地踏勘，并且应该反复地进行实地踏勘。通过反复踏勘，我们可以更加熟悉这些建筑，更好地了解建筑的细节和特点，体验建筑周边的环境，感受建筑内部功能与空间的有效结合，用实际接触的方式了解建筑材料和结构，这样才能真正地认识建筑。对于建筑馆的踏勘可以延伸到我们未来的工作中，实地勘测作为建筑与工程项目的重要环节，不仅让我们理解建筑性质，区分建筑空间，还可以通过训练这一技能，掌握准确地收集项目数据和测量结果的方法，对我们日后的工作大有裨益。

在本次训练中，通过学习建筑的功能和空间如何有效地结合，提升了我们的专业能力，同时通过运用功能与空间行为的相关知识，我们能在恰当地点做出合适的行为，综合素养得到提升。现场踏勘是我们在日后工作中必须经过的程序，现在实地踏勘的内容或许较为简单，但这样的基础技能一定会伴随我们职业工作的全过程。

数据测绘：本次建筑环境认知的场地主要是建筑馆，制作模型时的数据测绘主要采用传统手工测量的方法。运用多种长度测量工具，如卷尺、小钢尺、水平尺等手工测量工具和激光测距仪及辅助性测量工具，通过现场绘制草图，多人配合来进行测量。测量工具用于距离测量，辅助性测量工具如硫酸纸、拷贝纸等用于建筑图纸绘制，照相机、手机用于拍摄建筑。这个课题对测绘装备和数据精度要求并不高，但因为要在有限的时间内完成测绘并且制作模型，所以需要多人配合。况且老师不会手把手教授测绘方法，必须自己熟悉测量工具的用法，自己思考如何获得测量不到的位置的数据。卷尺的用途很有限，在尚未熟练掌握激光测距仪前，测绘工作的停滞不前将直接导致无法制作模型。

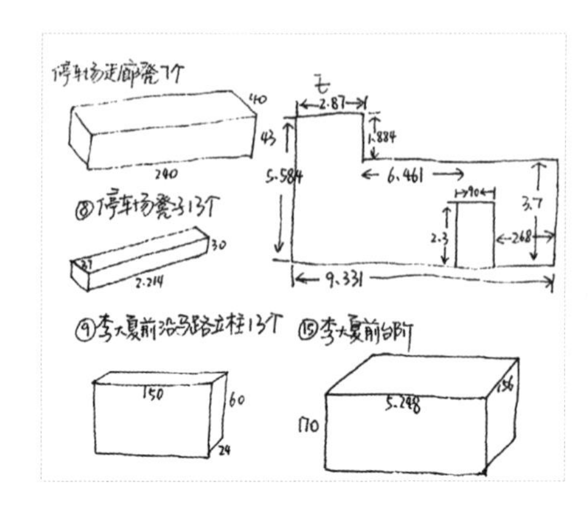

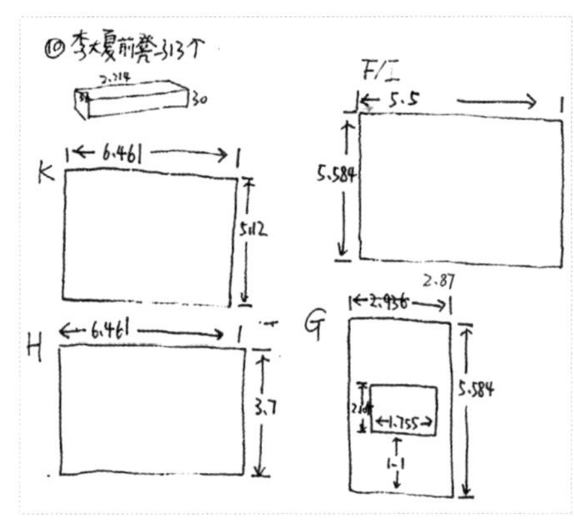

进入这个课题，首先要求我们熟悉常用的测量工具，例如，钢卷尺、手持激光测距仪、皮尺、小钢尺等。钢卷尺（通常在5m以内）作为一种最为普及的日常测量工具，用于测量物体的长度、高度、宽度等。使用卷尺进行测量时需拉直尺片，对齐被测物后读取被测物的长度即可。激光测距仪作为利用激光进行测距的工具，可以对尺度相对较大的空间进行快速而准确的测量，尤其是对建筑室内外高度的测量较为便捷准确。使用方法是打开激光测距仪并对准目标，按下按钮，激光测距仪会发射激光束，收到反射的激光，然后自动计算出所测目标的距离。皮尺是一种具有柔性特征的测量工具，通常可以分为大、小两种规格，小规格皮尺（1m以内）一般用于测量较小物体，使用方法是把皮尺紧贴所要测量的物体，读取到被测物的长度、宽度或周长等读数，其特点是可以测量一些较小的不规则物体尺寸；大皮尺（常见为10～50m）常用于测量建筑物整体及外部空间环境。小钢尺可用于测量较小的长度、宽度等，通常用于建筑室内边角缝隙空间测量以及实体模型制作等领域。使用方法是将小钢尺紧贴所要测量的物体，读取刻度。上述几种工具都可以在建筑空间环境测量中使用，根据测量目标物的不同特征选择合适的测量工具，从而确保测量结果的准确性。这些测量工具的使用方法容易被初学者在短时间内学习掌握，十分方便快捷，可以广泛用于各种建筑空间环境的测绘。

我们主要测量李大夏报告厅、建筑馆A馆、建筑馆B馆、消防中心。李大夏报告厅占地面积450m^2，位于建筑学院西南角的一个独立厂房中，檐口标高为9.81m。建筑馆A馆主体是一个平面呈L形的厂房，占地面积2500m^2，檐口标高为16.49m。这个建筑拥有一个非常独特的玻璃厅，在测量和制作方面都有一定难度，在建筑馆形象的塑造上有很重要的作用。B馆是建筑馆一期改造后扩建的一个专门用作建筑类专业教学的设计楼，占地面积1400m^2，建筑共5层。另外还有一些小空间，比如位于A馆西北侧的陶艺实验室，是一栋独立的房子，占地面积约为100m^2。A、B馆之间的连廊，形式与玻璃厅相似，由灰蓝色的钢架和玻璃组成，可以看到外面的景色。西侧停车场属于建筑馆范围内，也需要进行测量。

在前期我们已经进行了几次场地的观察来完成诺利地图的绘制，但那是基于已经打印好的平面图的简单的二维认知。而在测绘过程中，我们切实地感受到了建筑每一部分的高度，从三维空间的角度认识了建筑馆。测绘过程中最困难的是对建筑馆A馆玻璃厅的测绘，玻璃厅结构比较复杂，还有角度的偏移，首先我们需要绘制其平面图、立面图以及轴测图，包括各个构件的尺寸、形状、位置等信息，都需要一一测绘；其次是开窗，它的数据也非常多，一个小小的窗户需要3～4个数据才能定出位置；最后还有一些难以测量的地方，需要想办法解决。无法

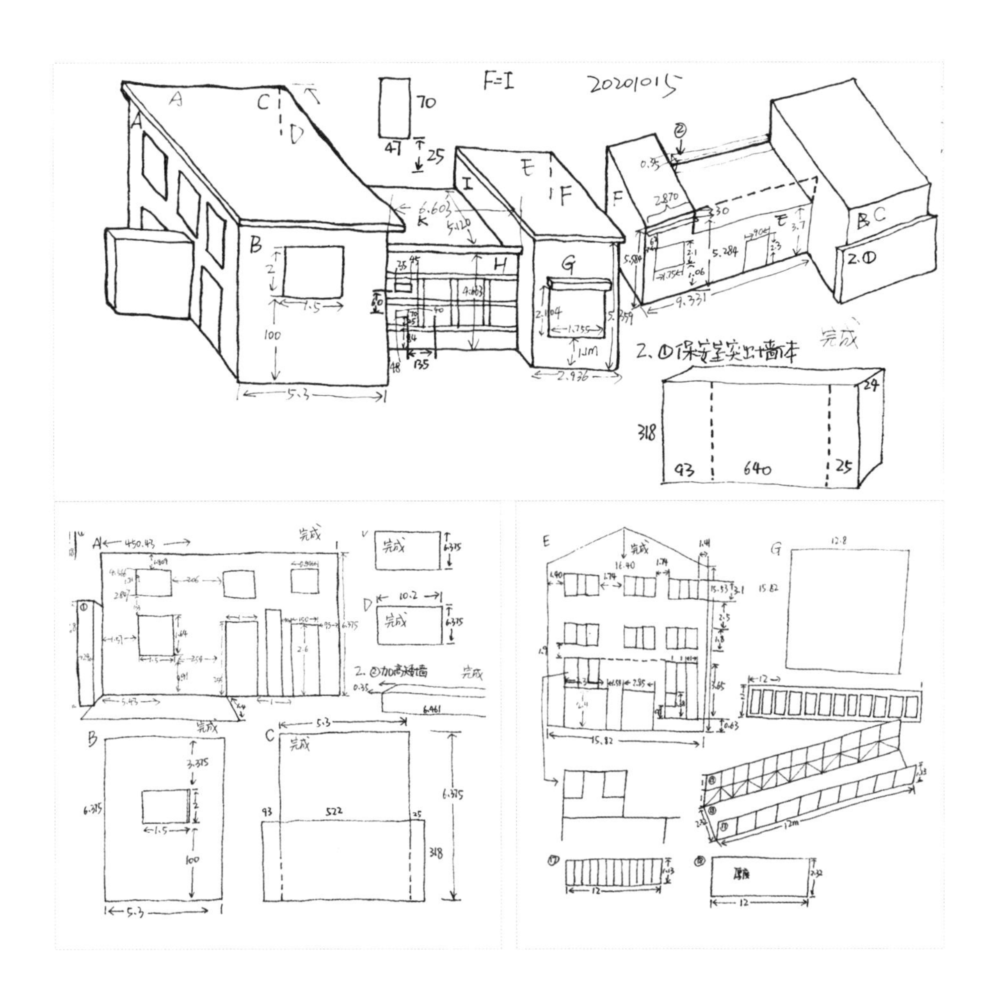

测量的地方，估测起到了作用，可以通过数砖、与旁边的构件进行对比、多次估测等方法得到相对接近真实的数据。对于烟筒的测绘则是使用皮尺去确定它的周长，然后通过公式算出它的直径，最后用激光测距仪测量出烟筒的高度。对于屋顶的测绘无法进行，只能通过建筑馆模型去估量，因为不好把握角度，所以反馈到图纸上时，会有些许误差。从墙体到钢柱、门窗，一切数据都要自行测量。各小组又分成数个3～4人的小单位，分别负责不同区块。

测绘需使用多种方法，大多数墙体、地面的距离需要卷尺和激光测距仪的直接测量，而面对教学楼等高大的、用普通激光测距仪无法测量的建筑，则需要利用楼梯踏步间接测量其高度。为了使数据更加统一协调，有时也需要利用物体与物体、建筑与建筑之间的比例关系来微调数据。有些材质也因为缩略而不能如实表达。在测绘阶段，经常出现缺失部分数据或数据表达不清而导致的返工重新测绘的情况。这会消耗大量的时间和精力，所以我们会努力将正在测绘的建筑物绘制得美观且还原实际，并认真核对所有需要的数据，是否表达清楚每个数字代表的距离。这锻炼了我们的速写能力，在测量过程中不停地寻找更清晰、更能明确表达关系的绘画和标注方式，相信这个能力可以应用到今后的环境认知中。速写是非常好的认知方式，画上一遍会对周围的环境产生与观察截然不同的认识。在此过程中，出现数据丢失、记录混乱等问题，出现好几次在同一地点多次测量的情况，且由于技术或者其他因素，测量数据不够准确，因此我们不断地进行测量、修改和返工，效率极低。

完成全部测量工作后，我们总结出了一些测量工作的经验：测量前需要确定好测量目的，绘制清晰的测量平面，以避免测量过程中出现疏漏或误差。测量不到的部分可以数砖块、可以通过1：125模型大致估算。测量工具需要经过校准并保持干净和完好，避免对测量结果产生不良影响。在大面积测量时，需要将测量范围划分为许多小块，以提高精度并降低误差。绘制图纸时需要做好标注，尤其是在与其他图纸比较时，保持一致的基准标注，避免出现标尺翻译错误等问题。测量完毕后，记录需要进行整理和存档，以便于今后的查阅、对照。

地图绘制：在这个训练中，任务是通过绘制建筑馆的诺利地图来认识建筑与外部空间的关系。外部的环境为白色，建筑空间为黑色。诺利地图通常用于分析和研究城市，它将城市界定为具有清晰边界的建筑实体与空间虚体，这样比较简单，只需要涂黑我们认为是建筑的部分，其余都留白即可。因此我们需要对建筑馆进行观察，且与之前看建筑不同，我们要将看到的与图纸对应起来，对于刚接触建筑学的我们来说，开始完全是混乱的，所以需要学会自主观察建筑。在学习建筑学之前，我们只需要知道建筑的入口就可以，也许会观察一下建筑的立面，仅此而已。但是从绘制这张图开始，我们需要去观察建筑的边界范围，建筑在图纸上的对应位置，建筑与道路的关系，将建筑简化成由几个部分构成的抽象模型，在不断对建筑馆进行观察的过程中，逐步将看到的建筑与图纸一一对应起来。

通过诺利地图的绘制，我们深入地理解了曾经看起来只是一些黑白色块的平面图。在观察建筑并绘制的过程中，我们认识到那些看起来不重要、不明所以的凹凸色块原来精准地对应着建筑上的某个构件；那些被忽略的线条对应着建筑上某个面的转折。一张简单的诺利地图中有很多信息，这个认知让我们在后面的学习中能够更好地理解一张更复杂的技术图纸中线条和色块代表的信息，我们可以通过平面图看到一个空间或是一个建筑的外轮廓，而不是走马观花地看图、被次要信息干扰。

完成这张由黑色块和留白构成的诺利地图后，我们得到了一张相同的底图，但这一次绘制要求发生了改变。在第一版绘制的诺利地图中，只需将建筑看作一个实体涂黑，而这次需要在图中表达空间并对其性质做出区分：可达的空间全部留白，实墙阻隔和自己认为不可达的空间视作实体涂黑，玻璃、水池、草坪等阻隔行为但不阻隔视线的灰空间用灰色块表示。在这张图中，建筑不再是一个有形状的实体，而是有了细致的内部空间，趋近于我们平时见到的平面图。并且，这张图的绘制过程引导着我们去观察并区分空间的性质。通过绘制这张图，我们感知到公共建筑中倾向于私密的空间和倾向于开放的空间，发现灰空间对人行为的影响和对环境的塑造作用。

这两张地图的绘制使我们对建筑和空间有了一个由浅入深的认识过程：最开始我们将建筑馆的空间描绘为一个整体与环境区分开来，通过第二版地图的绘制，我们认识到，建筑馆这个整体的空间又被分为或大或小的功能空间。而用以区分不同空间的既可以是隔绝视线的墙，也可以是让视线穿过的玻璃，甚至可以是景观。有了这个概念，我们就脱离了从前对建筑空间狭隘的认知，认识到空间不仅仅是由实墙围合成一个室内环境，门和窗也不仅仅是为了通行和透气。我们清晰地感知到这些元素可以用来塑造一个空间：实墙可以增强空间的围合感和私密性；而大面积的玻璃可以使一个空间变得透明和开放；建筑入口的玻璃门厅不仅可以遮挡风雨，还可以是一个让人转换心情的缓冲空间；阻隔行为的可以不是一个栅栏或一堵墙，而是一处池塘；一棵树或一片草地不再是独立的观赏品，而是建筑空间氛围和行动流线的塑造者之一。

在对空间塑造手法有了初步认知之后，我们就能够在后面的课程中设计一个建筑时，不会仅仅关注功能是否满足，不会只用几道墙隔出一个房间就算完成了建筑设计，而是认真地思考一个空间需要什么样的氛围，怎样塑造一个既满足功能需求，又让使用它的人觉得美且舒适的“好的空间”。

通过完成本次作业的两张“空间关系图”绘制，我们对建筑与空间关系的认知产生了质的飞跃，如果没有这个过程，我们在入学前保持的较为直接、注重理性和效率的思考方式可能很难在短期内转化成能够兼顾逻辑和感受的设计者的思考方式，那么我们将很难适应后期的设计教学。这个课题在潜移默化中改变了我们的思维方式，让我们在不知不觉中完成了建筑设计的入门，以至于再回顾这个课题时，才深刻地感觉到其重要性。同时，在这两张图的绘制训练中，我们对建筑的观察有了新的视角，不再像以前那样笼统且无重点地观察建筑，而是从体量、立面、形成的空间和建筑的构件细节几方面去认识一个建筑，并且可以简单分析这些元素的差异，初步理解它们对建筑形象的塑造作用：以建筑馆为例，我们发现高度在10m左右的工厂部分在内部看来非常明亮宽敞，但作为教学建筑又不会非常空旷，这是因为它的内部有许多通高和错层，让空间在水平和竖直两个方向都很丰富，通高让空间变得透气明亮，而局部的楼板提供了三层的小尺度教学空间，不同层通过走廊和楼梯连接，让这个空间变得明亮且丰富。学会了这样分析建筑，我们在后续设计建筑时会更熟练地运用各种手法。

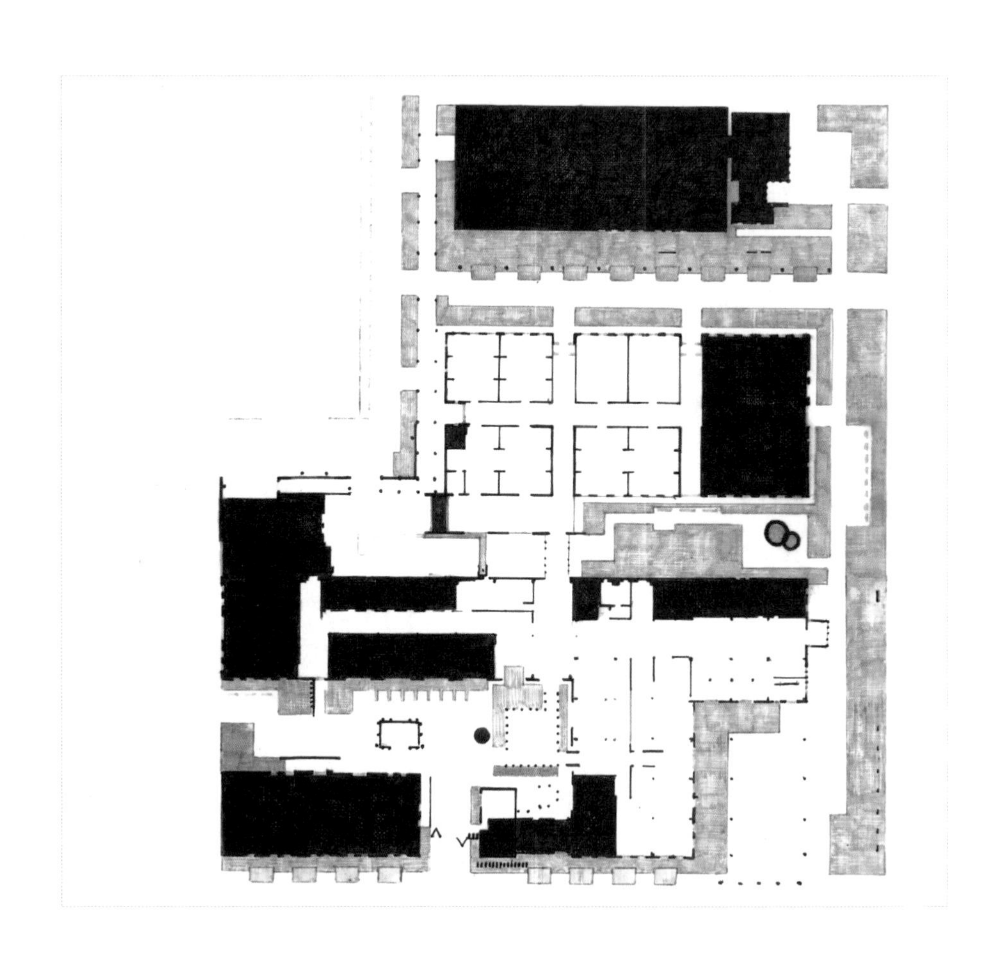

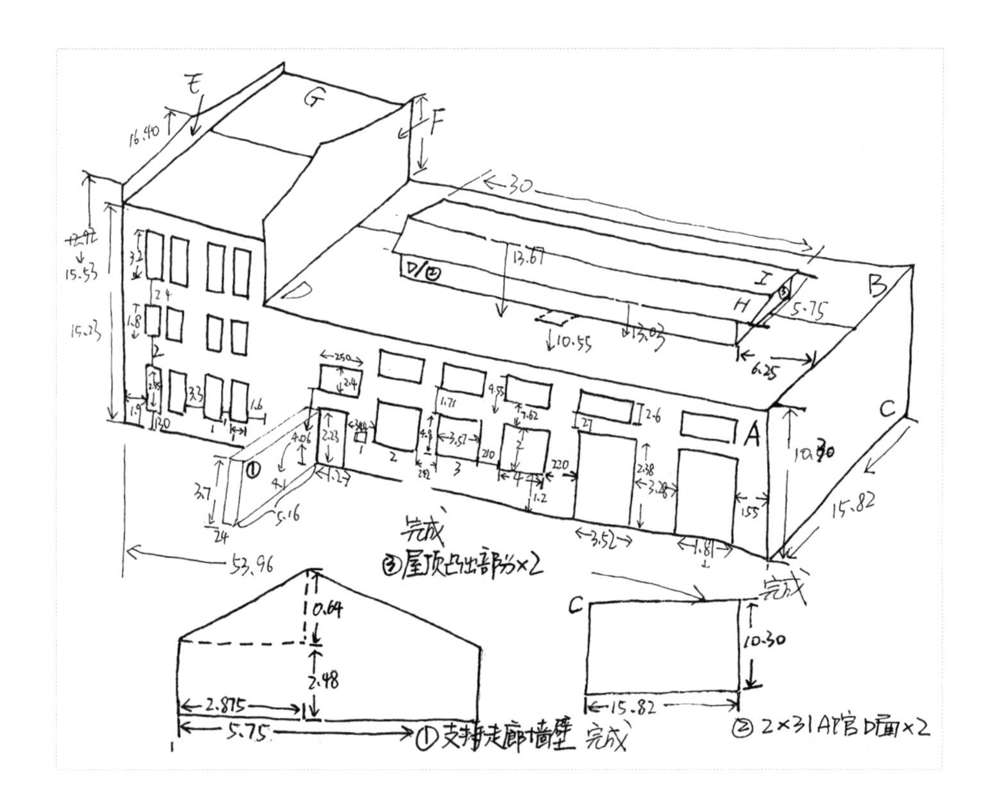

除上述对空间塑造和设计手法的认知入门以外，这个地图绘制任务也使我们习得了许多建筑学基本技能，包括如何裱图、如何使用绘图工具。在铅笔制图的过程中，逐渐理解到画图的顺序非常重要。我们学会了先绘制主要的轮廓和线条，然后再进行细节和填色的处理。这种有序的绘图方式使作品更加清晰和准确。建筑手绘中常用的填色方式在这个作业中得到了初步的训练。到了第二版图纸的绘制时，我们要使用的笔的种类更多，原先用于涂黑的铅笔变成了难以修改的针管笔，并增加了灰色马克笔的部分，绘制的内容更多，细节也更多，需要用细细的针管笔仔细绘制，如果绘制出错，就要重新来过。针管笔的排线也比铅笔更难操作，要小心移动尺子来保持图纸的干净，避免蹭花图纸。画好一张图也是设计学生重要的素质之一。通过以上两个训练，我们建立起对图纸表达的初步理解，并掌握了一些技巧，建立了绘制图框、图签等绘图规范。这些基本技能的掌握为我们今后的建筑学学习和实践打下了坚实的基础。

模型制作：场地认知绘图练习之后，我们开始制作1:100的建筑馆模型，该训练旨在让学生体会如何通过模型制作的方式，初步理解建筑外部空间与人体尺度之间的关系，进一步加深了对建筑馆场地的认知。通过前面诺利地图的绘制，我们将建筑与环境进行了区分，继而在空间方面区分了黑白灰关系。首先在图纸上区分建筑与环境，其次在建筑中了解黑白灰关系：视线与行人均可通过的为“白”，视线可通过行人不可通过的为“灰”，视线与行人均不可通过的即为“黑”。黑白灰关系打破了新生观察建筑的固有思维，重新建立思考体系，从空间的角度思考，不局限于建筑立面好看与否，而是加入了区域、边界、路径等概念，让各种元素从分散走向整体，明白建筑不仅是大体量功能物体，使用者在其中的心理也十分重要。

黑白灰关系的介入为同学们在后续的建筑设计中营造空间奠定了基础。但对图纸终究是抽象的、二维空间的理解，还需要三维空间的加持，在此基础上我们将通过制作手工模型进一步加深对建筑馆建筑的了解，对建筑及建筑所在场地有深入的认知，让人的心理感受体现在三维空间中，将抽象变成具象，更加明确地感受其中的黑白灰关系。在这个阶段，我们学到的第一件事是模型制作并不仅仅是“制作”。

在正式制作工作开始之前，首要考虑的问题便是模型的精准定位，将每一部分模型的位置误差减到最小，对于目前阶段来说，最准确、最方便的方法便是将绘图任务给出的1∶500总平面图调整为1∶100打印出来，与实地测量的结果进行整合，进而在底板上准确定位，这样规划之后，进行手工制作便可以无后顾之忧了。

前期合理的统筹规划会为后期工作节省很多时间，如果数据保存不当，未及时整理导致数据无法正确核对，那么后面的工作就无法继续进行；建筑细节部分没有测量到位就会导致模型制作过程需要不断地实地测量确定数据。在记录数据时，我们自然而然地在纸上绘制了场地与建筑平面、立面和体块速写，以便后期制作时可以准确地知道数据对应的位置，对场地的初步认知过程在潜移默化中完成了。

测绘是了解场地非常直观的方式，因为在测绘过程中我们不仅得到了一个简单的数字，还直观地观察到不同的尺寸对应的实际尺度，发现了不同功能的空间在尺寸上的不同。平日路过一个建筑时，我们一般不会进行细致入微的观察，但在测绘的过程中，各个空间尺寸的差异，氛围的变化，构成的不同，材料、节点等元素自然而然地被我们体会到、认知到。在进行数据的测量和记录的同时，我们也会根据对模型完成度的估计进行一些细节的取舍，这个过程让我们初步意识到了建筑的层次是从大的体块到墙体的位置，到门窗的开洞，再到细节的构造和节点。用这样的方式理解建筑之后，制作模型或日后设计建筑时就不会无从下手，而是由大到小，由宏观体量向微观细节深入。

完成建筑物基础数据测量之后，我们各组开始进行模型制作任务分工，分工方式各有不同，有的按区域划分小组工作，有的按工作内容划分工作（测据组、画线组、裁切组），有的按各自所擅长的领域划分工作（统筹任务，整理数据）。分工的意义不仅在于团队合作，更在于培养对个人能力和专业要求的认知。现实的建筑设计不可能由一个人来完成，每个人也不可能擅长建筑设计的各个领域。模型的完成需要各有所长的同学齐心协力。这个过程让我们认识到自己擅长的领域和不足，也让我们意识到建筑是由很多元素组成的，既需要整体的空间氛围，也需要精确的门窗梁柱的数据。

在制作的开始，我们先将数据进行整理分类并分工，先将大量工作碎片化，每个人负责一部分，大家齐头并进，提高工作效率，这样分配的优点是可以让画线组与裁切组良好衔接，几乎可以同时工作。由于时间不足，我们需要在各个方面节省时间，建筑馆B馆有多面墙的开窗尺寸相同，我们使用复写纸反复拓印，节省了时间。整理数据之后进行画线之初，因测量时忽略了一些小细节，画线的同学不得不停工，到实际场地对所需数据进行二次收集。建筑馆A馆入口处有一个玻璃门厅，在制作该部分之前，大家讨论是在一整块板子上掏空玻璃的部位还是将板子裁成细条粘结起来，最终我们决定用整块板子将玻璃掏空。在组装过程中也发生了一些“有趣”的失误，例如将有窗户部分的墙面前后贴反了，将模型不小心粘到桌子上了，等等。

在制作模型过程中，模型固然重要，但人的安全更为重要，由于第一次接触雪弗板，不知该材质较硬，不易切割，需要较大的力气才能一气呵成将所需部分裁切下来。裁切中还发现一个难题，若力气太小或钢尺没有固定好，会出现“刀走偏锋”，裁切路线与应走路线出现偏差，需要二次加工。组装模型时需要用到502胶、白乳胶、U胶等，使用胶水的过程中常有困扰。在制作过程中时间的合

理分配是十分重要的，要考虑以什么样的进度才能在这10天9夜中将任务全部完成。在制作门厅时，我们将精力集中于如何复现上面的钢框架，却并没有想过为什么要做这个框架，是否可以用一整块雪弗板简单地表示体量。但这其实代表了我们潜意识中对“建筑馆”形象特色的认知。在建筑馆中，这个玻璃门厅非常有特色，是在外观上为旧工厂改造而来的建筑馆带来“现代感”和“独特性”的非常重要的元素。正是这个原因，让我们下意识地跳过对“该比例模型是否需要这么精细”的思考，而直接思考如何复现这个具有特色的部分，而建筑设计正需要这样的“下意识”，才能做出独特的、给人心灵触动的空间。这是做完玻璃门厅后我们的一个收获。

在模型制作过程中，还存在分工不明确的问题，在进行A馆、B馆分工时由于人手分配不够均衡，导致搭建A馆模型的任务相对较重。整个任务实践性极强，上课时像下课，下课时像上课，有感动和笑容，有沮丧和无奈，清晨伴着曦光，夜晚伴着星光。在近十天的时间里，尽管我们身上粘着雪弗板，手上粘着胶水，但最终模型架在展厅时，内心的喜悦已经无声地传达了付出的意义。在旁人看来好像这次任务只是一次比较累的模型游戏，我们也难以描述这次任务对我们专业能力的影响，可是我们知道，今后经过建筑馆时，看到的每一片墙，瞥过的每一扇窗，触摸的每一个细节，都变得不同凡响。建筑馆不再是没有温度的工厂改造建筑，而是具有温度的大家庭，因为它的每一个数据都曾被我们一起度量。

建筑馆模型制作是我们完成的第一个小组合作任务，尽管在这个阶段班级中大多数同学彼此还十分陌生，互相不了解，但是在团队协作中交流是十分重要的，交流不及时可能导致时间分配不恰当，容易出现问题，耽误进程，因此在这个过程中除专业知识以外学到更多的就是团队协作。在团队协作中，大家脱离了以自我为中心的思考模式，融入团队中，考虑整体进度，相互配合，积极交流，这时的思考模式发生了转变，我们明白了在这个过程中需要相互包容、相互磨合才能有良好的合作氛围。建筑学这门学科非常需要团队合作，因为人和人的思想具有差异性，所以才能碰撞出好的点子，配合完成不同的工作，这个模型的制作过程使我们正视这种差异，接受队友不一样的思考方式。

这个课题以建筑馆为起点，使我们对建筑内外关系有了一定的理解，对建筑空间与外部环境的关系有了深入思考，对人处在一定空间下的感受有了初步的认知；学习了从空间尺度的角度认识建筑，进一步理解了前期诺利地图所训练的黑白灰关系，学习了二维图纸与三维模型共同表达建筑的方法，在合作过程中，不论是制作模型本身还是合作这件事都是一个不断发现问题、解决问题的过程，这个过程是痛苦与快乐并存的，但问题被合理解决所带来的快乐是远远大于痛苦的。我们在制作模型中提升的基本专业技能与团队协作能力是具有潜力的，制作模型作为建筑学的基础训练，让我们受益匪浅。

教学反馈

空间是建筑的核心。我们每天在或大或小不同类型的空间与环境中穿梭，当我们的身份从使用者转变为创造者时，是否会认识到其背后建筑师的设计目的与塑造方法？下面请跟随二、三年级学生的教学反馈，重新认识空间环境认知教学为我们带来了什么。

伊若老师：一年级教学的第一个环节为对内蒙古工业大学建筑馆的认知，同学们通过绘制诺利地图、制作建筑馆模型等训练，培养空间创造力、实践操作能力，并在建立建筑环境认知的同时感知学习模式。请老师和同学们对空间环境认知的练习进行探讨与交流。

高老师：我希望大家从更加宏观的方面，探讨当前的教学方法是否能让大家在短时间内对建筑有更为深入、专业的认知。教师在教学过程中是不是引导你们理解了空间的属性、场所的关系。想听到大家对于教学体系的评价，或者你认为任务书中应该还有哪些训练，这些训练可以帮助你对建筑有更深入的了解。

解同学：其实，对我们来说，不是所有人都在高中或者更小的时候就意识到自己想学建筑学，进而去了解建筑学是一个什么样的学科。有的人是高考之后才决定报考建筑学专业的。每一个人对于建筑的认知是不一样的。第一个作业是让我们绕着建筑馆去看，这对于后来的二、三年级时，我们想做一个什么样的建筑有启蒙作用。就像我们想说一句话，要先去学如何描述一个东西，用什么形容词，这个作业教给我们该怎么样使用语言，用什么样的建筑语言去描述建筑。通过在建筑里转，从而得到一个对建筑最基本的认知，不一定能让我们学会什么，但却让我们第一次以一种专业的眼光去看建筑。我在高中的时候就比较想学建筑学，看了一些纪录片，了解了一些建筑概念，就觉得建筑可能是这样的。但在座的各位，我们的起点是不一样的。有的人看建筑永远是在外面，用人的视点去看。对我来说，第一个作业引导我去看A馆、B馆有什么功能，建筑馆如何设计。诺利地图让我们了解了什么地方可以看过去，什么地方不能看过去，第一次让我们认识到原来空间是这样组织的。虽然我们当时没有特别明白这个作业，只觉得这么画图很麻烦，但现在我觉得这就像我们小时候学说话，虽然没有觉得我是在学说话，但这个过程帮助我以后能把最基础的东西表达出来。如果问第一个作业还需要从什么角度去思考，我觉得可能还是需要画一些建筑馆的速写。我上一年级时比较喜欢画速写，当时高老师要求我们每天画一张速写，虽然当时不太理解这样做的意义，但画画算是我唯一的长处，不停地画是个很愉快的过程。当时我在想，速写是不是也是我们认识空间的一种方式？它可能没有平面图那么直观，但是在画、在找空间的过程中，对我们认知空间、认识建筑有较大的帮助。第一个作业最重要的一点就是让我们从不同角度凝视建筑，进而把大家拉到同一个建筑水平。

张同学：我的想法和解同学的想法有些接近，但还是有些不太一样的地方。我觉得第一个作业对于我来说，是把我引入建筑学的过程。通过了解建筑馆A馆我知道了什么样的建筑是个好建筑，建筑应该具备什么样的东西。在这之前我是完全没有接触过建筑学的，可能建筑对我来说只是一个居住的场所。我是从做第一个作业开始，才理解了任务书。最早，我觉得画诺利地图就是把我知道是建筑的地方涂黑，但现在回看这个作业，涂黑只是它最后一步的表达。这个作业最关键的地方是我需要了解哪里要涂黑，从而来完成地图的绘制。这需要我在建筑馆来来回回地走动，里里外外地观察。重要的是，地图的绘制是通过我们自己的观察，而不是通过老师告诉我们，与初高中的学习过程完全不同。大家的每一张图都是通过自己的观察获得的，它不是一个被动输入的过程，而是我们主动去了解的过程，这和我之前接触了很多年的应试教育是完全不一样的。接下来的作业就是在原有的黑色底图上，加入灰色与景观的部分，在观察的过程中我与其他同学存在很多分歧。虽然老师给了一个灰空间的概念，但每个人对灰空间概念的理解不同，所以我们最后画出来的图也是不同的。大家对于灰空间、景观、边界的理解不同，想法不同。这个理解如果放到三年级就可以看出来大家作品的不同。因为在一年级这个作业之后，大家对灰空间在基础上的理解大体是相同的，但是有细小的不同，最终会体现在三年级每个人的建筑设计上。最后的任务是模型的制作。我们这一届做的是整个建筑馆的模型，让我们进一步地对建筑馆有了一个理解。这个就像解同学说的，开始时，我并不知道怎么描述这个建筑，但是到后来我可以描述建筑了。之前，我觉得门就是让人进来的，窗户就是可以看到外面的，除此之外没有其他想法。但在做模型的过程中，对建筑馆有了一个更深层次的观察，就会发现建筑馆有很多细节是需要我们去制作的。对于细节的观察，让我们对窗、梁有了初步的理解。做完模型之后，大家在表述建筑和理解建筑方面，可以看出确实和普通人有了细微的差别。这个作业以建筑馆为例，让我们真正地学会审视建筑、理解建筑，然后明白建筑学，了解到建筑学具体是什么东西。

高老师：我觉得张同学讲得挺好，我从老师的角度来理解，我觉得他对这件事情理解得比较深。以你目前的专业认知来说，整个这一套训练下来以后，我们需要在哪些方面再强化一下，或者说老师应该怎样来引导学生?

张同学：一年级时因为疫情，我们基本上围绕着建筑馆在做训练，很多同学包括我自己思考想做一个什么空间时，还是在拿建筑馆举例。如果一年级的训练可以做得更丰富一些，不仅只有建筑馆一个例子来作为引导，这样会更好。

高老师：全国这么多建筑院校，上课的方法千差万别。我们的教学方式就是把建筑馆作为一个特色，A馆、B馆包括新建的C馆，有一个很明显的新旧对比，这可能是一个大前提。按照刚才张同学提的这个建议，如果想要改善这方面，可以在最后的小型建筑设计环节中加入一周到一周半的大师作品分析，或者优秀建筑案例的分析，每个人可以选择喜欢的建筑。之所以不在校园或呼和浩特市选择案例，是因为当前的城市环境内能够找到的可学习的案例并不特别多，不像上海、北京等一线城市有很多高质量的建筑。大家好像在一年级没有做过正式的案例分析，都是老师上课捎带讲一讲。二年级做过吗？

孙同学：在王志强老师的原理课上做过一次。

高老师：选择建筑馆，是因为它能够让大家去体验空间。经过这么多年的教学和专业学习，我觉得体验是最重要的，不需要理解得很深刻，能感知到就好。在设计中能够用感性去认识，再加上理性的分析，那可能更好。这个建议我觉得还是挺值得参考的。

门同学：我之前对建筑学不是很了解，是在高考报名时才确定要学习建筑学的。第一个作业让我们把建筑和环境分开来画，但是当时我不明白为什么要这么做。直到现在我做建筑设计时，在考虑建筑与城市关系时，才意识到一年级的学习就已经渗透到了这个方面。但可能一年级时对于建筑的基础教学有点少，我现在想起来，印象非常模糊，只记得画了黑白灰关系，明确区分了能进入的空间与禁止进入的空间，环境带给人的感受。以建筑馆为例，明显的感受就是李大夏报告厅与A馆之间是有对应关系的，建筑馆的出入口是有引导性的。当时不理解为什么要在中间做出入口，现在可以慢慢地理解了。

对我来说，人的感受是很重要的，建筑要做成什么样是以人的感受为主的。在高年级的教学中，很少回归到基础教学中去，大家注重的是现在的任务是什么，按照老师的要求一步步去做，当时的思考很少，现在翻回去看还挺感慨的。

王老师：在渗透这个概念上，学生是不是跟着设计的各个环节主动吸收是很重要的。在基础教学过程中，你认为可以增加哪些环节来让学生更好地理解为什么要这么做。

门同学：我觉得更多的是相互讨论。一年级时，老师讲什么，我听什么，没有思考那么多，可能老师在教学方面要多引导学生思考。

王老师：大家回想到一开始，可能都是一个字——懵。在当时的情况下，大多数人可能只知道自己要做什么，老师需要自己完成什么样的任务，这也挺正常的。等大家到了高年级，才了解到我们之前学的那些环节是什么样的设定。这个过程要你们到一定年龄，在学习过程中有了量的积累，才产生出相应的质变。我们的训练设定需要大家有一个长时间的渗透与理解，确实不是马上就可以看到效果的。很多同学在五年级时才意识到自己究竟在做什么，这并不晚。因为有很多基本的技法、知识一直贯穿在学习中。所以你们在每一个阶段的认知和理解程度，在当时来说，都是合理的。到了五年级，你会觉得当时自己思考有点少，这也恰恰说明现在你们的认知是有提高的，这是很好的事。大家刚才都提到了感知，刚开始的感知，是我们作为使用者的一种最基本的感知。学了建筑学之后，我们可以从设计的角度回看，这个训练是否对你的感知有更好的启发，是否有一个正向的知识输入，对你了解建筑是否有更好的帮助。目前来看我们的教学还是有一些作用的。

门同学：在日常的讲解过程中，我们希望作业的目的性要更强，让大家意识到我们是在逐步推进的。

王老师：每一个任务在设定上是连续的。但是给大家的时候，可能在连贯性上没有那么明确，需要再明确一些，让大家更有意识地体会到。

朱同学：老师有没有可能调整一下顺序？刚开始我们对建筑学都不懂，只知道是建筑设计，但是一开始的训练非常抽象，找不到一个切入点，找不到一个目的去深入它。如果开始的训练任务是设计一个东西，让我们对这个东西有具体的认识后，再来训练板片杆件，就会变得有目的性。

王老师：你可以把板片想象成墙，把杆件想象成楼房里的柱梁支撑。开始的训练是想要从更纯粹的空间限定上引导大家学习。反过来说，学习初期就接触具象的设计可能会让大家不完全聚焦于空间的形成手法，容易引导大家将设计方向走向房间内部的装饰物。我们想要剥离这些方向，回归到纯粹的空间限定，但这样反而可能太抽象，不太好理解是什么。

朱同学：上一届同学在一年级做的是宿舍，也是空间限定，但可能入门起来比我们更容易。设计了宿舍之后，对空间有了一定认知，更好上手板片操作。

王老师：如果大家从使用者转移到设计者，任务设定更贴近生活一些，会更好地理解我们在做什么。

赵同学：前面的同学讲的主要是图的绘制。对于我来说，我的动手能力更强，所以我更关注的是后面手工模型的制作。图纸绘制是从大方面对建筑内部的认知，手工模型是对建筑整体的认知，它可以从一个鸟瞰的角度来帮助理解建筑外部设计的吸引力。刚接触到这个学科时，我觉得它是一个建筑外壳设计，但通过我们的训练方式，让我从内部过渡到外部，了解到建筑不仅是一个壳子，更要满足人的需求。手工模型需要做周边环境，对空间尺度的认识，比现在用计算机制作模型更加明确。一开始，我对空间尺度一点感觉都没有，但是在前期手工模型制作中，渐渐对尺度有了一个比较清晰的认知。我们当年每天要完成一张速写，很多高年级的同学会建议我们去做一些经典案例抄绘，但我们不知道抄什么。如果老师可以给一些建议，把建筑馆的内部空间也融入速写的内容里，可能会对后续理解建筑馆结构更有帮助。

王老师：你认可了手工模型的作用。其实老师们也在说一年级尽量要少用计算机。在计算机上，最基本的尺度没有控制，但是如果在场地模型中，你会对具体尺寸有一个清晰的认识。前面高老师也说过，如果手工模型做不好，那计算机模型也会画不好，计算机模型更需要你在头脑中有清晰的把控。在设定上，模型与图纸是一种互相推进的过程，但是在执行阶段，有几项在不同的阶段是滞后的。有时可能先画出来了图，模型还没想清楚，有时是模型做出来了，对照模型才能把图画下来。但是每一次脱节之后，你都能发现，无论是图先行还是模型先行，都会产生相应的问题。我想让大家想一想，如果模型先行，再画图会有哪些问题?

赵同学：有时候我先画设计草图，我觉得自己的设计非常好，用计算机建模验证时，内部空间就会出现一些问题，这跟我原本的设想是不一样的。

王老师：那要是先做模型呢？可能也是一样。画到图上就会发现，尺度不太合适。在对应方面，我们需要两者更加可控，两者之间可以建立一个媒介，这个媒介就需要在一年级的教学方法中建立起来。第一个作业是小组内部在不同的分工下完成的模型，放到具体的位置上，大小会和原有建筑馆存在差别。但当你做完模型，再次游览建筑馆，就不会再迷路了，是不是会有类似这样的体会？

赵同学：我们画完图会有一个认知，我们做完模型之后，又会有一个新的认知。刚进建筑馆时，我觉得我几年都绕不清这个地方。

王老师：以前去其他的建筑会有这样的体会吗？

朱同学：对于一个不熟悉的环境，都会有这样的体会。

王老师：那你之前会看图吗？

朱同学：之前肯定是看不懂的。通过这个作业了解了门在哪儿，路在哪儿，对平面图有了一个初步的认识。

王老师：我们第一个作业就是先学会看图，再也不用迷路了。先能识图，再通过平面图对立体空间有一个对应，这是很重要的一个基本技能。可能刚入学时不具备这个技能，现在通过训练慢慢地掌握。

2. 空间延续——板片操作练习

教学目标

基础目标1：运用工作模型和草图进行设计表达。

基础目标2：对成果模型和尺规技术图纸进行准确表达。

中阶目标：掌握连接和组合板片元素的方式进行空间塑造。

高阶目标：理解空间与人体尺度、行为活动之间的关联。

设计任务

为建筑馆陶艺实验室东侧入口区设计一组构筑物，以板片的组合方式，形成顶部有遮蔽（30%≤遮蔽面积比≤50%）的空间，以满足学生交流、陶艺作品展示等功能。

设计条件

场地：场地平面尺寸约为12m × 4m，原有场地的立面、树木不可改变和移动，板片边界不超过北侧砖墙，高度不超过3.6m。

材料：板片厚度为150mm，使用板面的总面积不超过50m^2。材料为混凝土板，设计中应考虑材料具有受力和变形的特点。平面上尺寸以600mm为模数，高度以100mm为模数。两个面（含原墙面）的位置关系必须是平行或者正交，板片不可以斜切。

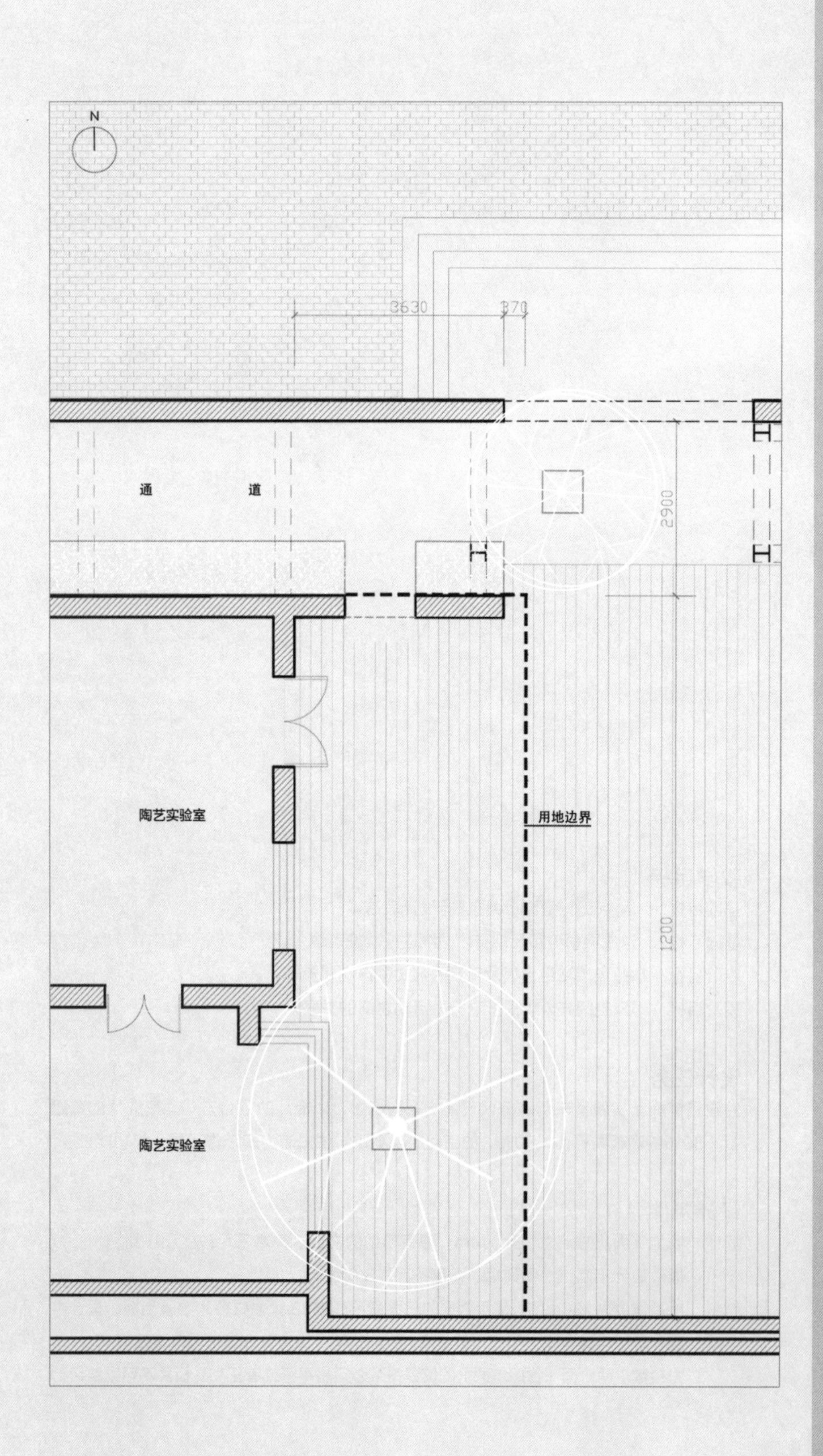
N
3630
370
通
道
2900
陶艺实验室
用地边界
1200
陶艺实验室

任务解读

1）场地环境

板片是指建筑空间中常见的墙板（垂直板）和楼板（水平板），它们是构成空间的要素。在本次任务中，学生需要对板片要素进行操作形成空间，着重训练使用板片对空间的塑造和组织能力，以及思考建筑空间与周边环境的关系。

选取建筑馆陶艺实验室东侧入口处院子为设计场地，用地范围为12m×4m的平整防腐木铺装空地。场地三面围合，东侧为开敞面与建筑馆B馆入口相呼应；北侧为具有引导作用的分割墙，墙上开有洞口引导人流进入院子；南侧为三层高的建筑实墙面；西侧为陶艺实验室墙面，墙面南部为落地玻璃窗，其北部为双开门入口，从院子可以清晰地看到室内的工作场景，同时，窗前植有一棵榆树，树冠直径大于6m，高度约15m，是设计场地内重要的环境要素。场地外的北侧同样也种植了3棵榆树。方案初始阶段需要观察记录场地上建筑、景观、设施等要素的位置和尺度，场地设计时重点处理以下要素的关系：

（1）与陶艺实验室入口的关系，不影响人流的出入，要求能够进行适当的引导。

（2）与北侧墙壁洞口及开敞面的关系，处理区域人流动线，避免混乱。

（3）与树木的关系，要以积极的能够最大限度利用的态度，尽可能地从空间和功能上与树木产生互动，营造良好的空间体验。

（4）与教室中的人形成“看与被看”的关系，关注在教室内的人的视觉要求，同时也满足在室外的人的视觉体验。

（5）分析场地中可能出现的人流，并标记其流线轨迹、位置和范围，作为建筑空间内流线引导的参考依据。

根据本次任务的训练目标，一年级板片操作设计作业最终成果包括以下内容（具体以当年任务书为准）：

（1）横幅A2图1，尺规绘制平面图、剖面图、轴测图（比例为1:50）。

（2）横幅A2图2，手工模型与现场照片、配景任务合成效果图。

（3）过程推敲模型若干（比例为 1:50和1:30）。

（4）最终方案实体模型（比例为 1:30）。

2）空间塑造

在建筑方案初期，我们可以利用模数网格对建筑场地和界面进行划分，然后根据模数将板片切割成不同的尺寸，并按照一定的构成规律进行空间生成操作。板片在空间生成中的主要作用是界定（限定）空间、围合空间和引导空间。一种常见的方式是在空间中使用多个板片按照模数尺度进行多次划分，调整板片的横纵方向形成板片之间的插接和围合，以引导人流，将板片围合方式进行调整，所形成的空间表达不同功能上的私密性和独立性。另一种常见的方式是将2～3种板片按照一定规律组合形成空间单元，如L形、U形等形式，然后通过插接、围合和错动等操作来构成空间。

在设计板片的高度时，需要考虑空间的使用场景以及人群的视线高度、坐高、站高、手臂动作高度、抬脚高度等参数。在实际操作中，需要尝试多种操作方式，不断调整板片的位置和尺度，以获得最佳的空间氛围。丰富的空间体验主要取决于空间序列中空间之间的对比和变化，包括空间大小、形状、比例、方向、视线位移以及光线变化等因素，这需要在方案模型阶段时不断尝试，逐步实现。

3）围合方式

板片不同的围合方式用于创造不同的空间形态和空间氛围，因此是操作时关注的重点内容。板片的围合方式可以总结为单一围合、搭接围合、多面围合、闭合、错动分离、平行并置等（图2-7）。这些围合方式对于空间的形态、流动性以及用户的使用体验产生重要影响。因此，在操作中要根据功能、氛围和人的需求灵活运用这些围合方式，以创造出独具特色的建筑空间。围合方式的选择将直接影响空间感受和使用效果，因此需要细致地考虑每一种围合方式的优缺点与适用场景，以确保最终的设计能够满足人们的需求与期望。

板片（墙体）作为“实界面”，与杆件（柱子）“虚界面”相比，具有限定空间、阻隔行径、打断视觉与空间连续性的特性。在设计过程中，需要利用板片尺寸结合人体行为尺度进行切割，并根据游览路径和功能关系布置板片。训练过程中需要不断尝试板片的尺寸和组合方式，加强对空间尺度和比例的理解，通过对模型持续观察和调整，增强空间内部的光影变化。最终的目标是塑造满足行

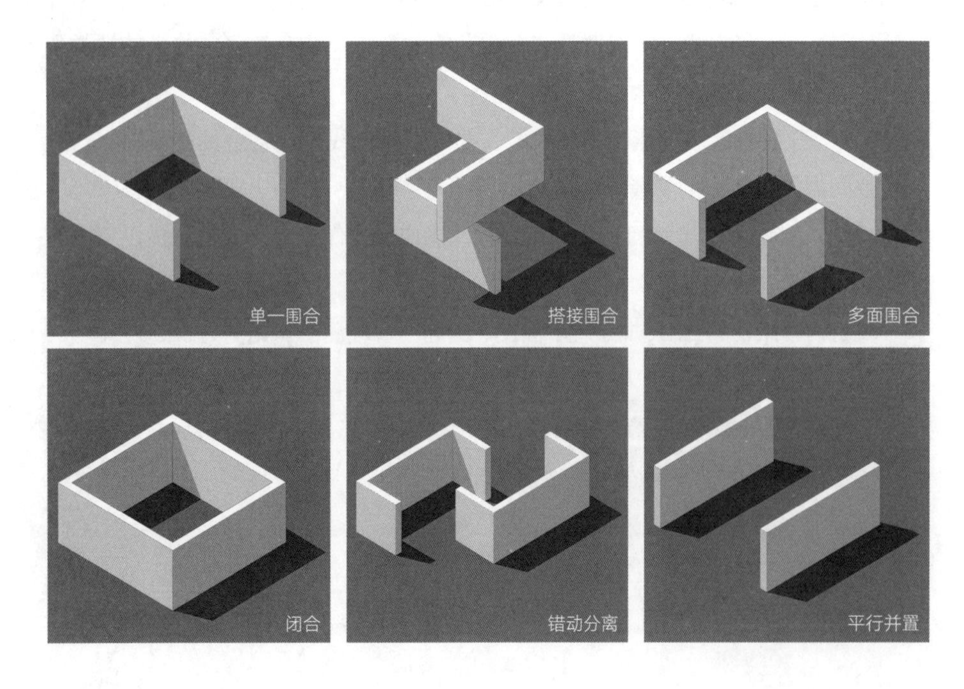

图2-7　板片围合方式
来源：作者自绘

为、功能和视觉体验的流动空间，创造具有吸引力、实用性与美感的空间环境，满足人们在其中的各种需求和体验。

4）目标与标准

板片专题练习旨在将板片单一元素进行组织和构成，形成满足结构需求和形式美需求的建筑空间，并逐步理解空间和人体尺度、行为活动的相互作用。因此本次训练的教学目标如下。

（1）通过本次训练项目加深学生对建筑与周围场地环境的理解，培养其建筑设计思维：对空间、功能、结构和场地的初步认识。

（2）培养学生的设计能力，使其掌握基本的工作方法：操作、观察、记录和呈现，运用工作模型和草图进行设计表达，以及对成果模型、尺规技术图纸的准确表达。

（3）加强学生对建筑学基本知识和原理的理解，使其掌握利用板片元素进行空间塑造的方法。

（4）提升学生的建筑美学见解和判断力，使其理解空间与人体尺度、行为活动之间的关联。

教学过程中需要完成过程模型、成果模型、过程图纸与成果图纸等一系列作业，评价标准与教学目标对应，主要评估各目标的达成度，评价标准如下。

（1）0～59分：图纸与模型未完成，或板片操作不符合题目要求，或空间和功能不满足题目要求。

（2）60～69分：图纸与模型基本完成，但错误较多；板片组合与连接操作较不合理；空间界定不清晰，与人体尺度、行为活动相冲突。

（3）70～79分：图纸与模型基本完成，但有少量错误；板片组合与连接操作基本合理；空间界定不清晰，与人体尺度、行为活动的关联度不高。

（4）80～89分： 图纸与模型表达准确、完整；板片的组合与连接操作合理，逻辑清晰简洁；空间界定清晰，并与人体尺度、行为活动相适宜。

（5）90～100分：图纸与模型表达准确、完整，具有美感；板片组合与连接操作合理，逻辑清晰简洁，形式具有美感；板片操作与空间界定、行为活动之间具有高度关联性，富有创意。

5）案例分析

巴塞罗那世博会德国馆是板片操作最具代表性的实践案例，它是建筑师路德维希·密斯·凡·德·罗（Ludwig Mies Van der Rohe）的重要作品之一，也是“流动空间”最有力的诠释。“流动空间”最主要的特征是追求连续的运动空间，通过设计赋予其不确定的动态力量。建筑空间采用具有动态性、引导性的要素——板片来增强空间的流动体验。密斯通过1.1m×1.1m的模数网格确定建筑的空间尺度和设施的尺寸，例如建筑内部的大理石铺装尺寸完全契合网格，屋顶的板片正投影也落在网格线上，空间内垂直的板片尺寸和位置关系都依据模数网格确定，使空间具有连续性、通透性、流动性（图2-8）。板片具有无限伸展的特性，在网格的控制下，相互垂直的线条如同风格派画家杜斯伯格的绘画一样通过相互正交或平行的线（墙体）彼此分离又相互穿插、交叠，并依此将空间划分为既连续又分割的流动空间。

利用单面片墙、U形片墙和钩形板片使公共空间自然过渡到私密空间，室内没有被封闭的区域，整体呈开敞性，给人以不确定、模糊、不断变化的感受。通过竖向的板片与水平板片错动、退后，营造了丰富的边界与半室外空间，屋顶和基座也伸出墙体之外，强调了二者的水平性，边界更加自由，自然引导游人从室外过渡到室内。变化的片墙赋予建筑以秩序感、尺度感和韵律感（图2-9）。

实际项目中常常利用板片塑造场景氛围，这样的案例不胜枚举。例如为了塑造场地氛围丰富的空间层次，可以进行板片裁剪操作：将板片整面进行裁剪或者中间挖洞，板片剩余部分充当景框的作用。一般会将一部分完整板片置后作为背景，将展示的物品（雕塑或者景观小品）置于中间位置，另一片开口的板片置于前景作为画框，这样可以使空间中形成景深，丰富游览者视觉上的空间体验（图2-10）。

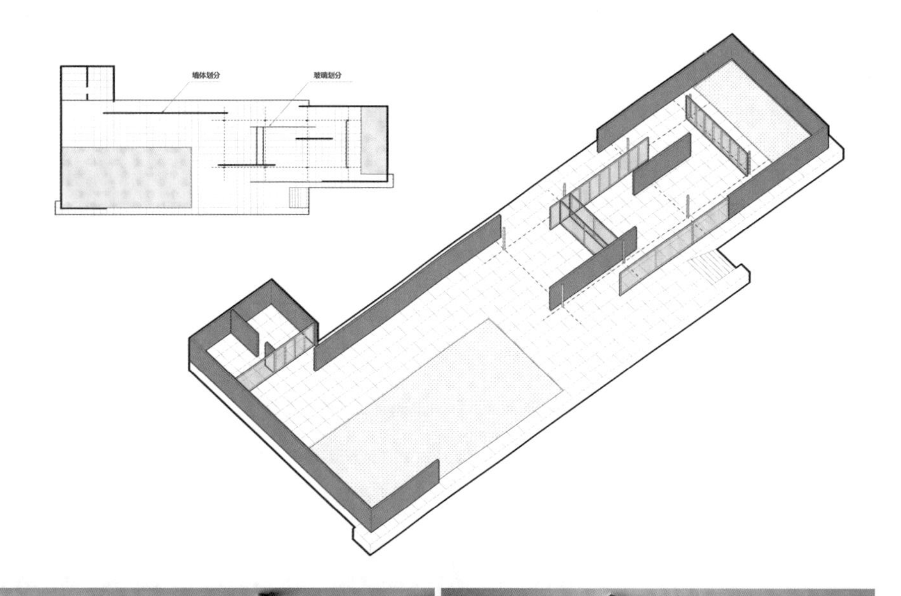

图2-8　巴塞罗那世博会德国馆空间构成示意图
来源：作者自绘

图2-9　巴塞罗那世博会德国馆室内图
来源：DIVISARE官网，作者：Cemal emden

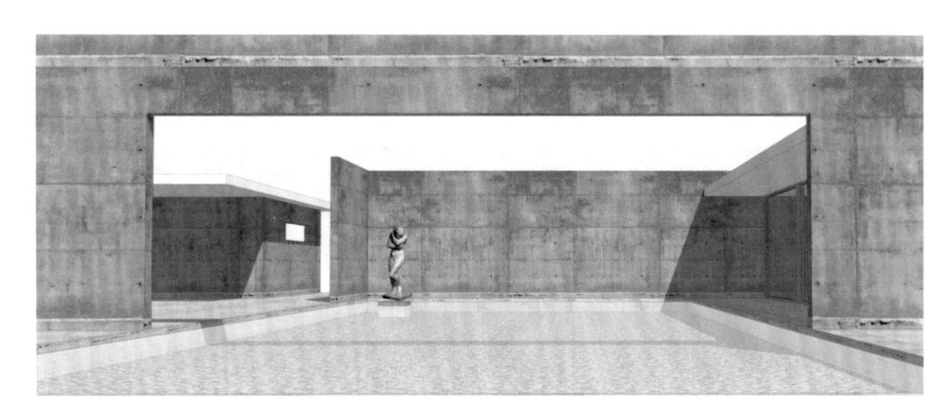

图2-10 板片裁剪操作案例
来源：作者自绘

图2-11 板片围合案例
来源：作者自绘

板片在场地中具有空间引导功能。场地入口处的设计一般可以利用横向、纵向板片连续布置形成路径的引导，其中使用高度不同的板片可以实现视线的虚实变化，将局部空间附顶可以将此区域进行空间限定，功能上起到遮阴避雨的作用，能够营造一种引人入胜的体验（图2-11）。

6）操作方法

基本原理

板片要素在空间中有三个方向的量度，其中一个方向（厚度）的尺寸明显比其他两个方向小得多，因此形成了一个具有方向性的薄片。在空间设计时，主要关注边和面之间的连接和组合，而厚度由于量度较小，在操作中考虑较少。在空间生成过程中，板片主要利用其表面来分割和界定空间。例如，水平板片可用于垂直分割空间，而垂直板片则可对水平空间进行界定，这种方式生成的空间具有一种"模棱两可"的特点，使空间的边界和分隔变得更加灵活和多样，也使空间具有不同层次的围合性。

连接方式

板和板之间的连接是板片操作中最基本的问题，不仅要体现对空间的划分和限定，还需要满足结构稳定性。根据板片具有边和面的形式特征，从空间结构的最终呈现角度出发，可以将连接方式归纳为边与边连接、边与面连接、面与面连接。

在操作过程中，最常见的方式包括插接（咬合）、搭接、错位和分离。通过错动、平移、延伸的水平板与垂直板，可以创造出不同体验和感受的空间（图2-12）。

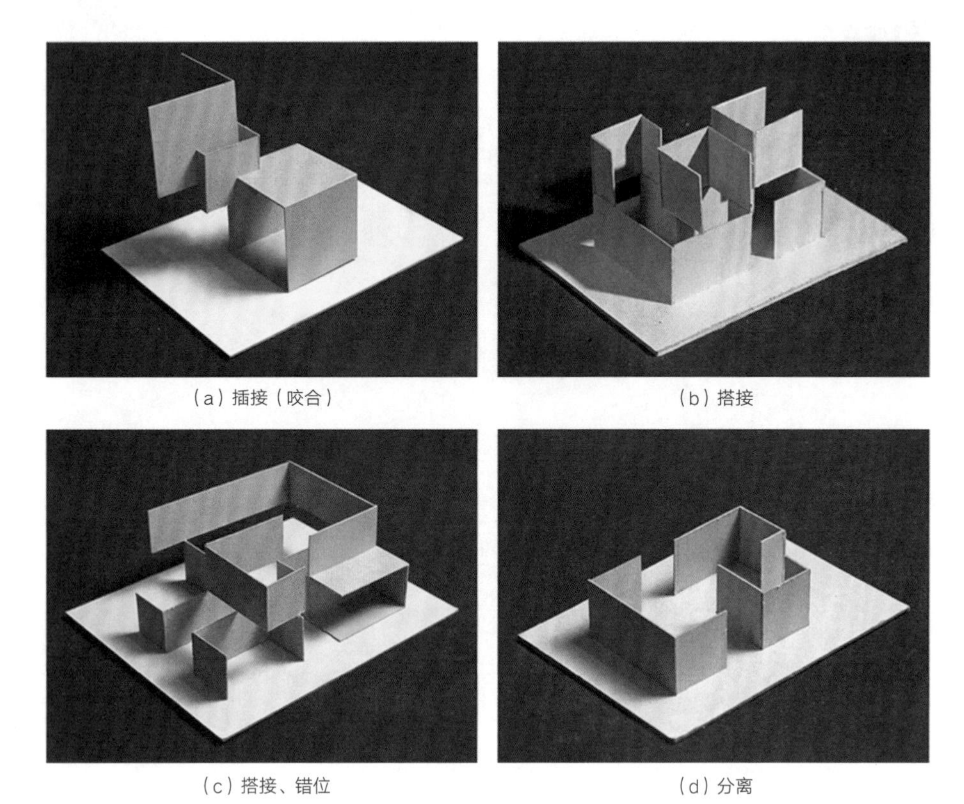

（a）插接（咬合）　（b）搭接　（c）搭接、错位　（d）分离

图2-12　板片连接方式
来源：作者自摄

操作方式

板片生成空间的操作方式一般有三种（图2-13）。

第一种方式是通过折叠、插接、围合等特定的连接方式，将一定数量的板片组合在一起形成空间。

图2-13　三种板片操作方式
来源：作者自摄

（a）方式一

（b）方式二

（c）方式三

第二种方式是将一定数量的板片根据第一种操作组合形成特定的空间单元，如U形、Z形、L形等，然后将单元之间进行插接、搭接、分离等生成满足结构要求的新空间。

第三种方式是在同一张纸板上通过弯折、切割、推拉、折叠等操作来形成满足结构要求的空间，也可以将多张纸板组合在一起实现目标。

7）教学内容

整体教学过程分为三个部分，分别是课前练习、板片空间操作、课后评价。首先，提前准备KT板片搭建亭子模型，并将模型放置在校园适宜场景内合成效果图，完成课前训练；其次，根据任务书的内容利用板片在指定场地内进行方案设计，按照要求完成图纸和模型；最后，结合前两个部分的成果进行公开评图。

课前训练

为了更好地理解任务书的设计要求，课前安排学生进行板片操作练习——亭子设计。课前训练的目的包括理解空间和掌握操作方法。在空间设计中，为了帮助学生更好地理解空间，我们将运用观察和拍照记录的方式，让学生能够更直观地感知和理解空间的特点。通过反复的训练，同学们将逐渐提炼出清晰明确的操作方法，并明确板片连接所塑造的空间特征，为后续设计概念的实现做准备。

任务内容

用5片指定大小的KT板片搭建一个亭子，通过拍照来描述空间特征。板片尺寸及准备材料是：1 块120mm × 60mm白色KT板片、2块90mm × 60mm白色KT板片、2块120mm × 90mm白色KT板片、1块210mm × 150mm黑色KT板片、1块15mm × 30mm × 45mm木块、比例为1∶30的人体模型（比例人）。任务要求每位学生只能用一种板片连接的方式做模型，即模型最终呈现的空间结构有且仅能有边与边、边与面、面与面中的一种（图2-14）。

首先，练习从模型操作开始，用大头针固定板片连接，所有板片必须保持垂直正交关系，将模型置于黑色KT板片（底板）上，且模型范围不能超出底板的边界。其次，需要选择木块置于亭子中合适的位置以满足一定的用途，具体用途包括作为坐凳、作为身体的支撑和作为陈列雕塑的底座，不同的位置满足不同的功能用途。放置比例人后，通过拍照对亭子的尺度进行观察和想象，并讨论该亭子的空间和形式特征。特别需要强调，在操作过程中，需要从人的视点高度进行观察、体验并记录。最后，选择合适的室外校园环境，将亭子模型置于实际场景中拍照并利用计算机合成实景图（图2-15）。

图2-14 空间结构的模型示意
来源：作者自摄

图2-15　模型与实景照片合成图
来源：建筑学专业2019级，庞富元

空间生成

学生依据板片的连接方式和操作方式进行重复训练，根据教学任务的要求制作工作模型和成果模型，绘制平面图、立面图、剖面图以及轴测图，实现对“场地环境与空间”“空间与使用”“行为与体验”“建筑制图”的理解，培养设计思维。初步设计时，将多个板片进行组合时通常依据下列构图规则进行空间构成。

网格构成法。从平面入手，根据模数建立一个基本的规范网格，让网格向垂直方向延伸形成纵向空间，并形成空间网格单元。然后，依据模数和网格的控制将板片及单元进行平移、错动、搭接、咬合等操作，这样形成的空间秩序感较强，空间结构较清晰。

单元重复法。这是初学建筑常用的空间组织方法，一般配合网格构成法使用。学生可以用一两种板片单元（U形、L形等）形态作为母题单元，将其按照一定的规律不断重复相似的操作，最终形成具有节奏感和韵律感的空间。

学生需要利用板片模型进行设计方案构思，设计过程中不断地尝试板片之间的不同连接方式，观察被限定后的空间形态，然后继续进行修正和重复，最终完成设计方案和模型。设计过程分为四个步骤。

步骤1：解决“场地环境与空间”问题。首先进行场地调研，提取环境要素，利用模型材料制作场地模型（比例为1：50）；其次，结合场地环境，利用板片不同的连接和操作方式完成3个概念模型（比例为1：50）并绘制草图。最后，在环境中摆放、移动并观察模型，使学生们感受到板片对空间的塑造作用，进一步加深对空间和环境的理解和认识。

步骤2：解决“空间与使用”问题。结合场地环境，探究如何用板片构筑一个有顶的、开放的、满足结构要求的构筑物，同时满足学生交流、陶艺作品展示等功能的要求。学生结合场地制作的3个概念方案模型需要考虑一些问题，例如，如何与场地空间要素发生联系？如何营造有趣的开放空间？是否满足结构要求？如何布置功能空间？通过观察和体验，选择其中一个有潜力的方案进行深化。

步骤3：解决“行为与体验”问题。空间的主要功能是供学生逗留、歇息、社交和陶艺作品展览。通过对板片操作，学生可以想象并实现对空间的使用和体验。方案深化时，有意识地将比例人置入模型中，根据尺度塑造行人的路径和视觉体验。学习目标有两个方面，一是学会利用模型观察和体验空间，探索不同连接方式的空间效果；二是总结明确的操作方法，使得在设计中能有目的地考虑空间中的路径、光影、尺度等因素。

板片的延伸、转折、错落在塑造空间的过程中容易对人的行动路线和视线产生引导或阻碍作用，因此容易形成具有流动特征的空间。同时，在板片塑造空间的过程中，空间能够表现“内—外”“虚—实”“中心—边界”“主要—次要”“服务—被服务”“开放—封闭”“公共—私密”等特征。有意识地运用元素的重复与对比，例如空间形状、大小、尺度、比例、运动路径的改变，视线的偏移，光线的变化等，可以提供丰富的视知觉体验。

步骤4：解决“建筑制图及模型制作”问题。调整建筑方案模型，学习制图原理和基本知识，学习正确的建筑制图方法，绘制建筑的平面图、立面图、剖面图以及轴测图（比例为1∶50），完成最终成果模型（比例为1∶30）。另外，对版面构图形成一定的认识，注意图面中各个图纸、图名的位置需要对齐和对位。

观察记录

操作和观察互动是建筑空间生成过程中的重点内容，空间观察伴随空间操作的每一个步骤。空间是不可见的，但是可以通过知觉感受到。通过反复的观察与操作，可以更好地理解什么是“空间”，什么是经过设计的空间，最终将无意识的操作行为逐渐目的化和逻辑化。为了塑造高品质的空间，要求从人眼的高度来观察体验空间，反复对比空间的方向、大小，边观察边用图纸记录，研究空间与光影的变化、人的视线和流线的互动性，满足人的体验需求（图2-16）。

在概念设计阶段，大家需要保持制作模型—观察空间—记录的工作节奏，观察后用图纸和照片记录。首先利用透视图和轴测图对建筑空间特征进行提取，选择素描对空间的特征进行抽象记录，同时，也可以用拍照的方式捕捉特殊、有趣的局部空间，用于研究建筑空间的体验，加强空间知觉训练。因此，记录中视点选择、光线调整和场景表达都是需要重点考虑的环节。其次绘制平面图、立面图、剖面图等建筑图纸来记录每个阶段，不同阶段选择不同的比例绘制，概念设计阶段用1∶100的比例，空间生成环节用1∶50的比例，局部重点图纸用1∶30的比例，模型制作的比例与图纸记录的比例尺一致，共同记录一系列建筑空间的生成过程。最终大家将各阶段的设计图纸和自己的感受记录在设计手册中，用设计日志记录每一个设计方案产生的过程和自己的思考，有助于设计能力的提升。

图2-16　图纸记录
来源：作者自绘

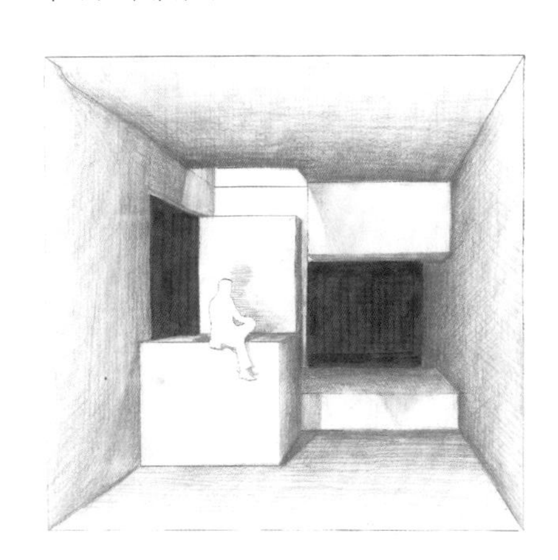

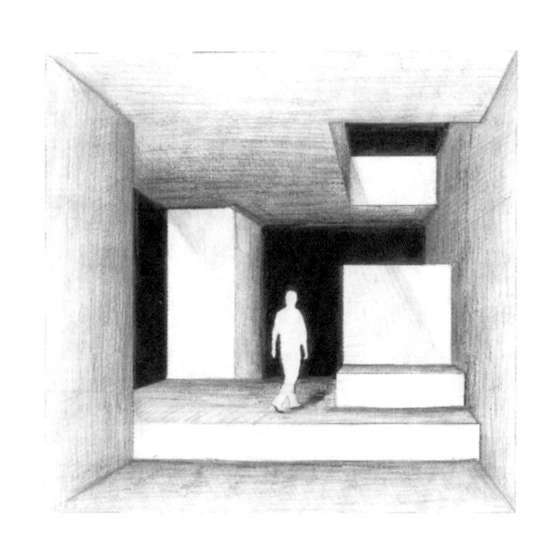

作业1：建筑学专业2022级　刘博洋

方案构思：本设计任务是在建筑学院陶艺实验室东侧入口前设计一组构筑物，要提学生交流、陶制艺术品展示的空间，还要做到尽量不阻碍陶艺实验室内部与外部的流线。为了满足陶制艺术品不被阳光暴晒和人们乘凉的要求，设计的构筑物要有顶部形成遮蔽空间。我注意到场地南侧的大树，初次构思时想到一定要利用好这一标志性要素，将大树与构筑物巧妙地结合在一起，强化此处的空间氛围，通过增添构筑物提供人们休息的区域，使空间更具有实用价值。

方案生成：场地大小为12m×4m，高度不可以超过3.6m，场地整体是一个狭长形的空间。首先，我尝试使用轻便且易裁剪的KT板片搭建模型。刚开始操作时，我使用了多种操作手法，如边与边、边与面以及拼插等，为了使其独树一帜，我逐渐丰富操作方式，将其造型复杂化。然后，通过和指导老师不断沟通以及自己的反复尝试，我发现复杂的组合放到场地环境里不仅没有起到丰富原本建筑空间的作用，反而使设计烦琐、杂乱、不和谐。增加的手法不仅没有与构筑物起到相辅相成的作用，反而有点适得其反、画蛇添足。如何既能体现自己的设计理念，又能使构筑物的板片组合看起来不会混乱冗杂呢？最后我决定使用插接的操作方式，原因有二，一是插接相比起边与边、边与面相连接，在空间设计上更具有可操作性；二是插接手法可以改变板片的形状，可以在自己的设计中适当增加具有设计师自身特色的设计亮点。顶部板片设计上要满足任务书不可大于50%遮蔽率的要求，同时满足给大树留有向上延伸的空间，所

以我决定在顶部使用两个L形板片，使其能够符合顶部遮蔽要求，同时控制遮蔽率。两块L形板片在顶部围合形成一个四边形的缺口，这样可以使原本场景中的大树合理地穿过构筑物，使构筑物与场地环境中的树木和谐地结合在一起。在垂直板面的设计中，一开始的设计理念是通过设计横向和纵向的大面积板面划分空间，并明确每个空间的具体用途，之后再根据实际用途设计流线，达到空间之间的流动。后期与老师沟通后，我重新考察了场地，发现规定的设计区域远比我预想之中的小。原本计划设计的构筑物不仅没有合理的空间划分，也没有满足实际用途的要求，使用大面积板面不仅阻碍人们行走的动线，使空间不具有流动性，而且内部的复杂结构使得留给人活动的空间减少，不符合本次设计的初衷。所以在之后内部空间的设计中，主要根据西面的两个教室和构筑物屋顶的两个L形板片划分出两个主体空间，屋顶的高低板片也使两个空间划分更加明确。在空间使用上，我设计了一个既可以放置陶艺作品，又可以作为休息空间的L形构件。北侧的空间使用了三个高低不同的板片相互插接，最高处与南侧顶部高度相同，既能突出插接的设计手法，也使整体看起来和谐统一。在模型制作时，为了区分设计的构筑物和原有场景中的建筑，也为了体现任务书中要求的混凝土板材质，我将构筑物的板片用喷漆喷成深灰色来代表混凝土板的材质，从而与白色背景即原有环境中的基础建筑区分开，地板则使用了棕褐色瓦楞纸板代表原有场地中的木质地板。我希望尽可能在模型中真实地还原场地特征。

感受与收获：在本次的设计作业中，我初次体会到建筑设计与生活是密不可分。一个好的建筑师在建筑设计时要注重利用好原有环境中的条件，做到融入原场地。设计不能只满足建筑师自己的创作愿望，更要注重设计本身的实用性。一个合格的建筑师要做到设计中既满足外观整体的和谐统一，又要保证内部空间有秩序，建筑尺度符合人体工学。当然，设计时也要善于观察、大胆创新，将自己的想法通过合理的方式融入建筑设计中。例如在此次设计中，我比较喜欢用两个四边形重叠组成的图案，所以就在构筑物南侧竖墙设计中融入了这个图案。这次设计过程更让我体会到，设计一个作品是不断尝试、探讨和精进的过程。一个优秀的作品需要不断地雕琢和深入思考，同时也需要与老师和同学多交流。

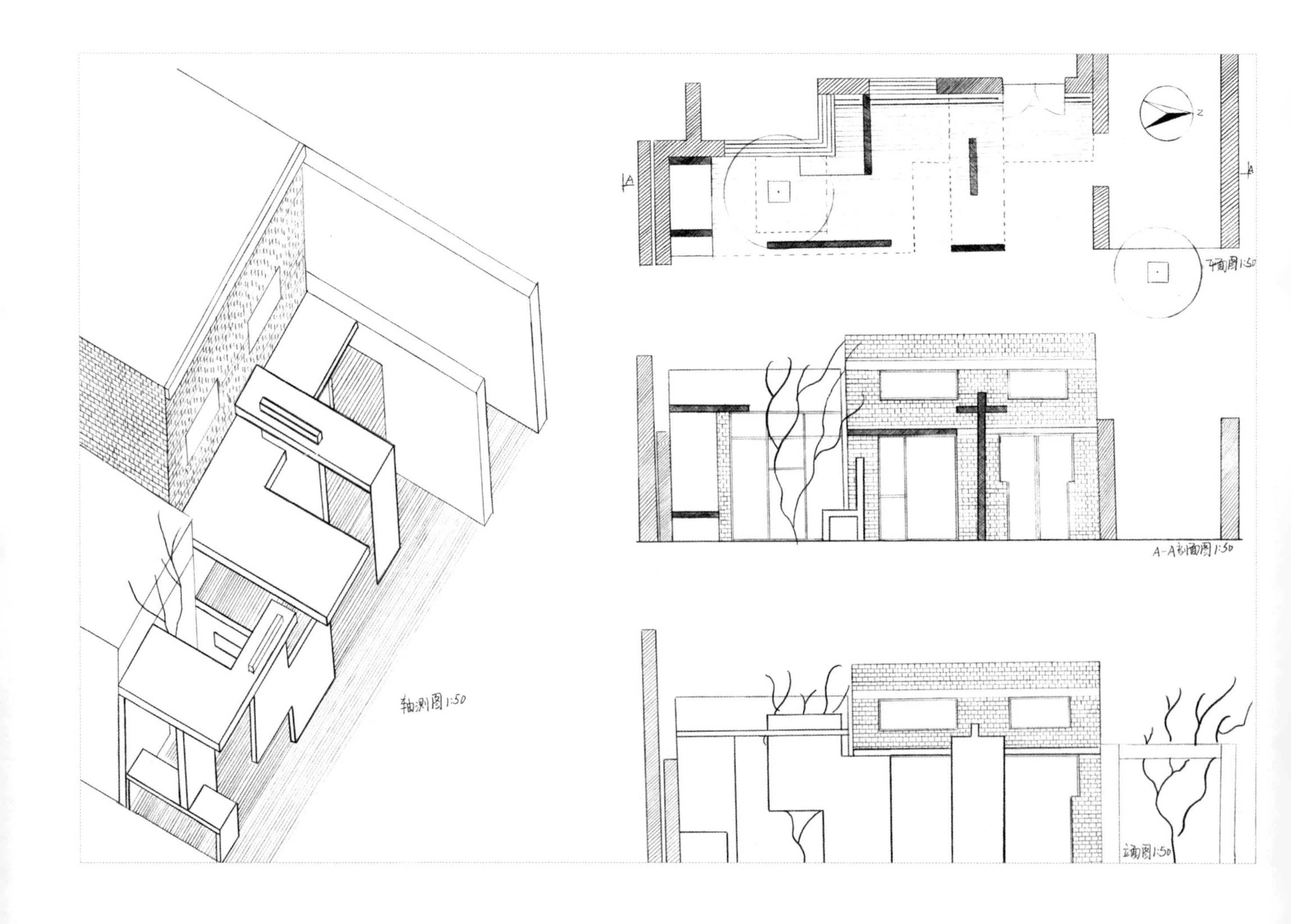

作业2：建筑学专业2022级　逯晓鑫

方案构思：本设计任务是为建筑馆陶艺实验室东侧入口区设计一组构筑物，以板片的组合方式，形成顶部带有遮蔽（30%≤遮蔽面积比≤50%）的空间，需要满足学生交流、陶艺作品展示等功能要求。在初步了解任务后，我对场地进行了观察和测量，从而对场地的尺度有了深刻的了解。考虑到陶艺实验室的基本对应关系和构筑物与陶艺实验室的契合点，我初步将构筑物的空间分为南北两个部分。基于构筑物需要满足的要求，我首先对它的高度进行了基本的确定。构筑物北侧与陶艺实验室二楼窗户下沿对齐，构筑物南侧与其紧挨的墙齐高，这样不仅能够使其与陶艺实验室有对应关系，也能在高度上有一个落差变化。然后就是从人的动线和流线来考虑构筑物内部的结构。由于空间本身不够大，所以内部空间想要做到丰富的同时又保证人在其中舒适地活动是有一定难度的。最后考虑到光线和其功能性的问题，对构筑物板片的形状进行了设计。

方案生成：在进行场地的精确测量后，老师让我们简述一下对场地的认知和想法。我当时考虑到了高度、与两棵树的对应以及光线问题。但是这些还不足以让我对模型产生初步的想法，在与小组同学交流了想法之后，我考虑的因素和着重点都明确了。在做草模之前，老师让我们查阅了巴塞罗那馆的相关资料，这使我对流线、视线和动线有了深刻的了解。第一次方案体现出来的就是我对构筑物功能的考虑。在人行走的地方，构筑物的顶部进行了遮蔽用来防雨；同时还要考虑到光影的关系，在做草模时，我采用了开洞的方式。但是由于采用了两种不同

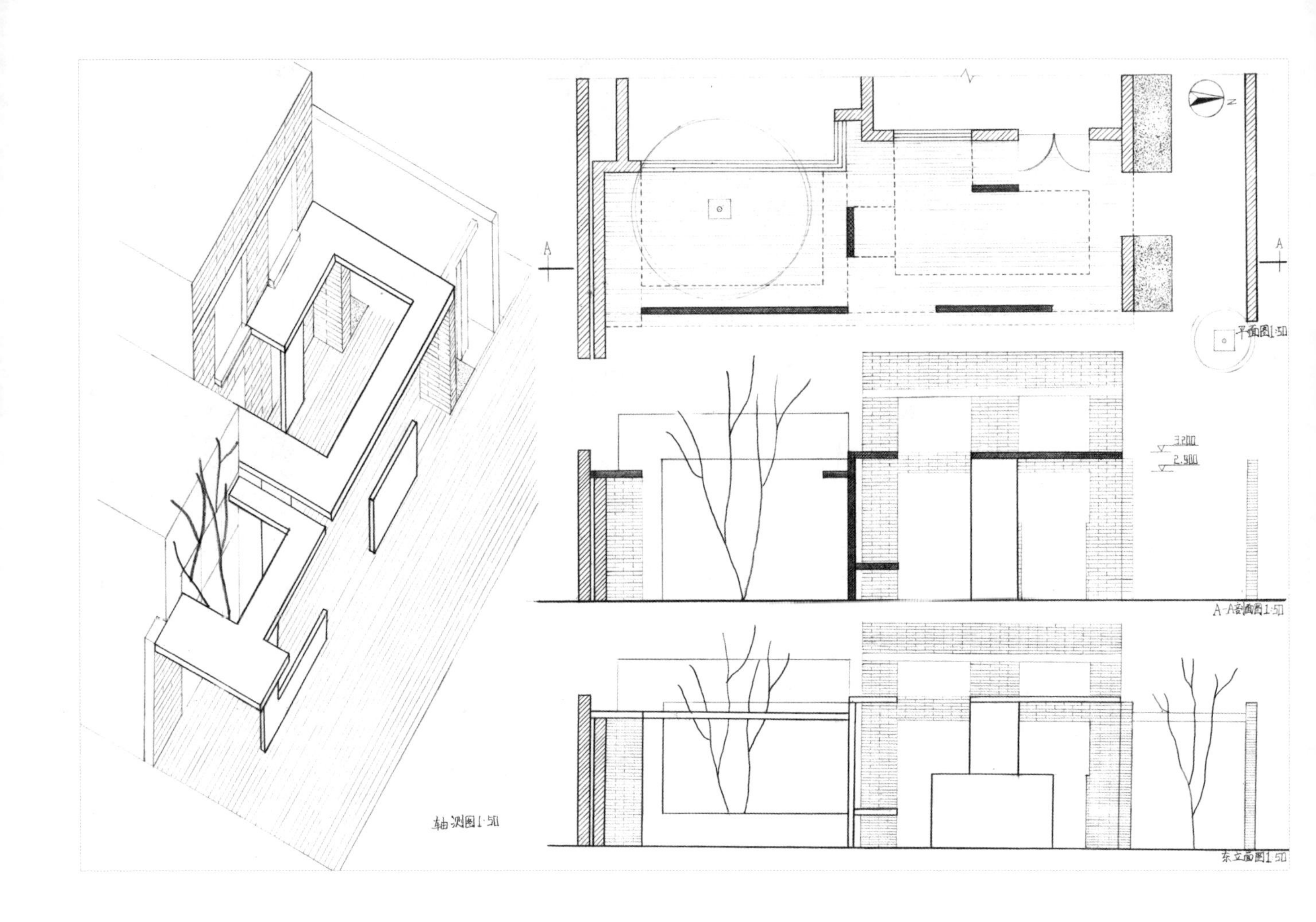

的开洞方式，顶部显得比较繁杂，没有秩序感。在紧挨南墙的地方，我设置了一排座椅并在其上方设置了遮蔽的顶部，作为一个相对静谧的空间，人们在此处可以进行休息和交谈。北侧的构筑物则作为一个动态的空间，用于人们流动参观。由于南侧有一棵大树，所以在其上方开了洞，大树可以起到一定的遮蔽作用，并且有利于陶艺实验室的采光，同时能够使构筑物与周围环境形成呼应。需要注意的是，将构筑物分为南北两部分的同时不能忘记它是一个整体，南北两侧之间的联系也需要密切一些，因此只采用了一块板片将其分割开，那么此时这个板片的尺寸和位置就需要仔细考虑一番了。在确定了板片的位置和尺寸之后，通过南北两部分的高差将其区分开，但是在这个方案中，对于高度之间的变换和南北两部分的连接并不理想。考虑到流线的问题，在构筑物北侧部分，又采用了一块板片来引导人的流动，这块板的尺寸和位置也需要进行仔细地斟酌。

第一版方案中我对尺度的把握还是比较欠缺的。在第二版方案中，我先是考虑了模数，然后在竖直方向和水平方向都采用了相宜的模数，使构筑物产生空间秩序感。在顶部开洞时我考虑到了开洞与窗户的对位关系，但是顶部的遮蔽面积还是稍微有些大，并且南北两部分之间的联系仍然没能把握好，在相邻之处的高低关系显得比较尴尬，而且在设置展览或者休息功能处的板片尺寸也有欠缺，但是大致的设计理念已经形成。在第三版方案中，我将顶部的形状简化，使其既统一又具有趣味性，并且在高度的把握和变化上也更加精确。例如构筑物南侧的顶部与这块分割板片通过“边与面”的连接方式组合起来，这样就能够使构筑物的内部空间被明显划分开的同时又能保持统一。各个板片的位置和尺寸也在老师的建议下修改到适宜。在板片设计与操作训练中，每一个板片的位置和尺寸都需要精心调整，使其合理且适宜。在这版方案中，构筑物内部空间变化有一定的趣味性但并不显得烦琐，也满足了构筑物的基本需求，经过多番修改，我对于围合感的把控也比较熟练了。在最终确定方案之后，选择了合适的材料进行模型的制作，采用了喷漆的方式将背景模型与方案模型进行了很好的区分。在最终图纸绘制时同样进行了无数次的修改。最初绘图时，由于剖切位置、黑白关系等掌握不好，错误还是比较多的。在老师指正之后，我重新绘制了A2的图纸。我用计算机绘图软件修改时，最初也没有考虑到比例与大小是否合适，在一次次的修改与调整之后，完善了不少。

感受与收获：在此次板片训练中，首先，我对于尺度的把握更加准确了。其次，我认为在进行设计前查阅和了解相关设计对我们来说十分重要。学习建筑学的目的就是能够设计出更加实用、美观、内外部功能相互协调的空间，所以我们需要尽可能多地欣赏世界各国的著名建筑，同时加强实践环节的训练。见识的建筑物越多，我们设计建筑时考虑的角度和设计的方法也会越多，不会再局限于自己头脑中建筑物的简单构造。我决定在平时的学习过程中，多看一些著名建筑的图片，临摹一些建筑钢笔画，亲身去现代化大都市欣赏当地的建筑风格，吸取它们的设计精华并应用到自己的设计中来。最后，我的Photoshop使用和画图能力也得到了很大的提升。现在科技发达，基本使用计算机软件绘制图纸，但是最基础的手绘却被忽略了，老师要求我们进行手绘图纸，让我更加深刻地体会到建筑的魅力，基础能力也得到了提升。如果把建筑学比作一座学问殿堂，那基本功训练就是登堂入室前的热身。只有我们脚踏实地地学好基础知识，才能将这些知识更完美地运用到以后的每一个建筑设计中，设计出更加满足人们需求的建筑。虽然设计和修改的过程是辛苦的，但是当看到最终模型呈现在眼前，心里有满满的幸福感和成就感。

作业3：建筑学专业2022级　尹文硕

方案构思：本设计任务是在建筑馆陶艺实验室东侧入口区设计一组构筑物，以满足学生交流、陶艺作品展示等功能的要求。首先是对场地的确定，场地平面尺寸约为12m×4m，板片边界不超过北侧砖墙，同时要考虑原有场地的门洞、立面、树木等不可变因素。我的设计思路是，由于场地范围较小，所以用简洁的风格，同时以满足正常的进出、与原有场地的结合为主要目标，还要注意构筑物整体的风格趋向一致，空间与人体尺度、行为活动之间的关联性等问题。

方案生成：考虑到环境中最显眼的因素——树木，我最开始的设计思路是要将构筑物与这一因素结合起来，同时考虑到陶艺实验室南侧的高墙遮挡导致日照时长很短，于是我便想出L形顶部板片的设计，这样既不会与原有树木冲突，又满足了室内采光。由于陶艺实验室有两个高度的变化，为了保证构筑物整体的风格一致，于是将一个顶部板片拆开分成两个具有高差的L形板片。最后将三个用作支撑的板片置于两侧和中间的连接处，方案的整体轮廓就确定了。在内部的构建上，我运用三种尺度的板片将空间进行分割，同时满足学生交流、陶艺作品展示以及空间遮挡的需求。在最初方案中，由于小尺度板片的运用太过杂乱，与整体简洁的设计风格相违背，于是在第二版方案中，去除了大部分小尺度的设计，改成与整体一致的L形座椅。考虑到人体尺度和活动空间的问题，我将阻碍人进出陶艺实验室的承重板片位置做了调整。同时，我观察到陶艺实验室有两扇落地窗的设计，所以将内部板片改为平行关系的统一尺度，这样不会阻碍人在室内观察室外时的视线，且让人在空间内部更加舒适，方便交流和讨论。在后续的改进设计中，考虑到天气因素的影响，我在北面墙体与陶艺实验室门口之间设计一处U形的顶部板片，目的是当雨雪天气时，出入场馆可以有开伞收伞的缓冲区域。在最终确定的方案中，我将U形板片改成与整体风格一致的L形设计，并将所有板片的长宽做调整使其符合模数要求。我还使用比例人模拟真实场景中在走进构筑物时的直观感受，结合材料受力的特点将一些板片的连接位置做了调整。

制作过程：构筑物的材料为150mm的混凝土板，在中期模型制作过程中采用便于切割的KT板片作为材料，在确定好最终方案后，用雪弗板制作环境和构筑物模型，并用灰色喷漆对雪弗板进行上色，模拟出混凝土板材料的颜色和质感，也可以与背景环境区分开。同时，我采用黑色瓦楞纸板作为底板，模拟场地的防腐木平台的纹路。在背景的制作过程中，我采用雪弗板拼接的方式制作出陶艺实验室以及南北墙体的环境模型，用玻璃纸和黑色贴纸模拟出门窗，并且观察场地中两棵树的形状，找到类似的树枝模拟场地模型中的树木。在模型制作过程中，我先将底板和背景模型以及环境树木结合成一个整体，再将构筑物分开制作，这样后期方案修改以及确定方案后的喷漆过程都会比较方便。最后将二者结合，再加上比例人来塑造出场景感。在制图的过程中，我先将绘图纸固定并绘制边框，再用HB铅笔打出底稿，将墙体以及被剖切的构筑物用2B铅笔排出斜线，最后加深轮廓线。在画图时，为了防止画面被蹭脏，我用拷贝纸将空白的位置盖住，并在画图前将制图工具擦拭干净，防止画面被蹭脏。

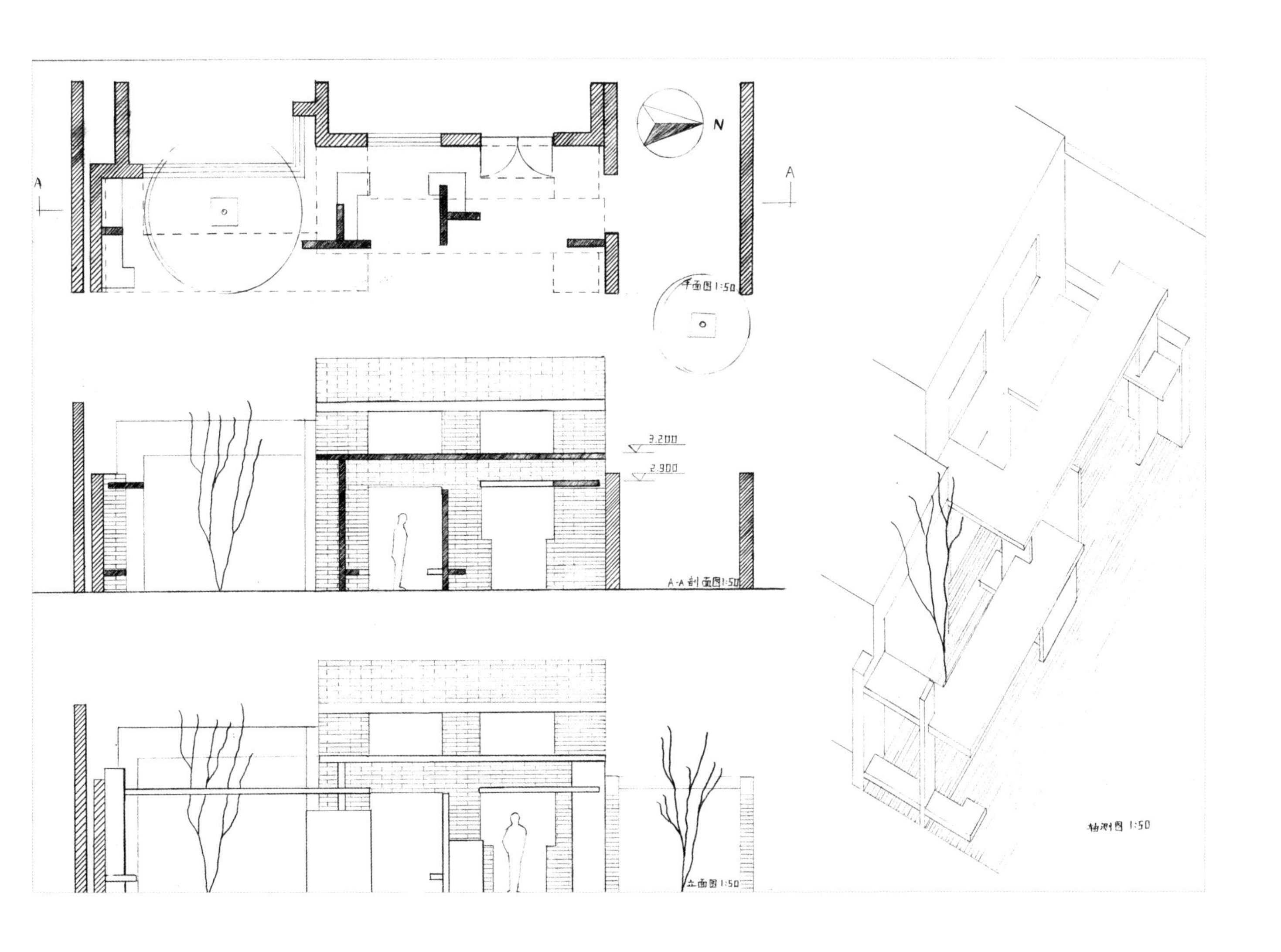

感受与收获：在这次的设计任务中，我切实感受到了人体尺度、行为活动、直观感受对空间设计的影响，同时，在设计的过程中要首先考虑所设计的构筑物与周围环境的关系，其次要明确自己所设计作品的整体风格和主要功能，最后要在设计中考虑美观性和设计亮点。这次任务不仅提升了我的设计能力，同时也加强了我制作模型和绘图的熟练度。

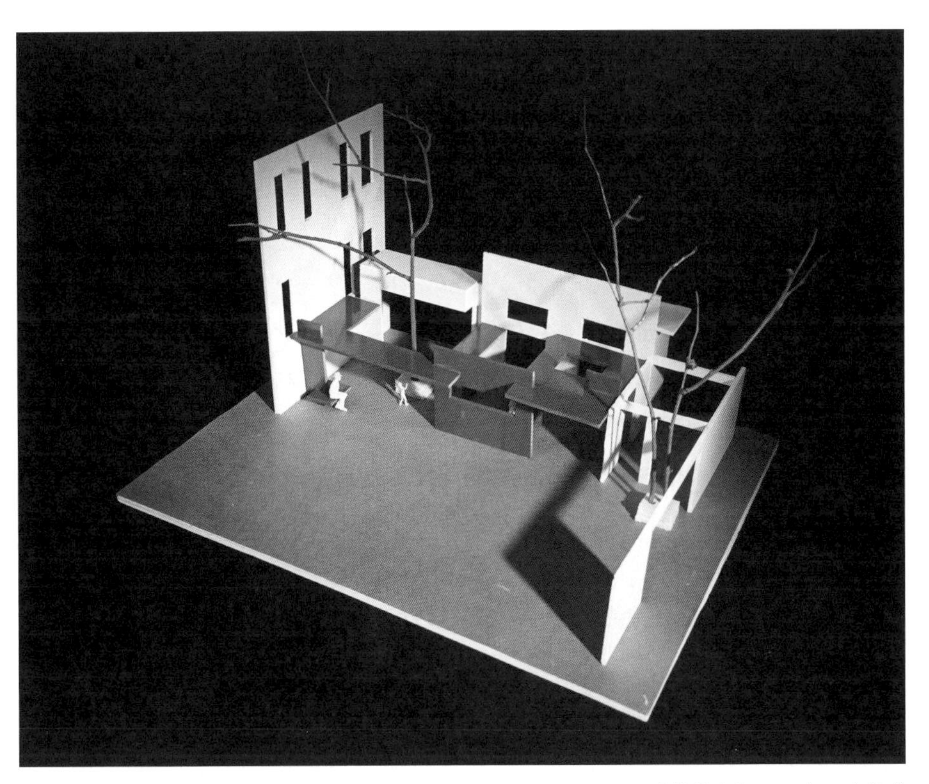

作业4：建筑学专业2022级　李梦琳

方案构思：这次任务的题目是板片操作，顾名思义，是利用不同板片的组合方式来进行空间塑造，同时还要考虑空间与人体尺度、行为活动之间的关联。具体设计任务是为建筑馆陶艺实验室东侧入口区设计一组构筑物，来满足学生交流、陶艺作品展示等功能的要求。在构思方案时，我考虑到的要素有场地南侧的大树、三面围墙的形状与高差，以及周围窗口的位置与形状。考虑这些要素的主要目的是让这组构筑物能更好地融入基础环境中，使其整体看起来和谐美观。同时，要考虑空间的划分，场地的东西向较窄，所以主要考虑的是南北向的空间如何合理划分。我初步设想与后面的建筑划分一致，就是在设计上分为左右两部分，左侧原为大落地窗，还有一棵大树，我想新建构筑物的视野开阔一些，右侧空间较大，再做一次划分比较适宜，所以通过墙体和顶的处理，将右侧划分为两部分空间。

方案生成：我最初是从场地南侧的大树开始考虑的，我认为这棵大树是整个场地的点睛之笔，新建构筑物不可以挡住这棵大树，又基于后面墙体的形状是一个L形，所以将后面的墙体复制粘贴过来，形成了构筑物的第一部分。接着往北，可以看到由西向东的一面墙，如果不看后面的走廊，这面墙好似没有盖完，我认为这是一个很好的入手点，因此我从这面墙上延伸出来一个顶，顶上的孔洞仿照后面的窗，这样孔洞好似窗的倒影。接着我考虑到的是陶艺实验室的门以及其南侧的窗，门是供人进出的通道，窗是视线通过的通道，所以在门的前方同样设置一个供人进出的通道，在窗的前方则设置了一个比较大的窗口，高度大概从人的臀部到头顶上20cm，在北面同样设置一个竖向的小窗口。然后要考虑的是如何将这些部分连接起来，我采用了铁轨式连接，即自南向北串联起来。这样完成了第一版方案，设计存在几个问题：元素太多，整体看起来非常杂乱；顶部凸起突兀，没有呼应；靠近走廊一侧四周围合过多，接近一间房子；顶部出现了杆件，不符合任务书要求。我在此基础上改出了第二版方案，从南向北第一部分，是高度与南侧短墙一致的顶部围合，端部设置一处板片，顺延出一个座位，供人休息，这样做落地窗前侧的围合很少，几乎没有遮挡物，大大提升了屋内的采光效果。第二部分是有长条形孔洞的片墙，孔洞的高度在1.4～1.8m，通过这个孔洞，让内外的空间联系起来，流通起来。第三部分是一个带有孔洞的顶，孔洞与窗口、门洞相呼应，和谐美观。整体环境东西方向上宽度比较窄，若设置过多板片，会显得比较拥挤，若没有板片，在东西方向上便没有层次感，会有一眼望到底的感觉，所以如何增加东西方向的层次，我认为是此次设计中比较难的部分。经过老师的指导，我选择把最北边的竖向板片后退到与孔洞对齐，这样既增加了东西方向上的层次，又使整体显得不会那么呆板。至于南北方向上的层次，我设计得比较简单，在中间竖向错位设置了两块板片，在板片的连接方式上，我大部分使用的是拼插方式，局部使用了围合方式。总的来说，我是从场地周围的元素开始设计的，思考怎样才能放大场地中的优点，让人有更好的使用感受，并使整体看上去具有观赏性。最终呈现了一个简单但是具有趣味性的空间，会带给人不一样的空间体验，从北侧进入构筑物，四面都有通道但四面又都有围挡，继续向南走，会豁然开朗，走到一个像小花园的地方，大家围绕大树坐下观赏陶艺作品或是闲谈，都具有相当好的氛围。

反思总结：在最初的设计中，我过多地考虑了构筑物的功能，也就是满足学生交流、陶艺作品展示的要求，一直在思考哪个地方做学生交流的空间，哪个地方做展示空间，甚至给不同大小的陶艺作品设计展示柜台，但是最后的成品不是很理想。所以在设计的初始阶段，不要过多地考虑功能，这样会大大限制思路，我们初期应该想的是如何利用板片将这个空间合理划分。不是多就是好。在第一版方案中，明显可以看到我使用了很多板片，因为我想通过增加板片的数量来让空间更丰富、更有层次感，但是我忽略了人的使用感受，我们的设计最终是要给人来使用的。这次的场地面积只有12m×4m，过多的板片会让场地内的活动

空间变得很小，当然也没有办法满足人们交流、展示作品的功能要求。在这样比较小的场地，我们只要通过几个简单的板片将空间合理划分，一样可以达到空间丰富、尺度合理的目的。在整个设计过程中，与环境的关系是非常重要的考虑因素，因为我们的设计最终都是要放进环境中去的。目前我认为建筑与环境的关系有两种，一种是凸显，就是从整个环境中标新立异出来；另一种是融合，就是把建筑融进环境里去。很明显，我们这次设计的构筑物是第二种，要把这个构筑物融进陶艺实验室以及周围的环境中，这是我在整个设计过程中都在考虑的。我们做的所有设计，归根到底是给人用的，所以设计中的一切尺寸都应该从人的体验感开始考虑，我们可以在日常生活中多留意建筑尺度带给我们的感受，这会对自己的设计大有裨益。一些标准的尺度要从书上查找，不可臆测。在整个设计过程中，我们要始终牢记设计的目标和概念，可以随时进行调整和变更，以便实现最佳的设计效果。

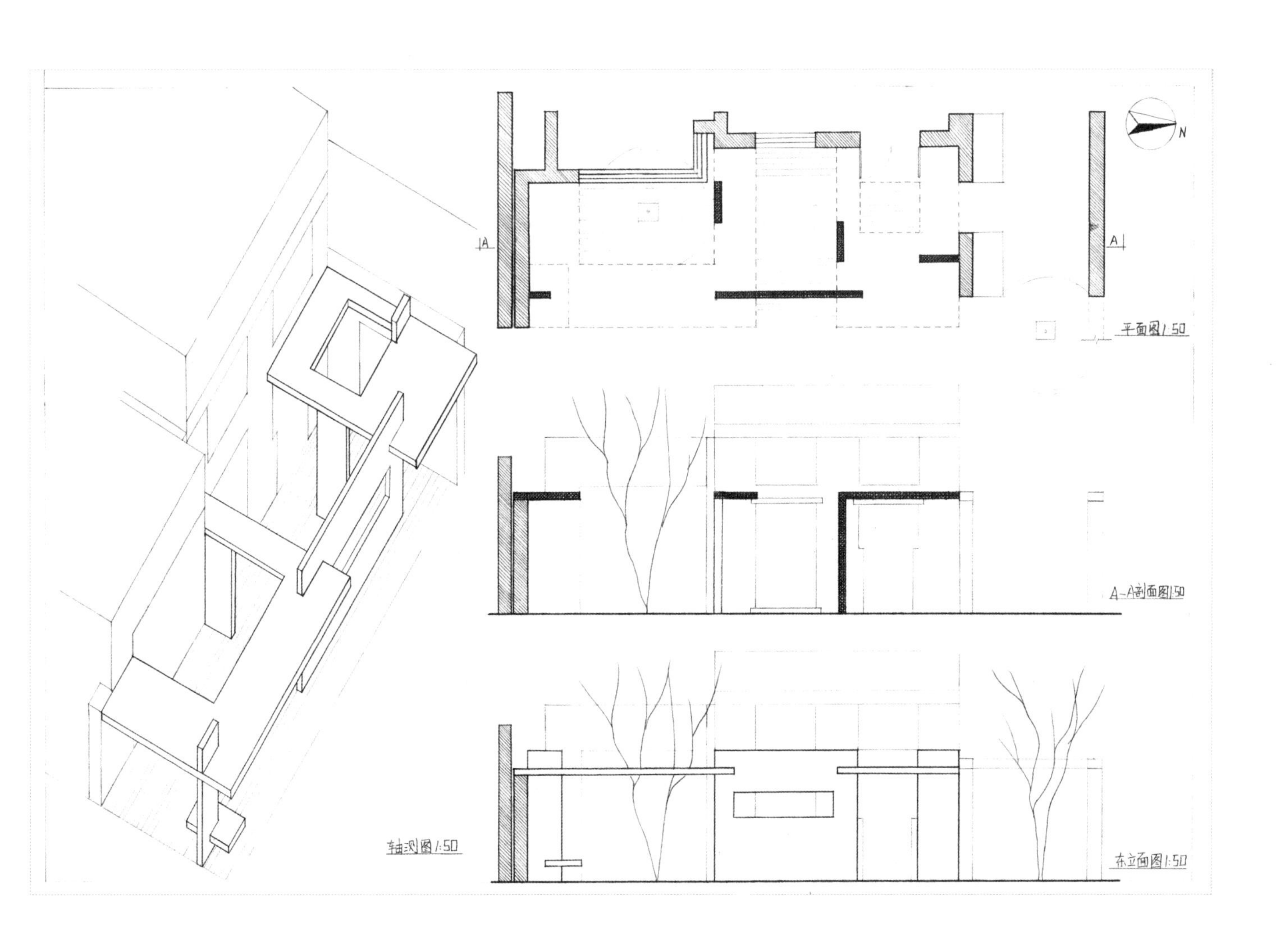

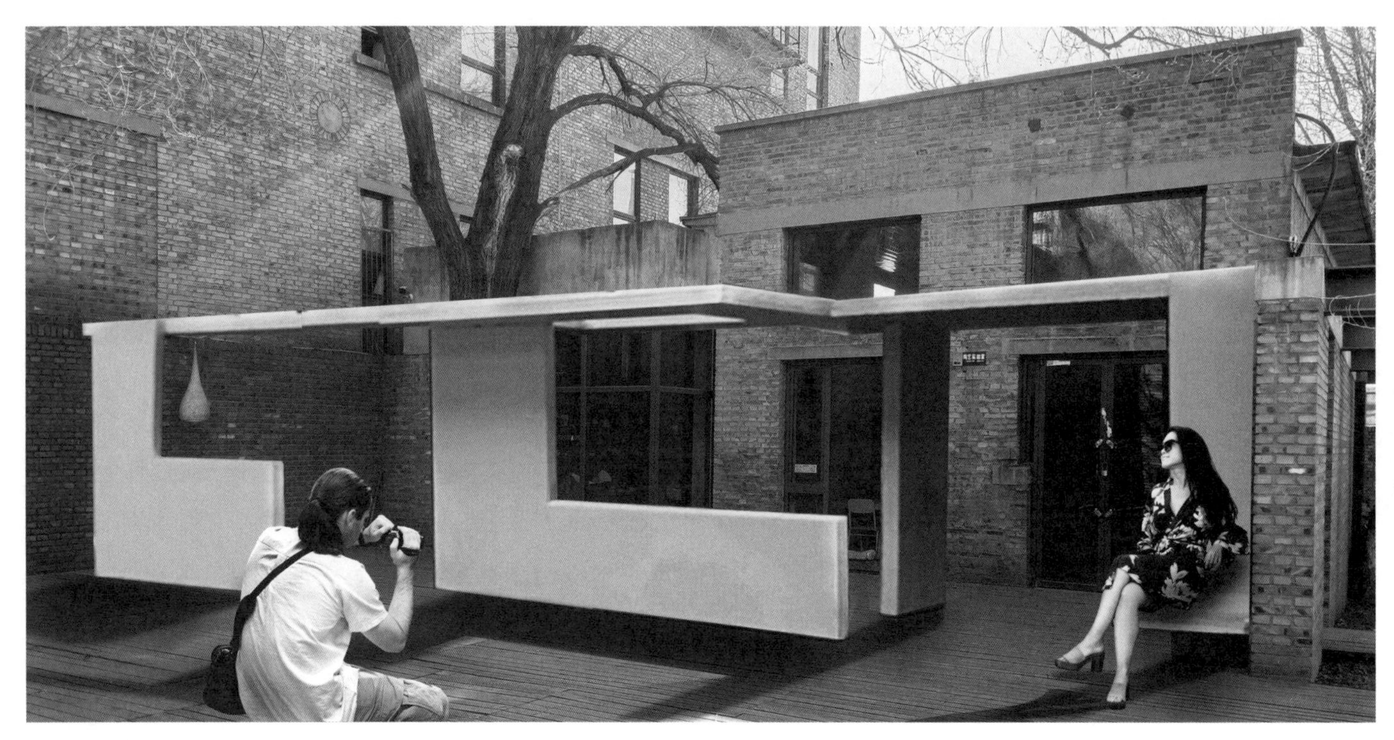

作业5：建筑学专业2022级　刘禹含

方案构思：本次任务训练的题目是为陶艺实验室入口设计一组构筑物，满足学生交流和陶艺展示等功能的要求。老师提前发布了任务书和其他资料，随后在课上统一讲解，并带领我们对场地进行踏勘。我了解到，做一个任务首先要满足任务书的要求，其他的都是次要的，所以在通读任务书以及观察场地后，我有了初步的理解，包括进入构筑物的流线、光线，构筑物和基地两棵树的呼应，板片高差的变化，模数的运用，交流和展示的空间，以及休息空间。其他同学也相继说明观点，随后老师告诉我们，初期要多考虑大方向而非细节，所有人都应该注意到这个问题。接着我们去了场地开始测量，小组合作，通过数砖的方法估计背景的高度，最后多组数据一起比对。

方案生成：在第一版方案中，我把公共空间和私密空间分得过于清楚，分出了学生路线和参展路线，板片高度的变化也有悖于人的行为尺度。接着老师向我提出三个问题：①这条路线如果是学生路线，那参展人就不能走吗？②顶部的板片为什么要留一条缝？③树旁边的板片为什么这么高，有什么依据？我的回答是参展人也可以走，留缝是想有顶部板片宽度的变化，高是想做出一个私密空间供师生交流。在听过老师的见解后，我的想法都是无意义的，一个空间应该可以做很多事，可以交流，可以展示，亦可以休息；顶部可以对位，可以做雨棚，而且不需要有太多东西，人需要感受的是空间；板片可以有高差，但要有意义，而且视觉上一定要舒服，要以人为主。同时老师也表示板片顶部也有些问题，看起来并不符合任务书要求的遮蔽空间大小，整体看起来有些呆板沉闷。在有了改进方向后，我进行第二版方案的设计，同时阅读了《空间、建构与设计》，学习了巴塞罗那世博会德国馆的设计，了解到不同板片功能不同，有的是引导，有的是划分，步移景异，站在不同位置要和不同板片呼应；知道了空间层级的划分、层级和陈设的关系等。然后我改进了游览路线和纠正了第一版方案中出现的问题，老师看过之后依然觉得中间一些板片有些问题，遮挡了陶艺教室的门窗，影响了室内视线。同学的方案或在浏览路线上下功夫，或在板片造型上开洞，做出光影变化。我个人比较倾向在板片上开洞，因为我看很多人这样做，觉得这样是对的，然后就有了第三版方案。第三版方案里我在两个板片上做了减法，做出一个展示台的感觉，类似一个窗户，同时用照片记录过程，以人视点为主，老师给我们讲解如何拍照，怎样才能有纵深感和场景感。我拍出来的照片纵深感并不强，场景感也较弱，仔细考虑之后，我觉得是板片放置的位置不好，没有同步感受人和板片、人和空间的关系。然后我在此基础上移动了开洞的位置，在两棵树附近增加了座位供人休息，算是与树的呼应，同时窗户和门都没有挡上，有对位，也有展示和交流空间。以我自己审美来看，这可能是我觉得最好的一版，但是后来在和老师的交流中，发现这一版还是有很多问题，中间做得太像一个盒子，像房间不像构筑物，板片造型太多，不符合任务要求。由于当时正好到中期交图时间，改得很仓促，像盒子的问题规避了，但是造型上依然不舒服，有的墙顶部没有覆盖，看着可能不太合适。中期交过图后，图纸表达也出现了一些问题，地平线位置太低，鸟瞰图方向不对，图纸中错误比较多，黑白灰关系弱，没有标高，板片尺寸不对，剖面图剖到的和看到的有些问题，以及指北针大小及位置不合适，人画得过于复杂，地线稍细，树坑不用表达……针对这些出现的问题，我又继续改动了方案和图纸。中期过后，老师统一讲解了一下，大部分同学出现的问题都是一样的，如剖面图的“剖”和“看”搞不清，板片上多数加了造型，有的甚至做成了杆件，我的设计中同样出现了这些问题。在最后一周时间内我想着该怎么规避这些问题，板片形状怎么改正，让空间不要过于复杂，也不会看起来太空。之后我征询了其他同学的意见，最后决定裁去看起来多余的板片，让立面看着规整一点。在最后一次成图里，我加上了雨棚，更改对位位置，改变顶部形状，其余板片顶部不裸露，把L形板片改成长方形，减少造型上的问题，老师的评价是

"舒服了很多"，靠墙的板片还可以再动动位置。按要求我又稍微改动了一下，模型上增加了一点纹理，然后喷漆，区分出材质的变化，我在图上修改了上一版的问题，尤其注意了剖断线的位置。墙砖的部分我尤其注意了一下，发现砖的排列和我想的有点出入，常是半块砖配一块砖，按照这种排列逻辑我改变了图里砖的画法，同时也按照场地砖的行数等比例缩小到纸上。

感受与收获：在这次板片任务里我收获不少，学会了看图纸，知道了板片和空间的关系等。这是我们第一次接触手绘图，在绘图的过程中出现了很多问题，我一遍遍地把容易出问题的地方做了改正，彻底弄懂了剖面图中剖到和看到的关系，明白了黑白灰的对比关系要清晰明了。这个任务里我认为比较难的部分是模数的运用，模数在前人的建筑设计中十分流行，从柯布西耶的年代开始，基本平面图里的各个房间家具都有比例上的依据。在这次任务里我掌握不好模数和平面尺寸的关系，觉得同时平衡门窗的视线和模数的关系有点难，作为构件的板片长宽比设置没有规范，我争取在下次任务中多加改进，把模数关系运用进去。

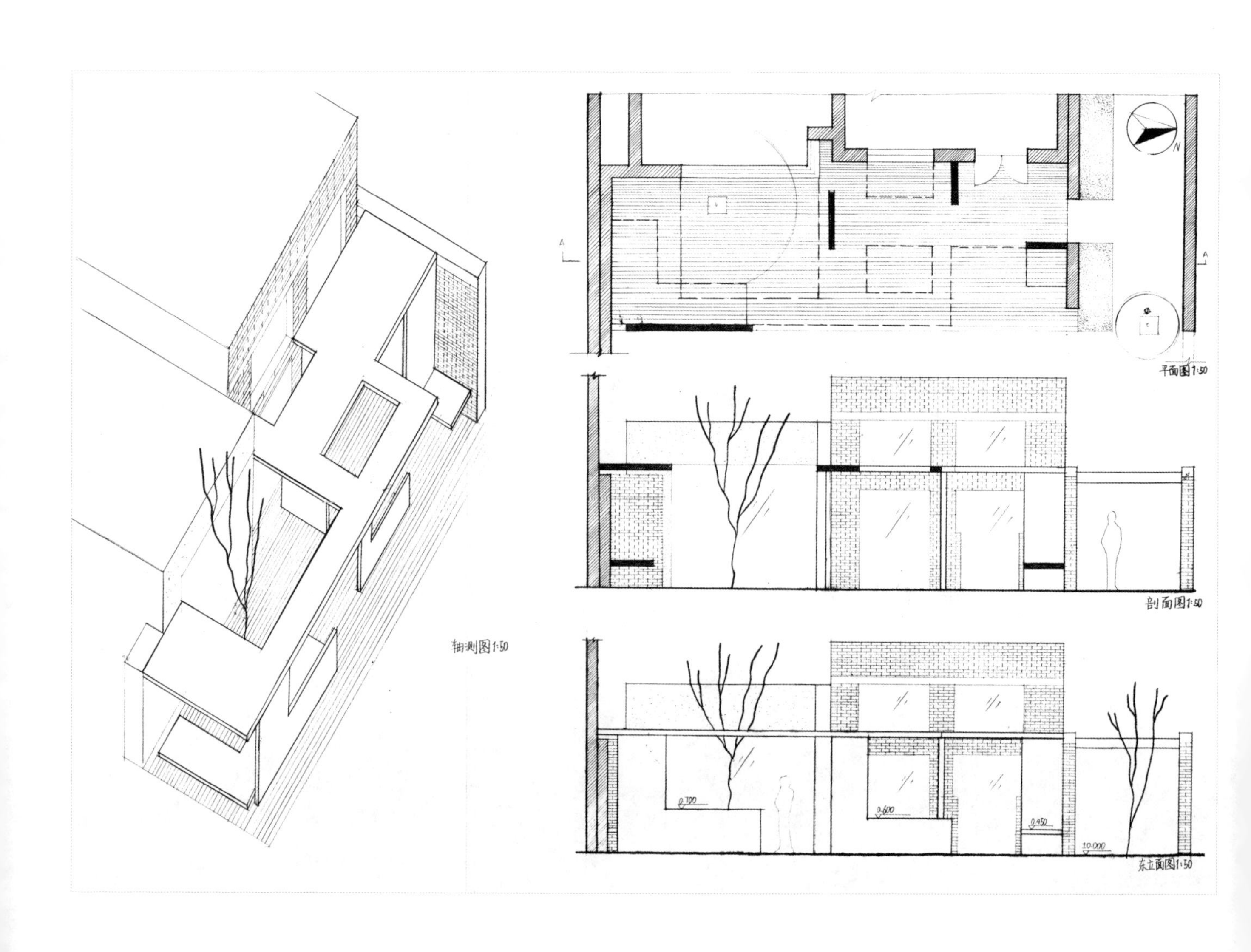

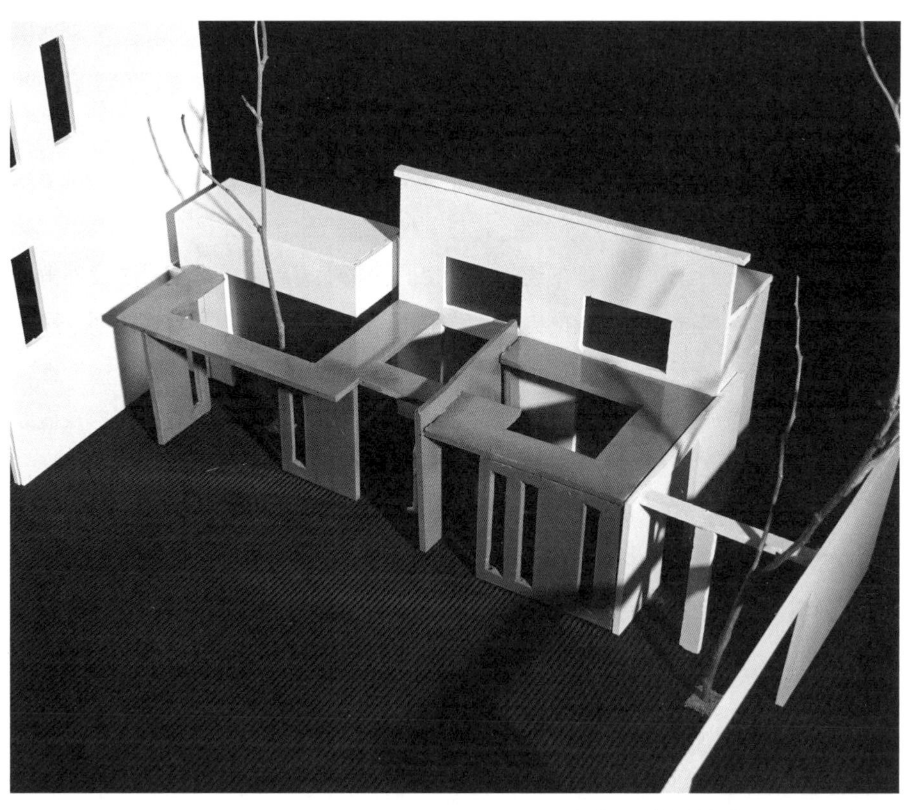

作业6：建筑学专业2022级 张梦瑶

板片前置训练：为初步探索板片连接方式，增强对透视关系的理解，我们首先进行了板片前置训练。利用边与面、面与面、边与边三种连接方式，以及给定模数的五块矩形，在规定范围内搭建三种单一连接方式的亭子，并最终将亭子与实地场景结合。此次前置任务有两个难点，一是如何用单一的连接方式将亭子设计出新颖点，二是如何将视线、流线、光线进行“三线合一”。

实际动手操作时，在三种连接方式中，面与面的连接方式最能呈现创造性，其次是边与面。在模型拼接过程中，把空间设计成“方盒子”是最容易犯的错误，尤其是边与边的连接方式。所以如何使亭子和外部环境进行合适的联系是设计的突破口。我在设计过程中学习到了几种手法，对位关系可以使空间具有协调的美感，让空间均质；虚实关系可以通过改变亭子内部与外部环境的联系度，以及人视线的可及范围，使亭子虚实交错，富有层次感；动静区分割能够更好地符合人内部活动的行为逻辑；光线可以强化建筑体量关系，高低错落的墙体以及合适的承影墙，可以让空间更加灵动；构筑物的空间高度可以影响入亭者的心理或者给予某种特定氛围，让空间更具故事性，让入亭者不觉单调。

板片设计构思：本设计任务是在建筑馆陶艺实验室东侧入口区设计一组构筑物，以板片的组合方式，形成有顶部遮蔽的空间。首先对入口区域的场地进行大致测绘，实地感受，我发现有树的南面适合作为静区，而北面有出入口，适合作为动区。陶艺馆南面被高墙遮挡，该区域采光应设计合理。该构筑物具有展示和交流的作用，可以设计多通道出入口，顶板引导流线、板片分割空间从而具有趣味性。为了让动静区形成关联，我将尝试用整条板作为构筑物顶棚，并在上面开洞以达到采光效果。

板片方案生成：在一草方案设计前，指导老师让我们通过了解巴塞罗那世博会德国馆，对它的设计进行提取和概括。大致了解并在与同学进行交流后，我心中有了对于板片空间的理解，德国馆采用“少即是多”的设计理念，自由布置的隔墙所形成空间形体上的贯通流动，建筑室内外边界感模糊，使建筑与环境融合。墙体分割后形成迂回的空间感受，达到使游客产生丰富空间变化的效果。第一版方案设计仅考虑了板片间的逻辑，在空间秩序上有一定欠缺，且过度理解该区域的功能性。基于对德国馆的分析，我的下一步设计首先想要解决空间秩序问题。一是我对北墙入口处和南墙树下区域的板片做减法，对中间连接处做加法，通过改变空间仪式感的强弱，使空间有了对比与变化；二是对于一些遮挡人视线的板片，我选择了降低至人视线或者在板片下方开洞，增加空间视线的可达性，使人在一个空间内可以感受到视线上的空间叠加；三是将符号化的要素置入板片，在装饰性空间中营造画面感，我在板片靠近边缘处开洞口，当人走过这些洞口时，可以看到环境如画面般闪过，具有朦胧美感。第三版方案对空间尺度进行细化，将设计的构筑物与实地环境进行呼应与融合。先拓宽了人行走的通道，让顶板的洞口与二楼窗户和北墙入口具有对位关系，并对板片大小进行了模数处理，使板片自身有一套逻辑。绘制实景图时，首先是把握透视关系，其次是模型和场地的受光情况应保持一致。在细节上，要保持地平面在合适位置，地面和天空要适当露出，图片的明暗关系要明确，突出主体且不突兀。

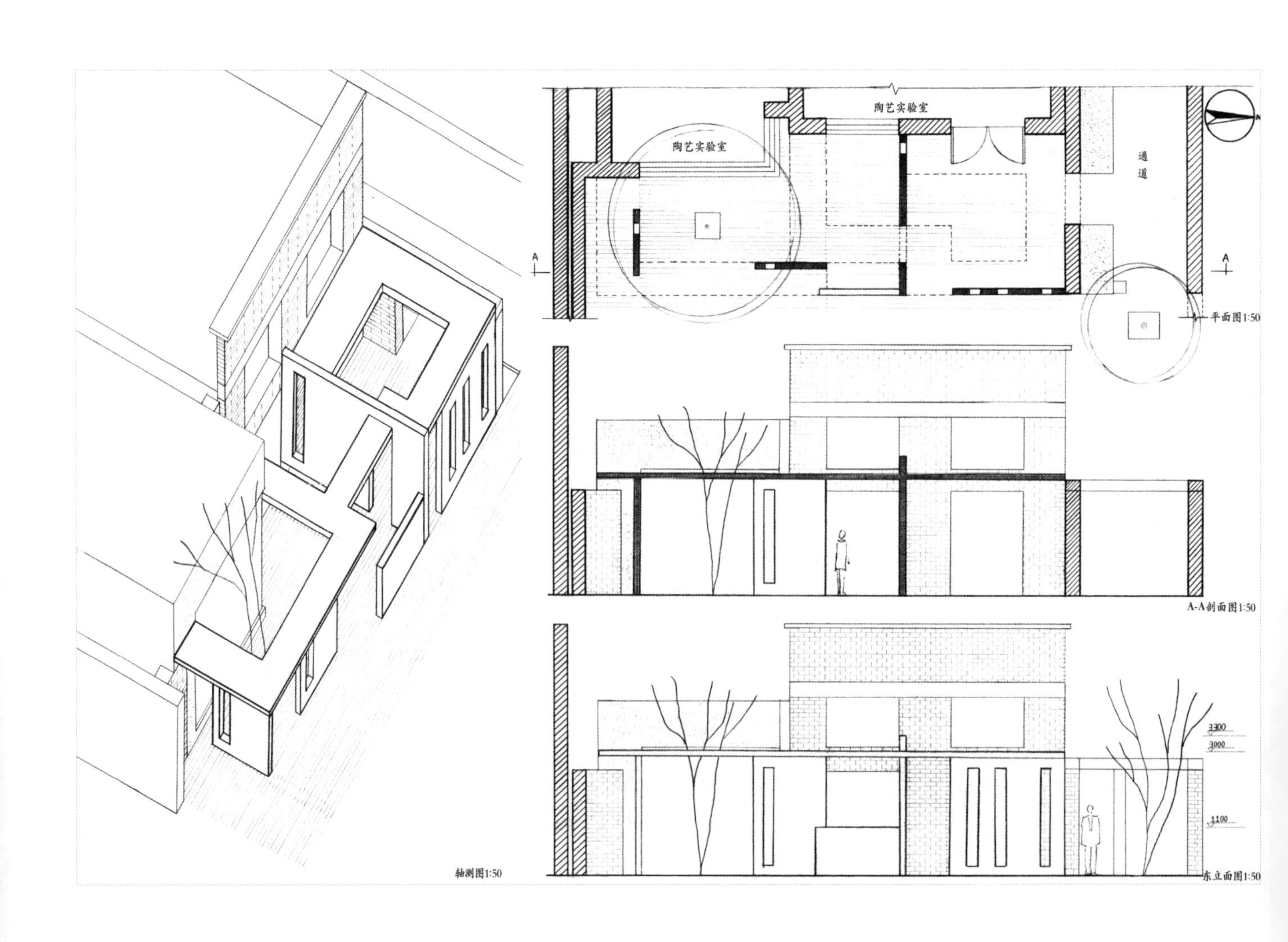

模型制作及绘图过程：实地测量是制作模型的第一步。第一次进行测量时，我并不知道哪些该精细测量哪些该粗略测量。测量完数据后先用KT板片做实验模型，在制作模型时就能看出我在许多地方都没有搞清楚是否应该精细测量，导致在做模型时数据总出现问题。所以在做模型之前，应该对场地中建筑的整体尺寸进行精细测量，而对门窗内玻璃的分割尺寸不必过分要求。在做最后模型成果时，我用黑瓦楞纸板做底板，加强场地地面的质感，最后将设计模型进行喷漆处理，选用更贴近混凝土质感的灰色。绘图时我最开始并没有搞清剖切关系，剖到的地方画灰色，而看到的地方则不用处理。然后我通过更换铅笔的规格和调节下笔的力度，改变绘图的黑白灰关系，使画面主次分明。最后我把握好砖和比例人的尺度，在实际测量后按比例呈现在绘图中，不能自己想当然。

收获与感想：通过本次学习，我意识到在每次设计前学习著名建筑作品的重要性，在此基础上会更快找到设计方向，将学到的技巧运用到设计中。对场地的感知力也十分重要，通过前期感受场地的特点从而找到突破口，后期需要从人的感受出发找到方案的不合理之处。即使在计算机制图如此方便的今天，手绘作图仍是体现建筑师能力的一个重要指标。一步一个脚印地做好设计，将学到的知识综合运用到方案，虽然过程可能艰辛，但当我的方案定稿，模型做出来并展示时，心中的成就感可将疲倦抹去。

作业7：建筑学专业2022级　于欣平

方案构思：此次任务是在建筑馆陶艺实验室东侧入口设计一组构筑物，要满足学生交流、陶艺作品展示等功能的要求。给定的场地不大，又要考虑到展览与休憩功能，我认为空间应当首先满足功能要求，同时空间应该有趣味性。我开始思考在这个不大的场地如何塑造出多变的空间。因此我想用对位关系给予人空间限定的感受，并用矮板片限制路径但保持视线联系，同时使内部空间不闭塞，使空间具有流动性。由于建筑本身窗户及窗沿的高低不一，所以构筑物也有高低变化，顺应场地环境的变化。场地内有一棵树，也成为设计的限定条件，需要在设计时加以考虑。由于给定场地位于建筑馆背阴面，几乎没有直射光照，所以采光问题不用过多考虑，这也降低了此次作业的难度。

方案生成：开始时老师让我们了解了巴塞罗那世博会德国馆，我被它的空间的流动性所吸引，受它的启迪我决定从流线入手，于是先规划了大致流线，除主入口外打算再设置三个入口增加选择性，又依据流线划定了顶部的遮盖区域。门的主要功能是供人进出，所以门前只进行简单遮挡，展览少数作品可以吸引大家进入陶艺实验室，同时我想保持构筑物与原建筑物契合，因此需要保留角窗原有的特性，窗前尽量不进行遮挡，形成开阔的视野是最好的方法。起初我设置了一个角窗，但这样重复的设计略显冗杂。由于是狭长空间，所以视线的阻隔与空间的划分尤为重要，我将其分成休息区、主要展区和次要展区，三个部分利用高低的变化让人产生不同的体验感。休息区空间大、视野开阔，主要展区功能聚焦于观赏展品，次要展区位于门口位置，高低变化也使构筑物整体有向内聚拢的感觉，强调了主要空间。添置板片时我主要采用了方形板片及L形板片，L形板片主要用来连通视线，方形板片主要用来阻隔视线，并用错叠的手法作为一种隐晦的连接方式。入口处采用整体错落但又有联系性的方式可以增加空间的趣味性。在窗前采用垂直于窗的板片，以便于实现视野开阔和空间丰富的效果。起初构筑物内部空间丰富但整体缺乏联系，各自有各自的功能和意义，无法统一，因此我将顶部连接使整体贯穿，解决了整体性的问题。但又由于顶部的处理不当而显得既繁杂又缺乏逻辑，经过不断地删减与拼补，终于得到较为简洁的与内部空间相呼应的效果，使内部空间得以较为清晰地表达出来。最后依据人体尺度，调整了板片大小及板片与板片之间的距离，使生成的空间更加合理。

模型制作与图纸表达：在制作模型时，我先做了场地的测量，但由于第一次根据场地的真实数据制作模型，在测量时疏忽了很多细节，重新测量了很多次，但也因此有了测绘的经验。在切割雪弗板时，刚开始总是处理不好转角处，在反复尝试后，终于可以巧妙地掌握划痕的长度，完整地切出转角。由于雪弗板有反光并且与场地色彩区分不大，我决定用喷漆的方法表达构筑物的混凝土材质。在画图时，刚开始总是找错剖切的位置，也不懂粗细线关系的重要性，在老师的指正下，我可以正确地画出剖切位置并且做出较为清晰的表达。在图纸表达的过程中我对设计有了更加深刻的理解，通过对尺度的把握我对方案又进行了一定的修改。

感受和收获：一开始我可能更多地在关注形式上的东西，更多地注重外在的美观性，忽视了连接性与整体性，做出来的模型不能很好地体现空间的连通，多为2～3个分离的小体块，逻辑联系也非常薄弱。后来在不断完成模型的过程中，怎样做出一个简约且内部与外部相协调的空间，又成了最大的难题。但在老师的耐心指导下，结合视线与动线的关系、空间高低给人的体验，我的方案逐渐成形。我对空间与形式、感性与理性有了更深的感悟，我觉得空间与形式应该是相辅相成的，以尺度为纽带相互影响着，并且感性的灵感需要和理性的调控与表达相结合。同时在分析和查找案例时，我们不可以被案例的思想和逻辑所禁锢，要有自己的想法。在今后的学习中，我一定会从每次的设计中积累经验，形成一

套属于自己的设计逻辑，努力设计出有逻辑、有条理、有想法的空间，并通过不断提升自己的图纸模型表达能力，清晰地表达出自己的想法。现在科技发达，基本使用计算机制图，但是最基础的手绘制图却被忽略了，老师让我们进行手绘图纸，使我更加深刻地体会到建筑的魅力，基础能力得到了提升。只有我们脚踏实地地学好基础知识，才能将这些知识更完美地运用到以后的每一个建筑设计中，设计出更加满足人们需求的建筑。虽然设计和修改的过程是辛苦的，但是当最终模型完成时，我心里有满满的幸福感和成就感。

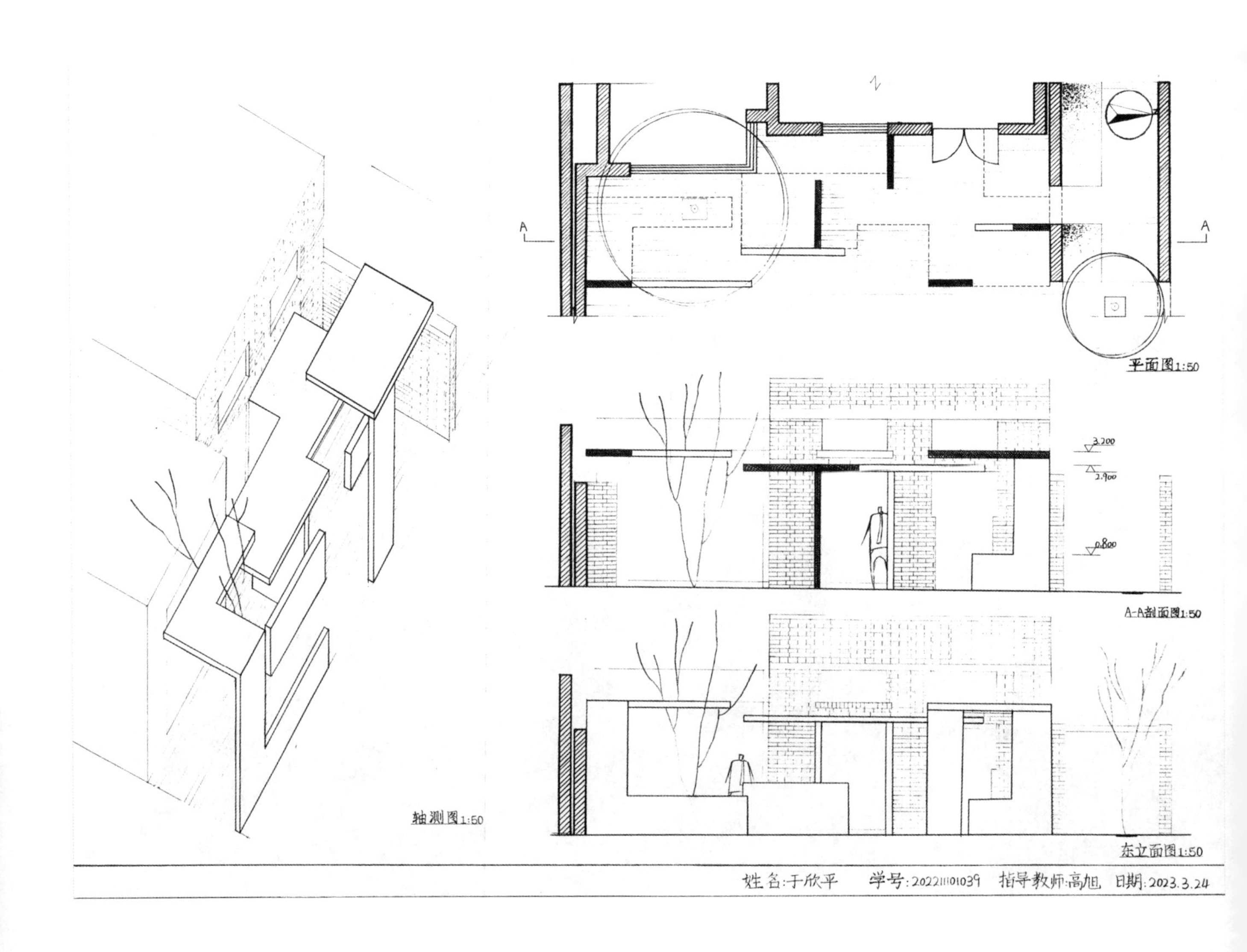

教学反馈

伊若老师：通过对杆件练习的探讨，我们了解了杆件之间的操作方式和相关教学内容的改进意见，下面我们进入板片练习的部分，了解板片练习相关操作的同时，反映对教学内容的看法。

王同学：我个人认为前置亭子练习对后续设计帮助不明显。它的时间设定太短，我不是很适应连续快速地完成设计作业，这次前置练习对我最明显的帮助就是提升了软件使用水平。在进行到后续的板片练习时，在一开始的课程中我不能准确理解任务书要求的设计成果是什么形式的，但是通过老师的案例讲解，我逐渐理解了设计任务要求。我看过往届同学低年级时的板片作业，我认为能否看到往届同学已完成的作业成品，对于学生最终的作业质量来说有明显的影响。如果能够参考作业成品，就会大概理解作业是需要利用板片来围合出一个空间，而不是做一些零零碎碎的混乱的东西。有的人拿到任务书就能快速理解最终需要的成品，能否快速理解最终成果，或许最后差距没有那么大，但是在前期会有明显的区别。我认为在这个设计中，环境有很重要的制约作用。其实，我很疑惑为什么低年级一直在相同的环境中进行板片练习，正是因为环境有重要的制约作用，所以我个人感觉一眼扫过去，每一届的作品都差不多，不知道老师们是出于什么样的目的。最后的实景合成阶段，我认为是很重要的部分，因为拍实景图时是老师和学长一起教我怎么拍摄的。首先要把那个模型放到场地中，模型和实景的拍摄角度要保持一致。在之前杆件作业时，我是拿起手机对着杆件作业随便一拍，最终导致很难进行实景合成。到了这个作业，因为它强调要完成人视的角度，相较于上一个杆件的作业，这个作业的训练过程更加具有完整性。当时我合成这张图用时特别久，修图的手法也比较笨拙，放到现在可能二三十分钟就可以完成这个过程。作图最重要的一点就是需要注意它的光影尺度，需要在图面中加入比例人，需要注意比例人与设计有什么样的互动。后来我们做稍微大一点的建筑设计时就再也没有合成过实景图了，可以说在一年级我的实景图操作得到了很好的训练。

高老师：每个学期的课程都会有略微的调整。课前亭子设计训练主要是让大家做板片操作项目时，理解这两个板片怎样粘在一起，确定板片之间的连接规律。另外，亭子设计的训练目的是在一个不大的范围内，如何运用这些板片去组合形成一个空间，而且这个空间里还要加入一些人的活动。亭子训练本质和后面正式的板片练习内容是一致的，只不过空间范围和周围环境稍微发生了一些变化，这是设置前置训练的主要原因。对于教学来说，我们需要做的东西太多了，所以可能没办法给大家留过长的时间。我个人觉得2021级有些同学的模型设计做得比较好，2022级有的同学的模型整体设计做得更好一些。一年级与二年级不同，一年级的作业不仔细看会以为是同一个作业，所以就得在材质颜色上进行一下变化。每个年级都在做，但是每个年级的侧重点不一样，其实你经过这个训练，回头再看就没意思了。但是对于每一届新生来说，这都是新鲜的东西，虽然看到了别人的成果，有一个很具体直观的目标，但也只是看看，和实际动手去做这个东西是两码事。现在的学生比较强调自我意识，所以他们觉得你的虽然好，但是你做你的，我就要创新，做跟你不一样的成果。还有就是老师们没有精力去每年变化出一个新的题目，三年多的时间完成一个教学改革的雏形已经很难了，更换每年的设计题目不够现实。东南大学顾大庆老师写的教材，包括他们提倡的ETH教学方法，是利用20～30年的积累形成的一套比较完善的教学体系。它能够一直被很多学校运用到现在，就说明它还是有一定价值的，这种有价值的东西一定不是短时间内设计出来的。

游同学：我认为前置亭子练习对后续练习是有帮助的。老师先给我们进行了简单的讲解，水平板片界定垂直空间，垂直板片界定水平空间，然后我们再开始进行这个作业设计。这样的前期铺垫对于我们来说是一个把理论转换为实践的过程，让我们避免出现把板片操作做成家具的情况。那时我们对于自己方案的基本判断就是好看和不好看，对它形成的空间是没有什么判断能力的。在某种程度上是没什么明确方法的，所以希望老师在今后的教学中可以先讲一下，板片操作有几种方法，然后怎么做才会形成不同的空间，让我们在设计前期就可以对这个设计有深入的了解，而不是在最后告诉我们答案。垂直板片是对水平空间进行界定，它会形成一种韵律感。水平板片可以改变高度，对垂直空间进行界定，形成不一样的空间体验。环境要素对于设计生成是否有制约作用，我认为有，但是并没有太大，因为这个场地比较简单，位于陶艺实验室的入口，需要考虑的是在进入时怎么留出一个人可以行走的空间，怎么和里面的古树产生呼应。因为刚接触计算机实景图，所以的确需要耗费大量的时间在修图和拍摄手法上。我认为这种表达方法对理解和检验的帮助较晚，因为它是最后一部分的内容。例如，你在做完设计后去出图，才发现原来这里还出现了一个问题。有的同学运气不太好，或者想得没有那么深，他可能会出现一个比较大的问题，但是已经没有时间去改纰漏，只能这样交图。所以我认为前置亭子练习的确是有训练作用，但是没有那么大。

高老师：你建议这个东西可以前置?

游同学：就是在中期时加入这个内容，但是对图片要求没有那么高，只要体现空间尺度，把握人和建筑的关联就行。

高老师：放在中间的话，其实也是在辅助和修正设计的一个因素，放在最后就完全是表现了，对吧?

游同学：放到最后，感觉只是为了好看拿优就修好一点，对于学习如何进行板片操作作用不大。

高老师：关于对这个实景修图，我刚才说了，这套方法是借鉴东南大学顾大庆老师的教学体系，我们基本上学习了其中具体的任务要求。欧洲很多建筑师的设计，包括他们的设计初期和设计阶段，强调和实景的结合。自己的设计能跟实景结合起来效果应该是非常好的，这实际上是一个自我检验、自我修正设计的过程，设计时和修完放进去后是有差距的。这个过程在中期前置，可能会依据这个阶段性成果对设计进行修改。我自己对于这一套东西的理解就是，当掌握了这些抽象的原理和操作方法后，就可以应对所有问题。

朱同学：但是它的应用性不强。

高老师：这个和我所理解的恰恰相反，我觉得它可以应用在很多场景。

朱同学：但它是没有目的性和针对性的训练。同学们可能刚开始不理解，但是如果有一个实际性的东西，让你先进入里面，理解了之后，再有针对性地去训练这一部分，然后再研究，就是从具体到抽象再到具体的一个过程。

高老师：在整个教学过程中，实际上一直都在强调这一部分的内容。让学生在建筑馆做这些东西，就是希望学生可以在现场去体验。但是很少有学生会拿着自己的设计去现场，模拟感受一下自己设计的空间，这其实是我们将场地选在建筑馆周围的初衷，但大家现在就是去场地看一眼，然后回来就开始按照自己的方式进行设计，这其实还远远没有达到我们的教学目标。现在有一个词，叫具身认知。具身认知就是身体进入这个环境中，有了感知以后完全沉浸在这个环境中。下一步我们可能会在C馆的虚拟仿真实验室，把大家的设计方案全做成SU模型，让大家对自己的设计进行沉浸式体验，老师也可以针对设计方案的具体问题对学生进行指导。原本是想将你们的设计课和建造课结合起来，选择某一个同学的设计进行实体建造，但是这两个课程结合得不是很好，这个目标可能会在后面的几届学生中进行实践。现在国内的建筑学教学反对这种类型化的教学，更强调的是通识性训练，不用管它是设计什么，最主要的是学习最基本的方法。

朱同学：我还有一个问题也是关于设计能力的，比如我现在要做一个建筑，用到了板片或者杆件的知识，当初在学习时我没有弄明白这一部分内容，但是现在需要我进行应用了，那这一部分内容我就无法弥补了。因为没有实际应用到，所以根本就不知道缺少哪一方面的知识。

高老师：建筑学不是一天学成的，这是一个长时间的认知和逻辑理解的过程。我们之前的训练过分地依赖于学生画图这种在二维平面上的东西，动手操作也很少。现在逐渐地转变方向，一是学会逻辑分析，二是学会操作方法。但是老师的理解设定和同学们在刚入学时理解这个训练是完全不一样的，可能等到高年级以后甚至毕业时再去看低年级的任务，再做这个训练就会有更深入的理解。虽然我们专业的学制是五年，但是大家实际上只有四年的时间，而四年的时间要训练很多的内容。国内现在都是一种内卷化的状态，我们现在是跟着人家进行学习，并不是领路人，不是那个站在最前面创新的人，我们只能跟着人家选择一条适合自己的道路。我们现在需要解决的是针对目前现有的这些问题怎么样去完善和修正，而不是把它推翻后去重建。

张同学：老师，关于朱同学刚才说的内容我有一点小想法。我感觉前面的设计关于外表形式比较多，建筑设计和形式、结构、功能这三个形成一种相辅相成的感觉，现在的建筑学专业招生，主要是理科生，从一个纯理科生转化为一个类艺术生的思维需要有一个过程，这个思维转变可以从结构方面入手，不管前面的是什么设计，它们的形式感都是比较重要的，功能和结构都不是这些设计的侧重点。在入门设计中顺应学生的理科思维，把结构的部分加入设计中，在教学内容具象化的同时也可以转变学生的理性思维。

高老师：我们这个专业和其他专业是有很大区别的，其他专业的专业课都是进行递进式的学习，但是我们专业是需要一上手就对设计有一个整体的认知，相比较其他专业会缺少一些递进式学习的内容。大家可以看到，小型建筑设计就是麻雀虽小，五脏俱全。例如空间结构、功能环境等，如果把这些内容全都摆在大家面前，学习优秀的同学可能会理解得更深一点，或者做得更好一点，但是我们面对的是所有同学，要考虑让大部分人接受这些事情。从目前来看，想要所有人来接受，能力要求过高，内容有点过多，所以只能挑其中最重要的，而且是在这几个操作练习的前提下把这些作为一个重点。结构这一部分只能是你意识到这个问题，或者我们在设计时你自己想做这部分，或者老师认为这部分有问题。绝大多数同学都不会太在意这部分内容，只要是感觉上差不多就可以。可能低年级的同学都希望有具象化的东西，是因为你们在中学阶段都是比较具体的观点，缺乏这种抽象的思维，或者逻辑的思考，但是建筑学恰恰又是一个需要这种高度抽象、高度逻辑化的学科，我们希望大家在一年中掌握更多的东西。老师不愿意讲太多是因为老师对这个事的认知有限，我把我对这个事的认知给大家讲解，大部分同学就可能会被我的思维限制住了。因为大家在一年级时还没有摆脱高中的教学思维，我很担心这种事情发生，所以就只告诉你最基本的一个规则，在一定的时间内，做得越多，对这个事的理解就越深。

解同学：老师，这个杆件是必须垂直操作，还是可以加入其他的操作呢？

高老师：可以。只进行垂直操作还需要跟大家解释一下，要求只能是垂直和平行是因为垂直和平行最简单。如果说加了各种各样的角度，在设计和讲解探讨上就会混乱，不方便界定这件事情。垂直和平行是最容易理解的一种秩序关系。在这个规则下，大家会限定在一个平台上，很容易来讨论这件事情，不管是什么事情，都会有一个边界，我们都是在这个边界范围内进行讨论。

3. 场地嵌入——杆件与板片操作练习

教学目标

基础目标1：运用工作模型和草图进行设计表达。

基础目标2：对成果模型和尺规技术图纸进行准确表达。

中阶目标：掌握模数与人体尺度、行为活动之间的关联。

高阶目标：在模数网格基础上，掌握杆件与板片组合的空间塑造方式。

设计任务

在建筑馆A馆沙龙广场平台上，设计一处临时展区。新的空间应结合场地，合理地组织参观流线。网格模数和空间氛围的设计，应满足绘画作品或设计图纸的展览功能。

设计条件

场地：场地平面尺寸11.10m × 11.28m，面积约125m^2。场地内部以及与周边草坪和砖地有高差，需注意边界处理。周围有两排共八根高约9m的混凝土柱和之间连接的横梁，新置入的展览空间需考虑与原混凝土柱形成的轴网能够恰当融合与因借。

要素：杆件为截面边长100mm的方钢，网格与场地必须正交。板材为100mm厚的铝合金龙骨复合板片，饰面材料自定，使用的总面积不超过150m^2。空间的跨度和高度应满足材料强度受力基本合理。

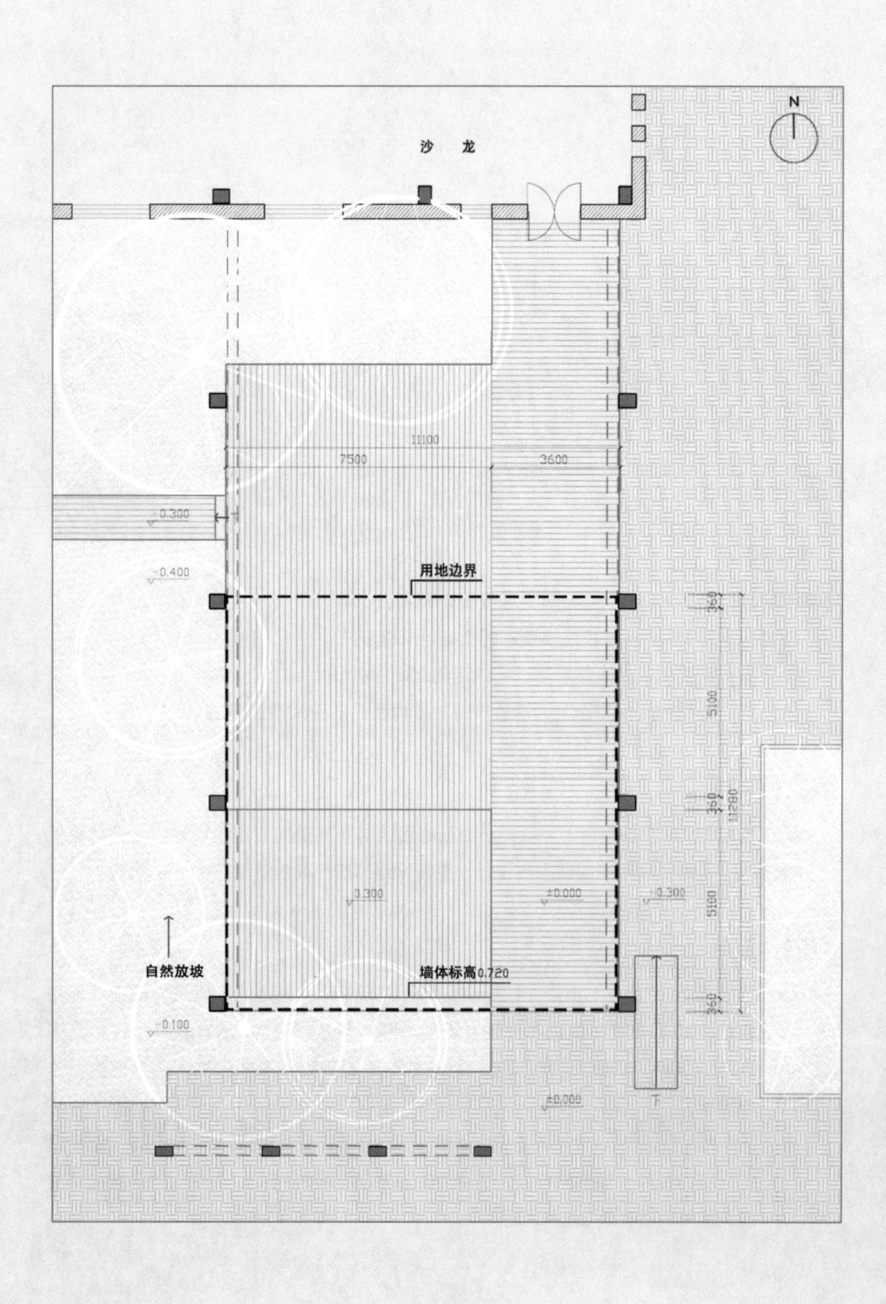

N
沙 龙
11100
7500
3600
-0.300
-0.400
用地边界
350
5100
350
11280
5100
350
-0.300
±0.000
-0.300
自然放坡
墙体标高0.720
-0.100
±0.000

任务解读

1）设计任务

在建筑馆A馆沙龙广场平台（建筑学院图书馆东侧）上设计一处临时展区。基本设计方法为模数网格法；使用材料为杆件与板片，对应的真实建材分别是钢柱与铝合金龙骨复合板。学生需要运用模数网格设计法，使“杆件与板片”形成的空间，一方面融入场地原有环境，另一方面符合展览空间使用需求。

考查内容包括 “杆件与板片”空间操作手法、模数网格设计方法，场地环境设计和展览空间设计等。

本项训练设计中需要特别注意的是场地环境。其中包含设计场地所处外部环境和场地内部原有环境。学生需进行详细的实地踏勘，绘制场地测绘图，以掌握场地环境特征，从而展开接下来的设计工作。

2）基础知识

（1）**杆件：** 杆件对应实际建筑中的柱与梁，是空间中物质要素的抽象。

杆件的基本特征是在长、宽、高的三个量度上，以长作为主导，形成一条线，因此杆件要素没有表面，只有边缘。杆件对于空间生成的作用不同于板片的“界定”，而在于对空间的“调节”，即对空间的密度和韵律的调节。由杆件形成的空间中，视线具有良好的穿透性，通过柱子的疏密形成具有“调节性”的空间。杆件空间对应的模型材料有铁丝、塑料吸管、木杆、竹竿以及裁切板材形成的杆件等线状材料。本次训练中杆件的对应建筑材料是截面边长为100mm的方钢。

（2）**板片：**板片作为一个形式要素，它的基本特征是长、宽、高三个方向的量度中有一个相对于其他两个特别小，成为一个薄板。两个相对较大量度的面形成表面，而相对较小量度的面形成边缘。板片要素的表达并不在于它的边缘，而在于它的表面。板片对于空间生成的作用主要是以表面来界定空间，使空间不完全围合。所谓“模棱两可”的空间指的就是板片界定的“空间边界”这一不明确性特征。本次训练中板片的对应建筑材料是100mm厚的铝合金龙骨复合板，饰面材料可自定。

（3）**场地要素：**用地周边环境情况，包括建筑、道路、绿化、硬化等基础条件。建筑是环境的一部分，场地是连接建筑单体与更大尺度环境的要素。通过将对场地要素的观察、考量纳入设计，培养设计者进行整体性思考的思维习惯。本次训练的场地环境位于建筑学院沙龙广场平台，场地内部以及与周边草坪和砖地有高差，周围有两排共八根高约9m的混凝土柱以及之间连接的横梁等，新置入的展览空间需考虑周边的环境特征，形成适当的融合与因借。

（4）**模数网格**：“模数”作为控制构件尺度的最小基本单位，用于协调建筑比例、尺寸、结构等要素间的关系，可以理解为一种规律法则和参考标准。

“模数”代表了一种规范的数量关系，在此意义上“模数”有两层含义，一种是作为基本尺度单位，另一种是作为标准体系。模数与设计及建造的标准化有着密切联系，同时它也与所处时代的建筑技术、材料和形式相对应。

“建筑模数”一般是指在建筑物设计和构配件批量生产时所选定的尺寸单位，也作为尺度协调中的增值单位，目的是实现建筑生产中建筑构配件及组合配件的协调。

在本次训练中，学生需要根据场地原有的两排八根混凝土柱及目标空间的展陈功能进行相应的尺度模数设计。即设计中要处理两层模数网格之间的关系，场地原有牛腿柱为第一层网格，新设计的观展空间为第二层网格。借助模数网格的方法，使设计与场地产生密切联系。

3）操作流程

以完整的网格作为秩序基础，通过板片的延伸、转折、错动和疏密变化，形成具有规则和秩序的空间。杆件建立秩序，板片强化秩序：以杆件确定模数与网格，加入板片后进一步限定空间与流线（图2-17）。

杆件操作方法

（1）**主次序列、韵律**：利用杆件的长短、高低形成类似建筑主次梁的关系，连续的主梁强调空间的方向，次梁则给予连续空间一种韵律的调节。

（2）**垂直、水平方向限定**：利用垂直杆件的定位、高度不同的水平杆件对于空间的限定，可根据设计者意图组合出丰富、多变的空间序列。

（3）**排列方式和密度**：决定了人的空间感受。均匀排列的杆件首先产生一个

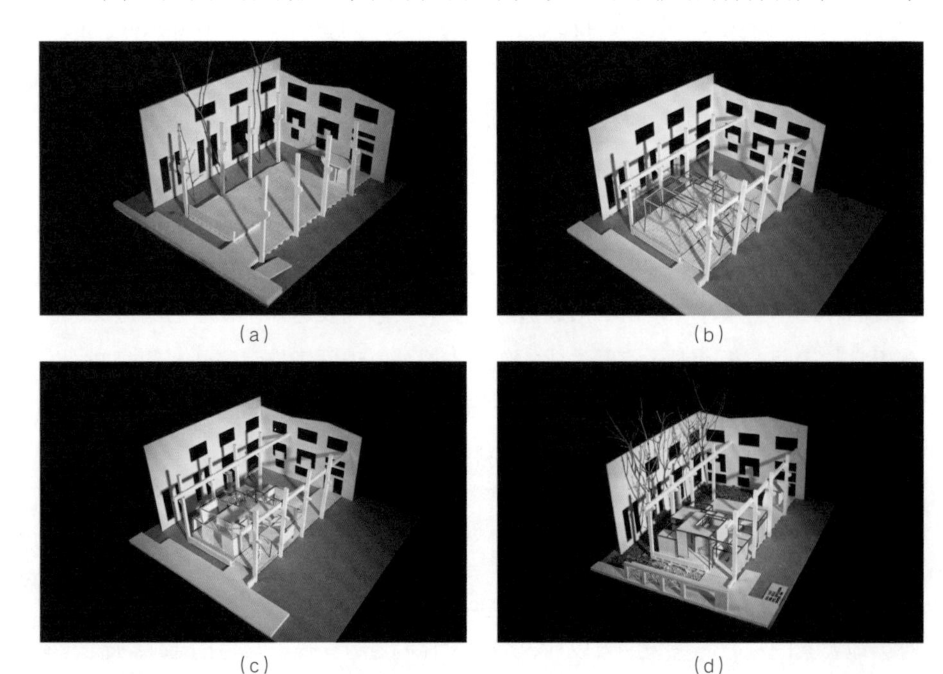

（a） （b） （c） （d）

图2-17 杆件、板片操作流程示意图
来源：作者自摄

均质空间，再在其中去掉一些杆件，于是空间的密度和排列方式开始发生变化。杆件的高低、疏密可以作为设计研究的变量。

（4）**杆件组合**：杆件可以通过连续转折形成一定的围合空间，例如L形杆件的重复和搭接，可以产生新的形式。杆件还可以形成框架，如U形框架和回形框架可以相接、嵌套、穿插，通过杆件疏密程度的变化，改变空间状态。

杆件要素的操作体现强烈的结构特性。从使用的角度来说，杆件形成的空间需要加入板片要素，形成更具有围合感和对应使用功能的空间。

板片操作方法

板片的操作大致可以归纳出几种，但不限于这几种：第一种是一定数量的板片通过特定的连接形成一个结构和空间体；第二种是一定数量的板片组合形成一个结构和空间体，往往具有单元组合的特性；第三种是在一张板片上通过特定的操作形成一个结构和空间体，如弯折、切割、推拉等。但是，实际操作的可能性取决于特定板片模型材料的特性。板片要素的操作体现了强烈的结构性。

在研究中要注意把着眼点从连接问题转到空间问题上。

杆件与板片组合

杆件与板片的位置关系可分为三种：第一种是板片位于杆件之上，两者组合后，板片将杆件遮挡，从外部看不到杆件，如同杆件“隐藏”于板片之内；第二种是板片位于杆件网格之内，进一步还可以分为板片与杆件完全衔接和部分衔接两种情况，类似于画框的效果；第三种是板片与杆件分离，即板片与杆件完全不衔接（图2-18）。

模数网格设定

“建筑模数”概念一般是指在建筑物设计和构配件批量生产时所选定的尺寸单位，也作为尺度协调中的增值单位。为实现建筑生产中建筑构配件及组合配件的协调。网格控制所阐述的操作手法是通过网格轴线的界定，将结构框架、地面分格、表皮、构件等建构元素纳入网格的整体建构秩序中，以达到通过设计控制建造的目的。网格属于概念性结构，凭借网格体系旨在控制“空间布局”。网格法的作用有布置结构、空间设计、立面构图、图解研究（基地环境分析）、生成

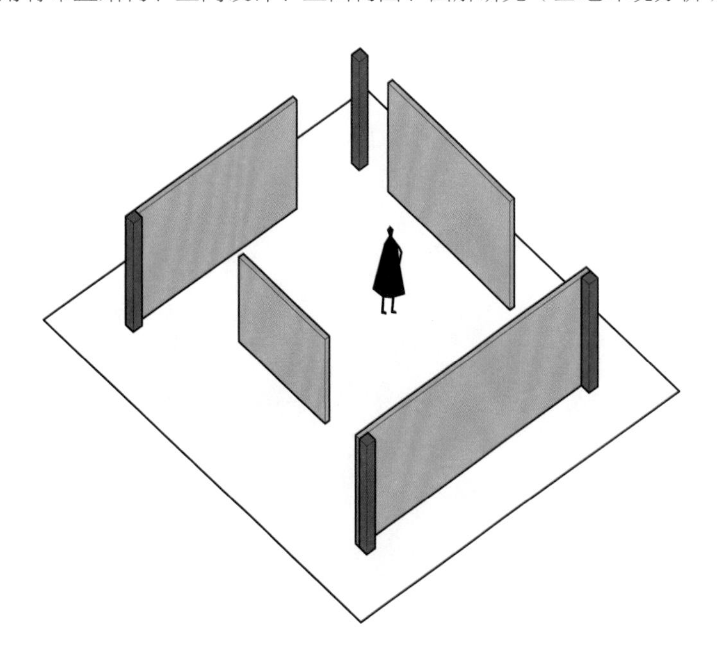

图2-18　杆件与板片位置关系示意图
来源：作者自绘

研究等。

如理查德·迈耶经常通过理性的网格控制功能分区和交通流线，在盖蒂中心的博物馆建筑中，以30ft×30ft（英尺ft，1ft≈30.48cm）为模数（约9m×9m）的网格为基础形成两套轴网的交叉，在形体上实现正方体与长方体的理性组合。

本训练中的模数网格可根据场地范围、原有牛腿柱形成的网格以及观展空间的使用需求进行综合设计。

展览空间设计

展览空间是为展示服务的空间场所，综合人、物、场所等要素之间的空间关系，通过三者传达特定展示信息。在展览空间设计中，需要根据观展需求合理安排观展流线，常见的观展流线设计如图2-19所示。

单线连续式：两个或两个以上相连、相切或相交的空间，通过一条动线串联形成明确的动线方向。

走道串联式：以走道为纽带，将每个小空间串联起来。这种形式的空间组织，每个小空间既相对独立又便于联系。

自由式：自由式流线组织通常在较大的展示空间中，用以提供参考路线，具体的参观路线由观众自由选择，如世博会等大型展览活动。

高差与边界处理

在场地内、场地边界均存在高差，需要学生利用杆件与板片设计观展空间时，充分考虑场地内外高差对空间、流线产生的影响，并合理解决因高差产生的问题（图2-20）。

4）案例分析

柱与展板的位置关系

在一般展厅空间设计中，柱与展板的位置关系大致可分为以下两种。

（1）柱与展板分离（图2-21（a））。由柱形成明确的模数网格关系；展板在柱组成的网格内或外，但并不与柱形成直接连接。由于展板与柱的分离，可以更加突出柱网的构成与节奏，同时分离的展板与柱之间会产生空间组织的新可能。

（2）展板在柱组成的竖向网格中（图2-21（b））。展板完全处于柱围合的网格中，与柱形成紧密联系。展板在网格中的位置也可以有多种变化，如四边与网格全部连接、两边与网格连接以及可以连通多个网格。体现的是借助展板来强化网格组织或打破网格限制，主旨都是满足不同展览空间的具体设计需求。

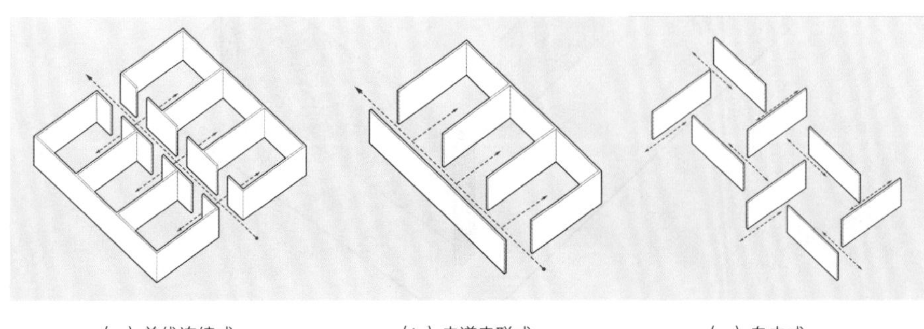

（a）单线连续式　（b）走道串联式　（c）自由式

图2-19　常见的观展流线设计
来源：作者自绘

图2-20　场地内高差
来源：作者自摄

（a）

（b）

图2-21　柱与展板的位置关系
来源：（a）：THE BO BARTLETT CENTER官网；作者：Matthew　Millman；（b）：Ueberholz官网；作者：Ueberholz

巴塞罗那世博会德国馆的基本模数

建筑师密斯在巴塞罗那世博会德国馆中采用了一个基本的模数，并将其应用到整个建筑中。这个基本模数被用来决定每个空间元素的大小和比例，以及墙壁、地板和天花板之间的间隔。通过使用统一的模数，密斯创造了一个连贯的、一致的空间体验，使整个建筑看起来更加和谐和精确。

具体来看，网格的基本尺寸是1.1m × 1.1m，它是根据平面构成所确定的建筑总体尺寸、各局部元素尺寸以及实际的建造材料、技术等客观条件综合考量后的一个结果。网格最直接操控的元素就是底座上的大理石铺装，每块大理石的尺寸均为1.1m × 1.1m，它们在平面上的严整罗列构成了整个底座的表面。底座整体在东西向由52个网格构成，南北最宽处由22个网格构成。在此基础之上，网格进一步控制了底座上平面要素（墙、柱、玻璃）的位置和大小范围。最明显的是一大一小两个水池，它们可以被理解为是将底座表面一定范围内的网格去掉而形成的，其中较大的水池占据了20 × 9个网格，小水池占据了11 × 4个网格（图2-22）。

图2-22 巴塞罗那世博会德国馆的模数网格和空间分隔
来源：作者自绘

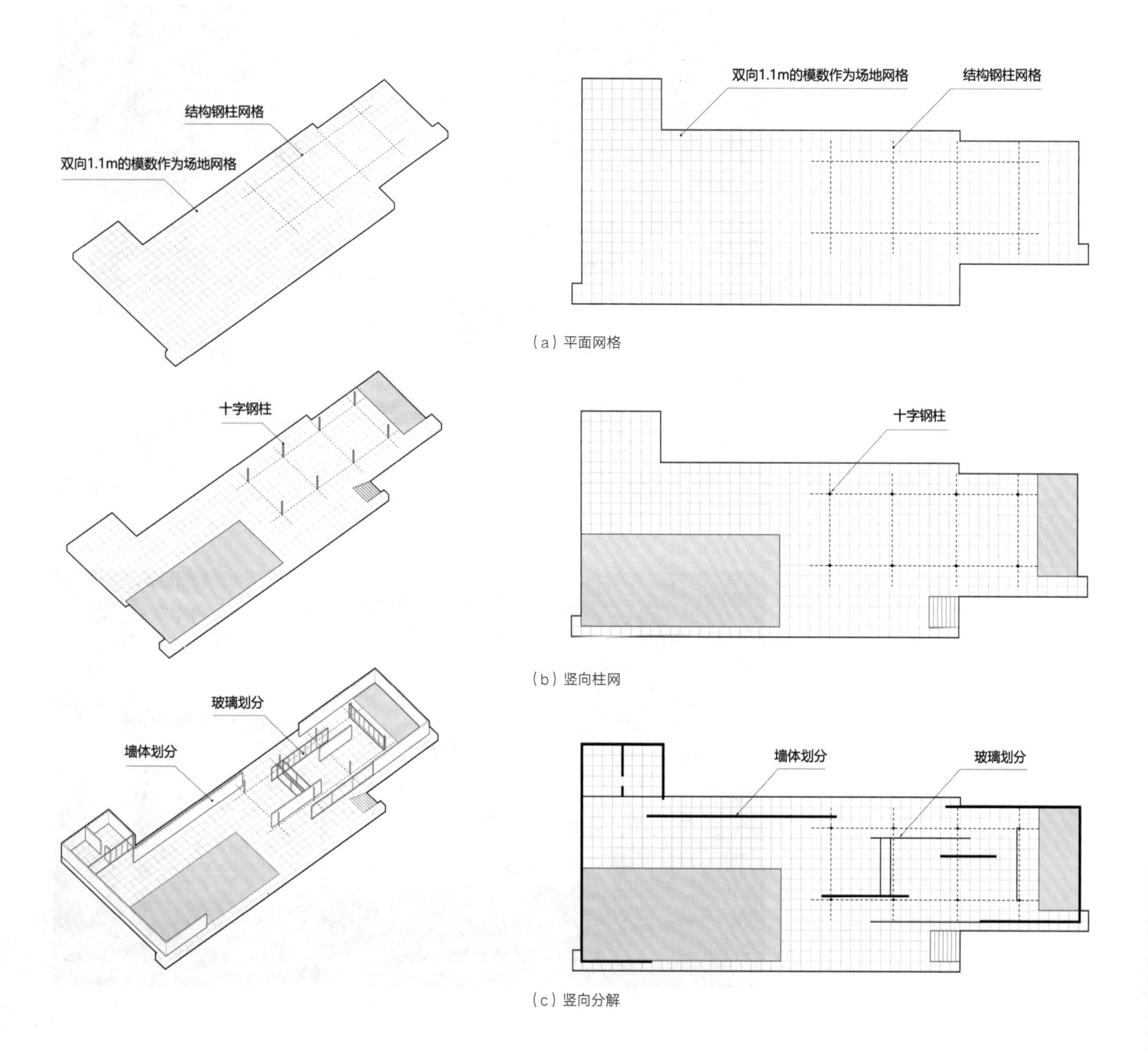

（a）平面网格

（b）竖向柱网

（c）竖向分解

优秀作业

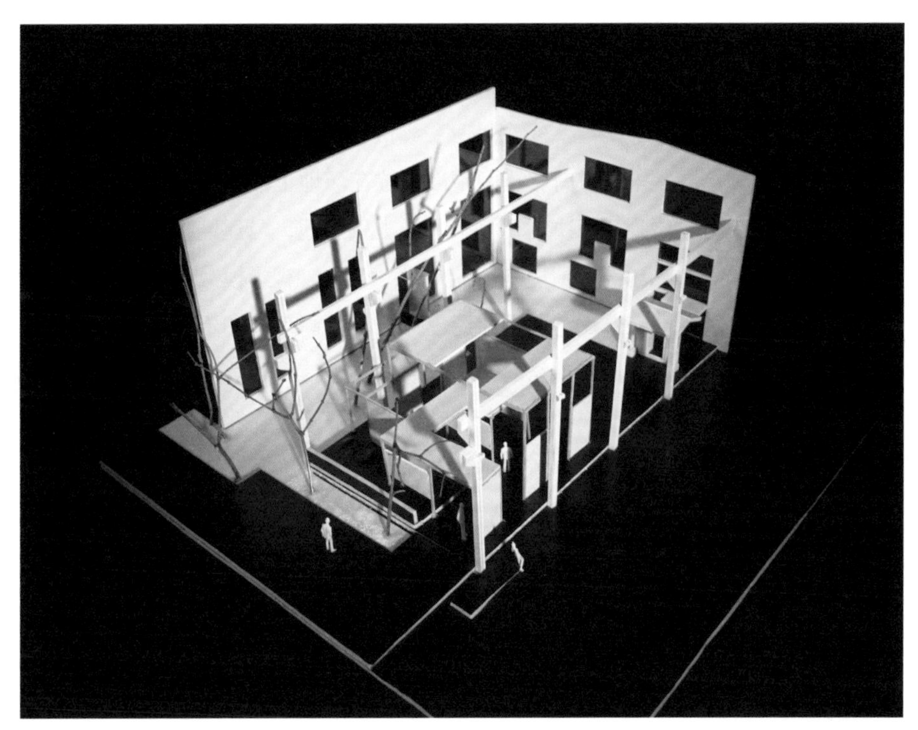

作业1：建筑学专业2020级　王安

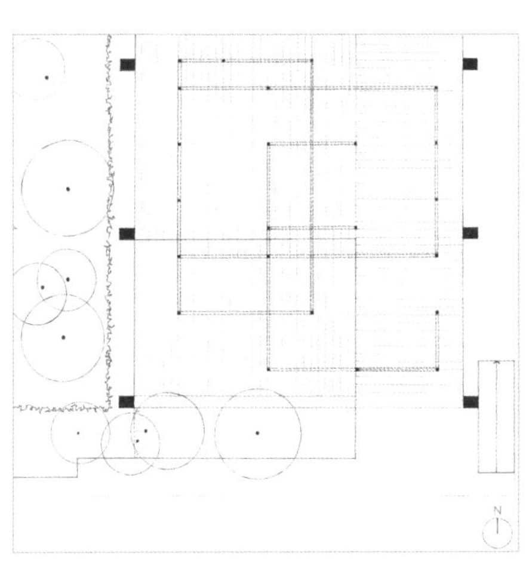

建筑与环境：本次设计任务是在建筑馆A馆沙龙广场平台上，设计一处临时展区，这处新的展览空间应当结合场地的实际情况，组织出合理的参观流线。在对展区进行设计时，也需要考虑展区所处的建筑环境，包括建筑的外观、内部空间、简单的结构等方面，以确保设计与周围环境相协调，并提供最佳的参观体验。沙龙广场内部以及与周边草坪和砖地均有高差，周围有两排共八根混凝土柱和之间连接的横梁，在这样的环境条件下，我先对整体展览流线进行了规划，将两个主入口分别设置在一北一南，然后在场地数据的基础上，以300mm作为模数网格的基本单位，生成了两种高度的杆件网格，然后在网格的基础上增加用于展览的板片，最后对整体进行修改与调整。

观察与操作：在方案的构思中，我最先对于人群流线进行了规划。人群流线设计是指如何设计展区，以便人群可以顺畅、自然地沿着指定的路径参观展览。由于场地周边人群经常经过南侧主道路，通过建筑馆东侧小路到达其他区域，所以我将主入口置于南立面的角部空间，三面覆板以引导人群进入。我的核心空间处于模型的中央，人群流线则以风车形围绕核心空间展开，人群从主入口进入后可以顺着杆件与板片的引导完成整套观展流程，人群也可以自由地在四个角部空间进出。老师在课堂上先对尺度与模度都进行了说明，并简要介绍和分析展览空间的案例，强调本次设计对于网格模数与空间氛围的设计要求，然后将接下来的前期构思工作交给我们。在完成场地模型与简单的模数网格设计的基础上，老师对于“轴线”与“模数”两个概念进行了详细的讲解。无论对于建筑物还是普通的构筑物，轴线与中心并置，都是最基本的形态秩序；而模数则是指建筑设计中选定的标准尺寸单位。原有的混凝土柱中轴线相连，是在场地中具有暗示意义的第一层模数网格，而我们要做的第一件事，就是完成自己设计的第二层模数网格，让这两层模数网格形成合理的关系。新建的模数网格在横向与纵向上都有明确的尺寸，遵循模数设计空间的同时，在形式与结构上都更加具有秩序感与美感。

空间与氛围：我之前并没有将模型精准定位在场地上的意识，这一问题在杆件与板片操作练习中得到了解决。几何来源于丈量土地，当建筑师掌握几何间的比例关系后，才能依靠比例达到控制后的效果。因此，有了模数，模型与现场才有进行沟通的可能性。在这次练习的前期设计中，不同角度和不同深度的知识层层递进。只有通过学习与练习总结其中可能存在的规律，最终随着时间推移来触及设计的核心。伴随着对于模数的思考，结合流线的修改，我在老师的建议下利用三个空间体块互相咬合穿插，营造出具有两种高度的空间。同时，在杆件模数网格的基础上，我在横向与纵向两个方向上加入板片用以展览，在顶部以板片限制高度。空间氛围是指展区所营造的空间环境和气氛，包括空间的颜色、光线、材料和布局等因素，我希望通过精心设计空间氛围，创造出一个引人入胜、令人难忘的展览空间。在对展区的空间氛围进行设计时，展览空间和目标人群也是很重要的决定因素，这会影响色彩、材料、流线以及与环境结合等设计要素的选择。在考虑这些要素的前提下，我又进行了修改，在这次设计作品的基础上，老师又对我提出了新的建议——统一设计语言与操作逻辑。老师举了一个简单且精妙的例子，假如将模数网格看作棋盘，那么杆件的点位、板片的置入都可以看作棋子。对于我们来说，现在就像在摆弄一盘简单的五子棋，规则与计算量都远低于规则多变的围棋，而不变的是作为棋盘的模数网格，它意味着棋局无穷的可能

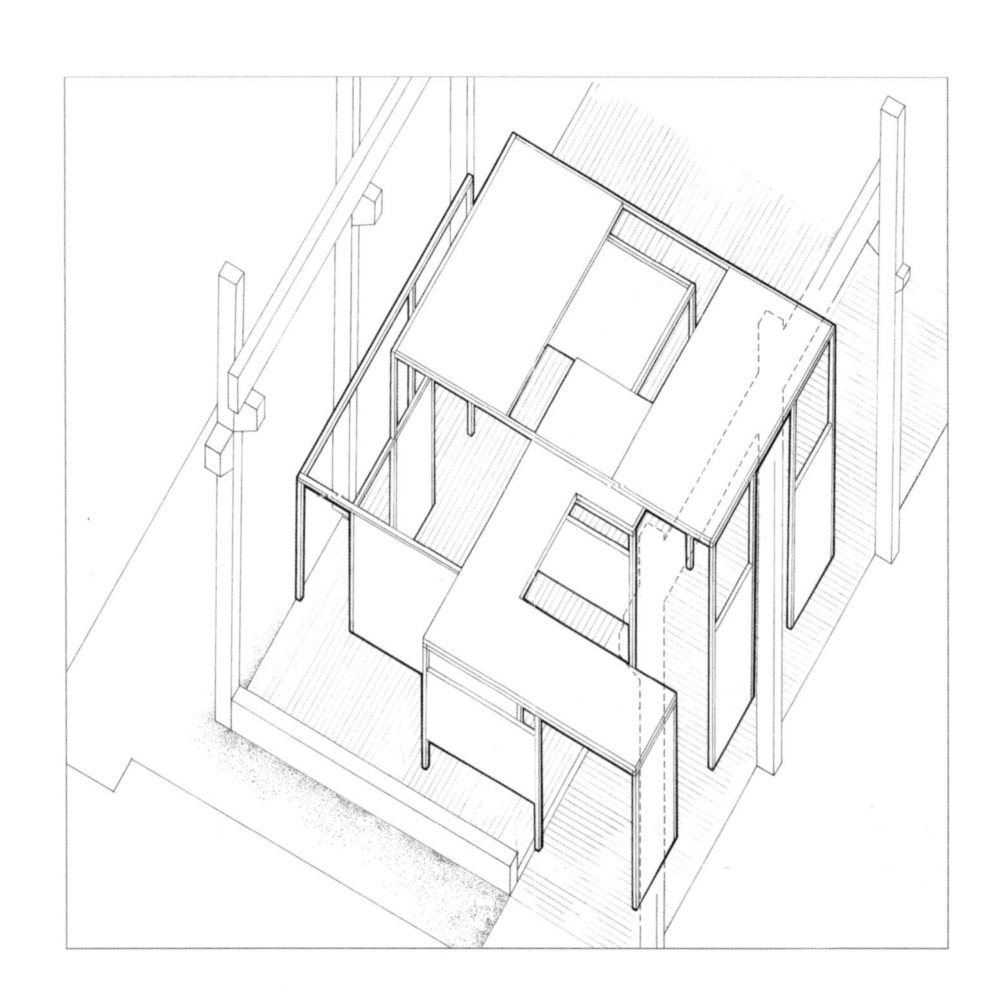

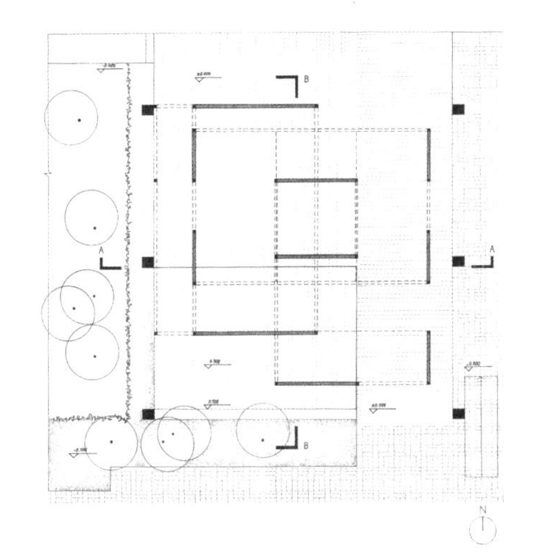

性。但我的模型却运用了过于复杂的操作手法，这就相当于我为棋局制定了太多错综复杂的规则，如果我无法掌握和控制这么多复杂的规则，那么真正走在其中的人也将会失去秩序感与安全感。

网格与结构：选择合适的模数网格是在杆件与板片展区设计中非常重要的步骤，因为它可以帮助我们确定所构筑展区的比例和尺寸。我在考虑了展区的规模和功能的基础上，同时考虑杆件和板片的尺寸，以及它们组合起来后与周边环境的关系。展区的大小和功能决定着模数网格的大小和数量，合适的模数网格可以最大化地利用材料，形成合理的受力结构，也利于形成使人群自然参观展览的流线。综上所述，选择合适的模数网格需要考虑很多因素，包括展区的规模和功能、材料的尺寸、结构的稳定性和空间的流动性。经过最后一次修改，我开始绘制成图，这一阶段的时间较短，需要思考的部分也较少，在老师和学长的帮助下，我不再像之前一样焦头烂额。无论是绘制轴测图、鸟瞰视角的实景合成图，还是制作模型，都让我对设计的完整流程有了更深层次的理解。在模型的制作中，我吸取了上一次制作模型的经验，只选择了黑色KT板片作为模型底板，白色雪弗板和亚克力板作为模型材料，从而形成两种颜色与肌理的鲜明对比，这对于具有形式要求的空间操作练习会产生较为纯粹的效果。模型本身由建筑馆立面、场地及新置入的杆件板片模型组成，在对建筑馆整体数据测绘的基础上，我进行了更精细的测量，对场地细节有了更精准的表达。

感受与总结：经过老师的指导，我对模型进行多次修改，完成了在当时最满意、最完整的一次设计作品。完成杆件与板片相结合的展区设计是一项具有挑战意义的设计任务，通过完成这次设计任务，我学到了很多新知识，也了解了基本的建筑设计流程，并且更加了解自己的设计风格。同时，我也培养了解决问题的能力，设计这样一个结合杆件与板片的展览空间将不可避免地涉及理性推敲与感性思考，以得出应对有限空间与审美偏好的解决方案，或许这些经验和心得将会对我未来的建筑设计学习产生更大的帮助。在完成这次的展区设计后，我更加理解了设计的意义所在。

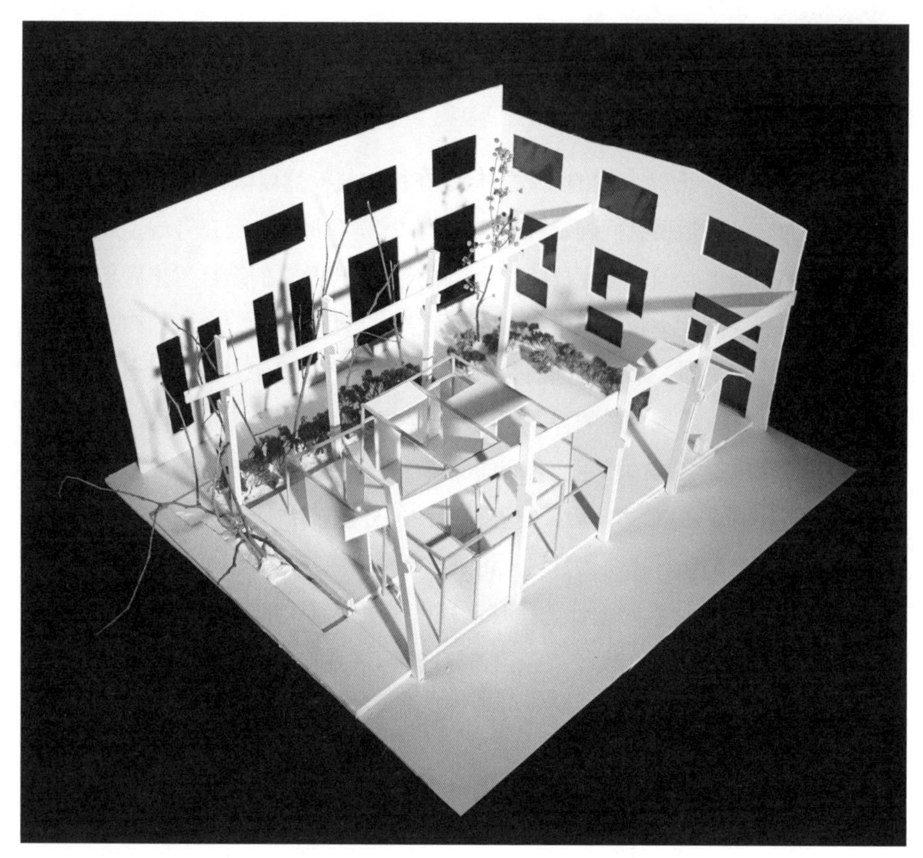

作业2：建筑学专业2020级　解瑶

方案构思：本设计为位于建筑馆A馆沙龙广场平台上，由柱和片墙进行空间的围合。设计注重环境的渗透和人在其中看与被看的关系变化。通过不同尺度的杆件元素和墙体产生不同的观赏体验，通过虚实关系使人在展览空间中感受到空间的疏密变化，观展的人和空间共同成为被观赏的对象。

方案生成：第一阶段是确定设计的轴线。由于该设计展示空间要和环境产生关系，所以轴线的布置与环境中本身存在的八根混凝土立柱的轴线进行对应，其中东西向以0.3m为模数，将空间分割成2.1m和0.9m两部分，在南北向以1m为最小模数建立轴线形成网格。这样的安排考虑的是人在观展时的行为，观赏的人站在距离展品1～2.5m较为合适。而两边都有展品就会有往不同方向看的人，加上中间应该有人的通行空间，所以南北方向以两格4.2m为间距，东西以两格4m为间距确立了立柱和墙体的位置。在场地南侧边界的立柱前有对位的矮墙，导致立柱无法对位，所以将模型的南侧边界内移，使其不与立柱产生关系，空出约1.2m的通路让人通过。确定平面轴线的同时也要考虑高度的设计，在这个设计中，通过空间嵌套的思考方式，用三个不同高度的框架将场地划分为三个不同的区块。最外层为3m高度的框架，尺度感较为亲近，中间嵌套4.5m的两个区块，作为入口的空间和核心的展区。

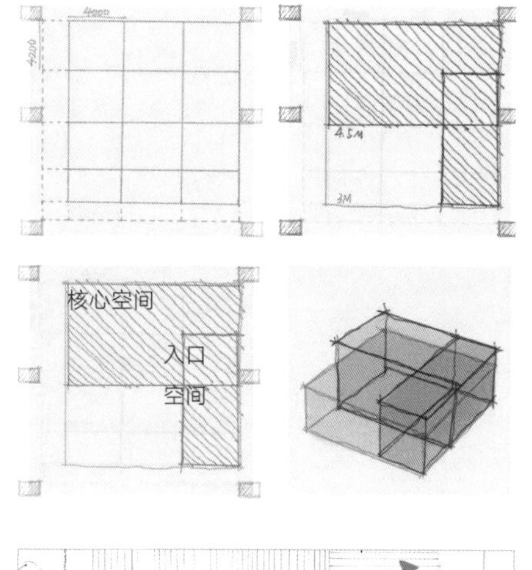

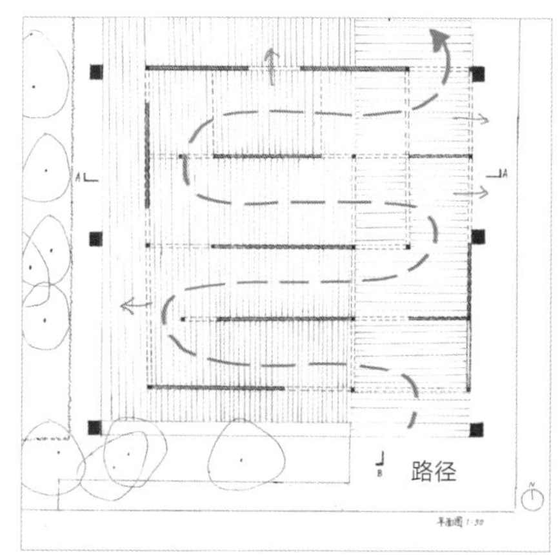

杆件的布置完成后，设计进入第二阶段。在网格里加入板片，首先我考虑的是空间的通透性和板片的放置形式。放置板片并不一定要将它完全填入网格中，而是可以多样化地填充，例如，将它放在两根钢柱中间，留一定间隔的位置，或者靠左（靠右）板片一边紧贴其中一根钢柱，又或者在上方或下方留一些余地。

这样放置就会改变空间的通透性，也会增加立面的趣味性。但放置方式不宜过于多样，所以我将所有板片都保持了上下的封闭而在左右留了一些空间。在横向与纵向的通道上，我设置了一些留白的空间，这些刻意的留白可以使空间具有趣味性的同时，也能够形成有趣的光影效果。在板片的排布上，我做了一些调整，首先是结合人的观展行为设置了多片横向板片，从而给人一个更加清晰、更容易理解的空间秩序关系；其次板片与柱子留出间距，这样观展者可以在一面墙前看到墙后面的空间秩序和他人的活动，让观展者对展示空间内部有一个全面的把握，从而让空间更加“透明”。对道路两侧的板进行交错布置，这是为了不让人们观展时产生混乱，形成有序的观展流线，另外，在观看两侧不同的展板时，人和人也可以形成一定的间隔，两侧的人和通行的人，都可以互不影响地完成自己的动作。在展板大小方面，我结合场地的高差设置了两种不同高度的展板，让场地外面的人可以看到较为丰富的层次，也让展板具有展览不同尺幅作品的功能。这样不同的设置，就是为了让人与环境、人与人之间产生关系。设置实体的板是为了向人展示展品，完成人与展品的交流，当然这是不够的。这样一个室外景色良好的展区，自然要关注到与环境的交流，所以虚空的部分就是为这样的交流所服务的。网格立柱之间空缺的方式也不相同，有的是没有展板填充的结构柱之间的较大空缺，有的是没有填满框架的展板与柱子的空缺。人在看展时就会看到周围的环境和场地内外的人。当人在看完一个展品走向下一个展品时，也许会从空缺中看到另一个人，两人相对而过，那个人是什么形象，两人有什么故事，或是简单一瞥，或是产生各种可能性，我希望我设计的公共空间可以给予人们这种可能性，我希望它能去创造故事。

在设计的过程中，我持续使用模型进行推敲，需要改进的地方直接在模型中进行改动，这样的方式有助于我直观地感受板片之间的疏密关系、通道的宽窄和框架的高度。在调整板片和场地外景色的视觉关系时，实体模型起到了非常重要的作用，这也成为我设计中处理较好的部分。

设计表达：在设计的表达上，图纸和模型的作用都十分重要。从图纸上可以最直观地看出设计的整体形象和细节，所以表达需要精准干净。在排版上要注意整张图的布局和平衡感。剖面绘制需要注意尽量选择能表达更多信息的位置进行剖切，并注意绘图的正确性。模型则要方便进行多角度的观察，这个设计全程都是在模型上进行推敲，所以在成模制作时，可以注意到更多细节的问题。在模型的色彩上，我选择了白色的雪弗板作为墙体，用干花作为灌木，这样做会使模型整体颜色较为统一，更有洁净感，模型制作并非真实还原场地的所有信息，而是要当作设计表达的一部分，在体现重要场地元素的同时适当进行艺术化的表达。图纸表达则要注意线型、技术图纸的正确性和美观性，我在这次作业图纸表达的精准度上还有不足，线型区分不明显，后期应进行改正。但通过这次作业的训练，我的模型制作水平和手绘图纸水平都有所进步，对空间塑造的理解也更加深入。这次作业使我对板片杆件这些元素的应用有了新的认知，图纸绘制和模型制作等设计表达方面的必备技能也更加熟练。

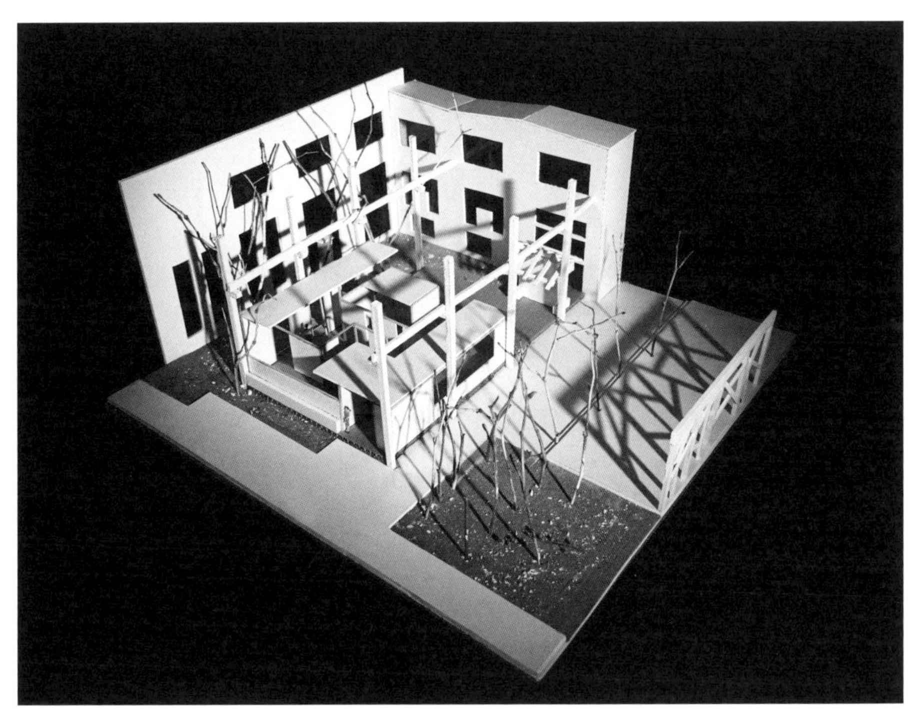

作业3：建筑学专业2020级　饶帮尉

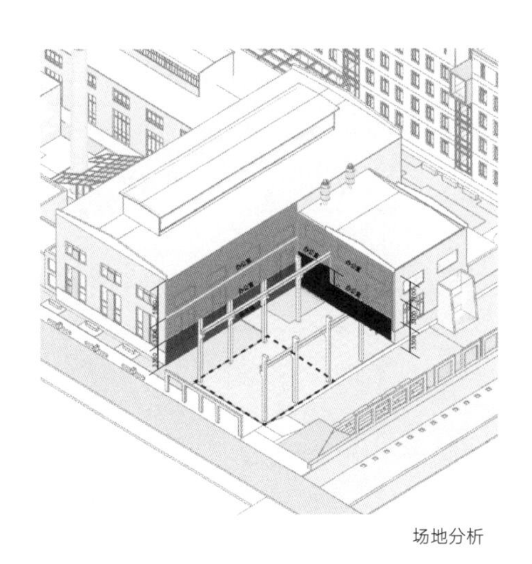

场地分析

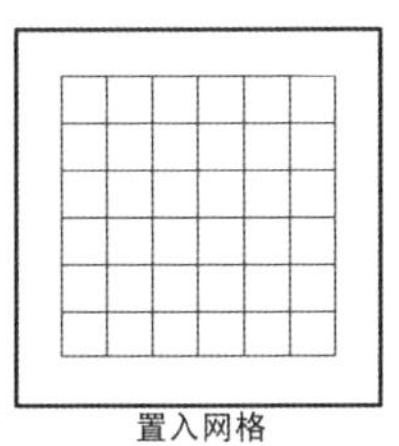

置入网格

置入体量

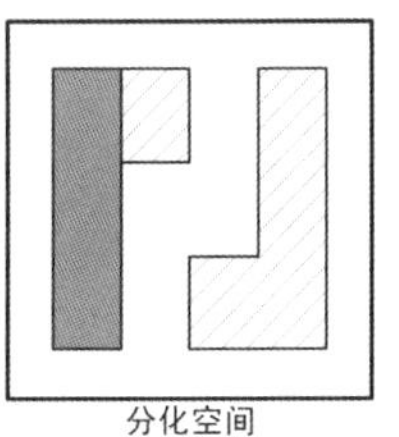

分化空间

贯穿流线

建筑与环境：本次设计任务要求在建筑馆A馆沙龙广场平台上设计一处临时展区，场地面积约为125m^2，而场地内部与周边的草坪和砖地存在高差，这就需要注意边界的处理。考虑与建筑学院建筑空间的连续性，展厅虽然是一个独立的空间，但是应该与周边环境形成一定的对话关系，特别是在建筑馆这个大的空间背景下。通过场地分析，我认为设计应该充分考虑建筑学院的空间和氛围，以及周边的人流和交通状况等，进而在设计中营造与周边环境的协调和统一。场地的东侧，是艺术沙龙外的景观树林和集散广场，因此在设计中应该充分考虑与景观和广场的关系。展厅的外立面、入口以及周边的公共空间设计等都需要与建筑学院艺术沙龙广场形成协调和互动，从而在空间上形成一定的延伸性和连续性。场地北侧是建筑馆沙龙入口，南侧为校园主干道，贯穿场地的路径其实也是建筑学院艺术沙龙和校园之间的必经之路。展厅的介入，既要与原有边界呼应，形成新的边界，又不能使边界固化为围墙；既要完成新的功能需求，又不能影响原有功能的使用，这种“新”“老”关系在时间维度上的关联，反映在空间设计上就是对路径进行重组。基于以上对场地环境的分析，我决定从空间与路径两个方面开始设计。

观察与操作：在设计过程中，我们需要充分考虑场地的环境特点和各种限制条件，并结合展览需求选择合适的材料和构造方式，同时也需要合理组织参观流线，以达到展示效果和空间体验的最佳状态。通过分析，我把设计的起点定位为“路径”，我希望在这个展厅中，人们能够感受到空间的流动和路径的引导。我采用了板片和杆件来设计这个展厅，这两种元素不仅能够划分空间，还能够对新产生的空间进行方向性的引导。我通过不断地置入板片和杆件来调节和转化空间，场地南北侧的两个出入口是路径的起点与终点，兼顾场地其他方向的可达性，根据行为和视觉的可达性去引导空间，最终形成了这个设计。L形的板片墙体被用作这次设计的主要操作单元，利用不同要素的组合或围合形成了L形空间。我个人比较注重对空间的直接感性理解，习惯亲身经历和感性认知，通过实际操作和观察来推导出想象的空间形态。通过观察展厅的手工模型来确定沿路径展开的空间形态，并在观察和操作之间不断切换。当然，理想空间的获得需要通过在设计过程中不断地尝试和调整，以达到最终的设计目标。就我个人而言，其实好多操作是说不上道理的，但是反复尝试后获得的空间概念，却得到了同学和老师的认可，这可能就是老师经常提到的设计方法的训练吧。

空间与氛围：在这个展厅中，人们能够感受到一种独特的空间体验。板片和杆件不断地转化和调节空间，让人们在不同的区域中有不同的感受和体验。同时，我的设计还强调L形墙体的布置，展品的陈列也是基于路径和板片的观展体验。整个展厅呈现出一种流动的特性，人们能够在这个空间中感受到时间和空间的流动。这种流动的特性也让展品之间产生了联系，形成了一个有机的整体。同时，流线的引导也让展厅的参观者能够更加顺畅地行进，产生了一种自然而然的观展体验。在这个展厅的设计过程中，除板片、杆件和体块之外，还有其他一些设计元素和细节需要考虑。光线的利用和控制就是一个非常重要的设计要素。我想通过板片遮挡和半遮挡的操作控制光线，一方面让光线引导路径，另一方面也可以让光线在空间中游移流动，从而创造出柔和而丰富的光影效果，营造出温暖舒适的氛围。在操作的过程中我遇到了很多困难，因为通过操作，我发现功能、空间、光照等因素之间相互协调，最终找到一种平衡是很困难的事情。我在设计中还力求兼顾空间的功能性和舒适度，先分析人流量和活动需求，通过不同高度与形状的板片和杆件来划分并调节空间，以适应不同的功能和活动需求。同时，

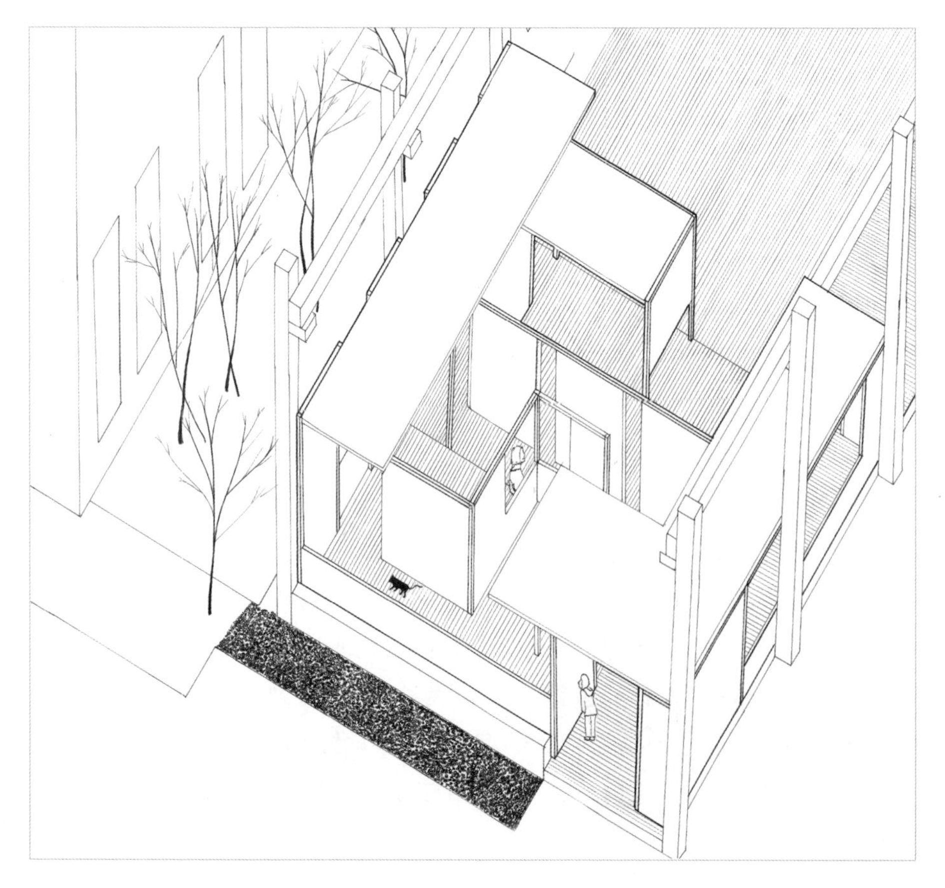

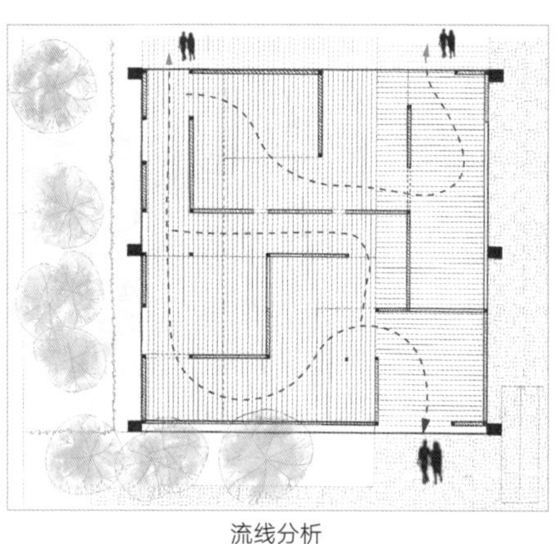

流线分析

视线分析

我也注重空间氛围的营造，通过柔和的光线和人性化的布局，让人们在空间中感受到舒适和自在。

网格与结构：在设计过程中，我尤其注重自己在空间中的感受和观察，这使得我的设计偏向于主观感受。但在设计之初，高旭老师就引导我们把网格建立在基地上，场地周围有两排共八根高约9m的混凝土柱和之间连接的横梁，新置入的展览空间要与原混凝土柱形成的轴网相融合。此外，网格和场地必须正交，空间的跨度和高度应满足材料强度且受力基本合理。在此基础上，我们可以通过板片和杆件进行结构设计和补充，形成新的展览空间。当然，这个网格不仅是平面的，还是三维的。通过从“框架”到“空间”的设计步骤，保证设计的准确性和客观性。由于L形板片墙体是主要的操作单元，所以需要选择一种具有足够强度和稳定性的材料。杆件截面为10mm×10mm的方钢可保证结构的可靠性。在设计中，使用铝合金龙骨复合板作为L形墙体的面板材料，以及空间结构的覆盖材料，借助铝合金龙骨复合板轻质、高强度的材料性能，实现了空间的分割和引导。从另外的角度看，方钢形成的结构实际上是网格的实体映射，而复合板材料的依附存在，是在网格上置入板片的具体表现。

感受与总结：总的来说，我的设计思路是在自由空间和路径引导的基础上，通过对板片和杆件的操作，呼应环境的同时，达到一种空间流动的特性。通过视线、光线和材料的运用，努力营造轻松自由的空间氛围，希望在简单的空间里有丰富的空间体验。通过这个设计我对于方钢和复合板材料有了一定的认识，并且认识到材料作为实体对空间品质的营造起着重要的作用。设计过程有一定的主观性，有些空间的形成，我甚至说不出道理，这也是我至今（大学三年级）对自己的设计不自信的地方。不过，通过在设计之初引入网格和框架，让我保证了设计的客观性和准确性，同时也让我的主观感受在一定范围内得到了表达，某种程度上是对设计质量的保证。

作业4：建筑学专业2021级　谢铁明

方案构思：本次作业是在建筑馆A馆沙龙广场平台上，设计一处临时展区。我将展区分为展廊和展厅两个部分，形成一个“廊内厅”的概念，外面一圈是展廊部分，中间有不同大小的两个展厅。从场地出发，东侧和南侧挨着道路，北侧对着沙龙南门，西侧是建筑学院图书馆，所以展区的两个入口分别设计在东南侧和西北侧，西北侧的门挨着通往建筑学院图书馆的小路，考虑到人流量大，展廊外侧的墙体设计为矮墙，既有围合感，又可以室内外互动交流，使建筑更好地融入环境中。西侧和北侧被建筑馆A馆围合起来，东侧和南侧被沙龙广场的观众席和校园道路围合起来，让整个场地变成一个半开放的场地，而我设计的展览空间外围的廊道起到一个过渡的作用，使展览空间平和地嵌入整个场地中，廊道与场地环境融合为开放的空间，而内部的展厅部分是个半开放的空间，整个场地与展览空间形成一个“空间嵌套”的概念。“廊内厅”的设计手法更充分地赋予了其功能特性，我利用廊和厅形成的高差来控制展厅部分的光线，给展厅部分带来更有趣的光线效果，从而营造更好的展览氛围，给人带来舒适的空间感受。

方案生成：从整个场地来看，场地南侧是校园道路，人流量最大，东侧是小路，小路将沙龙广场的舞台和观众台隔开，过往的人流量也比较大，北侧正对着沙龙的南门，西侧对着建筑学院图书馆。场地平面尺寸为11.10m × 11.28m，面积约为125m^2。场地内部与周边草坪和砖地有高差，需注意边界处理。周围有两排共八根高约9m的混凝土柱和之间连接的横梁。在之前的场地测绘基础上，我掌握了基本的场地测量方法。对场地进行测绘后，我把整个场地分成3×2的网格，东西方向分成3段，南北方向是按照场地里的牛腿柱分成2段，杆件的点是4×3，这是外环的；内环的杆件对应外环东西方向的中点形成一圈，这样形成一个“外廊内厅”的概念。让板片引导流线，展区的两个入口分别设计在东南侧和西北侧，西北侧的门挨着通往建筑学院图书馆的小路，整个展区周围的人流量大，所以我把展廊外侧的墙体设计得比较矮。外围的矮墙不仅起着围护的作用，又可以将更多的人吸引到展览厅，既有围合感，又可以让室内外互动交流。不同的板片，有着不同的作用，通向不同的人视点，代表不同的虚实空间，甚至可以让视线穿过整个空间。最初两个出入口设计在整个展览空间的东侧，正对着沙龙的南门，但是内部空间太过于开敞，板片引导的指向性不强，整个展览空间的西侧会变得人流量少，因为东侧的出入口直接穿过整个展览空间，且展厅和展廊部分不是特别明确，板片并不能很好地引导人走过整个展览空间。东侧出入口中间是个南北方向的展板，西侧是东西方向的展板，展板离地600mm，高1400mm。中间是个三面围合的展板，展板离地600mm，展板的高度因功能和需要而不相同。整个展览空间的展廊部分高度为4m，展厅的梁高为3m，展厅部分不加板片，是个露天展厅。最后在老师的指导下，我的设计更好地体现了“廊内厅”的概念，板片引导人流线的作用更加突出。我首先将外围的墙体高度统一成1.5m，让展览空间内外的联系更加紧密，使整个展览空间更好地融入环境中。入口处的南北向的廊子封闭，将东西方向的展板和三面围合的展板连起来，这样南侧入口处有一个小的序厅，通过展廊可以进入不同大小的两个展厅。整个展览空间的展板高度统一为1.4m，离地面600mm，展廊和展厅部分的高度不变。

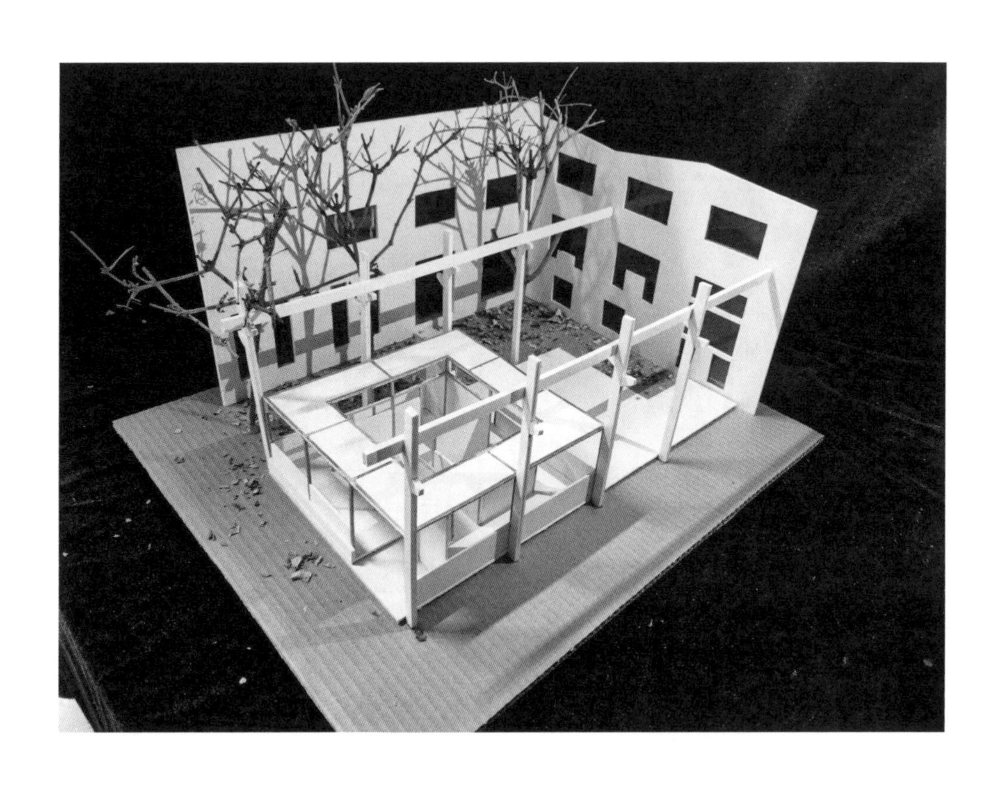

感受与收获：在本次杆件与板片训练操作中，首先我对板片与杆件要素对空间的限定有了更深的理解，通过限定不同区域的空间形态、大小、高度等，可以将整个空间划分成不同的功能区域，使得不同的活动能够有明确的界限和区隔。通过合理的限定手法，可以增强空间的层次感和美感，使得整个空间富有层次和变化。同时我理解了模数与人体尺度及行为活动之间的关联。建筑设计和人体尺度是息息相关的，我了解了人体尺度与行为活动之间的关系。在模数网格的基础上，划分不同大小的功能区域，我掌握了杆件与板片组合的空间塑造方式，学会了使用工作模型和草图进行设计表达，利用画草图的方式将新的构思第一时间记录下来，并利用草图与老师更好地交流。我熟练掌握了Photoshop的各种工具和技巧，这对于完成照片与场景合成非常重要，合成过程需要耐心和细心，每个细节都需要仔细处理，以确保最终的效果看起来自然流畅。

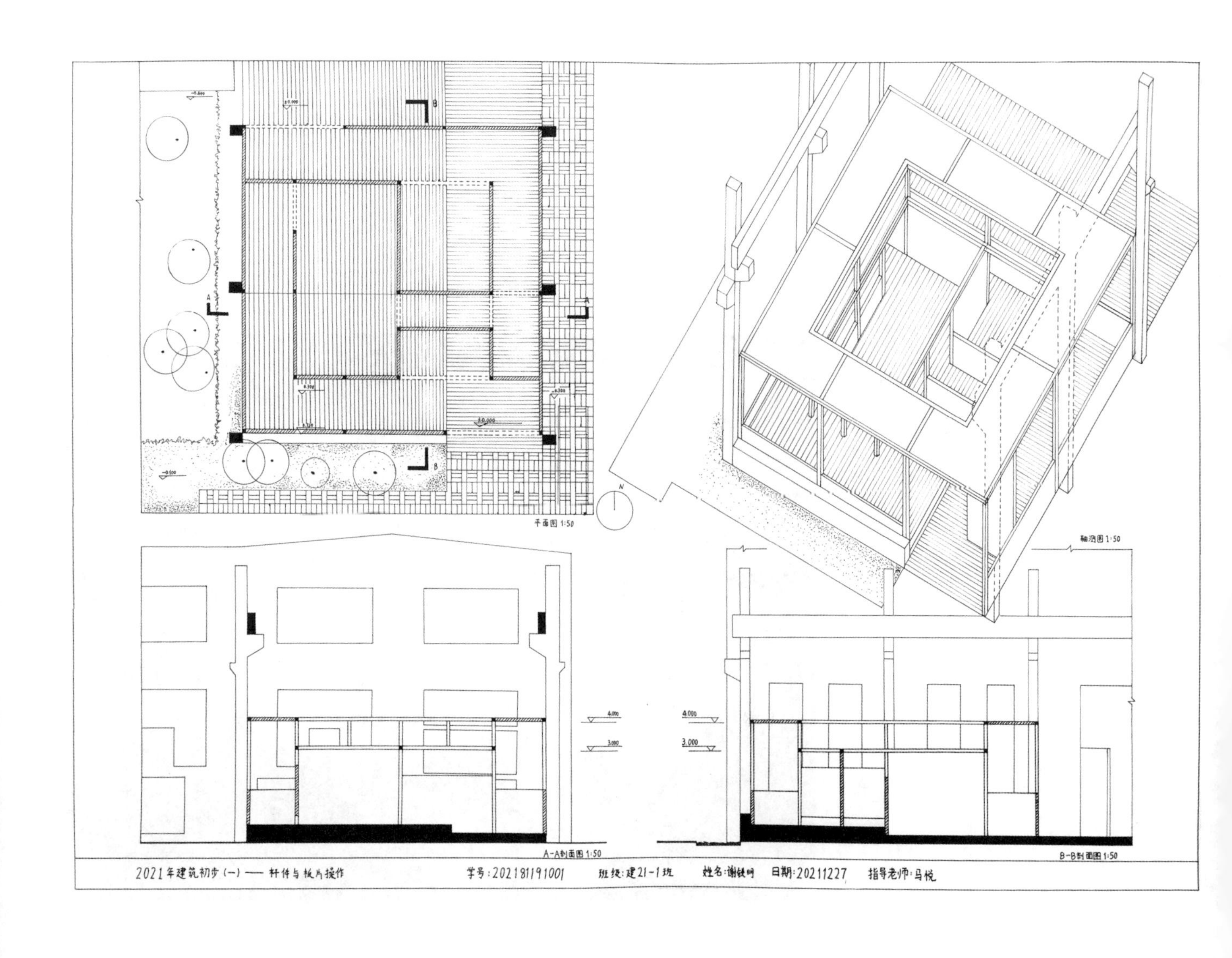

作业5：建筑学专业2022级　于欣平

方案构思：本课题要求在建筑馆A馆沙龙广场平台上建造一个有展览功能的构筑物，需要引入模数的概念，并通过对线性要素的操作形成空间，促发适宜的行为。第一阶段，老师讲解了模数相关知识，要求做三个模数网格的草模并绘制草图。然而模数网格的概念并不是很好理解，我们需要一个固定的数字和它的倍数来定义建筑。并且如何根据原有轴线模数确定自己的建构，进而形成新的轴线模数仍是个难题，我起初不知从何下手，于是决定边绘图边构思。首先我拿出一块跟场地同比例大小的KT板片，开始结合场地进行网格划分，从入口、出口到主次展厅的布置，画出大概的位置，然后根据模数划分具体区域。根据老师课上所讲，我对高度也有了很好的理解，了解了人的舒适观展体验与空间大小有很大的关系，于是我把入口设置成高度为2.5m的通道空间，次要展览空间高度设置为3.4m，主要展览空间高度设置为4.2m，这样以0.8m为一个高差不仅可以形成不同的空间体验感，而且确保展览高度在舒适观展范围内，并且在朝图书馆的方向和朝马路的方向留有一定的空间，形成内外视线的呼应，通透有序。

方案生成：杆件与板片这两种要素形成的空间具有不同的特点，杆件在空间内做疏密或隔离的区分，具有调节空间的作用，板片可界定出若干相互重叠的空间关系，空间定位具有模棱两可的特征。方案构思阶段完成之后，我开始了第二阶段的设计，在网格里加入板片并不像我一开始想得那么容易，我首先考虑的是空间的通透以及板片的位置和形式。放置板片不一定要将它完全填入网格中，

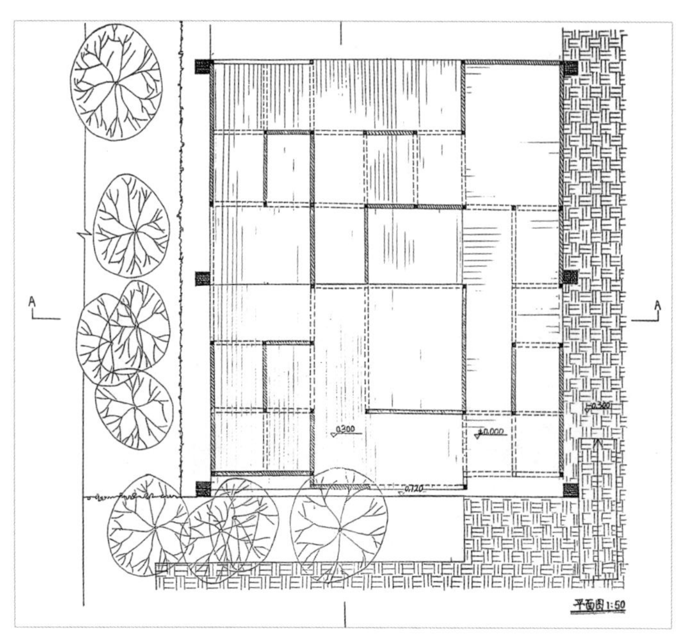

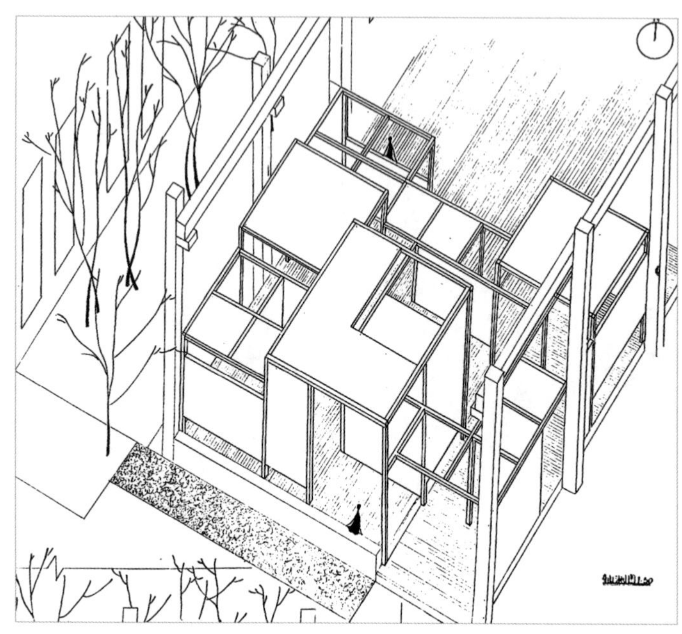

而是可以多样化地填充，例如，将它放在两根杆件中间并留有一定间隔，或者靠左（靠右）紧贴其中一根杆件，又或者可以上下不封闭。这样放置就可以改变空间的通透性，也会增加立面的趣味性。但放置方式不宜多样，所以我将所有板片都保持了左右的封闭而在上下留有一定的空间。在纵向和横向的通道上，我也设置了一些填补和空缺，这些特意的留白也可以使空间有一定的趣味性。另外在板片的排布上，我也做了一些调整，就是为了结合人的观展行为，给出更加清晰的观展顺序。在道路两侧的板片，我尽量不将它们对齐，形成有序的观展流线，并为人的通行和观看留有足够的空间，以免让人们观展时产生混乱。尤其在处理顶部时，我更改了多次方案，板片过多显得封闭，过少又显得杂乱。在不断的尝试下，我终于找到了一种合适的板片放置方式，把面积中等的空间的顶部全部封上，小空间相邻两个放上板片，这样不仅引导了流线也显得没那么封闭。还有一个较难处理的地方就是中间重叠的部分，要考虑如何放置板片才能使这种关系更加突出而不是减弱成为新的挑战，最后我用矩形和L形板片放置在顶部，从而明确了交叉嵌套的关系。

模型制作：在制作模型的过程中老师带我们进行了实地考察，在给定数据的基础上还要精准测量出其他的数据，建筑高度和构件高度的测量是我们面临的棘手问题。我们先是尝试了用激光测距仪测距，但由于有其他的结构阻碍没有办法直接测出，最后只能通过砖块和窗户的高度大致估算出楼高，柱高也只能根据楼高估算出来。场地中的树，起初大家只是折了比较像树的枝丫制作模型树，但是老师指出了问题，并让我们去场地观察，我们才发现树跟楼房差不多高，这也让我知道在制作模型的过程中最重要的就是观察场地、还原场地。由于杆件是2mm×2mm的细木条，所以粘结成直角非常困难，胶水固定也需要一定时间，很考验耐心，于是我决定先做出板片，然后在板片上粘木条，最后组装。此次的板片我想用木板打造一个木质展板，于是尝试了激光切割，在一年级首次尝试激光切割，从CAD画出板片到使用机器都是一种新的尝试和体验。在这个过程中我也多次把板片的尺寸计算错，但是经不断尝试后，做出的模型远远超出了我的预期，精致且有质感。

感受和收获：在这学期的学习中，我对空间设计和人的行为之间的联系形成新的认识。本学期第二次接触到展陈空间，加深了对展陈空间的认识，也让我对其有了新的体悟，我将这种认识应用到设计中，生成方案比较顺利，逻辑也较为清晰，从一开始就确定了设计方向并一直朝着这个方向深化。首先，在这个任务中有所取舍，我舍弃了像其他同学一样整体形式的组合，而是选择三个小的单元，并且较为自由地构建了结构网格，没有追求形式的变化和多样，我认为这是我在这个任务中最大的收获。另外还应用了咬合嵌套等操作方式。其次，我在这个任务中学会了如何处理场地模数和生成自己的模数，有了对建筑设计基础的认知，相信在以后的设计中我也会用这些基础的方式设计出符合规范、富有新意的建筑。最后，在这次训练中，老师的耐心指导让我有了一定的进步，从建筑的生成逻辑到最后图纸和模型的综合表达都使我受益匪浅。从板片到杆件结合板片的训练，锻炼了我的空间塑造及空间组织能力，并逐步理解了空间和人体尺度、行为活动的相互作用，让我学会了主动去思考所设计的空间与周边环境的关系。

作业6：建筑学专业2022级　尹文硕

方案构思：本次设计任务要求在建筑馆A馆沙龙广场平台上设计一处临时展区，场地面积约为125m^2，要求临时展区满足作品展示的功能，具有合理的流线，结合环境并具有模数网格和空间关系等要求。我的思路是，首先通过寻找、解析案例来了解网格结构，选取合适的模数，将场地用小的网格划分；其次考虑空间和动线以及不同区域的功能需求，根据不同的流线需求构建框架；最后考虑的是与环境的关系，我观察到场地周围有八根柱子，在场地范围内有六根，并且场地周围存在的树木和平台的高差，因此在设计框架时同时考虑到环境因素，最后根据空间关系合理放置板片以满足作品展示的功能。

方案生成：首先我将规定场地在纸上划分出来，以实际尺寸500mm为模数，按照比例在纸上划分出网格，在网格上划分空间，将空间分为展览区、流动展览区以及连接两者的流动区。然后将划分好的纸裁剪粘到KT板片上还原出部分场地模型，再将2mm木条分别染成绿色、蓝色、红色，对应上面的区域划分，再用U胶粘到环境上。除了水平空间，在高度上，作为流通的区域高度为2.5m，作为流动展览的区域高度为3.5m，作为展览的区域高度为4.5m，这样不同的区域给人带来的空间感受也不同，对在展览馆中的人的动线也会产生影响。在最初的方案中，我的设想是将展览区放到中间，四周环绕流动区域，在做出模型后，我感到这个设计缺乏空间感，没有达到作为展览馆该有的各种区域之间的逻辑关系，也不具美感。经过进一步改良，第二版的方案不仅改变了上一版方案中的空间关系，在环境结合上也做出了改善。我将展览区分为A1、A2两块，分别位于环境中的东北角和西南角，再根据环境中高起的平台作为分割点，用一条2m宽的通道将馆体与环境“包围”起来。中间围合的区域为流动展览区B。在最后确定的方

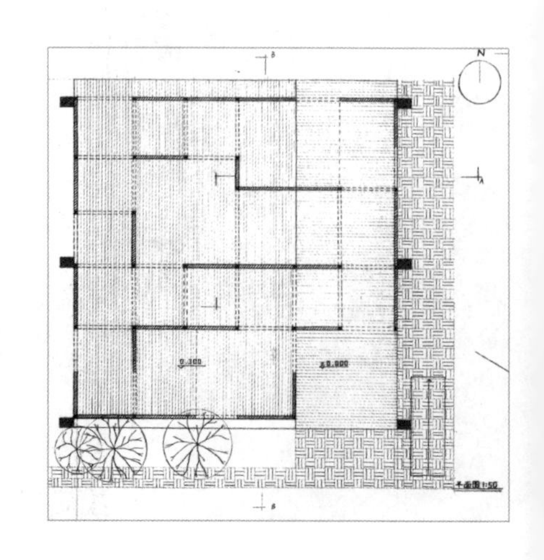

案中，我规划了展板的放置位置，为了满足人在其中的视觉流线关系，我将板片设计为离地高度500mm，离顶高度500mm。这样会使参观者对展览馆空间产生兴趣，更愿意走动起来，也会使空间不再压抑，同时，我将观展区的展板错开放置，这样停下脚步观看的人不会影响其他人的活动。在观展区域，我设置了足够高的高度和足够广的空间，并以此为基础设立了两种高度的展板，这样可以减缓参观者的脚步，也可以在此区域摆放比较重要的展品等。流动展览的区域在展览空间的中部，这个区域在一层空间设立的展板较少，主要起连通周围区域的作用。作为较为综合的区域，我将这个区域的空间通过一个杆件分成两个矩形，在其中一侧安置顶板，可以使其产生不同的光线效果，以此来摆放不同需求的展品。

制作过程：我在构思方案的同时，开始环境模型的制作。首先在环境场地中利用激光测距仪和卷尺等工具测量出墙体实际尺寸以及开窗位置、大小。再用雪弗板制作环境墙体，用瓦楞纸板做底座，用沙石和树枝模拟环境中的树和灌木，我利用U胶将小的沙石粘到纸板上，用速干胶粘树枝。为还原出真实场地的高差，我将1.5mm厚雪弗板用一层2mm厚的木条垫高，以模拟环境中最底层的砖石和两层防腐木平台。在观察环境的过程中，我发现在沙龙门口有一个亭子，就利用雪弗板将亭子按比例制作还原出来。在构思方案时，我将纸上画的网格裁剪下来贴到KT板片上，再利用三种颜色的木条搭建出过程方案的模型，在不断的修改之后确定最终方案。我将2mm厚的木条用黑色记号笔染黑，用白色雪弗板模拟出展板，用U胶将二者结合并粘到环境模型中。

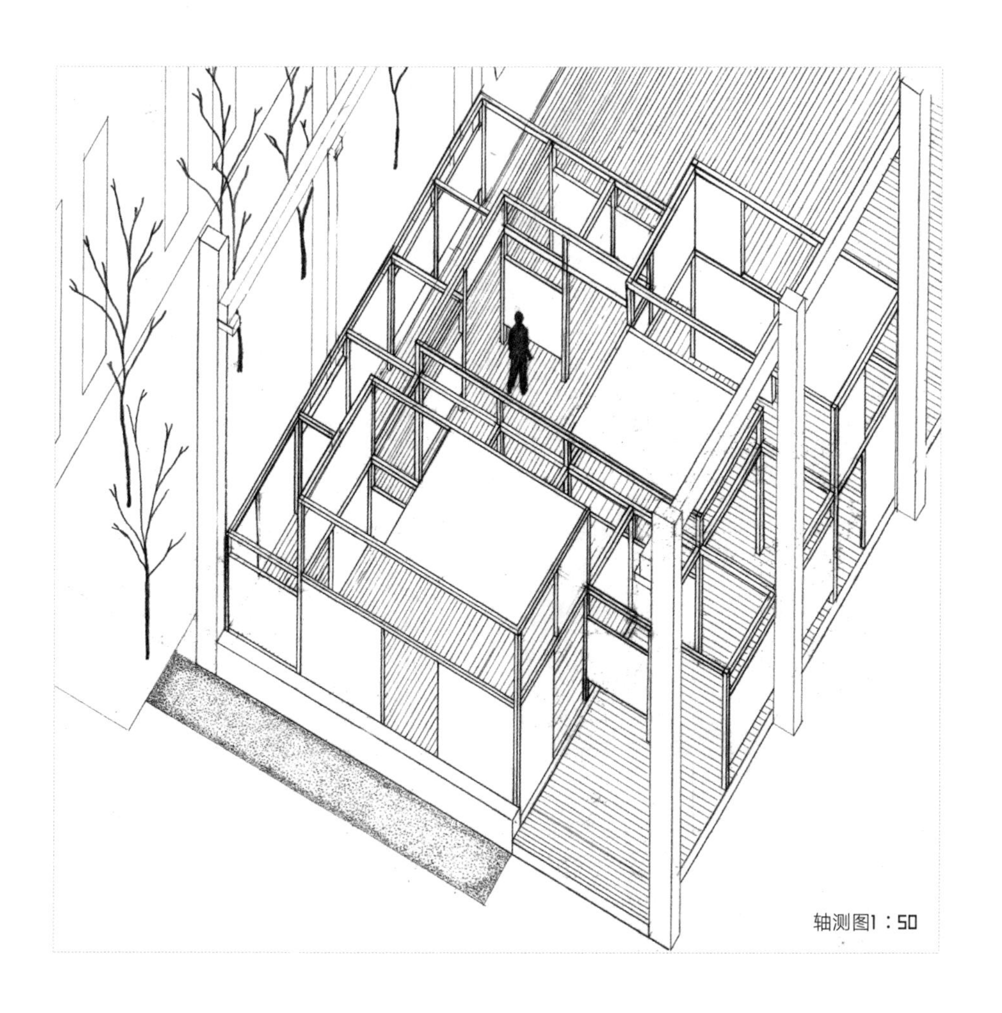
轴测图1：50

感受与总结：在这次的设计任务中，我学习到如何用杆件和板片相结合的方式来构建空间。同时，在寻找案例和与同学、老师交流的过程中，我意识到展览馆的不同空间尺度给人带来的感受不同。在设计的过程中首先要考虑所设计的构筑物与周围环境的关系，其次要明确自己所设计作品的整体风格和主要功能，最后要在设计中考虑美观性和设计亮点。通过这次任务，我了解到在设计的过程中不能只追求装饰和表面，而应以功能为主，在满足功能的前提下加入设计美感或者自己的设计风格。此次任务训练不仅拓展了我的设计思路，同时也强化训练了我制作模型和绘图的熟练度。

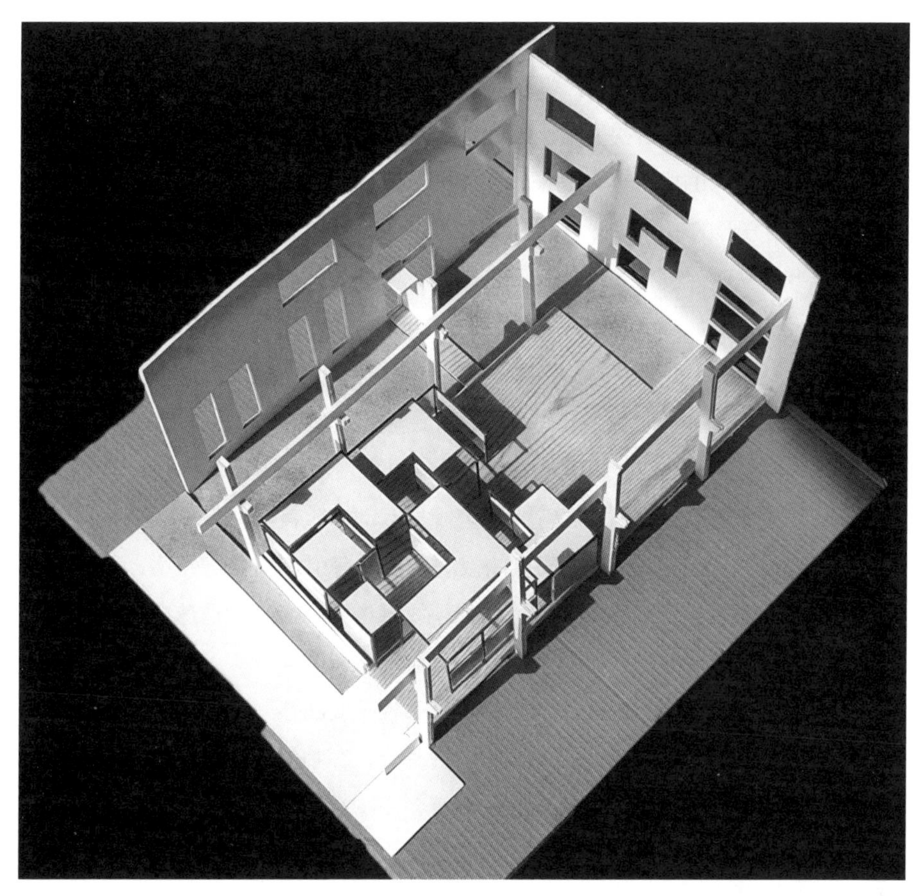

作业7：建筑学专业2022级　张梦瑶

前期准备：本次任务是在建筑馆A馆沙龙广场平台上，利用截面边长为100mm的方钢和100mm厚的铝合金龙骨复合板，设计一处临时展区。需要利用杆件和板片使形成的新空间与原有空间结合，利用模数网格，设计空间氛围和参观流线。在进行测绘时，结合上次板片测绘经验，我与同学分工合作，并利用砖厚来计算建筑大致高度，很快便完成工作。在场地红线内有六根混凝土柱规整地立于场地两侧，形成了场地原有的模数网格，在沙龙南侧入口处有一个高约30cm的展台，形成独特的空间。有了第一次做场地模型的经验，我很快在雪弗板上绘制出场地的形状。但在裁切的过程中却出现了一些小问题，例如雪弗板上的手印和雪弗板边上的毛刺。我先在场地展出一面使用白色喷漆，以此来遮住手印，然后用磨砂纸将雪弗板的边打磨平整。我用木地板仿真纸制作沙龙地板，用土黄色绒布覆盖西侧和南侧来模拟春天还未发芽的草地，最后立起场地两侧的柱子。

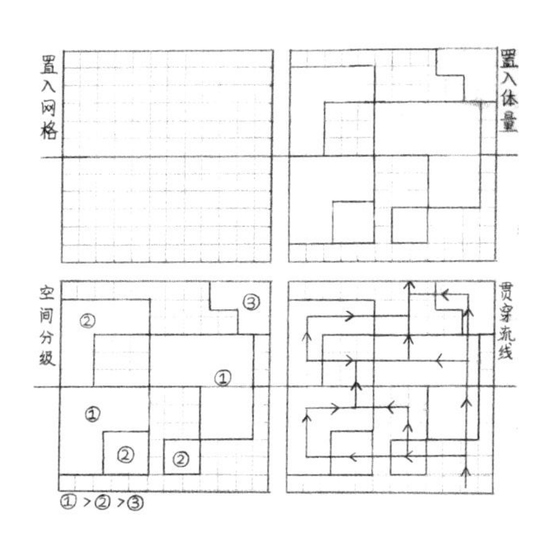

设计思路：在一草方案阶段，我仅用木方搭建来感受杆件之间的关系，但结果并不理想，没有任何设计和技巧的杆件草模，除了外观简陋，最大的问题是凌乱，让人看不懂我的设计。在课堂上老师给我们提供了两种设计技巧，一是可以先在纸上画出想要的空间分割；二是可以用多种颜色涂料涂抹在杆件上，用于区分不同设计逻辑，在这里最好是用1～3种。根据老师的提示，在二草方案阶段，我拿出了一个逻辑更加清晰的模型，但却又忽略了最重要的模数网格问题。虽然我用方形作为逻辑，但是对于流线方面没有什么帮助，而且在空间尺度上，我将面积较小的高展台设计得较为复杂，而低展台却较为空旷。我虽根据高低来对空间进行分级，但却忽略了人在展厅内的尺度关系。此外我还犯了想当然的毛病，对展厅高度没有精准计算，导致展厅内不是太压抑，就是高得不像展厅而像教堂。首先我放入比例人解决高度问题，然后观察往届同学的设计成果，通过计算找到合适本次设计的模数。最终采用先在纸上设定网格，然后在网格上以一种逻辑，即L形和方形的板片进行空间和流线划分，又用各个空间的高度来代表空间等级，以此方法设定杆件高度。接下来就是使杆件与外部环境相适应。场地中的六根柱子已经形成了一套模数逻辑，我以中间的两根柱子为中轴线，以1m×1m的方格为模数网格，使杆件也以中间两根相对的柱子为中轴线。这个方案注重流线的设计，以南侧沙龙入口为模型入口，北侧平坦作为出口，一些西侧杆件对应A馆窗口。杆件部分完成，接下来在杆件上增加板片。因为该场地尺度较小，不同于大尺度展览空间，所以在高度上应与观展活动产生良好的尺度关系，所以我设置了2.8m、3.0m、3.5m三种高度的空间。板片有引流和展览作用，所以仅将板片设置在人视处，而非全部挡住，增加视线可达性和空间的通透感。我设置了多重路径，注意到流线需要朝着入口和出口的方向。

模型制作：在模型制作上，我选择用雪弗板喷奶白漆来和场地模型区分，将一块完整的雪弗板全部喷上奶白色漆，然后晾干，在喷的过程中出现问题，总结成功的经验就是把漆放远，否则喷出的气流会使漆在雪弗板上不均匀。同样，我将较直的细木方提前喷漆晾干备用，在制作过程中也出现失误，总结经验就是应

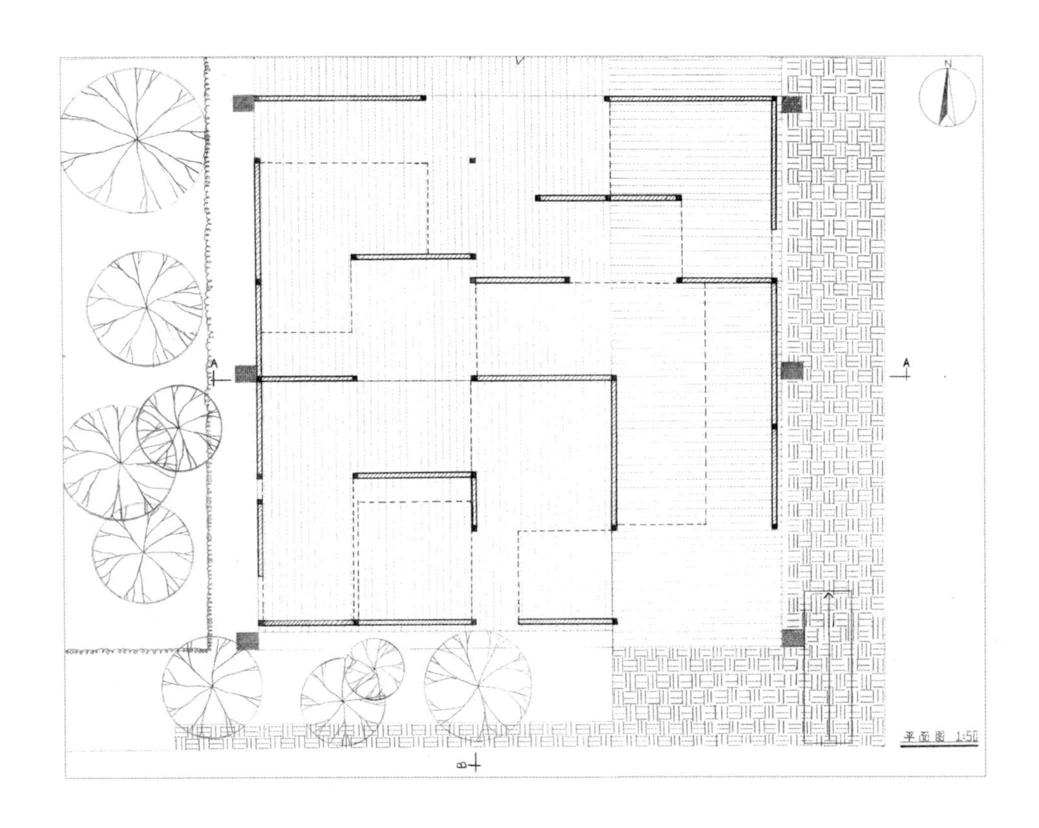

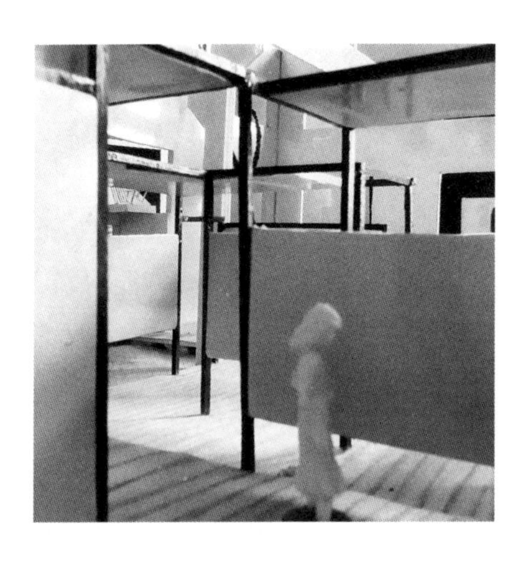

先将杆件和板片连接再进行整体拼接，而不是先拼接杆件再安装板片。在本次训练中，我深刻认识到模数网格在设计中的重要性。明确了模数有利于更好地设计和确定建筑的门窗洞口大小和尺度，让建筑处于有逻辑的状态。草模阶段，在模型制作前可先以场地大小1/100的纸为底，在纸上画出设定模数网格，再将杆件按逻辑置入网格，板片可先用纸片尝试，以免破坏杆件，产生不必要的返工。而最后成果的模型制作与草模阶段的顺序截然不同，由于最终模型的板片以雪弗板作为材料，先制作杆件再安装板片可能会使模型质量降低，因此最好选择先给所用原材料上漆，然后拼装每个部分的杆件与板片，最后将各个部分进行组合。

学习收获：在本次设计中，首先，我学习到了杆件在建筑空间中的使用方法和杆件与板片的配合操作，对于设计中模数的运用也更加明确。同时在对草模的一次次打磨中，我也感受到了空间尺度对于人的心理和行为的影响，从参观者出发去思考以什么样的路线看完这个展览。其次，我也明白了一套逻辑和手法的重要性，与一、二草方案相比，终稿我选择L形和方形的板片，可以更加明确空间分级以及流线引导。在模型制作时，我深刻体会到提前规划的重要性，将每个步骤想清楚后再上手可以有效地提高模型的精准度和制作效率。本次训练对我的制图能力也有很大的提高，无论是对着平面图做模型还是绘制轴测图，都对我的空间想象力有很大的帮助和提升。

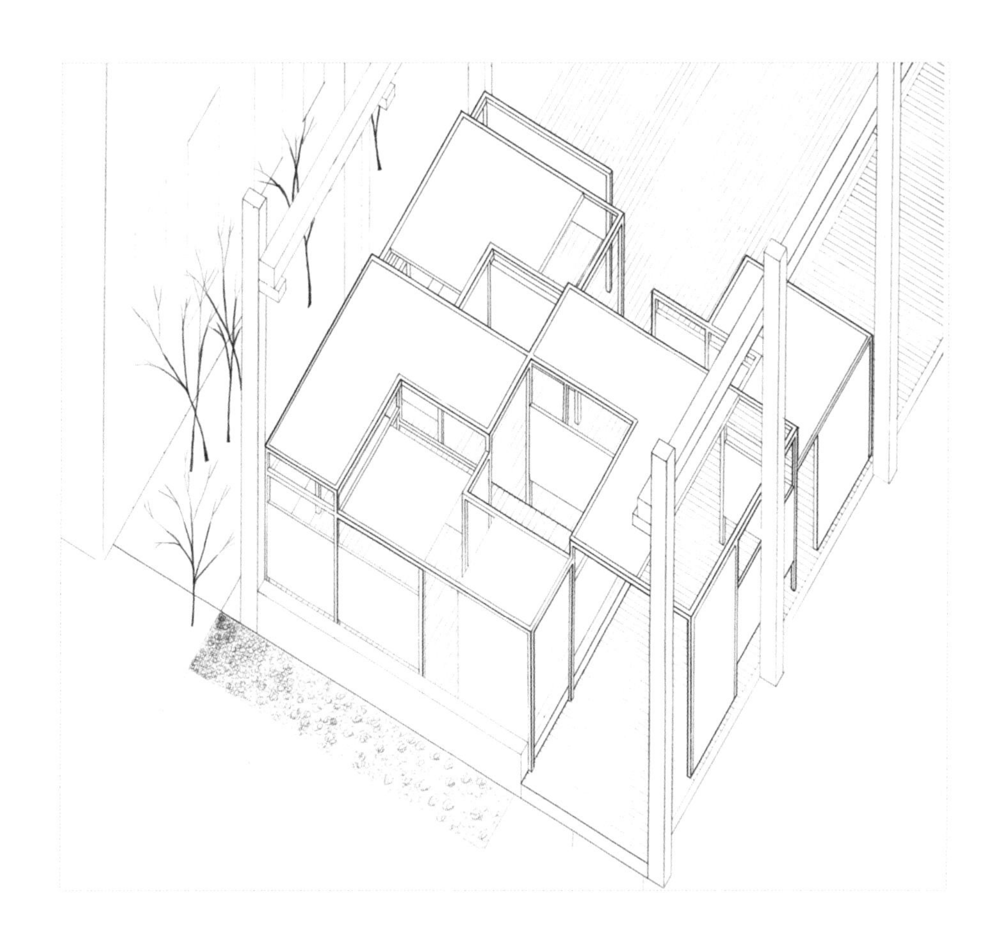

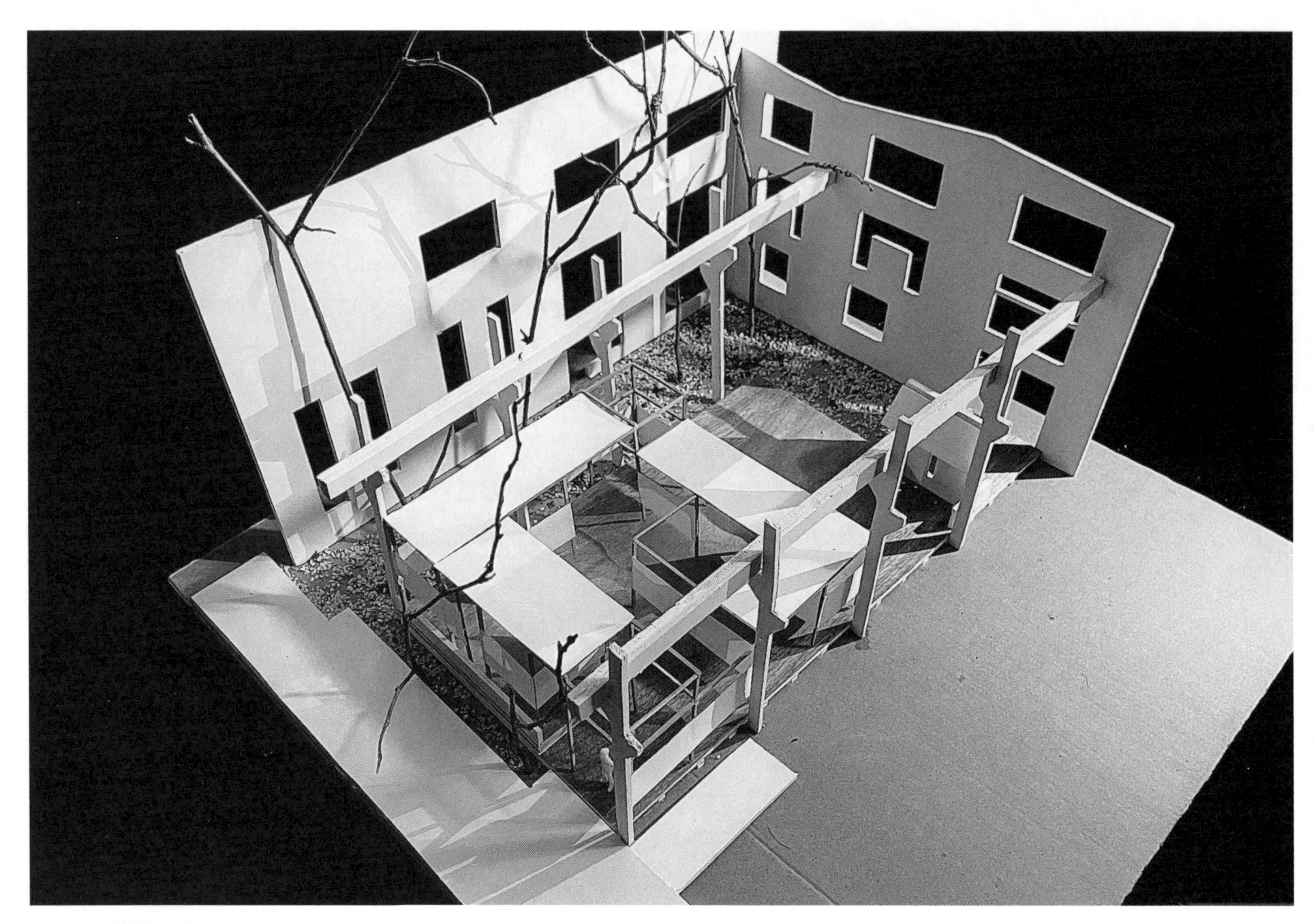

作业8：建筑学专业2022级　逯晓鑫

方案构思：本设计任务是在建筑馆A馆沙龙广场平台上，设计一处临时展区。场地内部以及与周边草坪和砖地有高差，需注意边界处理。周围有两排共八根高约9m的混凝土柱和之间连接的横梁，新置入的展览空间需考虑与原混凝土柱形成的轴网能够恰当地融合。空间的跨度和高度应满足材料强度及受力基本合理。在实地勘察考量后，我认为该构筑物最重要的是考虑其与周围环境的关系以及与人之间的关系。经过老师的指导，我学会了在高度以及其他方向上运用模数网格，将构筑物有序地设计。我先从周围环境出发，确定了展览空间的入口。通过场地分析，我认为设计应该充分考虑建筑学院的空间和氛围，以及周边的人流和交通状况等，进而在设计中营造与周边环境的协调和统一。场地的东侧是艺术沙龙外的景观树林和集散广场，因此在设计中应该充分考虑与景观和广场的关系。展览区域的入口以及周围公共空间的设计都需要仔细斟酌。我将展览区域分成两部分，并且设计成两个折角形，使整体变得紧凑，又分隔开两个展览区域之间的空间，这样既不会显得太过空旷，又显得整体划分井然有序。多余的空白部分我运用一些小细节补充，这样整个展览区域看起来不会留白太多，能够给参观者带来舒适感。

方案生成：在设计这个展览区域时，我将整体展览区域分成两个部分，设计成两个折角形。第一个展览区域用两个带顶的展览架组成，展品沿板片放置，带顶的展览架既可以保护展品的安全，也能让参观者更加愉悦地进行观展。旁边是第二个略小的展览区域，也和第一个展览区域一样，设计成了一个折角形的展览架，同样也带顶。两个展览区域的设计使整体看起来更加具有艺术性和观赏性，不会既单一又死板。原本我的想法是将这两个展览区域设计得更加紧凑，但我发现这样设计太过拥挤，不仅参观者不方便进出欣赏展品，也会让整体格局变得狭小，使得留白区域过大。于是在思考和修改后，我将这两个展览区域中间隔开了一些距离，这样不会留白过大，使得整体看起来划分得错落有致，这是我的设计中一个很大的亮点，整体的格局都围绕折角形展示架展开。两个展览区域隔开适当距离也让参观者能够方便进出，并且能避免安全事故，如果出现意外，不会因为展览区域太过拥挤而来不及疏散。我将两侧的展板开设多个洞口，这样既增加了透光性，又能让室内采光变好，提高观展空间的舒适性。墙面留白区域我选择放置部分展品，这样既可以增加展品的展览面积，又能让空白的部分被填充，显得不单调乏味。整体区域看起来呈半包围型，给人一种舒适感，在观展的过程中身心放松。前来观展的人们可以从大门进入后，先参观外侧折角形展示区域的展览物，再沿折角去参观内侧折角形展示区域的展览物，最后沿着墙面参观展览品。两个折角形展示区域是我这个设计中最具特色的部分，原本我想直接设计两排带顶展示架，可这样就会显得单一无趣，整个展览区域毫无新意，也让展览品的摆放变得局促狭小。所以我选择了两个折角形展示架的设计，改变了整体严谨的格局却又不显得杂乱，并且兼具艺术性。

感想与收获：在此次展览区域设计中，我学会了如何运用一些小细节来改变整体格局，如何更好地增加室内采光量，如何处理多余的空白部分，以及如何更加合理地安排展览区域。在设计折角形展示区域过程中，我遇到了一些困难，如无法正确划分区域，后来我通过查阅资料和请教老师解决了这个问题，提升了整体设计的效果。在设计过程中，老师鼓励我们独立思考，给我们很大的自由度来做自己喜欢的东西。最重要的是，通过这项训练我掌握了一种逻辑思考方式，并建立了自发推动设计深入的内驱力。我明白了设计确实是有理可依的，是基于周边空间文脉、人的行为以及感受而产生的逻辑思考产物。这次课程设计结束时我真的很有成就感。

教学反馈

伊若老师：在板片操作的讨论内容中，同学们对于前置练习与板片操作的形式、认知和逻辑进行了一定的讨论，接下来请同学们谈一谈杆件与板片操作和板片操作之间的区别与联系，也可以对于杆件与板片操作的难点与教学方式发表自己的意见。

王同学：上一阶段的板片操作注重对于空间在垂直方向和水平方向上的分隔，而不是强行加入一些类似于展览或放置陶罐的功能，但在这一阶段的杆件与板片操作中，就有了明确的展览功能。同时，杆件与板片操作的作业目标中，加入了“掌握以模数网格塑造空间的方式”，让我们利用模数来完成设计。在现实的建筑工程中模数一般是为了便于生产，但在这个设计中，我认为模数是便于我们在建立秩序的同时更加规范地完成作业，而不是把杆件随意地置于场地中。在做这个作业时，老师给我的建议是利用杆件先形成空间之间的嵌套及虚实关系，然后在杆件围合形成的空间基础上，决定板片的位置。这样的设计流程在之前的作业中都没有接触到，这也是杆件与板片设计的核心环节。尽管都是之前接触过的操作形式，但两种材料共同设计所形成的空间与带来的效果却是截然不同的，所以一部分同学在进行设计时会出现顾此失彼的情况，这样就有可能导致中期评图时，同学们还没想清楚两种材料的关系，就把杆件凑合着赶工出来，然后看板片能塞哪儿就随意地塞进去，草率地完成作业。

高老师：除此之外，对于这个作业你还有什么想讨论的方向?

王同学：相对之前的作业来说，这次作业是设计一个规模相对较大的展区，它和旁边的建筑馆、建筑立面以及周边的混凝土柱都会形成特定的关系；并且和场地的高差也会形成一定的关联，在手工模型制作时这一点尤为突出，高低错落的层次关系会表现得十分明显，我认为作为第一学期的最后一个课题，能否理解到这一层关系也很重要。

游同学：杆件与板片操作和板片操作的区别在于，杆件与板片操作将两种元素相结合，并加入了模数网格这一概念进行设计。该操作依旧着重于训练如何塑造与组织空间，体会空间与人体尺度、行为活动的联系。设计时，先利用杆件确定模数网格后再界定空间，从而建立秩序，之后通过板片对空间的密度和韵律进行调节，所以我认为这次练习的难点是如何在模数网格的基础上，利用杆件和板片产生空间的秩序性。

饶同学：用板片和杆件去设计一个展厅，我的设计起点是“流线”。思考人怎样在这个空间中行进，才能有更好的空间体验。板片是一种有方向性的元素，置入一个板片，不仅把空间分为两部分，还能对产生的新空间形成方向性的引导。通过这样的操作，想象自己在模型里是什么样的空间感受，进而操作空间、观察空间，不断地置入空间“板片”和“杆件”的要素，用板片去引导空间，用杆件去调节和转化空间，最终形成这个设计。相对来讲，我的设计偏向于从主观感受出发，比较在乎自己在空间中的感受，空间沿着路径展开，最后结果也展现出流动的特性。在设计之初，高老师就引导我们把模数网格建立在基地上，我所有的操作都是在模数网格的基础上完成的，这就保证了设计的准确性和客观性，让我的主观感受在一定的可控范围内发展。但是设计还有许多没有顾虑到的地方，例如材质和颜色的运用，不同空间尺度和比例的讨论，都是不够充分的，这也使我在之后的设计中有了更多的思考。

白同学：在这个设计任务中，最后的成图要求使用针管笔来绘制，但是同学们的墨线表达能力可能还没达到相应的程度，我认为这个作业的成图绘制难度相较之前的作业难度更高。

高老师：用铅笔和针管笔绘制成图，不是一个难度吗？

白同学：针管笔完成的图很难修改，画图前需要先用铅笔完整地画一遍，再用针管笔上墨线。相比之下，最后一次图纸的完成难度大大增加了。我觉得可能在第2学期再完成这种难度的图纸比较合适，因为大家当时都为了完成这张墨线图而通宵画图。

高老师：那你认为在训练方法上，杆件与板片的操作难度呈梯度上升的幅度，相较之前的作业是否合适？

白同学：我觉得从教学的训练目标来看，目前的难度推进方式还是比较合理的。但从我们学生的角度来讲，可能软件的操作水平需要通过课下大量练习来提升，因为前一个作业需要的软件操作相对来说还是比较简单的，但是杆件与板片操作需要一张具有很多细节的鸟瞰角度实景合成图，在这张效果图中表达真实的光影效果、位置关系和真实比例等，都是比较困难的。

高老师：那张效果图对于一年级同学来说的确难度比较大。但如果不在作业难度与强度上升的时候尝试着进行大量的练习，只是因为一时的困难而把练习机会放过去了，这种能力就没办法得到训练。

张同学：我认为杆件与板片操作练习和板片操作练习的区别有以下几点。在功能上，板片练习对于展示功能有一定的需求，不过需求较少，也并非利用围合空间的构件去完成，但是杆件与板片操作练习第一次强调了功能需求，并要求使用围合构件完成要求；在结构上，板片没有强调其结构，板片与杆件其实是我们第一次接触到类似于框架结构的受力体系；在流线上，板片的空间就是一个简单的条形空间，它的流线只有几种方式，而杆件与板片操作练习的区域流线十分灵活，处理的时候要考虑的东西也更多。对于我来说，杆件虽然在前期界定了空间，但更多地给我一种结构的秩序感，最后增加板片时还会对杆件进一步进行修改，这才建立了真正的空间秩序。这个练习的难点在于，之前的所有训练作业一直都在强调环境，并且这次的训练对于环境与模型的结合关系更深了一步，但是环境本来就有由牛腿柱构建的模数网格，需要在这个基础上考虑新置入的模数网格与其融合，相当于对场地的整体关系进行二次构建，两种模数网格的碰撞让我绞尽脑汁。通过这次训练，我对尺度和数值更加敏感，对于环境的思考也更加深刻。这次训练的难度提升较多，但我并没有发现不合理的地方。

杨同学：在这次“杆件与板片”操作的设计过程中，我发现了自己的问题，同时也学会了许多新的操作方式。首先，我发现自己一直以来的设计都过于规矩且注重形式，没有对空间进行创新性的设计，因此在设计之初，我决定要在下一个设计中考虑空间的变化。其次，我学会了在设计中运用模数与网格，包括在目前的课题设计中，我也一直在运用模数与网格做设计，这是我学习到的一个比较重要的方法。最后，对于场地高差的处理方式，我也查阅了许多资料，发现可以用台阶、坡道和平台等形式来处理高差，同时也要考虑交通的便利性和景观的塑造。

王老师：关于模数网格，大家是怎样确定自己设计中的网格尺寸的？

张同学：我是从环境考虑的，高台的长宽与牛腿柱形成的网格有关系，我从台子的长和宽入手，又考虑和人的关系，查阅了一些观展距离的资料，最后选择了1.8m作为网格的边长，也就是台子长的1/5，宽的1/3。

王同学：我经过计算，发现以300或300的倍数作为模数，差不多能被场地红线的长宽整除，余下边上有较窄的一行，也作为游廊进行了一些设计。

白同学：当时我和同组的同学测量了很多组人体的数据，例如普通成年人与青少年的肩宽、身高和视线高度，然后再根据这些人体数据结合展览的功能，把整个场地分成了4×4的十六格网格。

解同学：虽然我和张同学不是一个组的，但是我和她的划分方式也一样，我在外围设计了一圈走廊和展厅，中间的大厅同时也作为展厅使用。我首先把整个场地分成3×2的网格，东西方向分成三段，南北方向则按照场地里的牛腿柱分成两段，外环杆件点位为4×3，而内环的杆件对应外环东西方向的中点形成一圈，形成外廊内厅的概念。在这样的概念下，因为东侧与南侧紧邻道路，北侧对着艺术沙龙的南门，西侧是图书馆，所以我让板片引导人群的流线，展区的两个入口分别设计在东南侧和西北侧，西北侧的门挨着通往图书馆的小路。展区四周来来往往的人很多，所以我把展廊外侧的墙体设计得比较矮。外围的矮墙既起着围护的作用，又可以将更多的人吸引到展览厅，进行室内外的互动交流，使建筑更好地融入环境中。

王老师：你的这个设计让我记忆很深刻，因为虽然看起来形式和逻辑很简单，但真正做出来还别有一番趣味。如果不描述设计的过程，只说明你对作业设置难度的理解，你的感受是什么？

解同学：我认为设计过程是通过不断尝试来寻找有趣的空间和流线而形成的结果。从这个角度来看，建筑空间与场地认知的测绘练习，为杆件与板片操作练习起到了很好的铺垫作用，我觉得这两项作业衔接得非常好。

解同学：我觉得杆件与板片操作涉及了很多问题，包括模数、杆件、板片和表达什么样的空间效果。杆件与板片的设计不同于之前的设计，要考虑的方向和要使用的手法确实是多种多样的。所以它算是第一个比较接近后期课程的复杂设计。步入建筑设计的阶段，很多同学不知道从哪里入手，当然还可以在每个课程作业中慢慢学习这个流程，但这个设计是第一个接触到需要考虑较多因素的设计课题。如果能找到适合自己的方式，接下来的设计就会相对简单一些。设计很考验一个人同时处理多项事情的能力，如何引导大家找到自己的节奏是一个困难的问题，这件事因人而异，所以我认为可以在引导学生设计流程的方面进行探讨。

孙同学：杆件与板片操作在集合空间形式与功能的方面提升了一个维度，当时的整个设计流程使用了模数网格，这对我现在的体量组织方式也有很大的影响。后来我重新梳理了杆件与板片操作的设计形式与结构，对设计有了更深层次的思考，所以我认为这个训练还是很有效果的，它第一次把结构、空间的概念和场地的高差整合起来，更加接近一套完整的建筑设计流程，从而形成多方面的思考训练。

高老师：我来整体总结一下。教学组在这个阶段设置了杆件与板片操作练习，在这个练习中加入杆件并不是单纯为了增加一种材料，难度也因此同时上升了一个梯度。我们曾经设置过杆件训练的练习，现在看来那并不是对于杆件的训练，而是对于遮蔽或者构建的构筑物训练，和杆件本身没有太大关系。我个人理解，设计的秩序性是很重要的，板片是不易构建秩序的设计元素，杆件可以作为一种控制秩序的决定性因素进入设计，而杆件组成的网格则是一种强秩序关系，教学组希望同学们在设计中能够理解网格对于秩序的控制，建立网格就等同于建立秩序。在这个设计中，板片只是作为一个展板阻隔空间与视线，而杆件作为控制秩序的结构，实际上是真正划分空间的网格，但网格也受到了环境因素的影响。场地中的牛腿柱之间形成的强柱网关系作为第一个因素，而场地的高差则作为第二个因素，通过场地的环境，让大家理解网格与秩序，是因为那个环境有良好的暗示条件与明示条件，场地中的牛腿柱、绿化与景观和建筑馆立面，都是一些潜在的影响设计的元素。那么，在这两个因素下，网格如何来设定、模数如何来完成，每位同学各有各的办法，终归大家能够运用这种方法向正确的方向上靠拢，那么最终的模数究竟是多少，已经不是最重要的问题了，重要的是大家通过这个训练学会利用柱网、模数这一套设计体系来建立秩序关系，这是设置这个练习的初衷。我认为这个练习是设计得很完善的一个题目，无论是设计目标，还是对于同学们的设计能力、认知水平的训练都是比较恰当的。在进行图纸表达时，这次练习也比板片练习难很多。它需要通过手绘完成一张鸟瞰的轴测效果图，还有一些剖面图、实景合成图和模型制作，它们之间的关系都更加复杂。教学要根据两件事情来规划，第一是教师的水平，第二是学生的水平，例如有的学校可能更擅长逻辑化、抽象化的教学，而我们教学组就偏重更具象的教学方式。

最后，我们在这个练习里，也设定了强化计算机应用能力和软件操作能力的目标。后来我们的作业明显得到认可，因为作业的题目设定有一定的特点，学生的计算机水平表现能力也比较完善，但这只是相较于一年级的阶段。我一直认为软件操作能力不是设计的核心，设计的核心能力在于对设计的认知与理解、逻辑思考与抽象思维，这些能力是难以被取代的。所以同学们也不要过于痴迷软件的效果，要抓住专业的核心能力。

4. 形体再生——空间与体量操作练习

教学目标

基础目标1：充分理解空间与实体的内在关系，掌握基本的空间与实体操作方法。

基础目标2：运用手工模型、计算机模型、设计草图进行设计表达。

中阶目标：理解空间与人体、行为之间的关联，合理组织空间、路径、光线、视线，合理运用模数。

高阶目标：了解空间序列、趣味性和透明性。

设计任务

将建筑馆A馆庭院内原有构筑物拆除，在场地内布置一个9m×6m×7.5m的空间体量，新建体量应与周边建筑保持合适的位置关系，综合考虑庭院内交通流线、空间组织、环境布置等因素。体量内部应有清晰明确的（水平、垂直）空间限定容纳行为活动，并设置垂直交通流线与建筑馆A馆二层建立水平联系。

设计条件

场地：建筑馆A馆庭院内（图2-1）。

材料及限定条件：新建体量材料不限，可以是普通黏土砖、其他规格砌块或者现浇混凝土等各类材料（只能使用一种材料），体量围护厚度（墙厚）没有限制，水平楼板、屋顶建议厚度为150mm。体量四周垂直面开洞面积不大于50%，屋顶面开洞面积不大于40%；体量内部至少设计3个不同水平标高平面（不包括地面和屋顶），其中一个可以和评图空间或室外连廊水平联系，各平面之间通过楼梯、台阶连接；体量内部可以采用各种操作方式（占据、切削、挖空或其他）进行空间限定，体量表面开洞不得破坏两条以上的边界。

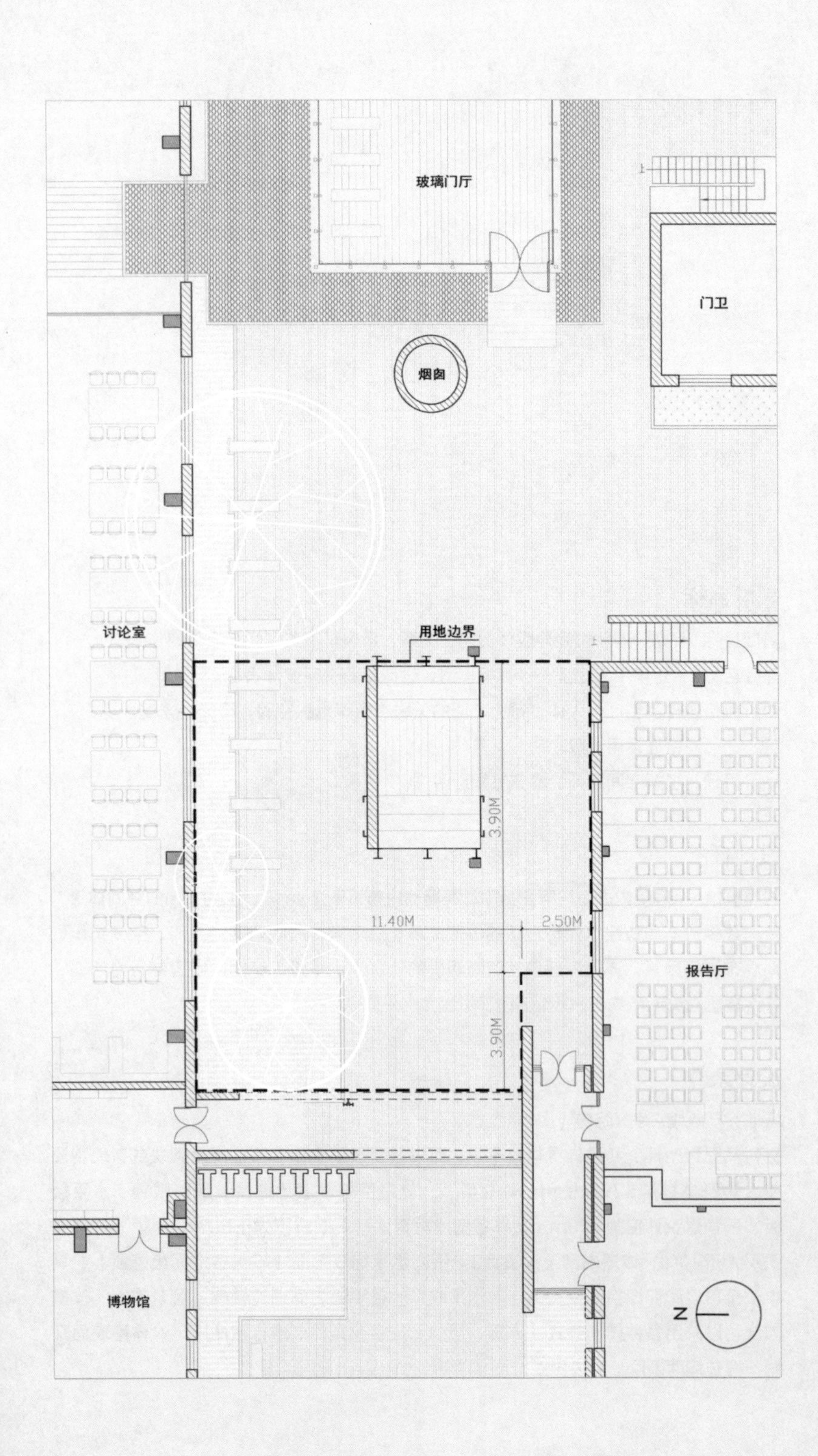
玻璃门厅
门卫
烟囱
讨论室
用地边界
3.90M
11.40M
2.50M
报告厅
3.90M
博物馆
N

任务解读

1）设计任务

解读任务书是开始设计的第一步，也是学生非常容易忽略的一步，解读任务书至少要完成两个层面的工作。

明确任务要求

这部分工作是非常表面、具象的任务，然而从以往的教学经验来看，也是学生非常容易忽略的部分。有些学生可能专注在设计中，不断地解决新的问题，在深化设计的过程中逐渐忘记任务书的硬性要求，然而任务书每一个设定都是由教学目标决定的。在体块操作的任务中，有9个数据是非常重要的，需要从设计开始就谨记于心。

9m × 6m × 7.5m：任务书要求设计一个9m × 6m × 7.5m的空间体量，设计之初可能是从这样大小的体块开始的，随着各种操作的实施，在最终结果的呈现上，学生很容易忘记最初对体量的要求。

150mm：我们的空间意识很容易接受从无到有的加法操作，即在一块空地上建造四堵墙，然后再覆上一个顶，围合成一个封闭的空间。体块操作的训练更像是在山中挖洞穴的操作，所以墙体的厚度并没有限定，不拘于相同的、固定的尺寸，但为了设计的便利，水平楼板、屋顶建议厚度为 150mm。

50%和40%：为了让学生理解杆件、板片、体块是三种不同的基本元素，它们有不同的特性和操作方法，要求体量四周的开洞总面积不大于50%，屋顶面开洞总面积不大于40%，这两项要求保证了构筑物是以体块为元素进行操作。

3：为了使构筑物的内部空间丰富，任务书设定了3个不同水平标高（不包括地面和屋顶）的要求，给设计增加了难度，同时也是为了引导学生开始对竖向设计进行拓展。

2.2m：本次任务中要求有不同标高，在竖向设计时需要注意水平楼板或有人通过区域净高均需满足2.2m以上，满足人的通行高度，避免有碰头的情况出现。

1.2m：一股单列人流的宽度是600mm左右，略比成人肩宽大一些，楼梯梯段的宽度要满足一股人流上行，另一股人流下行，所以楼梯净宽的最小尺寸是1.2m。

300mm × 150mm：楼梯踏步尺寸建议为300mm × 150mm，在教学过程中，不会直接告诉学生为什么，而是以提问的方式展开，简单思考一番，大部分同学还是能够明白尺寸设定的缘由。踏步进深300mm是和脚的尺寸相关，踏步高度150mm是和人抬腿的舒适度有关，如果踏步尺寸过小、高度过高，就会不便于使用。虽然规范中详细规定了各类建筑具体位置的楼梯踏步尺寸，但本次任务中只要求掌握其核心原理即可。

2：任务书要求体量表面开洞不得破坏两条以上的边界，意思是如果用减法进行操作，减掉体块的某一部分，不能对体块四个顶角进行操作，该项设计要求的目的是保证构筑物作为长方体的完整性。

明确教学任务目的

这部分工作需要学生理解任务书的设定，即通过这个训练掌握何种能力。有些同学可能在任务之初就有意识，在训练过程中也一直以此为目标，有些同学可能开始意识模糊，在教学过程中慢慢明白。虽然已经给定了任务书，但是有些同学可能直到结束训练也并未明白目标，因此他们也一定没有掌握体块操作训练中所要求掌握的能力。因此，明确教学任务的目的非常重要，只有知晓目标，才能知道如何有的放矢。

在体块操作的任务中，有四个阶段的目标，从低到高有两个基础目标，一个中阶目标，一个高阶目标。同时该项训练的成绩也是与目标相对应的。

基础目标：该项任务首先要求充分理解空间与实体的内在关系，虚实关系的概念在杆件、板片的任务中没有出现，所以学生理解起来可能需要一个过程，制作实体模型能够非常好地帮助大家进行理解。

后面会详细讲解四种空间与实体操作的基本方法，但远不止这四种，将任何几种进行组合，都会有更多的操作方法。

在该项任务中，还是从手工模型开始，从环境到实物，都是可以具体感知的，这样学生会更容易理解。草图设计表达是必不可少的，相较于实物模型，草图表达需要将三维的立体实物转换为二维的平面设计，因此这个过程不只是在学习设计，同时也在学习设计的语言。

中阶目标：中阶目标要求理解空间与人体、行为之间的关联，在任务书解读的第一部分中有几个数字是与此相关的，分别是2.2m、1.2m、300mm×150mm，建筑是容纳人和行为的容器，因此与二者有着紧密的连接。2.2m、1.2m、300mm分别与人的身高、肩宽、脚的尺寸有关，这几个尺寸是静态的；150mm与人抬腿的行为有关，与前面不一样的是，它不是与静态的身体尺寸相关，而是与动态的行为相关。

高阶目标：在设计中如果完成了以上两个目标，成绩基本可以达到良，高阶目标是与空间艺术相关的，如空间序列、趣味性和透明性。需要注意的是与我们以往对基础目标、中阶目标、高阶目标的理解不同，它们的关系并非阶梯式的，必须达到前面的目标才能够探索更有难度的目标，事实上在教学过程中设计的趣味性是每一个同学在任何阶段都要尝试探索的。

2）场地勘察

建筑初步的教学实施是在“具身认知”理念的指导下开展的，教学任务的设计都围绕内蒙古工业大学建筑馆展开，所以场地考察是重要的环节，这部分教学一般会在实地展开讲解，目的就是让学生建立自我认识与对环境的整体性认知。

学生们需要对场地进行测量，具体有四个步骤：初步观察、平面草图绘制、测绘、表达。初步观察很重要，要求学生们带着觉知进行场地勘察，观察场所特征、掌握场地各方面的信息，以便后期展开设计。平面草图绘制因学生手绘能力的不同，差别很大，要求在绘制中注意场地各部分的尺度比例关系以及位置信息。测绘小组一般由三人组成，一人拉尺、一人读数、一人在平面草图上记数。获得场地基本数据后，需要进行整理，把结果表达出来。

需要注意的是设计展开之前的场地勘察环节主要目标是获得场地相关数据，诸如场地长、宽尺寸以及地形等基本信息。然而对于场地的观察不是一次性就能够完成的任务，应该贯穿整个设计流程，随着设计的推进，周边景观、交通等环境情况不断对设计提出问题，这些问题都是隐形的，需要学生勘察场地后自己分析得出，而且每位学生对场地的认知一定都大不相同，因此所获得的场所信息也各不相同，所以方案深化的过程需要学生拿着方案或者模型不断回到场地中，评析设计与场地的融合、协调关系。

3）模数网格模型

通过杆件与板片的教学任务，同学们对尺度模数有了一定的认识，在空间与体量的教学任务中建立模数网格模型仍是设计初始阶段的重要内容。杆件任务中模数网格的设定需要根据场地条件进行调整，在体块操作的训练中，网格模数的设定同样需要考虑与周边环境的关系。项目用地的东侧紧邻校园的交通道路，南侧是李大夏报告厅，西侧是建筑馆的主入口，北侧是A馆的窗户，这些周边信息都暗含了对设计的要求，需要学生们思考，我们的空间装置应该如何置于其中？受环境限制以及任务条件提出的项目用地范围是9m×6m，我们的模数网格又该如何设定？同学们往往会有两种思路，一种是从宏观到微观，即模数由9m×6m切分而来；另一种是从微观到宏观，即先假定一个单元尺寸，不断叠加，最后再从整体调整直到符合条件要求。

本次训练中模数网格设定新增加了一个难点，之前的训练只需要在平面上画定网格，而现在需要增加一个维度，即需要在竖向上设定模数网格。竖向的模数网格的限定需要考虑三个要求，一是总高度不超过7.5m；二是体量内部至少设计三个不同水平标高平面，并且不包括地面和屋顶；三是其中一个标高面可以和评图空间或室外连廊水平联系。如果把这些限定条件都考虑周全，竖向上的模数网格也非常容易推导出来了。

4）空间特定场景

模数网格模型确定之后的工作是构想空间特定场景，先要设想人在其中的体验是如何的，将自己沉浸其中，构思一下空间环境。构想至少三个“人与空间”的特定场景，然后推敲为了实现这些场景可以采取何种操作方法，最后从整体的角度出发确定它们的位置关系。

这个特定的场景可以从经典案例中学习，比如在优秀作业中有的同学提到受美国康奈尔大学美术馆造型的启发，他理解的体块操作应当是凹凸有致、虚实结合的。东南大学的张彧老师则解析了阿道夫·路斯（Adolf Loos）设计的莫勒宅（Moller house），他介绍说在莫勒宅中的每一个具体空间都有三维向度上的考虑，每个空间都是独立的，且联系在一起就是一连串盒子空间的体验，这些盒子开敞或封闭、狭窄或宽阔、高耸或稳定。所以学习、解析经典案例是每个任务都必不可少的环节，需要持续的积累。该项训练的空间装置没有要求具体的功能，所以“形式”是该项设计训练的主角。

5）空间体量方案

在完成了空间特定场景的基础上，进行整体空间体量方案的设计，在这步过程中需要对三个方面进行调整：①整体关系调整；②空间与行为关系调整；③开洞与视线、光线关系调整。

建筑终有落成之日，建筑设计永远是未完成的状态。一方面，三个独立的空间场景可能很难统一在一个整体中，所以需要进行调整，从空间尺度、操作方法、开洞方式等方面，将三个场景串联在一个整体中，在这个过程中难免出现一些矛盾，需要统筹解决；另一方面，建筑设计永远都在探索更多的空间可能性、趣味性。

6）案例分析

学习经典案例与写作非常相似，如果我们想要完成一篇措辞优美的作文，就需要积累很多优美的词句，甚至引经据典，当我们学富五车时，下笔自然思如泉涌。在一年级的课程中，除了专项训练，还布置了每日一张速写练习，很多同学可能不理解这项作业的目的，其实就是在积累，一方面持续学习经典案例，另一方面通过手绘过程解析经典案例。另外，在每个任务书讲解时，老师都会给大家推荐一些书籍，也是非常重要的，在体块训练中就推荐了《世界建筑大师名作图析》《空间、建构与设计》《建筑、形式、空间和秩序》《建筑元素设计——空间体量操作入门》等，在《世界建筑大师名作图析》中，我们可以看到很多大师的经典作品，在《空间、建构与设计》《建筑、形式、空间和秩序》《建筑元素设计——空间体量操作入门》中，我们可以学习一些具体的操作方法。

在体块案例学习中，将介绍两个经典案例，即日本北海道的水之教堂（1985—1988年）和阿根廷的PSJ教堂，这两个案例从东方到西方，项目建造的时间也是由远及近（图2-23）。

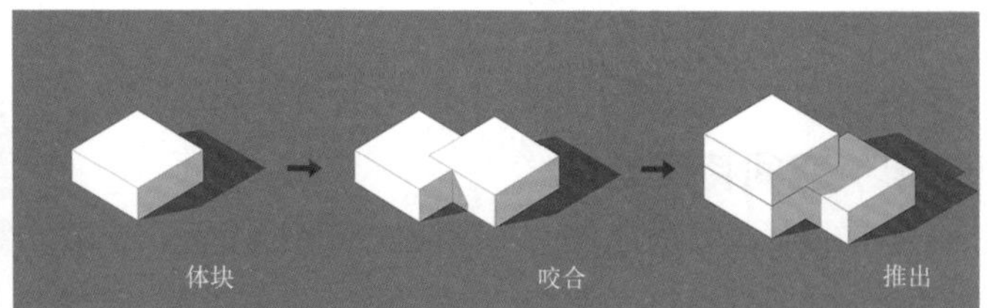

（a）水之教堂（安藤忠雄）

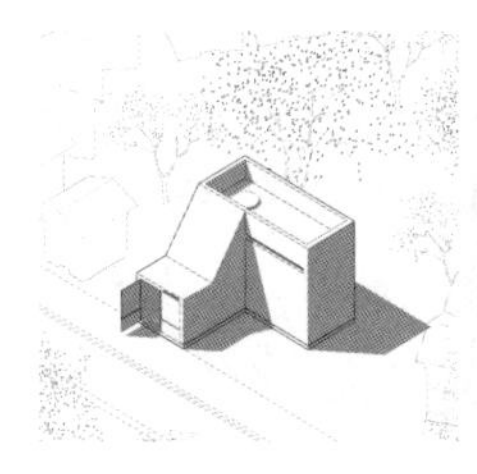

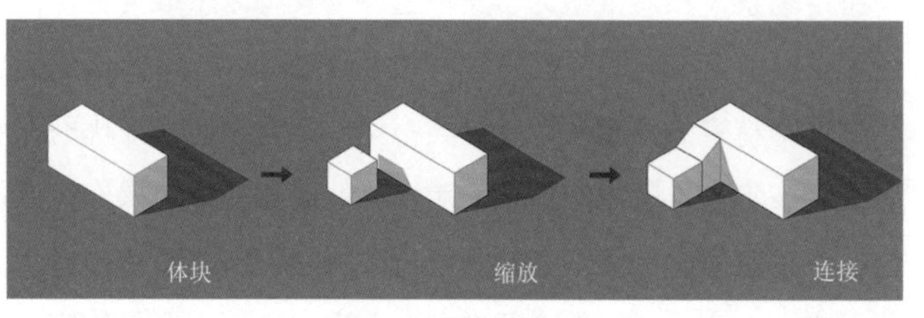

（b）PSJ教堂（Esteras Perrote建筑事务所）

图2-23　体块操作案例
来源：作者自绘

水之教堂

水之教堂（图2-23(a)）的体量操作非常简单，第一步置入体块，首先置入一个平面为正方形的体块，将其高度拉高至两层，然后置入一个长方形体块，让两个体块交叠；第二步开洞，在第一个高的体块开一个小的洞口作为出入口，在第二个矮的体块开一个大的洞口，作为窗户；第三步调整材质，第一个体块的二层采用玻璃，一层以及第二个体块采用混凝土。

安藤忠雄的设计作品总是让人感觉外表冷峻，内部非常亲切，另外他非常喜欢严谨的几何构图，且材料的运用也极为克制。水之教堂是这类设计的典范。

水之教堂位于北海道群山环抱的一块平地上，周围有茂密的森林、蜿蜒的溪流，从空中俯瞰，建筑的主体部分由平面为正方形的两个长方体组成，一大一小，一矮一高，一实一虚，相互穿插，简洁有力。主入口位于较小的体块，即光的盒子，一层采用混凝土，二层采用玻璃；较大的体块只有一层，是主教堂部分，建材采用了混凝土；两个体块相叠之处设置了旋转楼梯。建筑中没有冗余的操作，非常纯粹，墙窗也非常简单，呈现自然的框景，整个建筑与环境非常契合，在这里，风、水、建筑甚至时间都是宁静的。

水之教堂的建筑形式十分简单，但是建筑流线却是精心设计过的，入口处的立面十分朴实，人们进入主教堂后透过巨大的墙窗看到远处的森林、近处的水池，兴奋、欣喜之情满溢。安藤忠雄非常善于营造这种外冷内热的对比，内在情绪汹涌，但严谨的几何构图又把它克制下来，特别具有东方含蓄之美的韵味。

PSJ教堂

PSJ教堂的体量操作思路也十分清晰，第一步置入体块，整体由三部分组成，先置入一个小的体量，平面为长方形，然后再置入一个大的体量，平面为正方形，两层高，两个体量之间由坡道连接；第二步处理开洞和窗口，空间装置在大、小体块分别设置了出入口，并且形成了贯通空间，两门相对、视线相通，设计还在大体块的二楼处开了横向长窗，在顶部也开设了洞口，让外面的风景更好地融入内部空间；第三步处理材质，PSJ教堂整体使用纯白色的石材建造，门窗采用木材，也涂成白色，整体呈现出一种纯净的状态，与自然亲密融合。

PSJ教堂是Esteras Perrote建筑事务所的设计作品，是对极简主义的致敬。设计师的想法是打破体块的阻碍，打造一个前后贯通的空间，这部分是建筑的核心，作为教堂的主体部分。从小的体块进入，第一阶段，空间的净高较低，是压抑的；第二阶段，顶部是坡道空间，逐渐增高；第三阶段，进入大体块空间，空间十分开阔，抬头便可看见顶部的开洞，自然界的风光渗入空间中，整个过程营造出渐入佳境的氛围感。中间部分设置了一个弧形楼梯，通往地下室，也是十分有趣的设计，并且打破了原有的规整，单调中增加一些趣味性。

7）操作方法

体块的基本操作方法有加法、减法、推拉、交错等，表现实体或空间关系的不同，其本质是思维模式的不同（图2-24）。

加法是体块的操作方法之一，是学生最容易理解的，它通过几个小的体块的组合、排列形成一个空间，或者是通过若干体块堆积，营造出一个大的空间。例

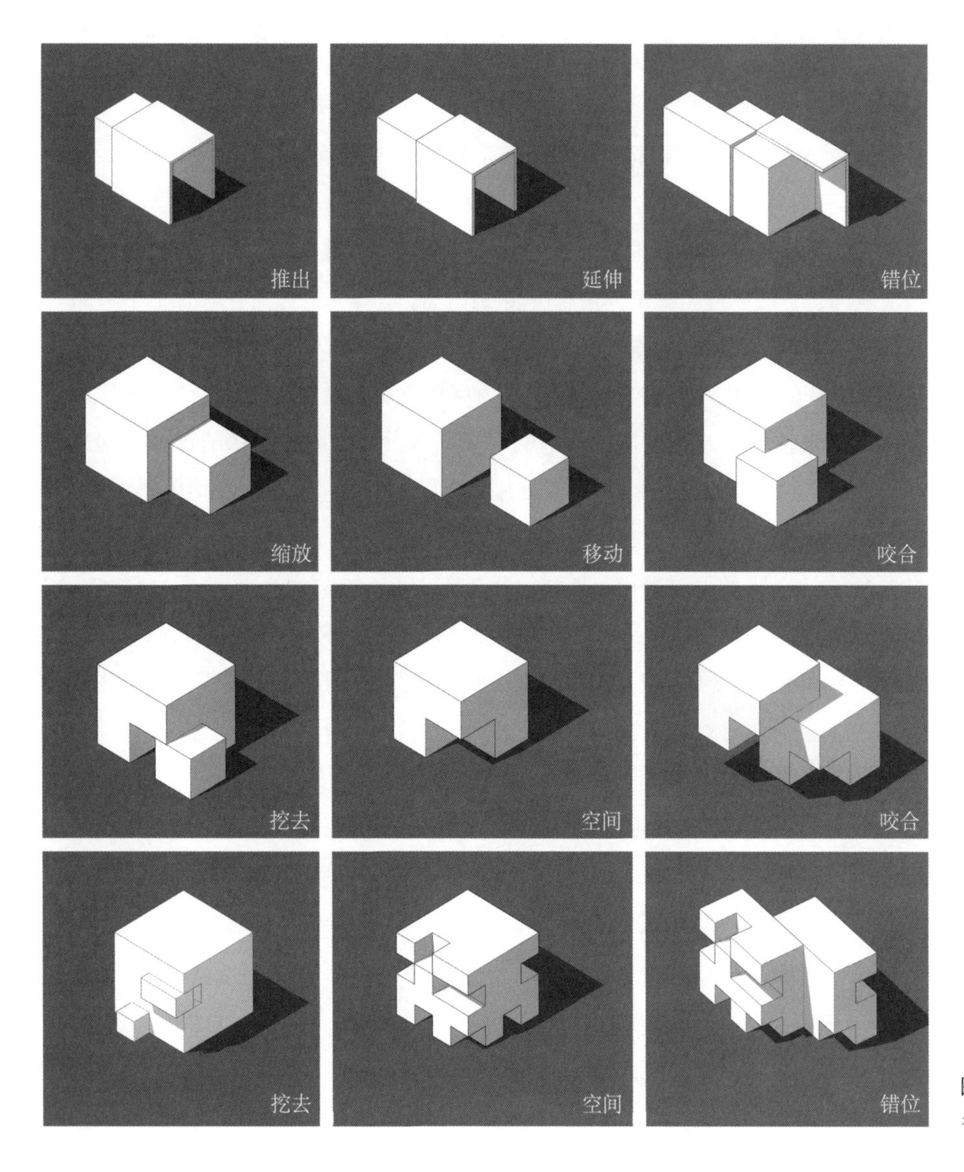

图2-24 体块基本操作方法
来源：作者自绘

如两个分离的体块营造出一个线性的空间，两个体块离得越近，方向感就越强；两个体块越远，方向感就越弱，最后直至消失。一个体块周围的空间没有被明确限定，当增加另一个体块，空间就出现在两个实体之间，这就是通过加法的操作获得空间的过程，即实体之间的虚空。

减法是另一种最基本的操作方法，简言之就是通过在一个大的实体上挖去一个或若干小的实体的操作方法而获得空间。例如在一个大的实体中挖去一个小的实体，就获得了一个小的空间，或者连续挖去几个小的实体，就可以获得几个空间单元串联而成的组合空间。一个实体是没有空间的，但是当被挖去一部分时，缺损就发生了，而这部分正是产生的空间，这就是通过减法获得空间的过程，即实体中的空间。

推拉是通过对一个实体空间进行变形操作而获得空间，两个紧挨的实体原本没有限定明确的空间，当把其中一个实体拉长，就获得了一个两面限定的空间。也可以通过把一个实体推进去，同样获得两面限定的空间。当若干个小实体堆积在一起，通过推拉的操作就可以获得若干空间单元，所以可以把推拉看作基于加法的操作方法。

体块的基本特征是由表面包裹的实体，上述操作都将体块默认为实体，推拉的操作还可以是将原有的实体剥离为两部分，即表皮和内部的实体，由此产生被限定的空间。推拉操作方法有多种：一是将内部实体完全与体块表皮剥离，推拉向一侧；二是将内部部分的实体与原有体块分离，推拉向一侧；三是将表皮从实体剥离，推拉向一侧或两侧。

交错的操作方法和加法相反，两个紧密挨着的实体是没有空间的，只有当两个实体开始分离，空间才产生，所以加法是通过两个分离的实体获得空间。而交错是通过两个相叠的实体获得空间，即两个实体不是背向移动，而是相向移动，挖去两个实体交叠的部分，空间就产生了。交错与减法操作也有区别，减法是在一个实体中挖去小实体，而交错则是关注两个实体的关系。加法和减法操作都只有一步，而交错操作有两步，第一步让两个实体相交叠，第二步挖去交叠部分，可以说交错是加法和减法的叠加运用。

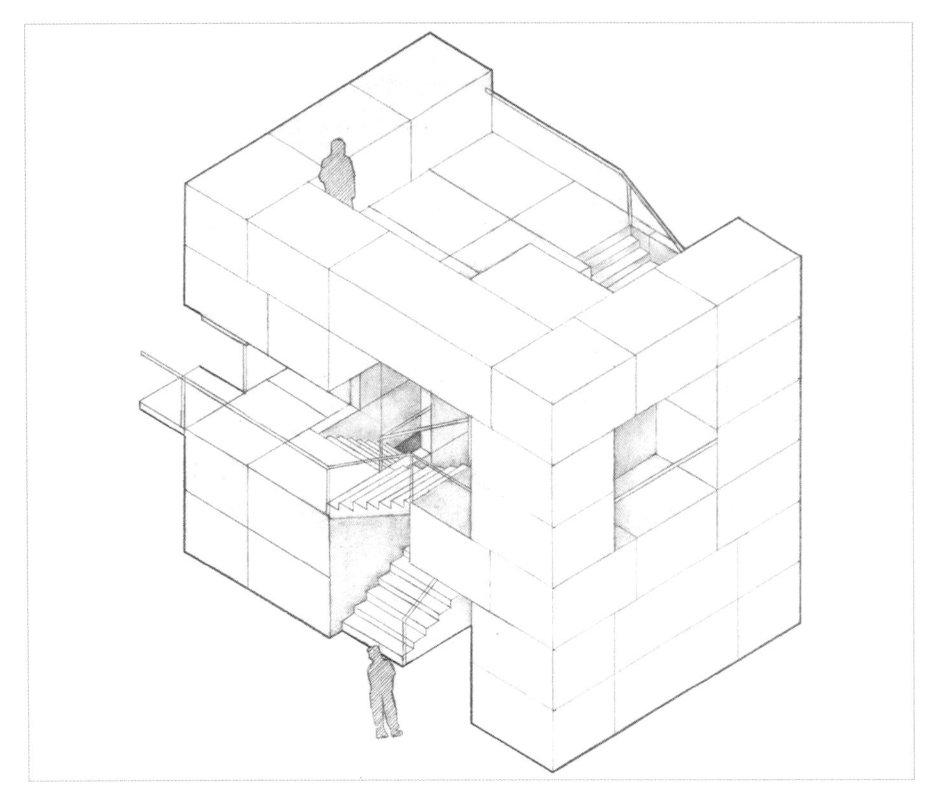

作业1：建筑学专业2021级　张嘉玥

方案构思：本次设计任务是要在建筑馆A馆庭院内拆除原有建筑物，在原处设计一处立体空间装置。首先确定装置应该布置在哪个位置。经过对地块的调研，考虑到任务要求地块与评图空间或室外廊道有连接，所以我初步决定布置在靠西的位置。该位置北侧是评图空间，西侧靠近室外连廊，东侧为建筑馆A馆主入口，整个装置体量为9m × 6m × 7.5m。由于西侧是建筑馆的主入口之一，靠西布置体量会阻碍建筑馆原有的流线。因此我决定在新设计的建筑中间留出一条通道，在满足人们通过的同时，丰富人们在装置内的空间体验。

方案生成：为实现在狭小空间内设置三个不同高度平台的需求，我决定以7.5m为高度，这样每层高度恰好为2.5m，与人活动的尺度相契合。通过老师的讲解，我了解到体块有加法、减法、推拉、交错等多种操作手法。在老师介绍了模数概念后，我认为在这个任务中使用加法更加合适，并确定以2m × 1.5m × 1.25m的模块进行堆叠。

由于内部空间较小，起初我对于如何分配三个平台的位置没有什么头绪。第一版设计是用尺寸不一的体块堆砌成的，虽然使用了正确的操作手法，但不同的体块间既没有逻辑，也无法使用，并且连接薄弱。第二版设计在第一版的基础上进行了改进，去掉了一层多余的平台，并在顶部进行架空，下部使用大面积体块，使流线从体块中穿过。但因为下部的体块内部空间较小，不好利用，从体块内部经过的流线设置过多，且拥有太多多余的架构，最终这版设计被放弃使用。在与老师进行讨论后，我转变了设计思路，从其他方面着手进行设计。通过调研数据，我发现评图空间的高度与两层体块叠起的高度几乎一致，由此确定本装置更适合与评图空间通过楼梯相连通。而建筑馆主入口位于装置西侧，西侧应进行开洞，以供人流通过。那么要想由西侧的开洞处进入连接评图空间的平台，就需要一部双跑楼梯进行连接。从一层上到装置西侧的二层平台后，自然地将下一部楼梯安置在装置西侧，由此形成了螺旋式上升的流线。确定了装置的内部流线后，针对流线进行楼梯的调整。由于每个模块高度较高，二层至三层、三层至四层的楼梯都存在“碰头”的问题。但如果将楼梯上方的模块去掉，层与层之间的模块又不能很好地连接。在与老师进行沟通后，我去掉了一些单层的模块，使楼梯变得与人体尺度相适宜。在老师的指引下，我发现顶部设计得较不合理，既不能上人也不能承担功能，但占据了很大一部分空间，无法充分利用空间。修改后我将屋顶也设计为可上人的平台，与第三层的楼梯连接。在三层上四层的楼梯中，起初我设计了和其他层相同的直跑楼梯。但由于三层与四层的体块限制，设置直跑楼梯会严重压缩楼梯与正对着楼梯的墙之间的距离。因此我在这里选择使用转角楼梯，不仅解决了距离及流线问题，也使原本简单的内部空间变得更加丰富。考虑到南侧也有一个建筑馆的入口，我在南侧的二层平台处进行了开洞。这样使得位于南侧入口处的人与装置上的人能产生一定的视觉联系，让装置的南立面变得丰富，也在一定程度上缓解了因装置遮挡而导致评图空间采光困难的问题。

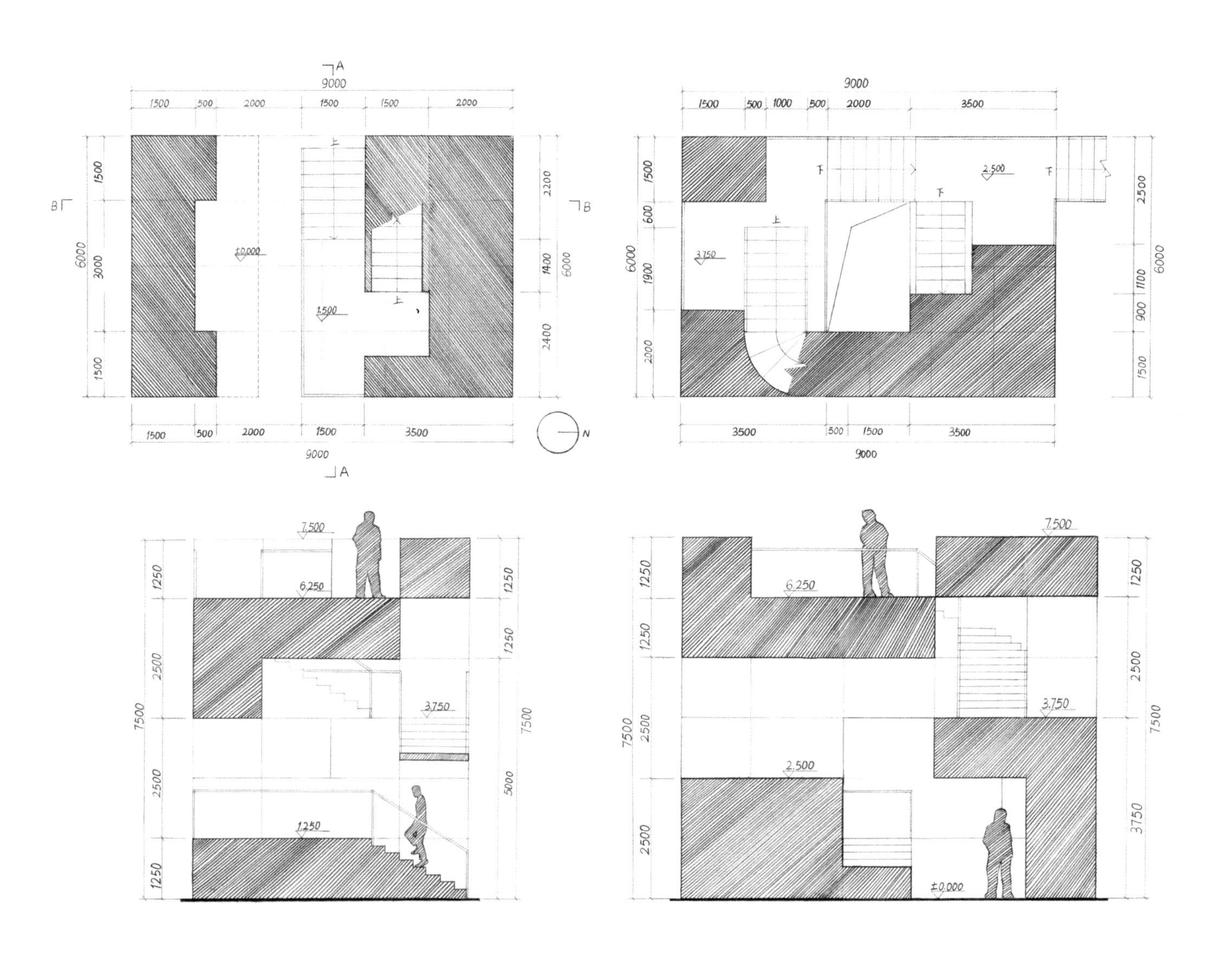

材料应用：建筑馆及其周围的建筑多使用红砖砌筑，如果本装置依旧使用红砖，虽然与建筑馆的风格非常融合，但过于一致会失去我想体现的设计独特性。为了体现装置的整体感，我选择了清水混凝土作为制作装置的材料。整体浇筑可以增强模型的整体性，清水混凝土的材质特性则使得装置在浇筑之后，表面平整光滑、棱角分明，自然且不突兀，从周围环境中被凸显出来。

感受与收获：通过这次任务，我对空间的理解更进一步。做这个任务前，我对空间的认识仅停留在流线合理，形式得当，对人与构筑物之间的关系理解也十分浅薄。完成此次任务后，我首先对于空间尺度有了更多的了解。其中楼梯的尺寸、层高、平台尺度的设计等，这些此前没有接触过的部分，都在此次任务中得到了初步训练。其次，在完成了设计训练后，立方体设计使我对垂直流线的排布产生了初步认识。由于以上原因，此次任务中我也对台阶、楼梯、剖切符号等绘图知识有了更加深刻的理解与认知，使得后续的绘图更趋于熟练。与此同时，对元素的认知也不只停留在板片和杆件，而是对体块有了更深的认识。通过实体模型的制作，我对体块构成的空间认知更加清晰，我认识到体块之间的空间是一种互补的空间，这种空间带给人更多的是一种模棱两可的感觉，有时会比明确限定界限的空间更加有趣。

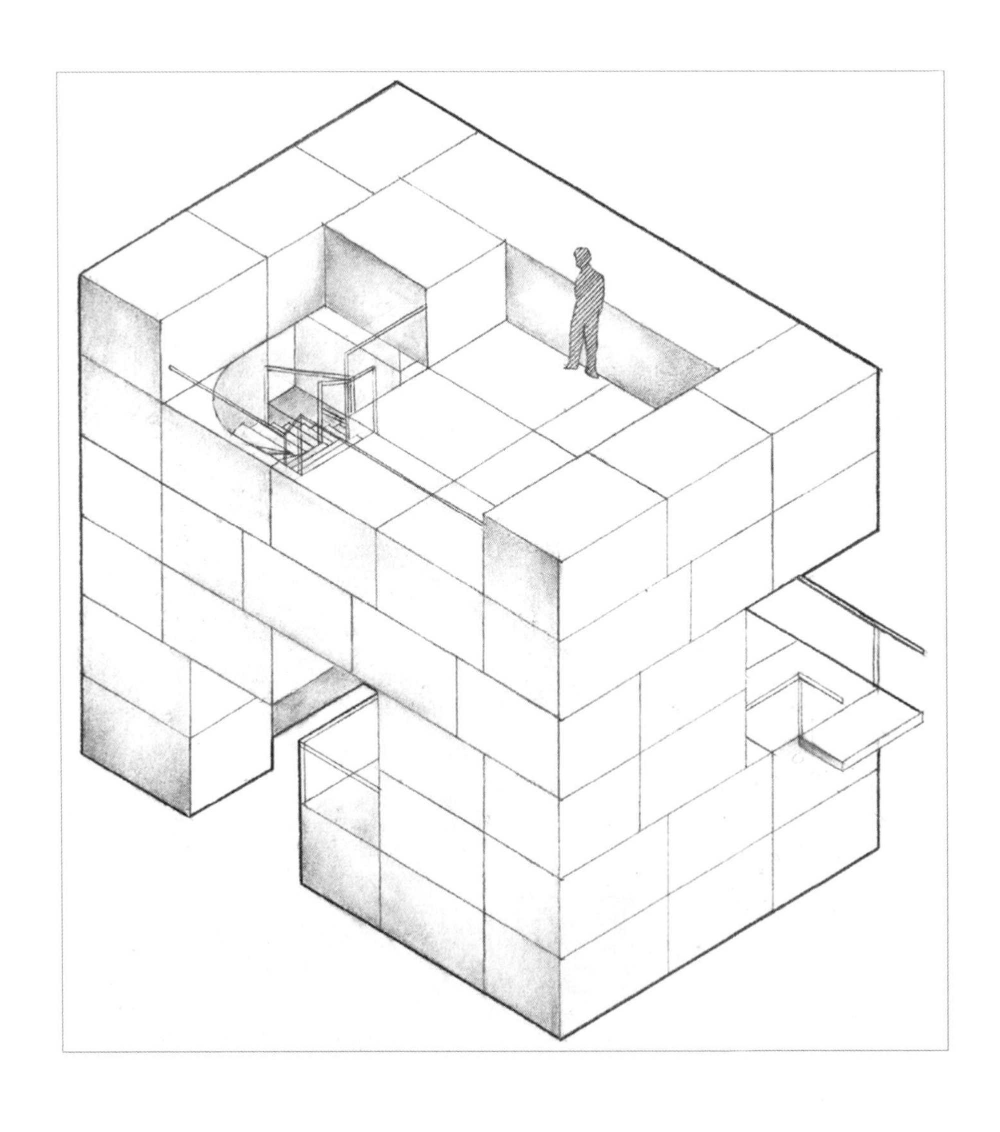

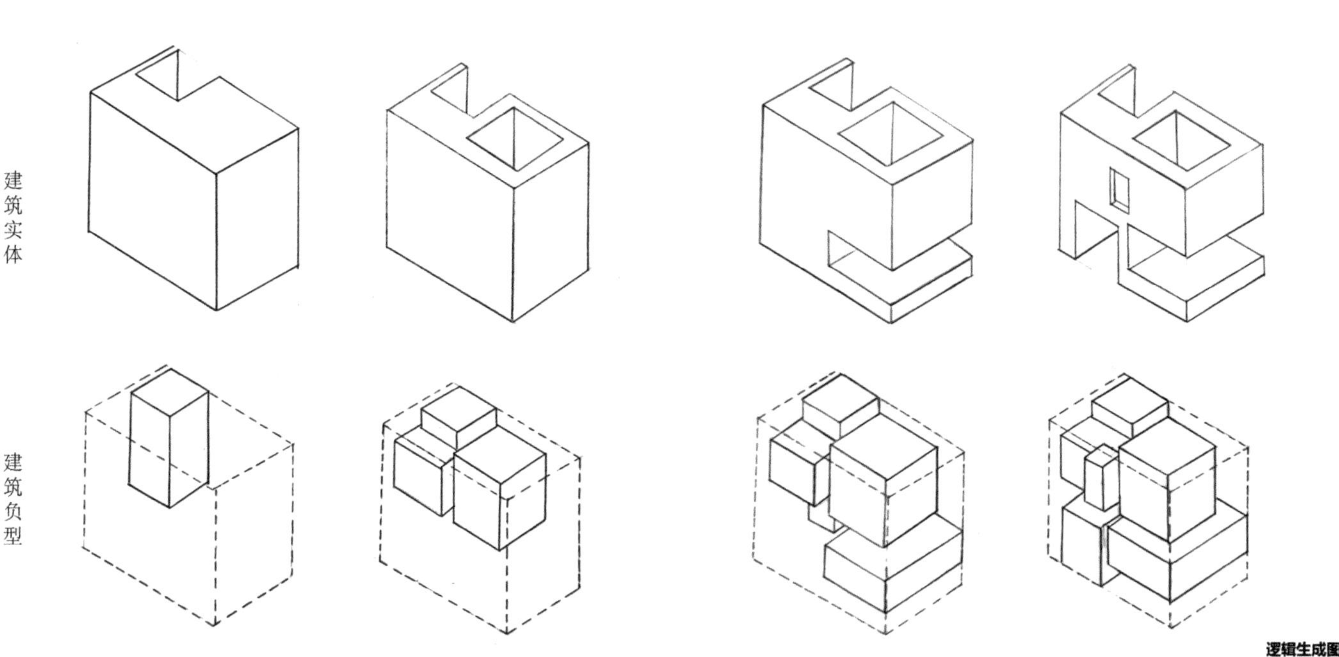

作业2：建筑学专业2021级　李怡萱

方案构思：首先明确体块的操作方法可以利用减法、掏空或切割。体块能够塑造出围合、半围合、限定、融入等空间氛围。体块模型的操作受制于材料，往往并不是从一个完整的体块上开始操作，而是从厚板开始，即由数块厚板构成一个大的体块。通过分层挖去的操作方法，最后将数块厚板叠加起来，无论是外部形体还是内部空间均充分体现了该操作的特点。我在一开始的空间场景构思时，便使用了这种方法，在实体手工模型的操作中始终对这个设计方向进行探索。方案构思初期，在墙体的设置上出现了概念的偏差，我还是设计了传统意义上的片墙。老师启发我思考如何做出空间的虚实变化，最基本的操作就是区分出厚墙和薄墙，形成对比，产生空间流线的变化。开始时，我设计的空间内部缺少虚实关系，整体空间关系缺乏逻辑。中期时，我想在不同层级上突破整体一、二、三层楼的想法，构建不同高度的空间，从楼梯的上下关系考虑整体空间划分安排。在后面的方案深化中，我不再受整个建筑承重的问题困扰，只是探索内部空间的趣味性，于是便生成了不同高度的平台空间。后期我的设计方案最大的突破在于，二、三层级空间打破了传统意义的自下而上的顺序，转而设计了一个从一层空间到三层空间，再由三层空间向下延伸的过渡空间，形成了有趣的空间流线组织。我在整个体块的东侧设置了一个高为1m的观望平台，一方面解决了一层到三层空间高度跨越过高的问题，另一方面楼梯的设置也更为巧妙。这种形体的生成使用减法逻辑更有利于清晰表达，即在一个实体矩形体块中通过削切一定空间，使其内部形成有趣的联系，就可以在不同高度的平台和建筑馆或者室外连廊建立联系。

场地关系：了解场地与周边建筑和自然环境之间的关系是第一步。考虑视觉、空间和文化上的连接和分离，以确保设计能够与周边环境相融合，同时也突出其独特性；了解人们如何进入和穿越场地，以及他们在场地上的行动路径。这有助于决定装置的主要出入口位置，确保访客可以方便地与装置互动，同时不干扰正常的人流动线。在与周边建筑的联系上，我选择在李大夏报告厅北侧设计装置，首先考虑它与报告厅的建筑风格和功能协调，同时也要确保不会干扰原有功能的使用。综上所述，设计一个装置需要考虑多个因素，包括位置关系、功能、人流动线、展现方式以及与周围环境的协调。不断思考这些问题，并在设计过程中与相关方进行讨论，将有助于确保设计在视觉和实际效果上都能够达到预期的目标。

体量逻辑：我将整个建筑进行了网格化处理，在平面上分为2m×3m的数个单元空间，再进行空间操作。但是，在后面深化设计时，这种操作手法的弊端也展现出来，过于机械化和缺乏变化性。在设计的前期我一直未能突破层高的固化思维，简单地将7.5m均分为3个层高，以这3个层级来创造不同的平台。首先，我需要明确在这样一个体量中，是应该使用加法去堆叠空间还是利用减法去创造空间。后来，我在初期设计方案中，将两个矩形体块进行堆叠，然后再置入一个矩形空间，使得在竖向设计上形成了2.5m、5m和5.2m的3个标高，同时，始终要满足人的通过空间净高不小于2.2m的条件。但是这种200mm的高差不够明显，因此我将高度调整为5.5m，在连接方式上选择坡道。但是这种逻辑生成不够清楚，破坏了整个形体的完整性。中期，我明确采用L形作为单元空间，即在一个空间内将4个L形体块堆叠放置，并在每个L形体块的表面，形成立面的开洞效果，在缺失过一个矩形形体后，立面的剩余空间上巧妙地形成了一个L形空间。其实这种加法就像在一个空盒子内放置体块积木，剩余的空间就会形成有趣的变化。但是在对应的表面进行开洞，这种体块生成的逻辑顺序就出现了混乱。应该是先有形体，而不是为了产生对应关系而开洞。我到后期逐步厘清了整个设计过程和逻辑关系，先形成体量关系，根据整个空间，再进行立面开洞的协调处理。

材料应用：在设计过程中，我特别注重与周围环境和现有建筑的协调，这也反映在材料的选择上。考虑到建筑馆采用了红砖砌块的建筑材料，为了与之呼应，我选择相同的红砖作为主要建筑材料，旨在创造一种与周围建筑相协调的外观，以减少与原有环境的矛盾感。在材料选择方面，我不仅考虑了与周围建筑的一致性，还注重了材料的功能。例如，在建筑的顶部空间，我选择了混凝土作为材料，这不仅可以用作开洞的承重结构，确保了建筑的结构稳定性，还可以作为与红砖对比的材料。这种材料的巧妙运用既满足了功能需求，又在材料的对比中

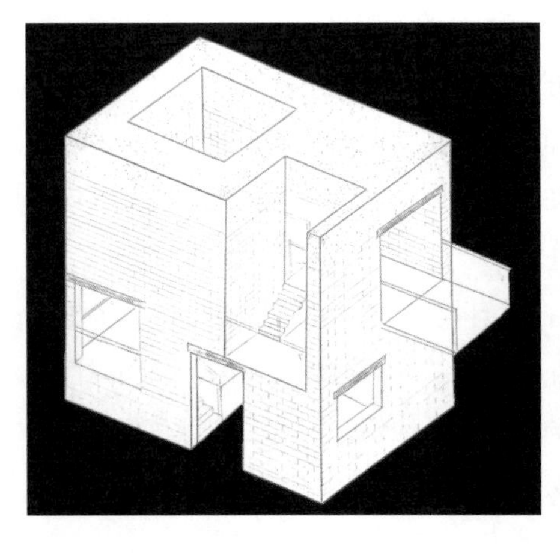

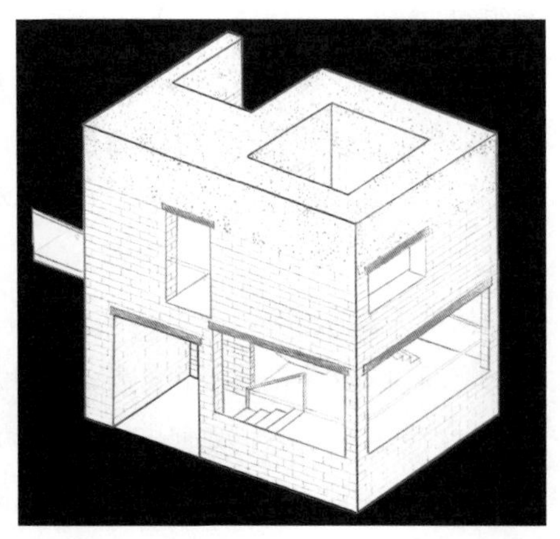

增添了视觉吸引力。我的设计方法不仅是在一个空旷的地方建造一个独立的建筑，还需要通过材料的选择和处理等方法，积极减少与周围原有建筑的矛盾感。这种整合性的设计方法有助于创造出与环境和谐相处的建筑，使其成为周围景观的一部分，而不是孤立的存在。因此，我在每个设计任务中都努力寻找材料和构造的最佳组合，以实现美学和功能融合。

感受与收获：在整个体量练习过程中，我深入研究了体块式的体量元素，阅读参考书籍《空间、建构与设计》并不断探索。这个设计过程充满了思考和实验，从最初的提出到否定，再到从新的角度出发，我都全情投入。我逐渐认识到建筑不仅是一个简单的容器，具有功能性和实用性，还需要具备美感。现代建筑设计对美感的要求越来越高，这促使我们需要不断积累对于美感的理解和经验。在这方面，研究和学习一些具有美感的经典建筑案例对于我们的设计工作至关重要。通过对这些案例的分析和借鉴，我们可以更好地理解美的构建方式，从而提升自己的设计水平。最后，我要由衷感谢我的老师，他的指导对我的设计过程起到了至关重要的作用。老师及时指出了我在思路方面的偏差，并且一遍遍地协助我审查和完善设计方案。这种师生互动和反馈对于设计思维的成长和进步至关重要。总的来说，这个体量练习是一个充满挑战和收获的过程，我不仅学到了设计的技巧和方法，还增强了对美感的理解。这将对我未来的设计工作产生积极的影响。

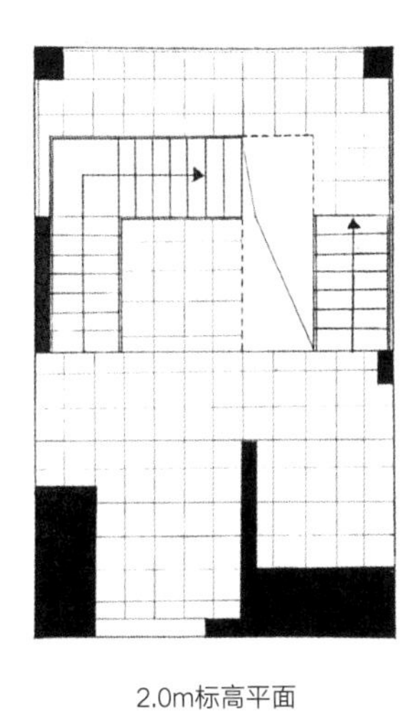

2.0m标高平面

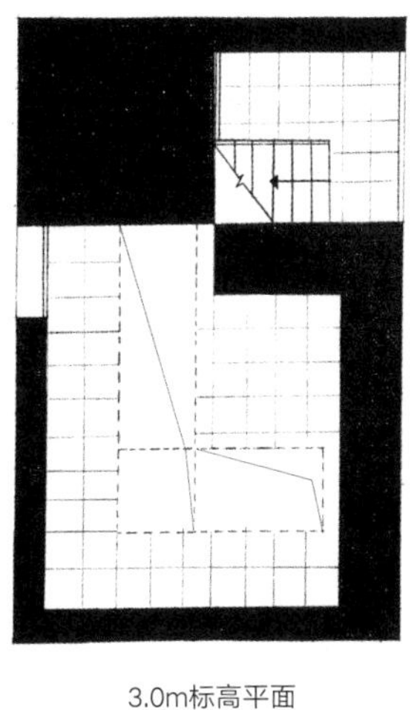

3.0m标高平面

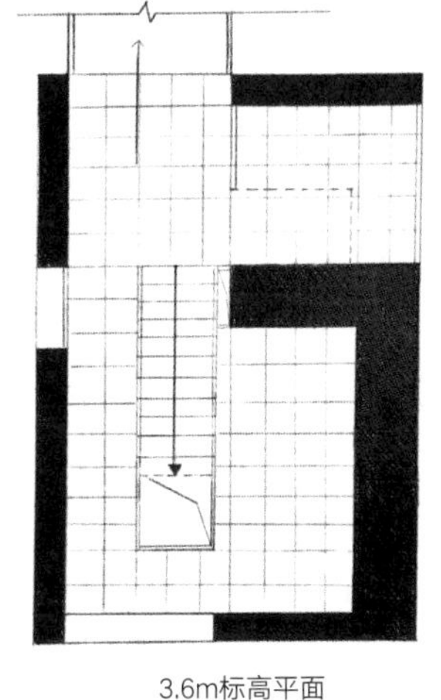

3.6m标高平面

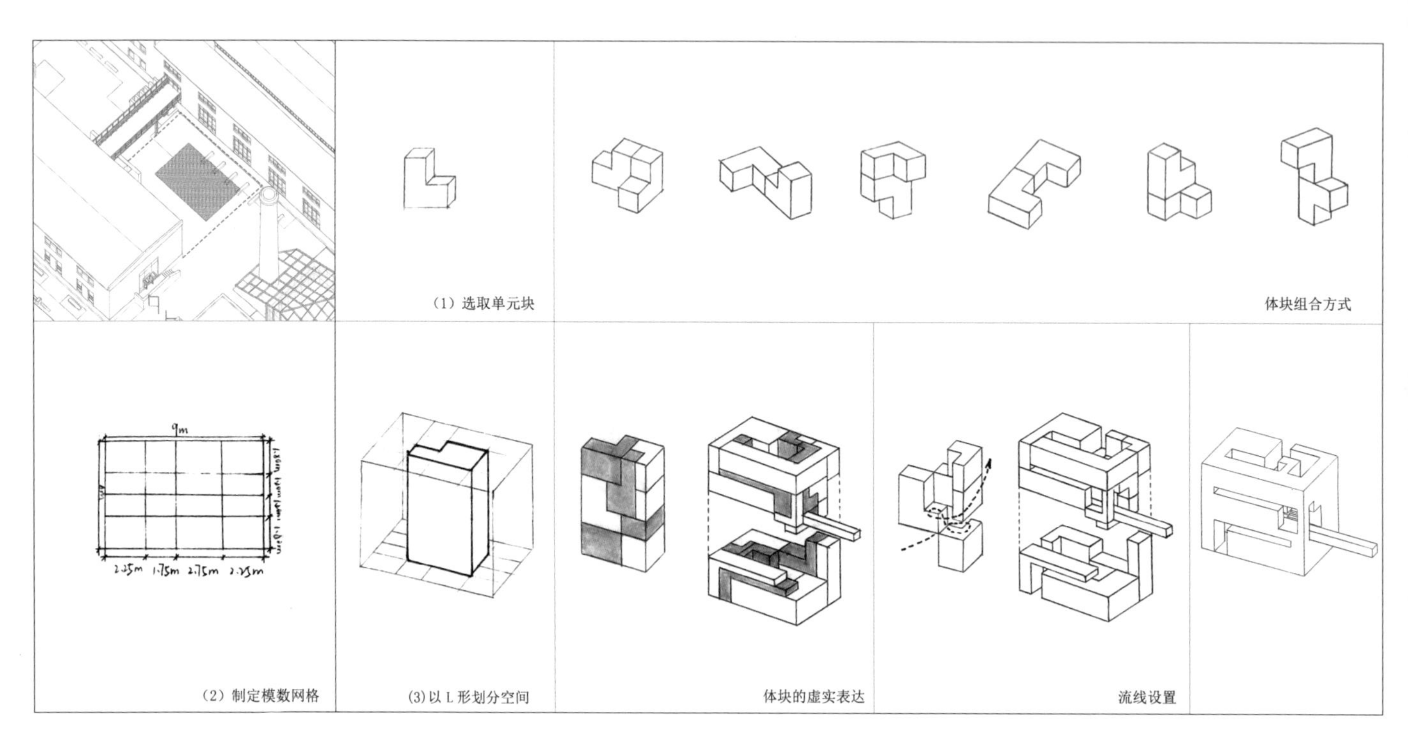

（1）选取单元块　体块组合方式　（2）制定模数网格　(3)以L形划分空间　体块的虚实表达　流线设置

作业3：建筑学专业2021级　张梦婕

方案构思：看到任务书后，我第一时间对用地红线与新建体量的相对位置进行考量，首先考虑体块的长边与南北向或东西向的关系，由于场地北面有绿化草地，比较来说如果长边与南北平行，那么对于原场地的流线有较大的影响，于是我选择了将新建体块横放，也就是长边为东西向。其次对体块放置位置进行考虑，刚开始时我认为，在高度为7.5m的情况下，不管靠近南北哪一侧都会影响原有建筑的采光，于是尽量将体块放置在场地中央，但我将体块模型放置建筑馆模型中后发现，这样放置并不能解决问题。那么该如何放置新建体块呢？最终我选择将体块放置在靠近场地西侧绿化与北侧绿化的位置，这个位置距离场地北侧和东侧都比较近，对原场地的流线并不会存在很大的影响，并且体量特殊的光影效果与A馆评图空间或许可以产生有趣的呼应。于是我希望设计的体量能够在视线、动线上与A馆建立较为紧密的联系。

方案生成：接下来是对体块进行操作，首先将一个矩形体块进行切削操作，使其成为L形体块，并将其定义为基本单元，再通过两个L形基本单元组合形成6个独立体块。其次，对体块的平面制定模数网格，主要是根据楼梯净宽最小值、竖向设计以及需要与A馆连廊联系的要求进行计算，然后制定好网格尺寸。模数网格的制定会极大地方便在体块操作后的空间生成。制定模数网格后，以模数来规定L形体块的大小，将长9m、宽6m、高7.5m的矩形空间体用L形体块划分。划分完整个体块，就要考虑每个L形体块的虚实关系了。在虚实关系的考虑中，流线是一个重要的因素，虚实是营造空间节奏的关键一步，想要空间形成怎样的虚实调子才是设计的内核。通过对实体模型的调节和观察，我将规定为虚的体块在整体体量中挖去，并将虚体用流线连接，最终形成了我的立方体空间设计。最后，在材料的选择方面，由于新建体量在建筑馆A馆周围，A馆外露的红砖形成了独特强烈的风格，为了与建筑馆的材料融合呼应，我选择了红砖砌体结构，并在开洞处采用混凝土圈梁进行加固。

空间与氛围：由于设计对原场地的流线关系影响较小，且为了营造体量内空间的神秘感，我只设置了一个出入口，即一层只在东面有一个出入口，北侧的出入口则无法出入，北侧出入口的主要目的是与A馆一层玻璃窗内的人或物有视线上的联系，顺势与北侧绿化有一个近距离接触的机会。从东侧入口进来后稍微侧目便能看见通向二层的楼梯，在上楼梯的过程中通过两侧的L形窗户与外界环境进行感官上的交互，L形的侧窗则是在不同的高度为行人框选了不同的景色。到达二层后，长长的走道与交错的实体映入眼帘，顶部正对着天窗，光影交错；通过南侧开口与李大夏报告厅相互遥望；向西通过长长的走道，在尽头可以选择继续向前与A馆连廊相遇；抑或向左到达更加神秘的顶层。顶层有三个不同的标高，楼梯采用三折的形式，一折被体块包围，到二折豁然开朗，三折又拐入体量内部，进入最神秘的空间，空间东西两侧通透，南北两侧紧贴体块，顶部向天空敞开，给人以遐想的空间。整个行走的空间都是由L形体块塑造，空间流转，景色变换。

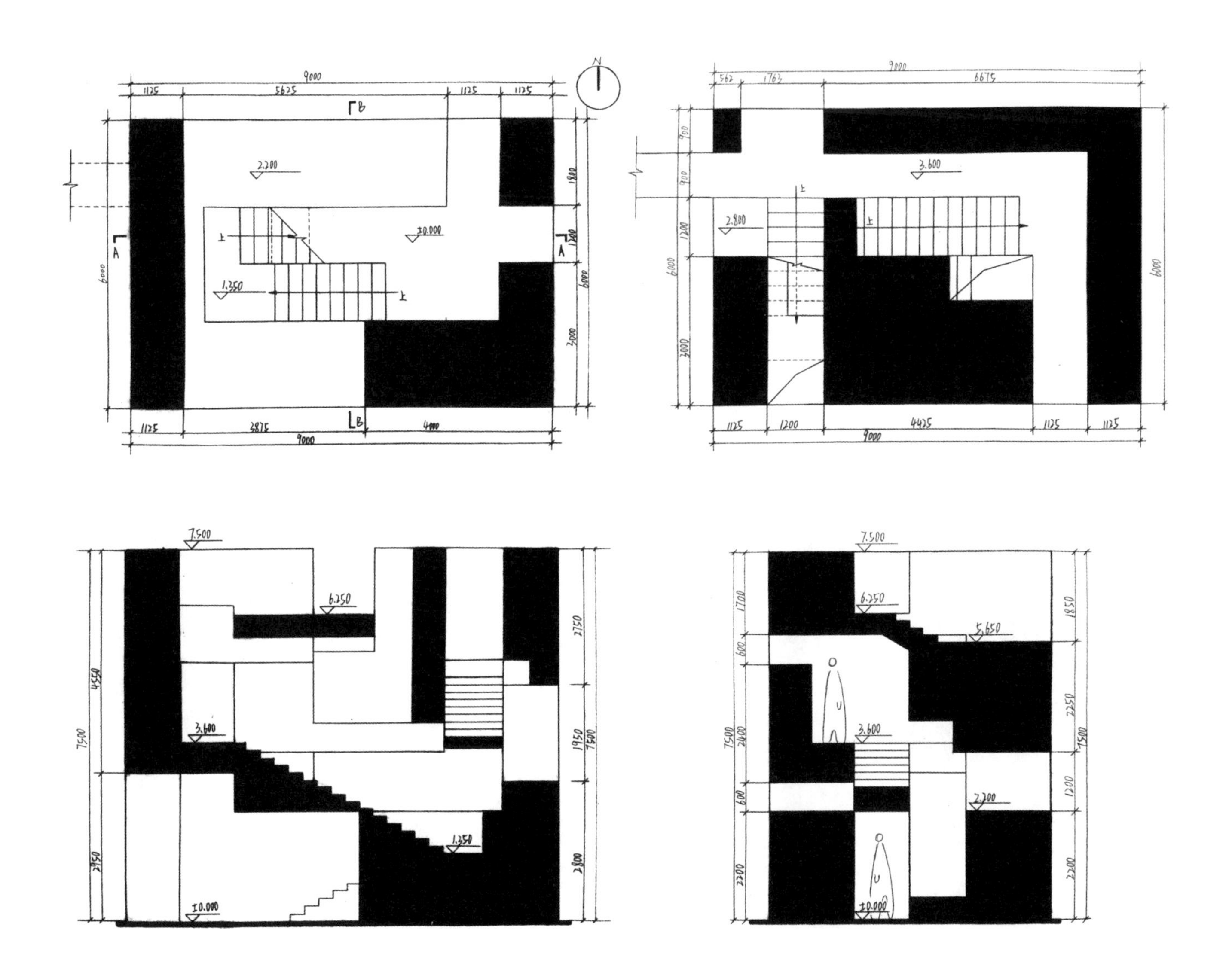

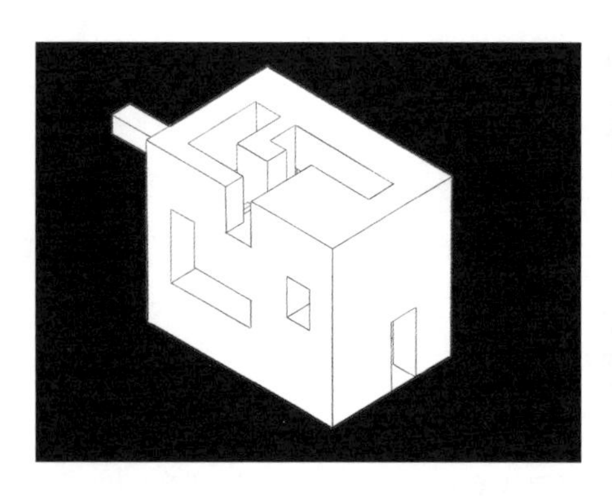
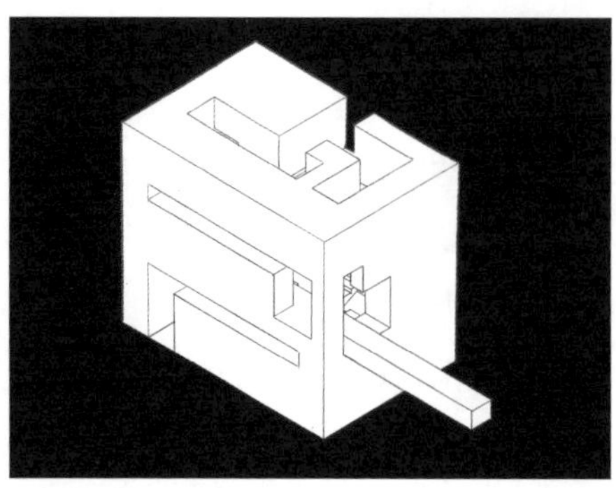

感受与收获：通过这个课程练习，我对体块的各种操作手法有了一定的了解，学会了不同于板片和杆件的界定空间的新方法——用体块来塑造空间，或用体积来占据空间，或用外表面来界定空间，形成虚实对比，营造空间感受。

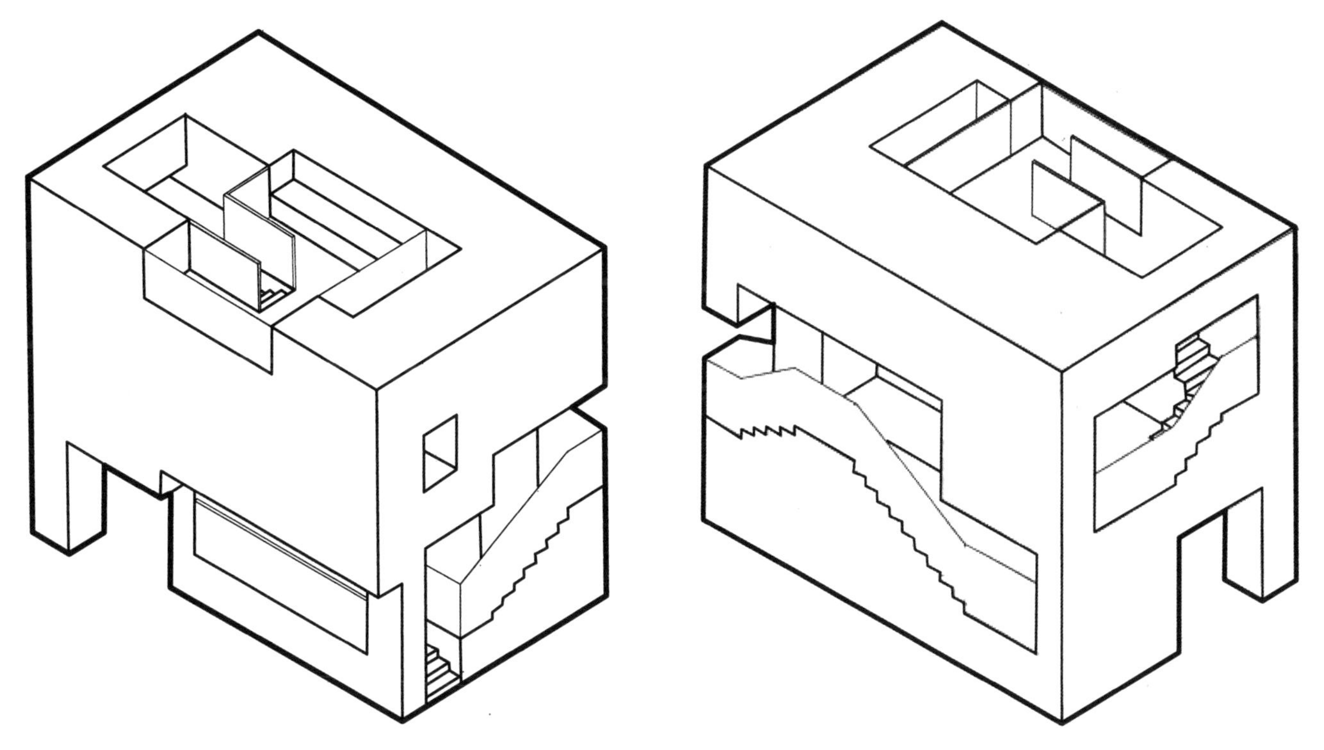

作业4：建筑学专业2021级　朱鑫宇

设计任务：在建筑馆A馆庭院内设计一处立方体空间装置。将建筑馆A馆庭院内原有构筑物拆除，在场地内布置一个9m × 6m × 7.5m的长方体体量，新建体量应与周边建筑保持合适位置关系，综合考虑庭院内交通流线、空间组织、环境布置等因素。体量内部应有清晰明确的空间限定容纳行为活动，并设置垂直交通流线与建筑馆A馆二层建立水平联系。课程初始我们首先探寻空间处理的方法。减法，即在一个大的体量上进行挖去、削切、推挤、位移；加法，即通过若干小体块，进行堆积、组合、排列。

方案构思：为了对实体与空间有更清晰的认知，我用卡纸做成一个个不同尺寸的小体块，通过加法的方式组合在一起。我的思路是将空间整体分为左右连通的两部分，一部分宽敞明亮，另一部分相对封闭一些。然而，单纯的组合使体块之间缺少了逻辑性，所构思的内容也没有通过手工模型得到体现。加法不行就减法，于是我先做了120mm × 180mm × 150mm的体块，尝试在上面进行挖去与削切操作。为了塑造近与远的不同透视感，我将体块下部往里缩，再在其上挖两个深浅不同的洞，在近与远中体现空间的多样性。为了使体块上部与外界有较好的联系，又挖了一个长条状的洞。做完之后我发现，实体和空间的分界又模糊不清了，整体的造型也显得呆板僵硬。

方案雏形：构思需要用实体模型去表达，但是又苦于找不到合适的材料，手工模型的道路似乎走不通了。于是我就把视线转移到了SU方法，虽说刚开始不能用计算机进行辅助设计，但是这是目前我能想到的可以解决此问题的最好办法。首先也是采用加法的形式，先建立立方体小模块，通过向不同方向堆叠，得到新的空间组合。然后我开始寻找与自己构想相契合的案例，学习体块处理的方法。当我看到美国康奈尔大学美术馆时，一个造型凹凸有致、虚实结合的模型浮现在我的脑海。我在东西方向挖出两个L形体块，下方作为通行空间，上方作为与外界交流的窗口。北部挖出两个长方体，形成H形。其余的开洞也是满足通行与交流的作用。确定了外部造型后，我开始探索内部空间，在满足至少三个不同标高平台的条件下，增加空间的趣味性。

方案深化：首先挖出一个较大的体块，作为内部主要的空间，然后在其两侧挖出两个较小的体块（高度不同）作为两个次要空间，最后便进行垂直交通的设计。将体块关系处理完，我将场景用手绘的方式表达出来，这个方案的弊端就显现出来了。我想看到的效果是不管站在哪儿都可以看到天空，所以设置了大面积的通高空间，导致有些地方设计不合理，内部过于空旷，所有的空间全部连在一起，一眼望去，缺少了探索的趣味性。片面追求某一方面需求所带来的弊端非同小可，在此基础上很难作进一步的深入，于是我果断舍弃了此方案。在下一个方案开始前，我首先画出了一些场景图，这些场景都是我想展现的空间效果，其中一个是相对闭塞幽暗的狭长空间，随后在两侧的不同高度和顶部开出三个L形的狭缝，参照安藤忠雄设计的水之教堂，充分发挥光影效果。我试图将场景应用到设计中，但在应用的过程中常常顾此失彼，既要考虑三个平台楼梯的设置，又要照顾到人可以通行的最低高度，还要与西部连廊相联系。这是一个统筹全局、头脑风暴的过程。

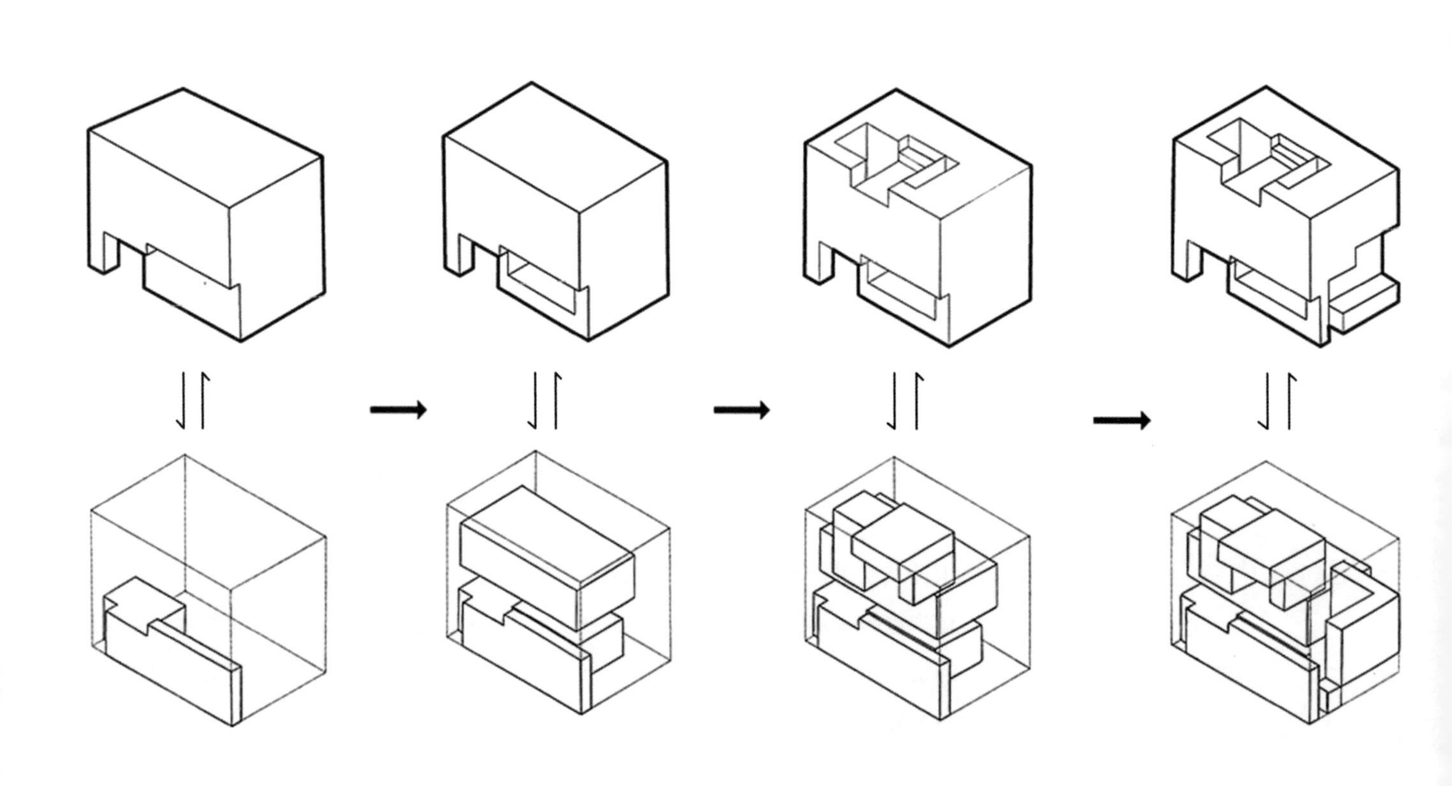

反思总结：其实，在这次的方案变动中，我已经远离了最初体块推演的思路，我没能用体块的思维处理，只是用减法的操作创造场景。于是，这一方案又被舍弃。在最终的方案中，我增加了构筑物的体量感。我将主要的空间设置在3.6m标高处，既能做到主次分明，也可以更好地与西部连廊相照应。我将楼梯设置在构筑物外沿，在节省内部空间的同时，人们可以在上台阶的过程中游览外部的风景。从顶部向下挖洞，以创造垂直空间体验。这一次的任务我总共设计了三个独立且互不联系的方案，每次的方案都是在半迷茫状态中产生的。我不清楚最终的效果应该是什么样的，或者说什么样的效果才算是正确的。虽说设计没有对错之分，但首先需要有一个明确的思路。在形体生成过程中，我仿佛只是生硬地将挖去的空间有次序地排列起来，完全没有逐渐推进方案的扎实感。我明白了根源在于刚开始并没有逐步推进的意识，一遇到瓶颈就推翻重来，缺乏深入的思考与应变。我必须锻炼自己的逻辑性，这在探究建筑生成的过程中极为重要。

感受与收获：为了控制最终呈现的效果，我没有选择打斜线，而是想通过排线的肌理感来增加图纸的表达效果。在保证整体质量的前提下，时间把控也尤为重要。吸取第一版时间安排不合理的教训，在第二版交图之前我便提早开始准备绘制成图。然而，图纸要经过多次修改才能达到理想的效果。在整个过程中，要耐心、静心、细心，将每个细节都清楚地表达出来。从细节处要求自己，才能得到最终理想的结果。

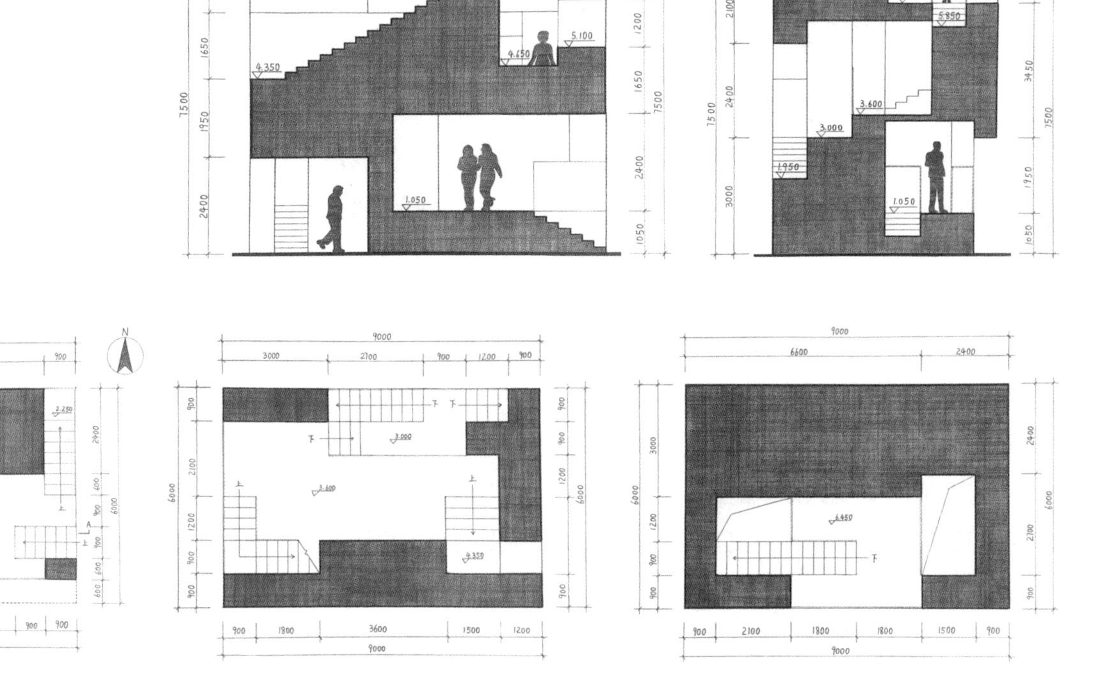

教学反馈

伊若老师：在前面的杆件、板片等训练中，同学们对其中的区别、联系、难点等进行了讨论，与前面的训练不同的是，体块训练增加了实体的部分，接下来请老师和同学们对于体块训练与杆件、板片等训练过程中出现的问题以及改进的方式进行讨论与交流。

朱同学：大家在做这个训练时出现了很多共性问题——对该作业的标准理解不到位，例如什么是好的标准，什么是对的标准，我们组在中期看到其他组同学的图纸才意识到这个问题。体块作业原本是在做一个抽象的东西，但是在实际操作训练过程中却出现了楼板、片墙这样具象的东西，可能是对任务书的理解不够透彻，或者对于体块操作只了解做加法或者减法的手段，对模数以及其他微小的东西没有意识，因此出现了偏差。我在反思总结后才发现，因为在开始进行体块操作训练时对理论性的内容没有清晰的了解，导致训练进度过半才发现问题所在，前期没有真正理解体块操作的教学目标是什么，需要培养哪方面的能力，最终达成什么样的效果。我觉得在前期需要多分析一些案例，帮助我们了解具体需要做的是什么，什么样的空间才是体块操作所要营造的。

伊若老师：你们对于杆件、板片训练与体块训练的区别与联系是怎样理解的?

李同学：体块训练是板片和杆件操作系列中的最后一个训练，相对于前两个训练，体块训练是对较大体量做出一定的处理，以达到某种空间效果。与前期训练相对比，体块训练增加了我们对空间的理解，我们前期对于实体的了解只是单纯有厚度的墙体，对于空间操作手法也没有很好的理解。所以有同学依然采用板片和杆件的操作手法进行设计，围合一个个的空间再去建立联系，然后营造不同的空间关系。很多同学的思维被固化了，直到中期之后我才明白虚实空间的关系。除此之外，在体块训练中对于尺度的认知必不可少。对于低年级的学生来说$100m^2$和$200m^2$的空间只是一个模糊的概念，没有具体的感知，就无法做出符合人具体感受的空间；相比之前的板片、杆件训练，体块训练融入了更多与人体尺度相关的内容，这也是在设计时要着重注意的。另外我认为在这个训练中还需要有一些结构的知识，我们是第一次考虑在设计中选择何种材料作为承重结构构件的。最后，体块训练在场地的选择上也更加自由，要注意所选位置和周围环境的关系，不管是近处的李大夏报告厅、玻璃栈道，还是远处的操场看台，置入体量要与A馆连通，同时受人体尺度的制约，各层的标高也在无形中有了约束条件。总结下来，相比之前的任务，体块训练更像是做一个小型房屋，所以我认为体块训练非常适合作为设计小型建筑之前的一个启蒙训练。

张同学：我觉得杆件、板片、体块是三个不一样的元素，直接从杆件、板片操作跳到体块训练是一个很大的跨越，就像朱同学所说的那样，在没有进行相关铺垫训练的前提下，许多同学突然不知道该怎么做好体块操作。我觉得可以在体块操作之前加一个小练习，让大家明确体块操作训练的目的，就不会在任务中期出现一些不合要求的成果。我们组当时也出现了这类问题，老师后来帮助我们整理了体块操作的具体思路，纠正了我们错误的认知。

托亚老师：你们当时做体块练习的过程是什么样的，你们是怎么思考的呢？

张同学：我觉得体块操作还是和模数的关系比较大，在这个训练中模数比较重要，我们组的老师从一开始就要求我们用一个模数、一个体块做自己想做的东西，然后通过空间与人行为的关系、空间与环境的关系慢慢修改室内的流线、建筑与外界的关系以及室内外连接处的设计。我觉得体块操作训练中的实体模型很重要，我们从杆件、板片转到体块这之间跨度比较大，实体模型会更加直观地展现空间的变化。

托亚老师：你们在这个训练中都使用了什么操作方法？

张同学：我的设计中普遍用的是堆积、组合、排列的方式进行体块操作训练，我当时对操作方法的使用没有什么深刻的体会，到后来设计真正的建筑时才对操作方法有所体会。

托亚老师：之前的训练都是没有实体部分的，这次体块训练增加了实体部分，对此你是怎么理解的？

张同学：之前的训练更偏向室外展览空间，我觉得体块训练更像是在设计建筑，感觉二者差距不是很大。另外在做体块训练时，我们是第一次用SU方法，当时对软件的应用其实是有很多困扰的。

张同学：因为在前期的训练中基本没有实体部分，所以刚开始我觉得难度挺大的。在设计过程中一直有一个问题困扰着我，就是建筑设计与这个训练之间的关系是什么，即使学习了一些体块操作手法，我还是不能很好地将二者联系起来；在学习手法之后，我们需要去感受其中的虚实关系，但我在空间塑造方面似乎没有使用到之前练习中的这些手法。

高老师：体块操作训练部分给2020级设定的题目完全是为了后面的题目做准备，2021级则是为了衔接前面杆件、板片的训练，其中最大的问题是2021级遇到了疫情，学生都在家里上网课，实体模型部分不好操作，在训练之初没有足够的能力画出平面来体现空间关系，有很多问题思考不到位，而做实体模型可以很直观地观察与思考。体块操作训练在建造课中是有前期铺垫练习的——石膏训练，2021级的石膏训练中，学生们都没弄清楚作业的目标，只是关注于石膏的具体操作，实际上石膏训练就是在训练一个虚实的关系，2022级的石膏训练是线上做的，有部分同学是用乐高搭出来的。我想以后建造课继续进行石膏训练的话，是不是可以把材料换成体量大一点的乐高，做成鞋盒子大小成果即可，当然像泡沫板这些材料也可以，只是大家一开始很难进入石膏训练状态，一直找不到虚和实的关系，而用乐高很方便操作，容易给学生一定灵感，上课时也可以快速在现场搭建，实体只要被搭建出来，大家可能就都会明白虚实关系了。网课期间好多同学不具备制作条件，有使用纸盒子做的，我自己想象了一下，使用纸盒子做实体模型很费劲，因为我们要做很大的东西，如果出了问题需要不断地拆，不断地重新裁剪。体块训练这个题目的拟定和具体场所一直都没有被设定到完善，是一个不成熟的训练题目，2022级完成这个题目时，我们因为疫情就直接略过了，杆件、板片训练之后就直接跳到小型公共建筑设计，如果在这之间添加一个衔接的训练，用乐高搭建简单地训练一下虚实关系，可能对于整个教学体系来说比较完整。杆件、板片、体块训练是三种不同的操作手法，像巴塞罗那世博会德国馆那样，本身就是一个杆件、板片的运用，与体块没有一点关系。而我们在做设计的过程中，会有意识地使用其中之一的手法，或能够熟练地使用三种手法，这样就达到了我们课程体系的最基本的目的。整个体系框架开始是对空间感知的认识训练，中间讲授三种方法，结尾相当于用一个小测验检验前面学习的三种方法。通过讨论，大家可能理解到的都是重点问题，而我们需要的是整个体系、每个训练之间的衔接关系，各种训练方法上的问题。近几年因为疫情，我们没有办法把教学体系完整地进行下去，只有2020级的教学体系内容是完整的，2021级的体系虽然没有被打乱，但还是受到了影响；当时我们都没见到2022级学生，他们被封控在宿舍也没有办法对建筑馆进行了解，所以我们只能改成设计宿舍，这学期才进行前期的训练，这对于2022级的教学来说是最不理想的训练了。在我看来2020级的体块训练有点偏工程化，墙、板等问题是考虑较多的，当时是为了防止进入后面的训练包括设计、出图纸等出错，后来我们在与其他学校进行交流时，他们认为我们在一年级的教学进程中走得有些着急，提前进行了二年级的训练，但是针对2023级学生，我们仍然会进行这个题目的练习，具体的形式或者场地还在考虑阶段。

王同学：老师，既然体块训练与石膏浇筑训练都是有关体量方面的训练，那如果在完成体块练习之后再进行石膏浇筑训练，两者有没有可能结合起来？因为之前看到一个案例，长江美术馆的项目最后的模型展示是用石膏浇筑的，我觉得石膏浇筑的模型与平时使用其他材料做的模型感受是完全不一样的，这样来说，建造课的石膏浇筑训练部分是否就可以去掉了？

高老师：石膏是一个整体，石头有虚有实，饶同学所做的石膏训练模型也是与石头性质类似的，只不过她的模型没有那么复杂，但是道理是相同的。其他材料的模型是有点装配式的感觉，一块一块拼接起来，而石膏浇筑是一个整体，把实和虚都放在一起、融合在一起，操作过程不一样，对这件事的理解相对而言就不一样。

王同学：老师，如果用乐高代替石膏的话，乐高不也是拼接的吗？

高老师：目前来看我能想到的理由是用乐高的效率最高，因为它拼起来很容易，也很容易形成一个虚实的关系，比较容易达到我们想要的效果，但是要用乐高来做饶同学的模型是无法做到的，因为她的模型是非线性、非规则的，乐高只能做出相对规则的整体。

5. 大建筑中的小建筑—— 校园饮品店设计

教学目标

基础目标1：运用设计草图和计算机软件模型进行设计表达。

基础目标2：尺规技术图纸、计算机模型的准确表达。

中阶目标：理解建筑与环境的关系，空间与功能的相互作用，室内空间的环境表达。

高阶目标：结构形式与空间特征关系，建筑材料（结构材料、表皮材料、装饰材料）表达。

设计任务

在建筑馆周边选定的用地范围内（任选A、B两地块之一作为设计场地）设计一座饮品店（咖啡厅、奶茶店等），建筑体量限定在规定的边界内，高度不超过6m。建筑面积控制在100～120m^2，内部包括客座区、服务区和储藏区，其中服务区和储藏区需结合布置男女卫生间。可利用相邻建筑屋顶设计为室外客座区，不计入建筑面积内。

设计条件

建筑环境设计：注重新建建筑与周边原有建筑的关系，完成恰当的景观环境设计。

建筑材料表达：设计中明确结构材料、表皮材料及室内材料的肌理、色彩表达。

结构构造表达：设计中明确结构体系（砌体结构、框架结构、墙结构等）。

室内家具表达：设计中需要根据空间行为关系完成室内家具布置，同时对家具材质进行表达。

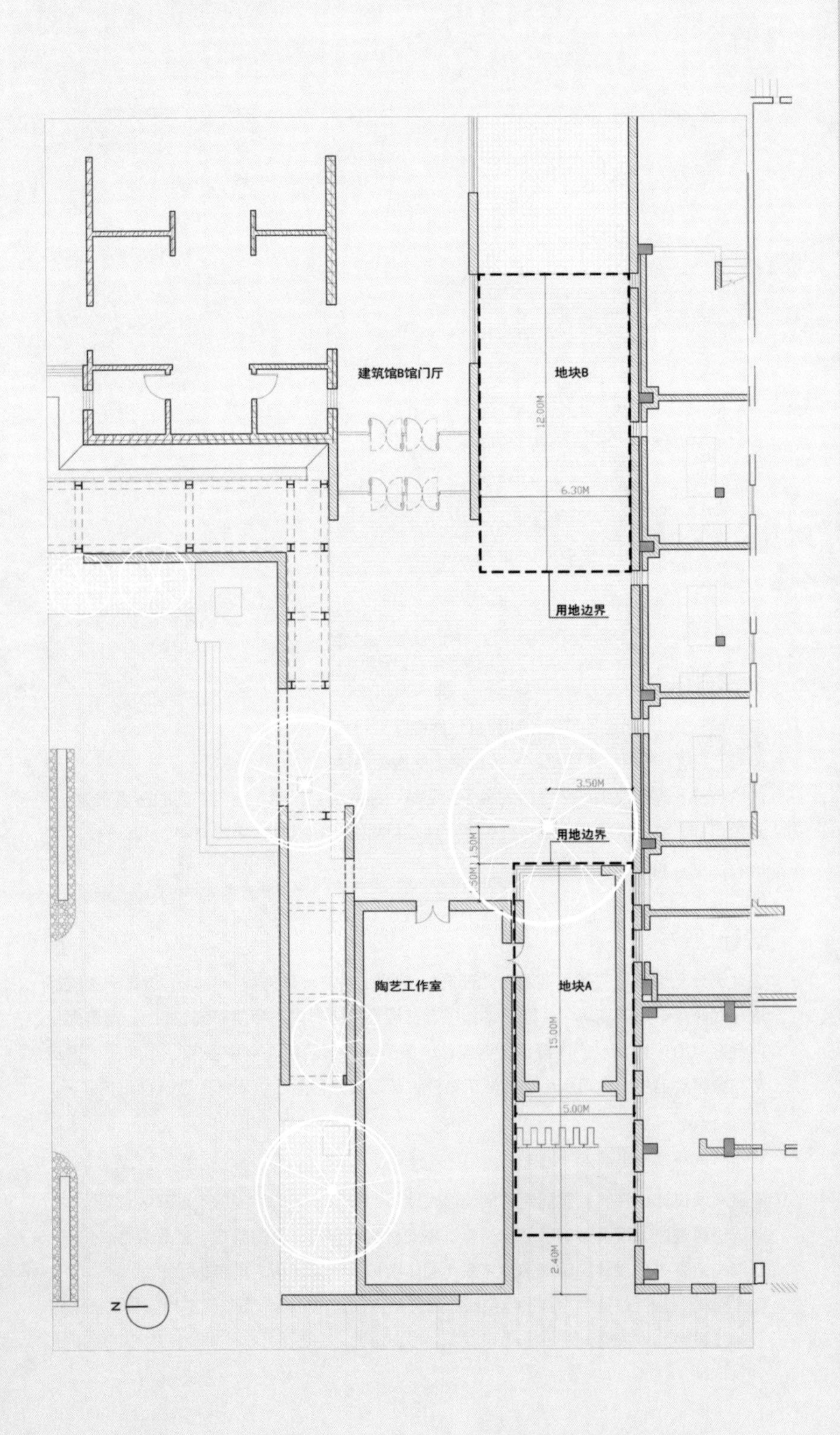
建筑馆B馆门厅
地块B
12.00M
6.30M
用地边界
3.50M
用地边界
1.50M
1.50M
陶艺工作室
地块A
15.00M
5.00M
2.40M
N

任务解读

1）设计任务

校园饮品店设计是“建筑初步”课程的最后一个专题训练，是对前序操作训练的综合运用与提升。在建筑馆周边选定的用地范围内设计一座饮品店（咖啡厅、奶茶店等），建筑体量限定在规定的边界内，高度不超过6m。建筑面积控制在100～120m²，内部包括客座区、服务区和储藏区，其中服务区和储藏区需结合布置卫生间（男卫生间：1 厕位，1 小便位；女卫生间：1厕位）。设计可利用相邻建筑屋顶或外部环境作为室外客座区，此部分不计入建筑面积内。设计训练主要目标是解决建筑与周边环境的尺度关系、流线关系、视线关系、材料关系以及空间与功能、结构与形式等几个关键问题，我们针对以上问题逐一展开讨论，以便在后面的设计过程中有较为明确的思考目标。

尺度关系：任务书给定场地在建筑馆建筑群范围内，周边紧邻建筑馆A馆及西侧出口广场，如何建立与南北两侧相邻建筑良好的尺度关系，是设计需要考虑的问题之一，虽然任务书已经有了6m限高的明确要求，但是仍可以在这一限制条件下对建筑体量进行多种可能的操作尝试。

流线关系：两个地块在环境交通条件方面有较为明显的差异性，A地块西侧临校园道路，东侧与入口广场连接，具备“穿行”条件；B地块仅有一侧面向入口广场，这一差别将是导致两个地块设计结果具有差异性的重要因素，因此需要认真思考并比较设计结果的优缺点。

视线关系：视线与上述流线关系其实具有一定程度的兼容性，经过分析仍可以看到区别，B地块虽然流线受到限制，不能形成“穿行”关系，但是东侧相邻花园以及玻璃连廊都可以使视线不受阻挡继续向东“穿行”，反观A地块在西侧受到体育场看台的阻挡，视线并没有被继续延伸。

材料关系：建筑馆A馆、B馆在视觉上都使用了特征明显的砌筑材料，表达了各自在不同年代背景下的建造身份，任务书所给定场地正好处于两个建筑之间，因此如何使设计成果在表皮材料上和新旧两个建筑取得和谐关系也是本次设计任务中需要思考的一个问题。

空间与功能：整个建筑馆建筑群无论是内部空间还是外部空间都极具丰富性，空间特质和教学功能关系在这里得到了恰当的展现，设计过程中应当在建筑空间环境中反复观察体会，不断尝试模仿，在这一从感性到理性的训练过程中理解空间与功能的复杂关系。

结构与形式：结构体系以隐藏或显露这两种基本状态与建筑外部形式发生关系。当结构体系与围护体系合一即隐藏状态时，即便在其上增加装饰性的元素，也不会从根本上改变由结构所决定的建筑外形。当结构体系与围护体系分离时即处于显露状态，就有了塑造建筑外形更多的可能性，进一步作为设计主题和特色而被充分突出甚至夸张，成为一种意向和标志。

2）背景知识

空间与功能

哲学家老子在《道德经》中的一段话："埏埴以为器，当其无，有器之用，凿户牖以为室，当其无，有室之用，故有之以为利，无之以为用。"这可以解释为：揉和陶土做成器皿，有了器具中空的地方，才有器皿的作用。开凿门窗建造房屋，有了门窗四壁内的空虚部分，才有房屋的作用。所以，"有"给人便利，"无"发挥了它的作用。这段话很好地诠释了建筑空间与功能的关系，人们对建筑的使用是指它的空间，从这一点出发，有人更进一步把建筑比作容器——一种容纳人行为与活动的容器。这里的行为与活动泛指了所有的功能要求，而容纳这些活动和行为的就是我们创造出来的建筑空间。

建筑的空间形式首先必须满足功能要求，但除此之外它还要满足人们审美方面的要求，再深入一步地分析，工程结构、技术、材料等也会或多或少地影响到建筑空间的形式。因而，我们也不能简单地认为建筑的空间形式就是由功能这一方面因素所决定的。但有一点必须给予充分的肯定，即建筑空间必须适合于功能要求。这种关系实际上表现为功能对于空间的一种制约性，或者简单地讲，就是功能对空间的规定性。建筑功能对于空间形式概括起来有三个方面的规定性：量的规定性，即空间具有合理的尺度；形的规定性，即空间具有合适的形状；质的规定性，即所围合的空间具有适当的条件（如物理环境、光环境等）。

上述三种制约性或规定性不是一种绝对的情况，建筑设计绝不是简单地把功能需求直接转化为空间形式，其间包含一个重要环节是设计者对功能需求所作出的诠释，这种诠释或因文化、气候、地理、经济等多种因素影响而产生不同的结果，因此我们才可以看到存在于世界各地千姿百态的建筑物。

基本建筑材料

作为人工产物，建筑的物质基础便是各种各样的建筑材料。从来源区分，建筑材料包括天然材料和人造材料。按照化学属性，建筑材料可分为无机材料和有机材料两大类。前者有金属、砂石、砖瓦、玻璃、石灰、石膏、水泥、无机纤维材料等；后者则包括木、竹、沥青、塑料、合成橡胶等。此外，诸如聚合物混凝土、钢筋混凝土、有机涂层铝合金板等复合材料也常用于建筑中。各种建筑材料因其本身的特性被用于建筑的不同部位，承担相应的功能，根据使用目的和功能，我们可以将它们简单分为结构材料和功能材料。

（1）**结构材料**：建筑物的可靠度与安全度主要取决于结构材料组成的构件和结构体系，根据一般建筑的结构建造方式，结构材料大致可以分为砌筑、浇筑和构筑三种，与之相应的常用建筑材料有如下几种。

作为砌筑材料的石与砖：各种天然石材因密度大、硬度高而具备较强的抗压性能，是人类最早用于建筑的材料之一。现代建筑工业体系中，天然石材经过不同程度的加工可适用于各种建筑建造，其中一小部分用作承重材料，大部分石材因其加工处理后呈现多样而自然的肌理和纹饰，故常被用作各类饰面材料。传统的黏土砖以黏土为主要原料，经成型焙烧而成，生产工艺简单且造价低廉，是运用最为广泛的砌筑材料。但近年来，出于保护土地资源的目的，以煤矸石、粉煤灰、矿渣等工业废料为原料的非烧结砖和砌块得到广泛使用，以替代黏土砖。当石与砖用作结构材料时，最常见也是最符合材料特性的做法是以单元砌块的形式，借助黏结材料砌筑成墙、柱、拱等承重构件。

作为浇筑材料的混凝土（砼）：混凝土是一种复合材料，由水泥、细集料（砂子）、粗集料（石子）等和水按一定比例混合搅拌而成。凝固结硬后的混凝土具有与天然石材相近甚至更优的性能，也被称为人工石。内配钢筋的钢筋混凝土优化集成了两种材料的力学性能，是目前应用最广泛、使用量最大的结构材料。混凝土利用模子成型的施工方式，因其初始状态为半流体状，所以具有很强的可塑性，可以在设定好的模具中浇筑成杆件、面板、体块等各种形态的结构构件。

作为构筑材料的钢与木：钢是一种工业化程度很高的建筑材料，相较于其他结构材料，钢材具有强度高、构件尺寸小、连接方便可靠、施工周期短、价格低廉、可回收利用等综合优势。木材是优质的天然材料，被用作结构材料的历史悠久、地域广泛。木结构用材分为原木、锯材和胶合材三类。其中胶合材经人工处理和加工后性能得到改良，较好地解决了耐火、耐候、防蛀问题，且材质均匀，内应力小，不易开裂变形。钢与木具有类似的材料特性，适合以杆件的形式构建框架式的结构体系。在构件的连接上，钢材有焊接、栓接、销接等几种方式；精巧而多样的榫卯是木材最富特色的连接方式，凝聚了无数工匠的智慧。

（2）**功能材料**：建筑在全球工业化发展的大背景下，各种功能材料不断地被开发出来，特别是19世纪中期以后，材料科学的发展使可用于建筑的材料种类迅速增长。按使用目的划分，建筑中常用的功能材料主要有防水材料、保温隔热材料、隔声吸声材料、饰面材料等几大类。玻璃因其透明的特性被广泛应用于建筑的各个部位，成为一种特别的、不可替代的建筑功能材料。在普通玻璃的基础上，为满足安全、防火、节能、装饰等附加需求，人们还开发出了钢化玻璃、夹胶玻璃、防火玻璃、中空玻璃、低辐射玻璃等特种玻璃。

建筑结构与构造基本知识

建筑的结构构件受力与传递力的组成方式称为结构体系，常见建筑结构体系类型大致有：砌体结构、剪力墙结构、框架结构（钢筋混凝土框架结构、钢框架结构、木框架结构）等。结构体系不但起支撑作用，还因其与围护体系或重合或分离的关系，直接影响建筑的内部空间形态和外部造型（图2-25）。

构造技术

春秋战国时期的《周礼·考工记》中有“天有时，地有气，材有美，工有巧，合此四者，然后可以为良”的说法，意为：天有寒温之时，地有刚柔之气，材质有优良的，工艺有精巧的，把这四方面结合起来，就可以制作精良的器物。从建筑学范畴来定义，建筑构造是一门研究建筑材料的选择、连接、组合及其方式和方法的学科，为建筑创作的实现和建筑设计的物化提供依据和支撑。在一个建筑中可以将

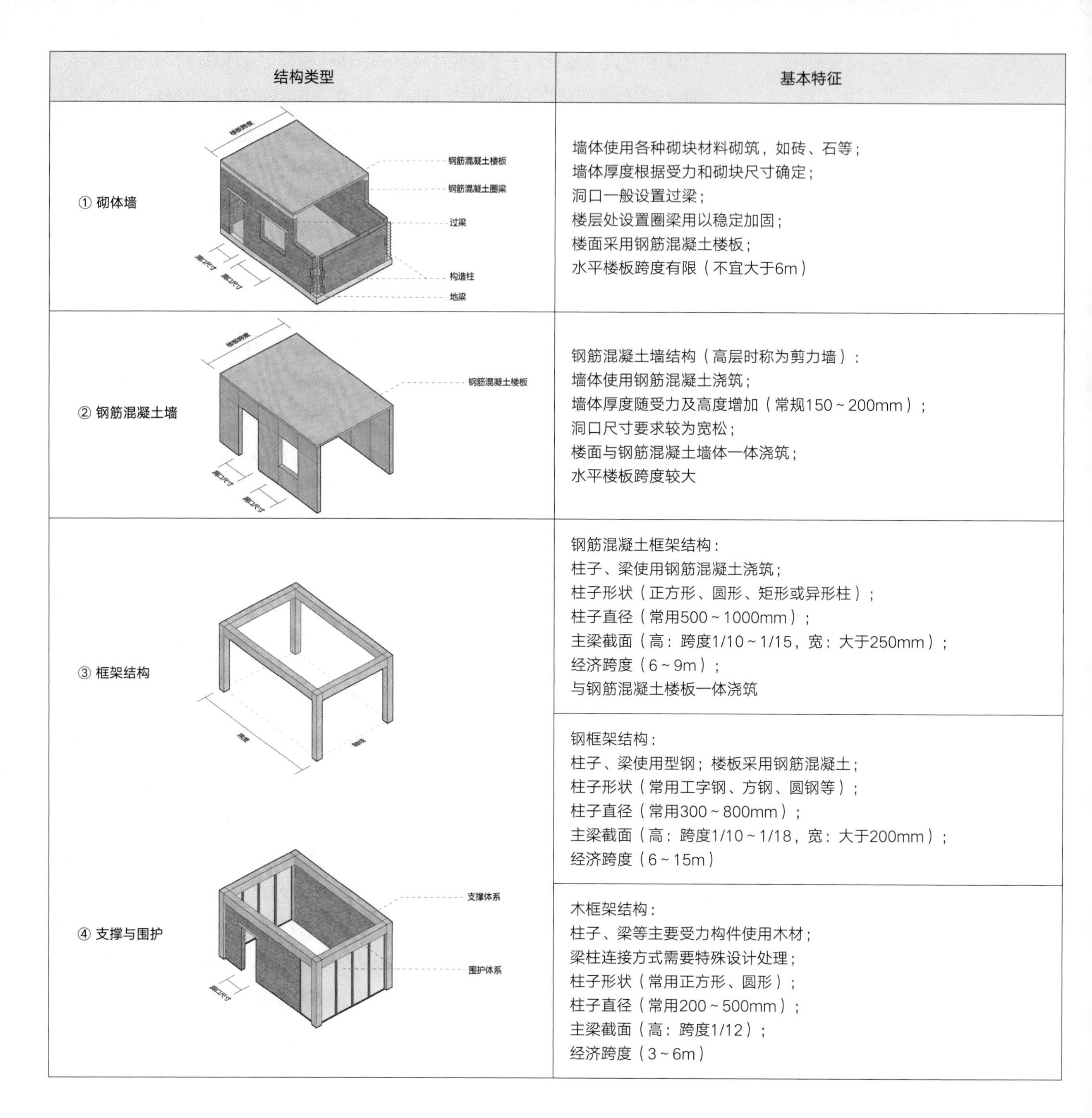

结构类型	基本特征
① 砌体墙	墙体使用各种砌块材料砌筑，如砖、石等； 墙体厚度根据受力和砌块尺寸确定； 洞口一般设置过梁； 楼层处设置圈梁用以稳定加固； 楼面采用钢筋混凝土楼板； 水平楼板跨度有限（不宜大于6m）
② 钢筋混凝土墙	钢筋混凝土墙结构（高层时称为剪力墙）： 墙体使用钢筋混凝土浇筑； 墙体厚度随受力及高度增加（常规150~200mm）； 洞口尺寸要求较为宽松； 楼面与钢筋混凝土墙体一体浇筑； 水平楼板跨度较大
③ 框架结构	钢筋混凝土框架结构： 柱子、梁使用钢筋混凝土浇筑； 柱子形状（正方形、圆形、矩形或异形柱）； 柱子直径（常用500~1000mm）； 主梁截面（高：跨度1/10~1/15，宽：大于250mm）； 经济跨度（6~9m）； 与钢筋混凝土楼板一体浇筑
	钢框架结构： 柱子、梁使用型钢；楼板采用钢筋混凝土； 柱子形状（常用工字钢、方钢、圆钢等）； 柱子直径（常用300~800mm）； 主梁截面（高：跨度1/10~1/18，宽：大于200mm）； 经济跨度（6~15m）
④ 支撑与围护	木框架结构： 柱子、梁等主要受力构件使用木材； 梁柱连接方式需要特殊设计处理； 柱子形状（常用正方形、圆形）； 柱子直径（常用200~500mm）； 主梁截面（高：跨度1/12）； 经济跨度（3~6m）

图2-25　基本结构类型及特征
来源：作者自绘

建筑构造分为围护、保温隔热、防水防潮、隔声吸声、防火、装饰装修、机电设备等若干个复杂系统，分别用于解决所对应的不同问题。我们可以通过观察、学习建筑馆的几个构造案例，更为直观地理解构造在建筑设计中的作用及意义。

建筑馆在改造过程中的建筑材料及其构造运用具有特点。材料选择主要是改造再利用原有厂房中的废弃材料，例如，废材用于铺地；钢窗用作栏杆；吊车梁变成支柱；旧机器转换为艺术装置；旧有的传输带平移后成为过桥；裸露的钢筋混凝土牛腿成为上层结构梁的支托；拆出来的零星废旧钢板拼成图案用于门窗洞的合理封堵；同时，大量的天车导轨和传输带的组合构件变成了钢梁、钢柱、钢梯的主材。这里我们介绍几个利用废弃材料作为新建筑构件的构造案例，帮助大家理解建筑中关于构造的作用和意义（图2-26）。

耐候钢板

旧厂房的红色砖墙重组后本身就是天然的画布；原有窗户依据其功能所需，用厂房中的废弃锈蚀钢板加以覆盖，成为立面上的工业气质点缀，保证了统一的立面风格

空腹钢窗框

原厂房的窗户玻璃破败不堪，难以利用，便统一采用窗框部分，将这些钢框铺拉铁丝网，重新上色，成为建筑馆开敞区域及楼梯处的栏杆栏板。另外，损坏程度更高的钢材被重新设计焊接，用作室外的造景元素

结构加固构件及其构造

考虑到结构稳定性，建筑馆原本吊车梁的位置增设了边列柱上的钢柱结构，并利用交叉钢构保证结构整体性。裸露的旧有牛腿与新增型钢直接“对话”，使旧有的形态更加凸显

双肢钢柱用作新的支撑

为抬高旧厂房的传输带，其下方存在阵列布局的钢梁结构，在建筑馆设计中，这些钢梁被有选择性地保留了下来。为增加刚度在部分柱子内部填充混凝土。馆内共有该类型柱子18根，称为双肢钢柱，辅以砖墙承重，传输带转生成为沟通建筑馆二层的过桥。砖、木、水泥的固有色与钢构件的冷灰色调交替而相融，冷暖均是灰，这正是新场所特定工业气质的魅力所在

图2-26　建筑馆改造中材料运用及构造特征

来源：作者自摄

3）案例分析

住吉的长屋

住吉的长屋（图2-27）是建筑师安藤忠雄位于日本大阪的作品，设计于1975年。它取代了一片密集住宅区内三座木制连排长屋中的一座，宽约3.5m，全长约14m，高约6m，共2层，总建筑面积仅有65m²。住吉的长屋继承了传统长屋狭长的特点，但在立面的处理上，较传统长屋更封闭。同时立面严格地对称，使整栋建筑有均衡感。这座建筑对外没有设置一个窗户，但是进入内部就会发现，因为有庭院而感到非常明亮。建筑的庭院占据了1/3的基地面积，并布置在建筑的中央，整个长屋空间形成了实—虚—实的关系。中庭巧妙地引用了安藤忠雄建筑风格三要素之一的“自然”，将四季变化自然地引入日常的生活空间。光线从天空渗入院中，在墙上和院子里投下深深的阴影。在建筑的内部出现了室外空间，与一般的认识是相悖的。“在这种情况下，我认为与自然接触比生活便利更重要。”庭院与日常生活紧密相连，人们在进进出出之中，重新找回了对自然的体验。住吉的长屋中的中庭院也是建筑的核心。所有的房间都面朝中庭，以中庭为中心。中庭加强了各空间的水平、竖直方向的联系。完全敞开的中庭将室外的自然引入建筑内部，使中庭成为室内与室外交流的装置。它是一个过渡的空间，与一般过渡空间的陪衬作用相反，它也是整个建筑的中心，衔接其余的功能空间。人的所有活动都要有中庭的参与，中庭是空间的中枢，也是人情的枢纽，中庭是组织空间的向心点，也是组织情感的向心点。一楼是中庭和公共空间，二楼是私密空间，都是简单的长方形体，体现了安藤忠雄建筑风格构成三要素之一的“使用正宗的完全的几何形式为建筑提供基础和框架”。

（a）

来源：有方；作者：Hiromitsu Morinoto

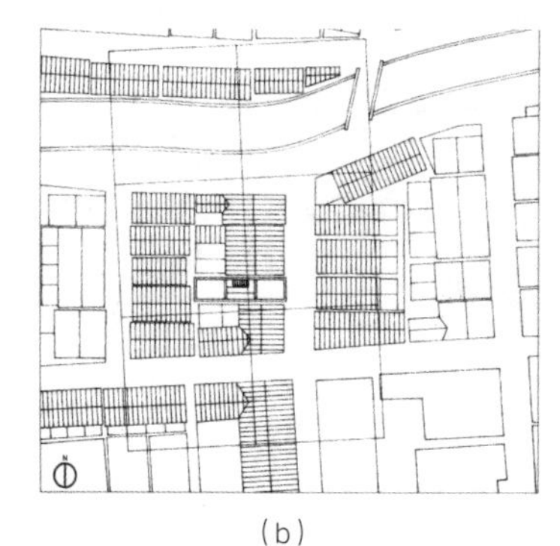

（b）

来源：[韩]C3设计《安藤忠雄》世界著名建筑师系列

（c）

来源：有方；作者：二川幸夫

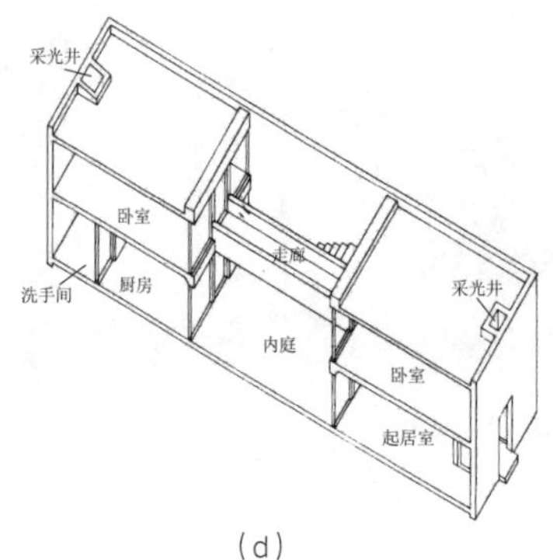

（d）

来源：[韩]C3设计《安藤忠雄》世界著名建筑师系列

图2-27　住吉的长屋

住吉的长屋设计，实现了在极其不利的外部条件下的建筑自律性。长屋表面上看去，具有明显的均一单调的特质，细部和装饰是匮乏的。但是，安藤忠雄所关注的是给人以深层次的空间体验。住吉的长屋是安藤忠雄早期最优秀的作品。

1014住宅

1014住宅（图2-28）是Harquitectes位于西班牙格拉诺列尔斯老城市中心的作品，在一块超长的狭窄用地之上。用地面宽6.5m，长达到了53m，隔墙分割的连续住宅构成了其周围的城市肌理。置于两座住宅之间，只能通过临街两面进入。原有老建筑破败不堪，只剩一个较完整的外立面。业主希望建筑师规划出动静分明、公私有别的居住空间。一部分用来招待客人组织聚会，另一部分作为日常生活起居空间，为此建筑师在主要街道一侧设置了停车区和会客区，然后间隔一个大的内庭院，在建筑另一侧布置了家居生活区域。

由于沿街区域私密性的要求，建筑由街道面退后了一些，给建筑两面都提供了入口内院。这些天井式院子在消解狭长地块的同时，丰富了建筑的虚实关系，带来了上方的光照摄取，也创造了过渡空间，既是街道与住宅物质空间的过渡，也是室外和室内气候的过渡。这些生物气候空间成为连接两条街道的建筑空间序列的起始，序列中包含了一系列在条件、特征和性能等方面截然不同的区域。增加的这个空间与热学状态的序列创造了长达53m、面积共345m^{2}的地面层，是住宅中最频繁和集中使用的地方。同时，它如同一条长长延伸的走廊，分别连接着住宅上层和地下层的私密空间和后勤空间。

住宅中的每个房间都经过精心设计而彼此关联，清晰地呈现着每个空间的特别用途，又显现着其作为整体空间的一部分存在。这种方法也使室外空间具有了

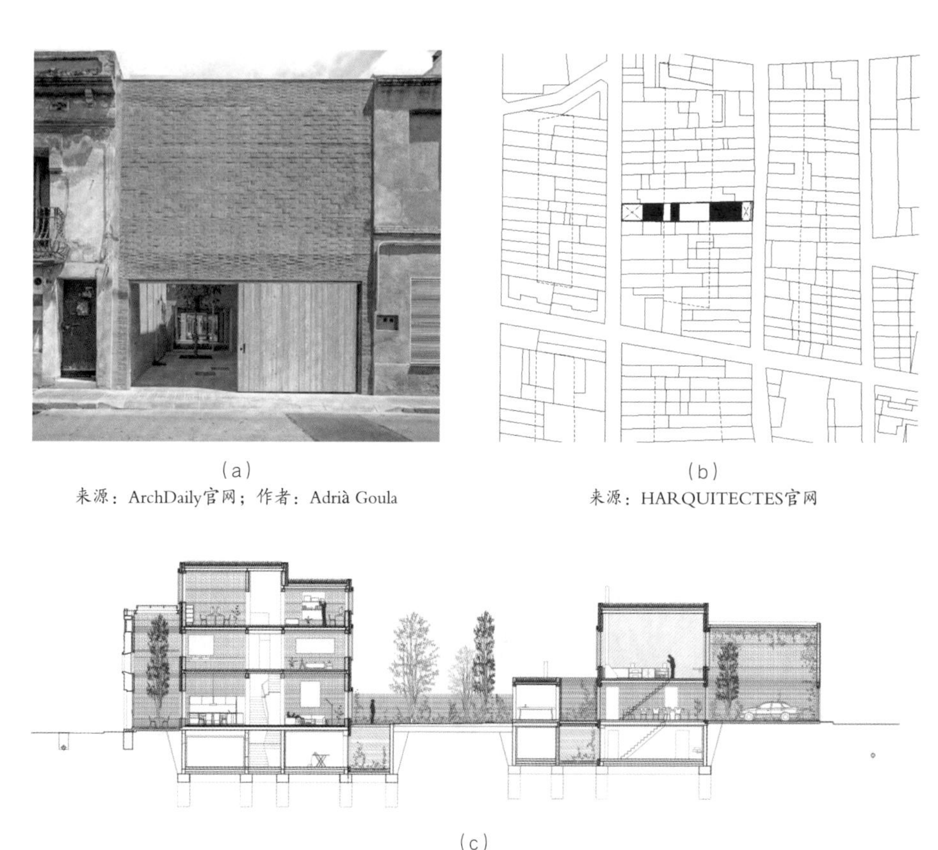

（a）
来源：ArchDaily官网；作者：Adrià Goula

（b）
来源：HARQUITECTES官网

（c）
来源：HARQUITECTES官网

图2-28　1014住宅

生活空间的品质，因此好像成了住宅中额外的一个房间。借此，主要的地面层空间将不同的室内房间、底层和上层、更狭长的半室外有顶的生物气候空间以及有顶或无顶的室外空间整合连接、相互关联。

这是一次对于如何处理时常会在历史城市中出现的“鸡肋式”空间的尝试。项目因此对封闭与开放空间进行了既精准又复杂的操作。人们很容易想象居住在这里能获得的高度空间丰富性和环境氛围。

嘉兴老建委驿站

嘉兴老建委驿站（图2-29）是中国美术学院风景建筑设计研究总院的作品，场地夹在众多大楼的缝隙之间，这些建筑完工于不同时期，属于典型的城市碎片空间。项目是嘉兴老城重塑计划中的一部分，区别于大规模的整体更新，设计师在碎片空间中引入简·雅各布斯的“街道眼”概念，以“器官化”的点式更新，来唤起人们对老城复杂多样生活的热爱。

场地最大的特征是无序，有着模糊的边界，四棵枝繁叶茂的香樟树点缀其间。项目旨在重新利用场地，创造活跃的社区活动空间，并满足公共卫生间的使用要求。建筑以“大树底下好乘凉”的姿态介入场地的复杂环境，在不规则的场地上建立起三个院子来保留四棵香樟树，限定边界，让整个屋面都“趴”在树荫底下。通过环绕的坡道和楼梯，进入的屋顶露台是第一个停留空间，来访者可以在树荫下纳凉，享受安全与舒适的环境，同时还能俯瞰墙外中山路的车水马龙。

(a)
来源：有方；作者：奥观建筑视觉

(b)
来源：有方；作者：奥观建筑视觉

(c)
来源：有方；作者：中国美术学院风景建筑研究总院青创中心+宏正设计

(d)
来源：有方；作者：奥观建筑视觉

(e)
来源：有方；作者：奥观建筑视觉

图2-29 嘉兴老建委驿站

北侧庭院长长的坡道将成为附近社区小朋友最喜欢的地方，庭院以浅水景为主景，保证儿童嬉戏时的安全。围绕建筑空间和庭院置入了楼梯和坡道，构成建筑外的立体流线，吸引公众参与其中。在沿街面用厚重的木纹混凝土和轻盈的金属网去迎接公众视线，当访客接近时，木纹混凝土材质的入口地面铺装会勾起访客一探究竟的好奇心，引导访客进入预设的行走流线。“一条中山路，半座嘉兴城”，对嘉兴人而言，中山路是抹不去的城市记忆，见证了这座城市的发展变迁。老建委驿站尝试激活老城碎片空间，成为充满活力的城市乐趣之眼、公共生活之眼，成为周边社区小朋友的儿时记忆，也成为值得留恋的“老街头”。

顾正红纪念馆扩建

顾正红纪念馆扩建项目是上海中森止境设计工作室位于上海的作品（图 2-30）。原馆及场地都很狭小，改扩建之后依然不大，但针对特殊的场地条件现状，设计采取了多种综合性的改造策略。加建新馆在极狭促的场地上向南扩出一跨两层展厅，仍然留出了临街的一小块广场，既有助于烘托建筑应有的肃穆气质，也与喧闹的街道之间留出必要的过渡空间。更重要的是利用这一块有限但方整的南广场，将烈士塑像、红旗和主题泛雕（均为原馆室外展品）重新挪位排布，构成一组东西轴向的礼仪性广场，成为举行多种活动的入馆前先导空间。

(a)
来源：有方；作者：陈旸

(b)
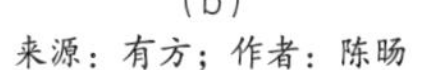
来源：有方；作者：陈旸

(c)
来源：ArchDaily官网；作者：陈旸

图2-30 顾正红纪念馆

景观要素参与建筑空间的组织为又一重要策略。设计将原馆东侧一条狭窄的通往顾正红殉难处遗址的通道纳入整体的参观路径中，将馆前、馆内、馆外与殉难处通道这几个区域内的参观者行为串接成一条连贯的心理变化动线，与展示内容巧妙嵌合，并在红色革命主题与当代城市生活之间建立了密切的对话。

新馆造型采用了耐候钢板塑造的一组错动的立方体组合，利用结构内退四面悬挑的方式，使得立方体块与悬挑体块产生尺度与位置对比，依靠平行的延伸塑造横向关系的同时运用体块推拉，并在侧面楼梯处进行镂空掏洞，既强化了体量的沉稳刚毅，又表现了形体组合的错落灵动。耐候钢板材料的红锈质感不仅彰显了纪念馆所需的承重坚毅的历史气质，更隐喻了党领导下的中国工人运动的曲折、壮烈与伟大。广场地面铺装采用三种色彩与质感有微差的石材组合，在强调仪式感的同时也隐喻了红色之花。

优秀作业

作业1：建筑学专业2021级　白珺

方案构思：在此次任务中，要求设计一座校园饮品店，给定的A、B两基地均位于建筑馆A馆北侧的陶艺实验室附近，人流量主要集中在场地西部的校园主干道上。我最终选择了A地块，原因就是A地块东西通透，可以设置东西两个出入口，而B地块的东面是一块封闭的空间。基地两面都可以设置出口的特点为这个设计带来了较多的可能性。但同样也有劣势，A地块宽度为5m，相对于B地块的宽度6m来说更窄，因而缺少光照，需要花更多的功夫去解决这一难题。

由于基地狭长且两侧均有建筑物，解决采光问题最直接的方式就是将整个建筑分为两部分，在中间采取挖空的手法，从而得到由三大部分组成的一个建筑单体，可以根据各部分的特点来划分功能区。

方案生成：饮品店命名为“简意”，从结构、色彩以及通透性上都是简单明了的。在构想的初期，我就为方案的中部设计了一个庭院，以更好地解决采光问题。针对饮品店的使用需求，首先我对整个大体块（5m×15m×6m）进行了功能区的分割，分为封闭区、开放区、封闭区三大部分；其次分出上下两层，选择适合的空间进行部分通高处理，彰显建筑特点——通透性；最后利用室外空间设计交流连廊与楼梯，连通一层与二层及二层与二层之间的空间。其中，开放区即为设计初期设想的庭院。三个部分交错放置在这样狭长的通道中，让中间的露天庭院为两边较为封闭的室内空间提供了充足的光照和通风。值得强调的一点是，我的方案借鉴了安藤忠雄的作品“住吉的长屋”，扬长避短，模仿安藤忠雄对狭长空间的采光处理方法，利用庭院这个室外空间设计交流连廊和楼梯，连通一层与二层及二层与二层之间，形成一个合理舒适的流线。在二层大空间内，划分的三大部分尽收眼底，在人视效果图中能够充分体现，展现了水平方向的延伸和竖直方向的拓展，丰富了使用者的视觉层次。西立面和东立面的设计有较大的区别。西立面比较简单明了，回应了“简意”的主题，而东

立面可以看到楼梯、树木、室外平台、庭院以及完全开放的一层灰空间，内容非常丰富，将建筑的前后层次关系体现得淋漓尽致。灰色的外观让它跟周围建筑比较和谐地结合，抛光混凝土的材质简单低调，统一的色调使它更好地融入环境。室外人视图中可以看到西侧的道路，展现了设计的通透性。灰空间的座椅与水池也有一定的呼应。中央庭院的设置连通了分隔东西两侧的服务区，让两边的封闭区获得了适宜的光照条件。另外，方案在一层点餐区做了通高处理，让二层的光线可以进入一层，使一层的入口空间更加明亮。这一部分的通高设计，也让一二层的顾客在视觉和听觉上可以进行交流，使建筑变得活灵活现，富有人情味。

材料运用与景观设计：在本次设计中，我主要应用了新抛光混凝土这种材质，它是一种高强度耐用、不起尘、不需要高额维护费的材料，这样经济实惠的材料更适合校园饮品店这样的小型公共建筑，可塑性强的色彩和复古风的质感会受到使用者的喜爱，最重要的一点是，这样的建筑外观与旁边的建筑馆和陶艺实验室和谐地融为一体。在窗框和门的材质上，我选择了樱桃木，价格较为合理经济，为饮品店营造出了一种古色古香的感觉，是一种视觉和触觉的融合，亦是冷色调与暖色调的相互牵制和相互包容。我在西侧入口处设计了一个小草坪，以一种欢迎的姿态引导路人进入饮品店中，塑造了饮品店自身的领域感，对室外的卡座区域也起到了围护作用。此外，我还在一层设置了一个H形的水池，串联了前中后三个大的体块，将东西两端的封闭区与中间的开放区相互关联起来，让它们有一个水平方向的紧密联系，串通连贯整个饮品店，强化了建筑的通透性。我

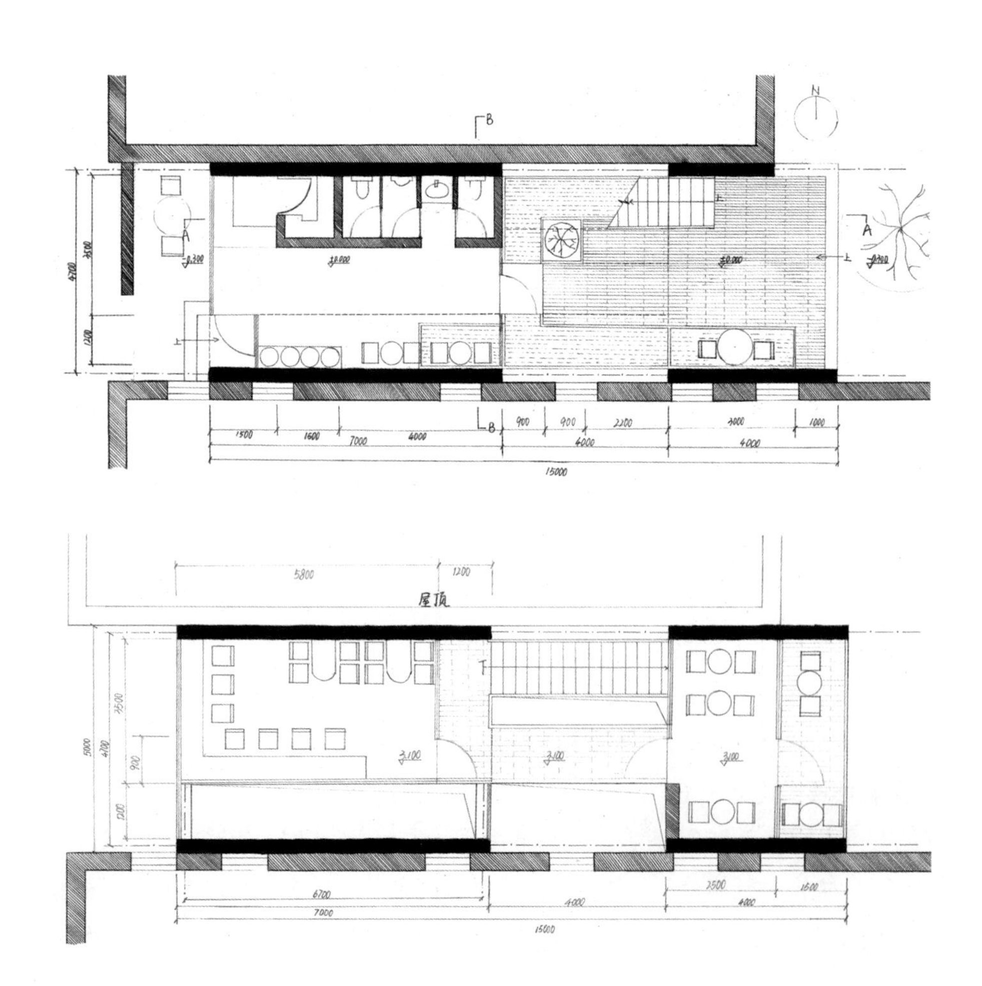

又在中间庭院楼梯与连廊夹缝处植入一棵树，充分体现了该设计在竖直方向的贯穿，这棵树与场地东侧原有的树一大一小相呼应。水平方向和竖直方向的通透也说明了设计流线的合理性。

感受与收获：结合饮品店设计的需求，将空间转化为封闭区—开放区—封闭区三个体块、上下两层，中间开放区作为庭院，合理地解决通风采光等问题，这将条形地块的劣势避开。地块本身给人一种幽静空寂、意境恬淡的体验，在设计过程中也应当保留这样的特点。卫生间、储藏室、服务台更适合于人流量集中的地方，方便实用。灰色抛光混凝土的外材质与周围建筑有较好的呼应，整体设计与环境融为一体。

在本设计课题中，我认为现实生活的体验尤为重要，我的指导老师在第一节课时就要求我们去现实中的饮品店测量各种数据，我只去了两三次，就发现很多东西的尺寸都和我预想的不一样，甚至差距非常大，并且每去一家新的饮品店，就会有一些新的发现。所以，我认为真正做设计时，是需要去现实的饮品店测量、感受的，从实际入手是很重要的，以后的每次设计也应如此，我会尽可能地在条件允许的情况下，到实体建筑中参观学习。还需要强调的就是案例的重要性，例如，我在这个设计中参考了“住吉的长屋”，因为地形极其相似，所以就参考了案例中空间划分的手法，按照实—虚—实的划分方式，将我的饮品店分为前中后三段，后又结合场地和饮品店功能的一些需求，调整成更适合这个场地的方案。在本设计中我也学到了许多重要的知识，第一次了解到建筑的结构承重

等问题，这也是需要注意且充分考虑的点，虽然目前还没真正考虑到结构问题，但这必然是做建筑设计不可或缺的部分。所以我认为实地观察和案例学习是很重要的。

通过这次设计，我有了一个感悟，其实一个好的设计，往往就在茅塞顿开的一瞬，虽然方案不是很成熟，但只要整个大方向不变，不说一定完美，至少已经成功了一多半。能力的提升是通过案例做出来的，是通过实实在在的设计练习和研究获得的。

作业2：建筑学专业2021级　张梦婕

方案构思：本设计任务是在建筑馆给定地块内设计一座饮品店，首先面对的是地块的选择，在对A、B地块进行观察与思考后，我选择了A地块。A地块相对狭长，地处陶艺实验室与A馆的中间，它的东侧是防腐木平台，西侧是操场旁的道路，场地东西长15m，南北两个房子的净距离为5m。由于A地块是狭长的矩形平面，方案构思时的想法是用矩形体块将东侧的庭院与西侧的道路进行联系，让庭院由现在围合较呆板的情况，多出一条道路，使东西方向能够贯通，即将东西两侧环境联系了起来，方便建筑内部使用者的通行。

方案生成：狭长的空间特征使我初期的设想是“竖向”分割空间，用平行于短边的多个平行墙形成结构上的秩序感，但此种空间划分方式与功能排布产生冲突，我只得转变思路为“横向”分割空间，所以采用了平行于长边的单向平行墙的做法，墙体的存在形成了平行的空间，根据功能的要求分为通行区、客座区、辅助区。但是由于场地南北向的距离比较窄，所以客座区里存在的由平行墙分割出来的两个条形空间都比较窄，会影响室内的家具布置，而且这四个条状空间几乎都只有1m多宽，并不是特别合适。在此基础上，我改出了第二版方案，将平行墙变为两道，此时只有三个平行空间，使得空间尺度变得更加合理。基于尺寸细化后的一些小问题，第三版方案的改动主要是将客座区与辅助区互换了位置，以及将通行区与辅助区宽度缩小，给主要的功能区、客座区增加了利用面积。最后，使得墙体轴线南北向距离适中，符合人体感受。至此，最终版方案已经初显雏形，客座区位于整个建筑的北侧，阳光较最南侧的辅助区更好，通行区的宽度可以容许两人通行。长剖面上，平行墙概念加入后，原先设定的平行墙是规矩的矩形，但由于这样的方式相对比较单调，所以，我把它进行了一个形式化的处理，就变成了一个四边形的平行墙。然后又因为该建筑东西向纵深较大，并且为了在形式上与B馆的天窗取得统一，所以也设置了形式相似的天窗，取得了与建筑周围环境的呼应。同时，为了与本建筑的结构形成一体，天窗部分是由平行墙延伸而出的。最终确定的平面有东西向的一个通道，将东侧庭院与西侧道路联系起来。因为场地东面庭院标高要比西面的高，退让出入口的同时在西侧设置了坡道，东侧庭院的防腐木地板由于经过了排水设计，故与室内没有高差。通过平行墙，北侧限定了一个完整的客座区，南侧是辅助区，辅助区里包括一个上下交通的直跑楼梯，直跑楼梯的下面作为储藏室，在它的旁边就是服务台，服务台靠近东侧庭院。在最西侧布置了卫生间，因为面积稍显紧张，所以将卫生间分别设置在一层与二层的相同位置。二层依旧延续了平行墙的概念，并在体块操作上退让出露台。露台作为建筑室外的客座区，使其与东侧庭院里的人或物有了视线的联系，也可以通过露台上到陶艺实验室屋顶，满足了任务书中利用旁边建筑屋顶作为室外客座区的要求。

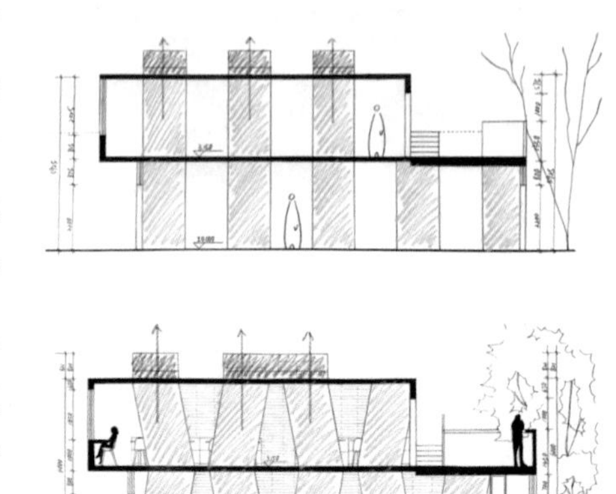

材料应用：在材料的选择上，由于建筑结构与形态较为简洁，所以适合简单的结构材料，例如木模板的混凝土，它自身就有足够的强度来支撑这个建筑，并且拥有很自然的肌理，这种材料与B馆的混凝土砌块有颜色上的呼应。但是如果都用混凝土又稍显单调，并且混凝土的颜色是偏冷色的，饮品店需要的可能是更加温暖的感觉，所以，我增加了木质的地板和墙板。木地板起到一个划分空间领域的作用，所有用木地板的地方都是客座区，而交通区和辅助区是混凝土地面。

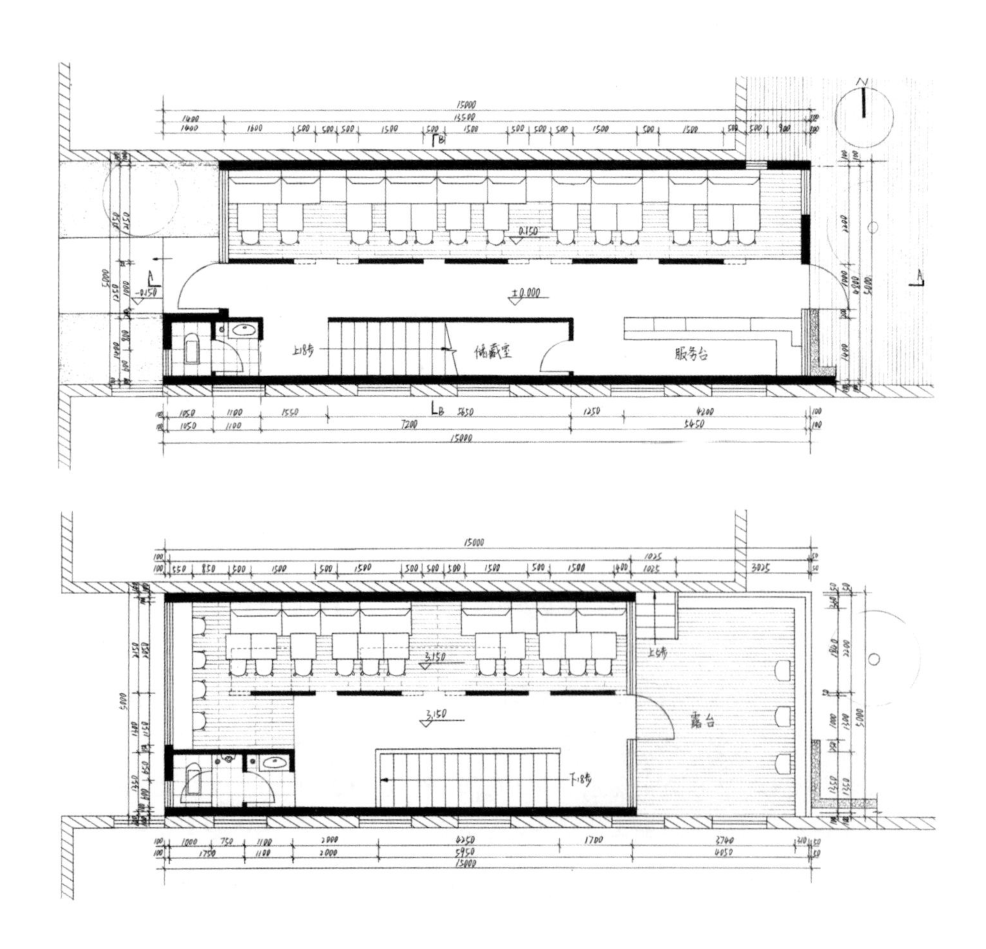

木地板营造的温暖感觉可能不够，于是我增加了木墙板，所选位置是平行墙的开洞在对面墙上的投影，木墙板与混凝土的平行墙形成了一种互补关系。室外材料主要是混凝土与耐候钢板。耐候钢板的使用是为了呼应A馆与B馆，并且能够将室外标识结合其中。选用清水混凝土是为了与B馆取得材料上的一致。在材料的选择上尽量简单朴素，并且与建筑馆环境相融合，致力于用简单的方式处理较复杂的问题。

环境设计：在建筑设计中，新建建筑与场地的关系考量是一件很重要的事情。本设计所处的环境是在建筑馆内，不管是由旧厂房改造的A馆，还是旧厂房改造后扩建的B馆，都具有很鲜明的风格特色。于是，融入这一建筑群便成了环境设计中较为重要的目标。如何达到这一目标呢？我认为应该利用缓冲场地让新建建筑与场地中其他原有建筑进行过渡与衔接。在西侧环境设计中，为增加环境绿化率，我在门前种植了一些花草树木；并在B馆外墙上找到了一种砌筑的手法，以此手法采用红砖和混凝土砌块在陶艺实验室的西侧砌筑墙体，并将该墙体转弯延伸至饮品店门前，使得建筑能够更好地融入环境中。同时在场地东侧也对环境设计进行了深入考虑，将靠近A馆的墙体向东侧延伸，让混凝土和耐候钢这两种材质在环境中不断出现，其中混凝土墙面开洞种植攀爬植物用以绿化。这样做的好处，一是可以用绿色植物将A馆与本建筑有一个联系；二是让建筑内部的空间和外面的空间在材料、环境上，包括使用功能上有更好的衔接，人们从东侧出了饮品店后，不会感到突兀。最后，饮品店的二层室外空间延伸至相邻的陶艺实验室，将陶艺实验室的屋顶作为室外客座区的部分，屋顶采用防腐木地板通铺，以呼应东侧场地；然后用混凝土加高女儿墙，女儿墙顶部又以木制扶手包裹，与饮品店室内手法一致。

感受与总结：由于场地原建筑排列紧密，新建筑与周围建筑环境的融合显得尤为重要。在这个过程中，我学到了很多关于材料的处理手法，例如材料的延伸与衔接，这种细节的注意与把控让我体会到了建筑学材料应用的魅力。本次设计作业我的处理并没有很复杂的空间设计，而是选择了一种比较简单的操作手法，但在这种处理逐渐深化的过程中，依旧使我学到了许多，第一次让我对建筑设计有了一个更加清晰的认识。本次设计也让我首次接触到了对于建筑设计非常重要的软件——Sketch Up（SU），SU建模的过程对于软件设计新手真是很不容易，常是不断在网络搜索学习再操作，但也是收获满满，初步掌握了建模的技能。最后非常重要的工程是排版，第一次自己进行排版，查阅排版教程，不断地调图，在Photoshop与InDesign中穿梭……我学到了非常多的技巧，能够更好地展现自己的设计。

作业3：建筑学专业2021级　孙剑

方案构思：本次设计题目为在建筑馆周边设计一座校园饮品店，我选择了长宽比为2∶1的B地块。关于地块选择，我初步设想的是一个安静的咖啡空间，因此B地块更合乎我的要求，处在场地内侧，后有绿地景观，具有安静的优点。我最初对设计的把控力不强，更多是先根据已有的条件进行思考，在形体处理上积极回应场地条件，再进一步优化体块组合方式，设计过程感性的思考比理性的要多，很多空间的设计是不断尝试选定的方案。由于B地块北面有一层高的B馆门厅，南面紧靠三层高的建筑馆A馆，场地是长方形的，于是我想将初步概念定为从夹缝一般的场地中生长出的建筑，并且造型又有轻盈的感觉。在体块操作中因为场地南北两面都有建筑，于是我利用一个玻璃体块将光线引入建筑中部，补充光照，同时经过体块推拉放置形成不同的功能体量和入口灰空间。本次设计也是作为本人建筑设计的初次尝试，大胆地将结构体系暴露出来，强化了形式上的建构表达，具有粗犷且张扬的性格。我想要的是一种既能贴合场地又有自己性格的设计，于是便学习建筑馆这个身边的优秀案例，又坚持了一部分自己的想法。我在空间上追求自然和谐的氛围，充分地与外界环境建立联系，内部的视线设计为开放、流动的空间形式，视觉上形成连续的景观。

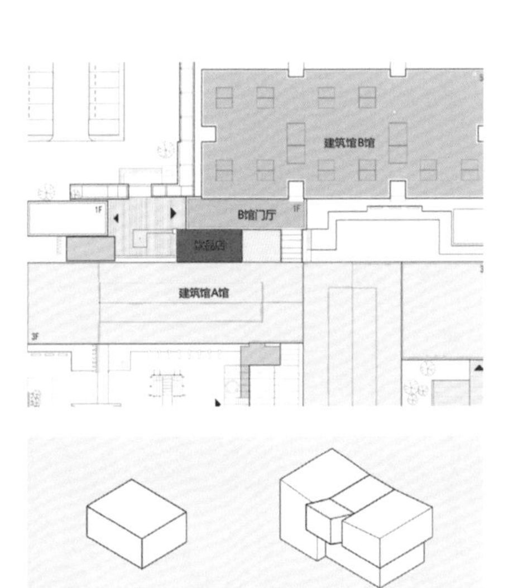

方案生成：设计之初，我将体块关系设置为4个体块，主要采用体块堆叠的操作方法，同时进行局部的切削。下方长方形体块主要放置服务单元，前后两个坡屋顶体块作为主要的客座区空间，上方中部黄色的体块作为枢纽空间体块，联系前后两个坡屋顶体块的同时延伸到B馆门厅上方平台，黄色体块同时作为空间的重要位置放置采光筒，设计成玻璃盒子，将所有体块空间联系在一起。体块推敲逻辑为功能结合体块，根据功能区分体块，推敲形体。①在入口所在体块放置服务区。②在场地后侧体块放置卫生间与客座区，体块上下贯通联系垂直空间。

③在前侧体块放置客座区，与下方体块发生错动，局部挑空形成入口灰空间。④在上方置入核心体块，联系已有三个体块的同时延伸到户外平台。我确定体块大致的功能分区后，选钢结构为结构体系，先根据场地信息建立模数网格，柱子排列按轴网分布，规整的网格引入结构后，方便后续深化设计并易于施工。功能分区设计从顾客的视角出发，将景观面提供给顾客，同时避免其余分区对顾客的干扰，顾客可以根据自己的偏好选择座位，每个座位都有各自特色，有私密性比较强的也有更适合交流的空间。本次设计是两侧有实体建筑的情况，很多地方使用了玻璃围合，与已有的建筑形成了一种可视化关系，同时新建建筑窗洞和模数的选择均考虑到与既有建筑的比例关系和视线关系，两侧的建筑高度也不相同，通过体块错位，可以形成更好的体量感。从玻璃体块可以进入室外平台，在阳光明媚时增添客座，天台则作为灵活空间。

本次景观与环境设计根据基地特征，分析场地建筑表情。设计过程中吸收场地的元素并加以运用，积极回应场地中环境条件，利用场地原有的水池、爬山虎、钢框架等环境要素。我重新设计了场地水系，塑造了新建建筑漂浮在水面上的效果。建筑整体风格为工业风，致敬场地作为工厂改造建筑的历史，积极融入

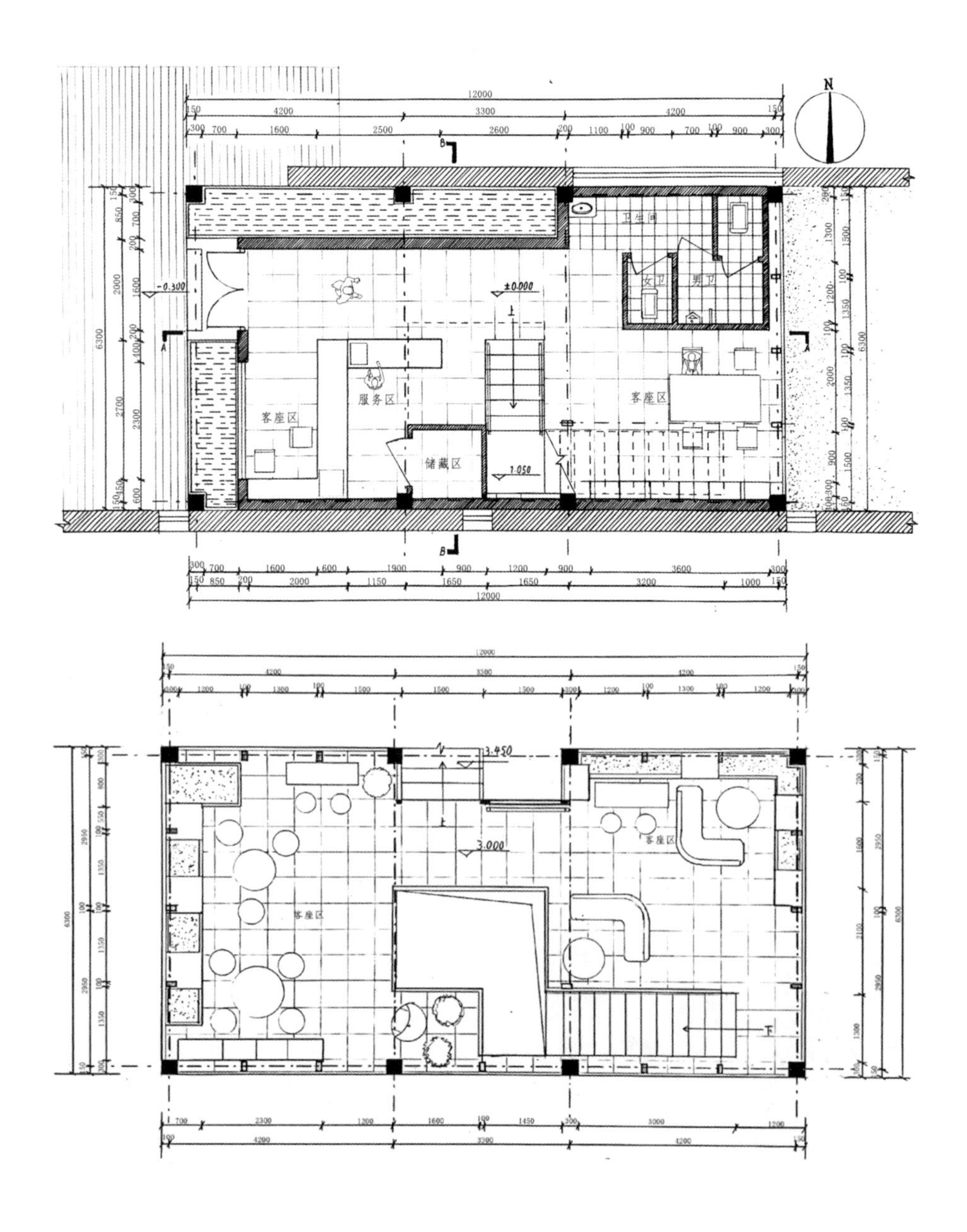

了场地氛围，同时注入了年轻活力。我对环境的考量与改造占到设计很大一部分，一是觉得人与自然的关系是很值得深入思考的话题，二是觉得我们生活的世界离自然太远，应该与自然共生，于是布置了水系与绿植，在周围及室内都进行了绿色植物的引入，让空间与环境不再是冷冰冰的工业气质，而是变得活跃且富有生命力，在呼和浩特市的气候条件下，绿色植物可以改善环境。让自然元素与工业气质相融合，形成和谐的氛围。

材料与室内：我在设计过程中吸收场地的元素并加以运用，建筑馆A馆材料丰富，新老材料兼备，传统砖块与钢和玻璃的搭配带来了粗中有细的感觉。饮品店建筑材料使用了黏土砖，钢材与玻璃等环境中的材料充分融入场地氛围。室内大量使用木材，缓冲了结构与墙体带来的冰冷感。我认为材料对空间氛围的营造有着举足轻重的作用，同时也决定了一部分的空间品质，有的材料给人以冰冷或严肃的感觉，如混凝土，有的材料则给人温暖的感觉，如木材。不同的材质肌理也会让使用者产生不同的感受，在室内和室外裸露的黏土砖为建筑带来了朴实的特质，虽然是暖色但还是不易让人触摸，于是在室内加入同为暖色调的木材。暖色调的建筑围护部分与冷色调的结构形成了鲜明对比，为建筑带来了戏剧性与冲击力。室内想要营造的是体现材料的真实性与建造的可视性，同时引入了柔和的绿色植物，形成令人舒适的自然空间，同时有归属感和拥抱自然的氛围。

图面表达：本次设计训练想要使用更多的表达方式，也是首次尝试用计算机辅助软件进行深度表达。此前的作业训练都是用手绘表达，对手绘能力有很大的提升，此次设计在排版、配色、渲染上我也下了很多功夫，希望将设计更好地呈现出来。表达也是设计的一部分，想法转变为图纸的过程，也是不断再设计的过程，画到图纸上才能看清自己不足的地方。在这次设计中，我学习了很多表达技巧，也锻炼了自学能力。老师给我的建议是多在建筑本身下功夫，我倒是认为表达也是至关重要的，今后我会更注重设计和表达适配，形成相得益彰的效果，也会继续精进软件的使用能力和设计能力。

感受与收获：本次训练题目相对之前的设计内容更加丰富，要完成的工作也更加复杂。设计主要意向为与环境的有机结合，营造出轻松的空间感受。我觉

得我的设计过于注重细节，还需要更多对整体的把控。我在设计过程中学习了很多大师的空间操作方式，无论是否应用，都给我留下很深刻的印象。在资料案例查找中，我了解了杰出的建筑师路易斯·康，他把建筑视为信仰，做出了超越时间、超越历史的建筑。他吸收了古代遗迹的精神性，用现代几何的方式将它们表现了出来，尤其是他对于光线的运用，令我赞叹不已。我将不断学习他对建筑设计的执着追求，努力学习的同时，找到属于自己的道路。本次训练相较之前的题目多了很多要考虑的因素，这是我第一次去做一个真正的建筑设计，了解到一个小型建筑需要考虑很多方面。与之前单项抽象思维的训练题目不同的是，很多问题的解决要从实际出发，结合之前学到的抽象方法。在这次题目中，我不但学习了很多设计手法，还获得了不断推进方案的能力，感悟到多学习借鉴优秀设计案例，多在感性认识的同时进行理性分析，慢慢地形成一套自己的设计逻辑和审美观念，才是提升设计能力的方法。在整个设计过程中，我明白了好的设计不是一天两天就能做出来的，要在正确的方向上不断深化，最终才能交上一个满意的答卷。我认为没有完美的设计，只有打动人心的好设计，在今后的建筑学习中，我也会不断努力精进设计能力，不断深刻思考，付诸实践，在成为一名合格建筑师的道路上求精求益，不懈奋斗。

作业4：建筑学专业2022级　尹文硕

方案构思：本次方案是在指定地块A或B中设计搭建一个校园饮品店，满足空间与功能明确合理、建筑与环境关系协调、材料表达清晰准确的基本要求。在地块的选取上，我观察了两地块间的环境差异，A地块相对狭长，像是连接马路和广场间的通道，而B地块分别连接东侧的花园和广场，两地块分别可以利用旁边的陶艺实验室和建筑馆B馆西侧门厅的楼顶作为室外客座区，考虑到环境和我想表达的设计效果，我选择了B地块。由于南北向都有建筑物相邻，我想将饮品店东西向设计为较通透的关系，让原本相连的环境再产生联系。

方案生成：在设计开始前，我找了一些案例，其中包括里特维尔德的“施罗德住宅”。从中我了解到建筑在空间上不仅仅可以分为内外两部分，还能够通过屋檐、阳台、门框和窗框等将室内外空间联系到一起，产生灵活的过渡。在我的设计中，我想利用体块堆叠的方式，对于建筑结构，我选用钢筋混凝土墙与非承重砌体墙的混合结构。在整体的设计理念上，我观察到B地块西侧的广场与东侧的绿植环境，我想将两者联系起来，通过建筑可以使人的视线和动线更加通透连贯。在最初的设计中，我采用两个相互咬合的体块，但是考虑到当地的气候，露台的面积过大会导致一年中一半的时间无法作为客座区使用，造成资源的浪费，所以在改版的方案中，我在露台上搭建了一个阳光房，东西侧用推拉门，可以在夏季增加散热和通风。综合客座座位需求和空间设计等方面后，我在后续的方案中去掉了这一设计，将一楼的墙体延伸到二楼，把原先大面积的室外露台转换为室内空间。为了保持东西侧环境的通透关系，我在设计时利用统一的东西向平行墙，将一层的空间划分为客座流动区、服务区和楼梯储物间三部分，并且在内部也有一条南北向的流线以及卫生间的分布。另外，我通过向上延伸的墙体将二层空间分为两个不同功能的客座区，同时有东西两个露台，其中东面露台可以通向北侧建筑馆B馆门厅的屋顶平台，在这一区域我还设立了部分室外客座区。在建筑的采光方面，我利用楼顶400mm的高差设置了一个天窗，并且在二层与之对应的区域设置了一个通高空间，使透入的光线可以穿过这一区域，为二层和一层提供自然光照明。我在南侧楼顶设计了一道水平天窗，位于二层楼梯区域与二层吧台间的空隙上方，与一层吧台相对应，可以为二楼和一楼的吧台提供自然照明，使不同光照条件下带给人的感受也不同。在通风方面，我在东西方向采用位置对应的开窗，这样可以保证室内通风。在客座区的设计上，我考虑到不同位置的不同需求。一层主要以接待服务和等候功能为主，所以在客座区设置了空间占用较小的双人座，同时，将服务区的吧台向西延长至窗外，作为一个接待室外顾客的窗口，将吧台向东延长并旋转为客座吧台。二层主要为客座休息区，设置了单人座位的吧台、双人的座椅以及四人的卡座，以满足不同顾客的需求。在材料的选择上，采用钢筋混凝土墙与非承重砌体墙，利用竖向的拉丝混凝土作为饰面，在室内依然采用拉丝混凝土的方式，突出材料的肌理，在非承重墙体表面采用竖向

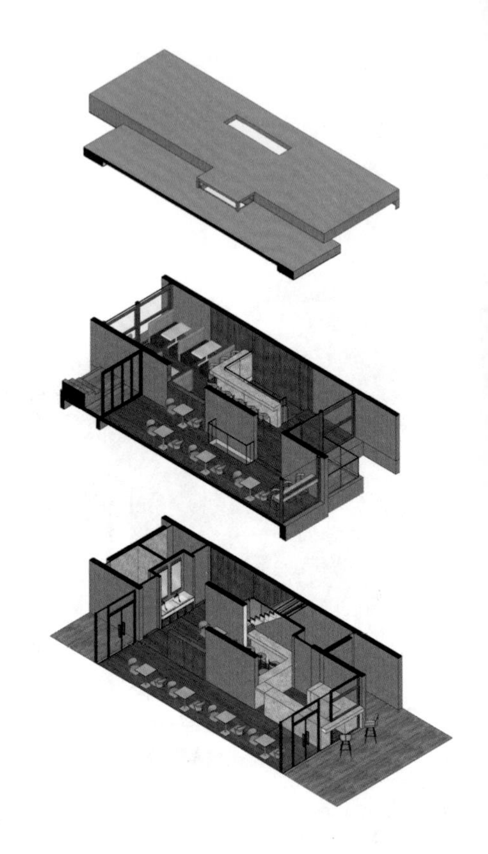

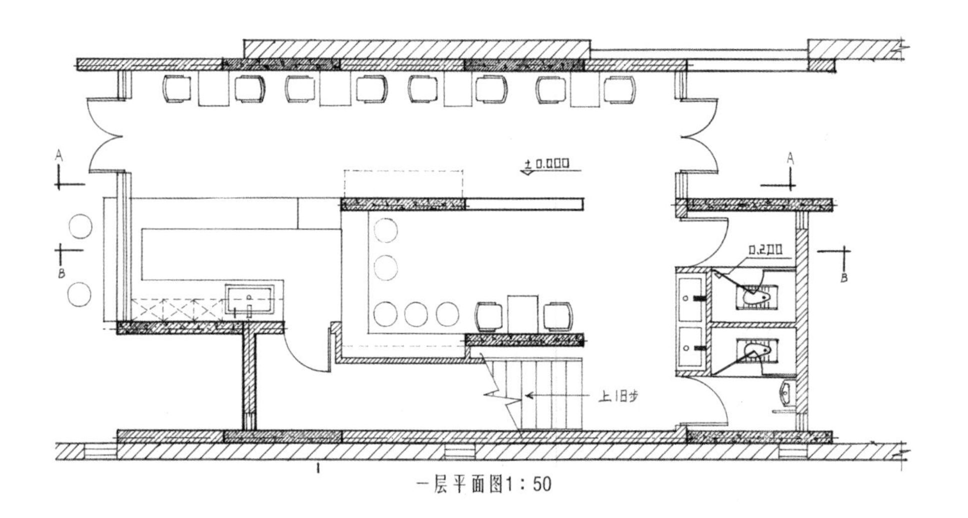

一层平面图1：50

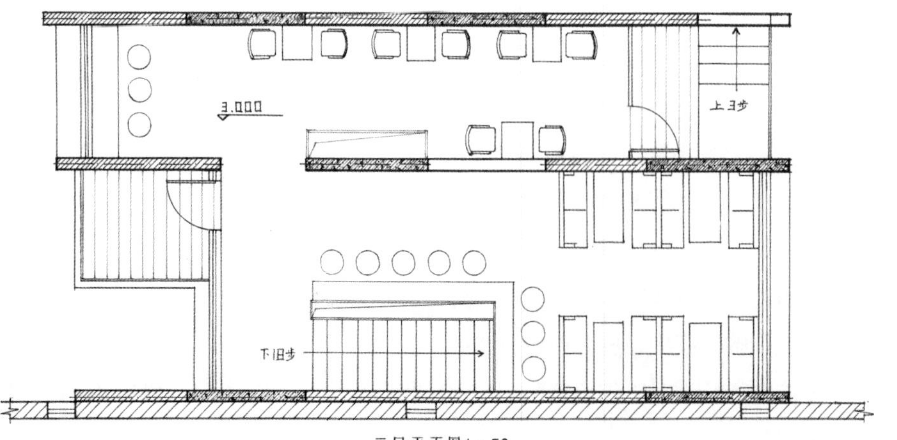

二层平面图1：50

的木制条纹以保持整体风格的一致。另外，我注意到中间区域墙体太长会导致视线受阻，所以在一层与二层的对应位置上将竖向的非承重墙体改成1m高的半墙，增加了空间的趣味性。为了具有更好的视觉效果并凸显建筑的墙体结构，将墙体向东西方向延长拉伸，在西立面方向可以看到两个交错的L形，这样在室外就可以更加直观地看到建筑的结构。在东立面，考虑到建筑馆B馆门厅的玻璃，我在延长墙体结构时空出这一区域，以防止遮挡视线。

制作过程：在设计之初，我找了许多案例，发现很多小型建筑的设计都是从体块开始的，结合本地的自然气候和需求等因素加以修改，最后再细化空间，因此我先将方案以体块的形式画在纸上，改进调整后，加入钢筋混凝土墙承重结构，最后将体块划分出空间，细化家具和内部装饰。在确定大体方案后，我开始制作SU模型并学习Enscape等渲染器，确定最终方案后，开始排版并绘制尺规墨线图。我采用以总平面图为中心向四周扩散的排版方式，将图纸分为左中右三个区块，在视觉效果上更加整洁干净。然后在参考了许多获奖案例后，为了将渲染图和手绘图更自然地排版到一起，我尝试用三种不同的灰色搭配，并且调整渲染图的光线和色调等使其与排版风格一致，最后，调整计算机制图与手绘图的位置并填充分析图、生成图，使画面更饱满。

收获感悟：此次任务是我们第一次接触公共建筑设计，也是本学期耗时最长的设计任务，是之前训练内容的综合运用。通过这次设计，我学到了公共建筑的各种基本尺寸规范，了解到建筑要与周边环境存在联系而非独立的个体，在设计过程中应该注意能不能与周围环境相融合或者会不会破坏原有环境的设计感。还要注意所在地区的气候、日照等因素对建筑的影响。通过对模型的不断修改，我对软件的掌握更加娴熟。我还感觉到排版与设计一样重要，通过排版能更直观、更具目的性地展示出设计特点。通过老师的指导，我了解到如何在排版上保持色调的统一，以及保持整体版面风格的一致。对优秀排版案例的学习也成为我提高排版能力的重要方式。同时，通过案例的讲解让我了解到更深一层的建筑语言和设计表达。这次任务不仅提高了我的手绘能力以及各种软件的操作能力，也让我对建筑设计、建筑材料、承重结构等方面有了更深入的了解。通过此次任务，我学到了在设计过程中要不怕失败，大胆尝试，不能安于现状，止步不前。

作业5：建筑学专业2022级　张梦瑶

案例分析：接到这个设计任务后，我们小组内部首先开展了案例分析，大部分人以独立住宅为例，提取了空间和设计逻辑的精华。我以“迪达尔之家”为例进行了分析：房子的建造理念是将公共和私人空间交织在一起，与建筑的内外融为一体，它打破了经典的内外双重边界模式，使光渗透进建筑物内部，既创造了一个自然采光的房子，同时提供令人惊叹的室外景观。除空间划分之外，“迪达尔之家”给我的启示是路径穿过多重室内外空间所展现的丰富空间效果。令我印象深刻的是另一位同学介绍的来自越南的设计师武重义的岘港绿色住宅，由四个盒子组成的“绿肺”。武重义以两个平行部分创造可呼吸的绿色之肺，一部分作为花园，旁边是一堵巨大的绿色墙；另一部分作为生活空间，其大部分窗户和门朝向“绿肺”，将自然光线和新鲜空气以及花香引入每一个房间。本次的案例分析，不仅是对大师建筑的理解和吸收，更重要的是对我语言表达能力的锻炼和提升。在之前的学习中，我深刻意识到语言的艺术，一个好的设计需要一张巧嘴来说明，才更能让设计的主旨得到升华。

本次任务是在建筑馆B馆入口广场的两个地块任选其一，在地块内设计一个面积为100～120m^{2}的饮品店，要求有一个与操作区相连的储藏区，男女厕所各一个，数量合适的客座位。在选择地块方面，我认为B地块更有发挥空间，东侧有花园，西侧面朝广场，且在东西方向上比A地块更容易操作。

设计思路：案例分析后得出的结论是新建筑要与当地环境和本土建筑相融合。设计前我在建筑馆周边反复观察，不论来过多少次，还是会被A馆西侧的高台吸引，多层次的交流空间使人身在其中会产生丰富的空间感受，于是我决定在饮品店中设计错层。在设计内部空间之前，我先对建筑体量进行设计，通过体块的堆叠和切削推拉，形成体块逻辑。然后对内部空间进行空间划分，形成错层。但在做二草方案时我意识到错层的设计会与任务书的中心任务背道而驰。理由有三，一是无法确定建筑的结构，若是柱结构则达不到最佳经济间距，若是墙结构则无法做到上下层承重墙的连续；二是设计中厕所无法上下对位，导致施工排水困难；三是第一个错层平面面积大小尴尬，放置客座区太挤且不符合顾客心理，不放置又显空旷。于是在二草方案阶段我放弃了错层的想法。设计时，我先在脑中剔除一草方案设计，然后吸取同组同学的经验教训。体块生成不仅形成对立面的影响，而且其主要目的是分隔建筑内部空间，所以我采用定义体块、拼接体块和对应体块的方法，再根据地块特征对体块进行切削，形成二草模型体块。首先我提出采用钢筋混凝土墙结构作为建筑结构。钢筋混凝土墙有一字形、U形、L形等，根据板片操作所学，我选择L形和一字形承重墙作为分割空间的主要墙体，其中最主要的是L形，运用这一套逻辑形成建筑结构，最后再用砌体墙分割小空间，使内部空间细化，最重要的是与一、二层承重墙体对位。在二草方案中，我还了解到在现浇混凝土中楼板和梁的构造关系。在我的设计中，将楼板和梁的结合高度设定为240mm。由于设计模数的存在，门窗洞口的水平宽度均受到此模数的控制，且混凝土浇筑模板的大小也与此相关，因此应先设定好模数，再进行门

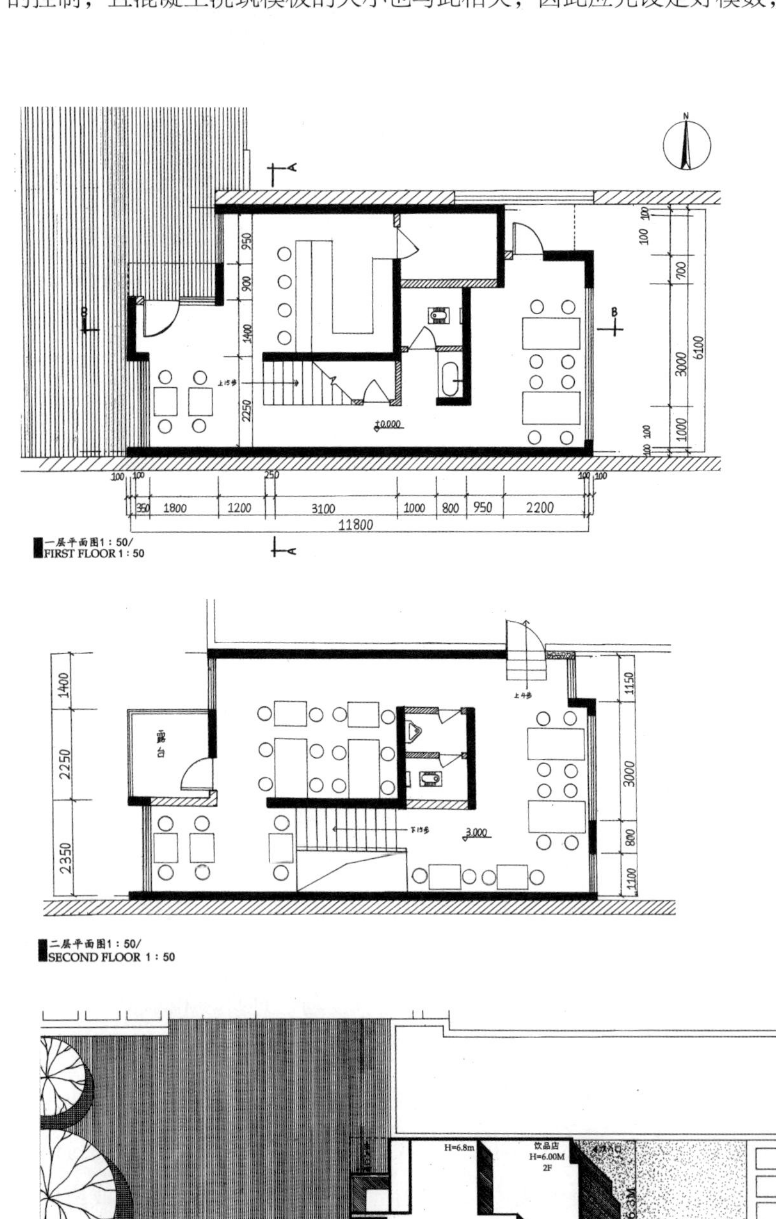

一层平面图1：50/
FIRST FLOOR 1：50

二层平面图1：50/
SECOND FLOOR 1：50

总平面图1：100/
SITE PLAN 1：100

窗大小的设计，使整个建筑逻辑清晰，能让人看懂。做三草方案时我更加注重立面的设计和材质的选择，首先想到利用木格栅使立面拥有线条律动，并且与广场的防腐木地板呼应，且混凝土为冷色调，用暖色调的木方来中和，使之与建筑在色彩上冷暖相宜。二层露台的墙面采用条纹混凝土，增加肌理。在与老师的不断探讨中，我最终决定用横竖两个方向的木方作为立面亮点，并且与窗户做配合。为适应内蒙古地区的气候，在6m的建筑高度上增加800mm的天窗，增加采光的同时避免直晒。

材料选择：室内中心的工字形墙体借鉴了建筑馆B馆楼梯间设计，突出白十字，周围方块用蓝绿色混凝土纹理，并在上面印上康定斯基的抽象派画作，让室内不失活跃的艺术气氛，更加符合建筑馆的氛围。最后在建筑立面上做内凹自发光门牌。景观方面，在南侧靠墙处增加下沉花丛，使建筑环境更加生动。

效果表达：在手绘图纸的表达上，指导老师强调明确黑白灰关系，调整排版并协调画面。首先我将要画的图分别画在纸上，然后将纸贴在A1图纸上进行排版，通过借鉴往年全国大学生设计竞赛获奖方案中的优秀手绘方案，我充分利用线条的粗细来控制黑白灰度，在图纸上进行图的融合以丰富画面，在细节上精确每一条线的长短粗细和位置，适当增加比例人，使空间尺度更好地展现。我认为在本次图纸表达中，需要仔细琢磨的是如何使整幅图看起来有新意，在精准的基础上实现丰富。作为针管笔新手，因为缺乏针管笔使用经验，需要先在草图纸或硫酸纸上进行实验，先对线条粗细和密度推敲一番，然后确定终稿，这个过程不仅增加了我对针管笔的使用经验，还可以使最终成果更加精细和美观。在排版中我采用整体布局简洁，细节效果突出的方法，并在熟悉建模渲染软件的过程中一次次挑选质量更高的图。效果图中要有合适的光线和亮度，人物及配景要有适宜的尺度，使建筑富有生活真实感。

学习心得：在本次饮品店设计训练中，我学会如何将所学知识合并，综合运用于设计和表达中。在空间设计中我运用了板片训练中的板片拼接组合，在流线处理中我利用了杆件操作的经验。在设计前要先考虑好建筑的结构才能确定一个合适的模数，从而设计门窗以及内部空间，使建筑结构清晰明确有逻辑。在一个两侧都有紧贴建筑的空地上设计饮品店，如何将新建筑与原有建筑融合且又具特色是十分重要的。我在场地感受原有建筑和环境的特点，了解到建筑馆内冷暖色调协调，所以我将冷色调的混凝土与暖色调的木方结合，混凝土与建筑馆B馆的冷色呼应，而木方则表达了广场地板在新建筑上的延伸。我还了解到材料在建筑上的使用以及景观搭配。多观摩和借鉴优秀作品，提升建筑审美能力，对于手绘图和计算机制图的表达有很好的帮助，借鉴并不是拿来主义，而是取其精华，与自己的实际操作相融合。SU和Photoshop是建筑学专业学生的武器，熟练地运用会使表达图锦上添花。排版工作也是复杂的，不仅要保证每一张大图的效果十分出彩，还要合理设计整体布局。作为建筑设计新手的我们，在设计时不能闭门造车，不能仅凭感觉去设计，平时要有意识地观察身边建筑的尺度、家具的尺度等，例如不同建筑的门窗开口大小和高度给人的感受不同，这些知识都需要通过实践来获得。还要与同学和老师多交流，通过与同学的交流，可以获得同一件事情的不同思考角度，可以让思维更加具有发散性；与老师交流可以减少经验不足带来的弊端，从大方向上得到正确引导。

作业6：建筑学专业2022级　于欣平

■ 体块生成过程

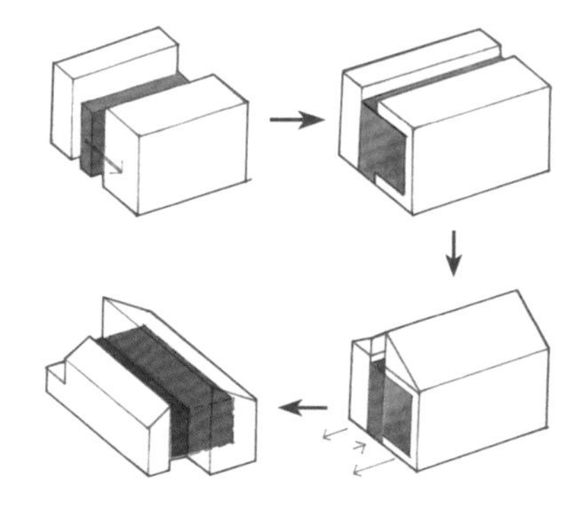

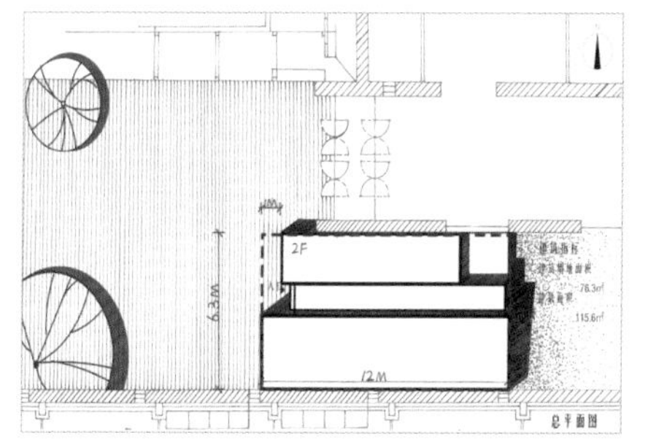

任务简介：本次设计的主题为在建筑馆周边A或B地块内设计一座饮品店（咖啡厅、奶茶店等），建筑体量限定在规定的边界内，高度不得超过6m。建筑面积控制在100～120m^2，内部包括客座区、服务区和储藏区以及卫生间。设计可以利用相邻建筑屋顶做室外客座区，不计入建筑面积。

场地选择：在仔细观察地块后，我发现A地块狭长，不易掌控设计，B地块较为宽敞易于设计，在一番比较下我决定选择B地块，因为B地块东侧有花园，西侧有广场，北侧有露台可以使用，还有一个我想利用的水池也在地块内，但是水池占用了一定的面积，如果想要保留并应用到我的设计中，这也是存在的一个问题。两个地块都存在采光的问题，南北都有建筑物遮挡，只有东西向有光照，所以采光问题也需要解决。

案例学习：在开始设计前，老师让我们进行了案例的学习，他强调了案例学习的重要性，不论在今后的学习还是工作中，学习案例、分析案例都尤为重要。在反复查阅后我终于找到了老师认同的案例，是一家西班牙建筑事务所设计的建筑，这个建筑充分利用了狭窄的空间，熟练运用挑空开洞等技巧，使不大的面积通过简洁的表达呈现出丰富的韵味。在小组同学展示完后，我不仅了解了我查找到的建筑案例，也感受了类似“住吉的长屋”等建筑的魅力，并且“住吉的长屋”从室内到室外，再到室内的空间设计深深吸引了我。但起初我只是从露天中庭关注到了将自然引入建筑的设计理念，在老师后续的教学中我才慢慢从建筑的本质去思考“住吉的长屋”。在“岘港绿色住宅”案例的学习中，我关注到建筑的结构与表皮关系，并且了解到了武重义这类地域建筑师的设计思想与理念。从

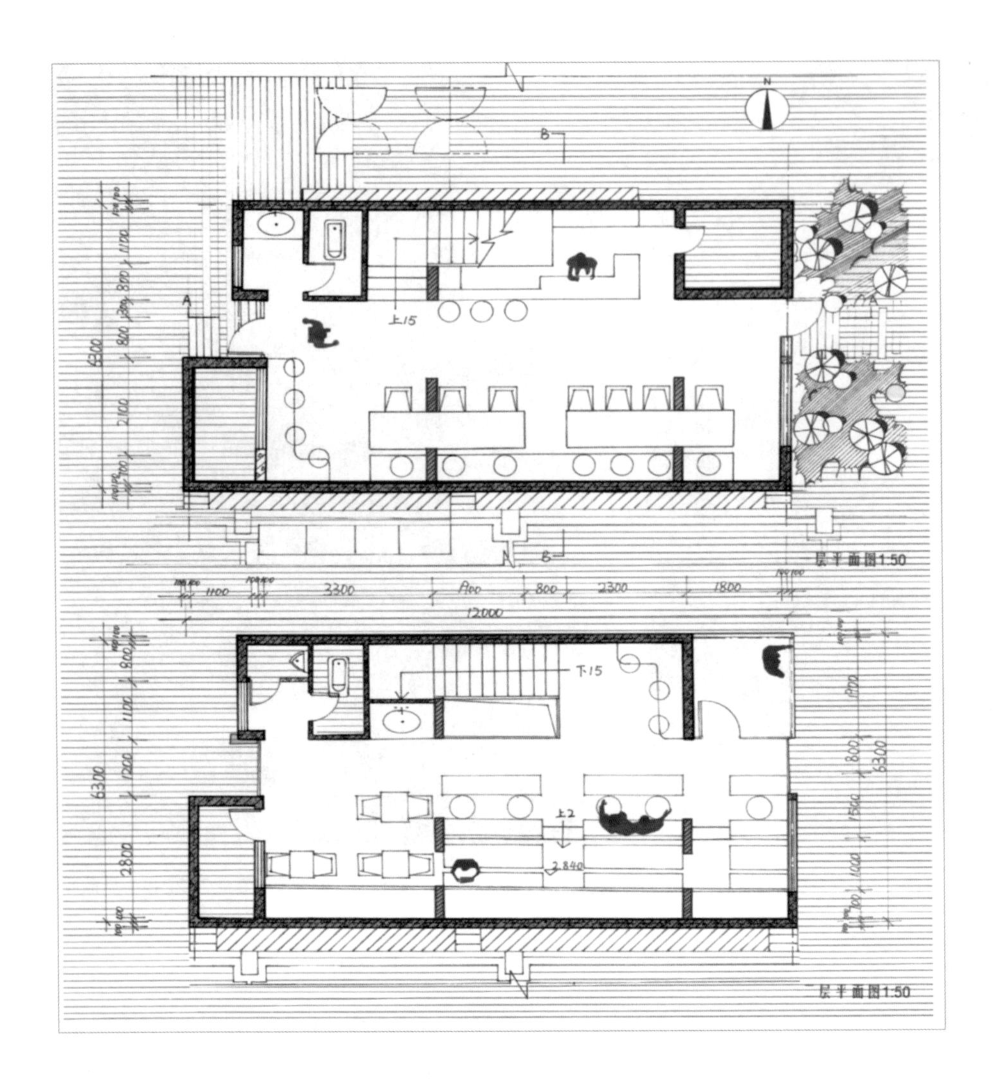

其他人的汇报中我学到了很多关于建筑的知识，也了解了更多的建筑师。在最初阶段我只能从案例中看出这些表面的特征，但在后面的阶段我明白了要分析建筑的本质，它的生成逻辑、生长的过程往往比表面的表达更为重要。于是我开始不单单关注优秀建筑作品的表面表达，而是开始研究这类建筑的生成逻辑，也开始深化我的生成逻辑。

设计思路：当我初步接触到这个任务，首先关注了B地块的环境信息。我之前看的一个纪录片中，建筑设计师通过将建筑顶部处理成水池加透明玻璃，实现了室内光影的波光粼粼，于是我也想把水池融入我的建筑，试图把水引到屋顶，在光照和微风下通过水可以在室内形成波光粼粼的效果，这样不仅能使屋顶景致更丰富，也可以产生独具特色的光影效果。但是由于屋顶承重以及形体的设计问题，我最终还是放弃了这个方案，但是如果以后有机会可以接触到这些知识的学习，我还是想实现这个想法。我的第二个方案采用了小、中、大三个体块的简单排列，这种方式仅仅追求了外形的美观，却使得内外不统一，缺乏逻辑，于是我陷入了迷茫，不知道怎样完善我的方案。最后在老师的指导下，我保持了原有的想法。老师建议分成三个不同的体块，但是绝对不能依次排列，这样既缺乏变化也不适应环境，应该让建筑适应环境。再结合环境分析，左边是较矮的建筑，右边是一面高墙，当面对这种情况，可以采用中小大的排列形式，而简单罗列也是不可取的，三个体块间没有产生联系使得方案零碎，于是我又将小体块嵌套到大体块内，形成一种咬合关系。在老师的耐心指导下，我通过观察校园内其他建筑获得了新的灵感，也知道建筑需要虚实的关系，于是我把小体块设置成一个玻璃块，这样不仅采光的问题可以有效地解决，还可以形成明确的虚实关系，让建筑更具有趣味性。这样我实现了最初的想法，并不断深化，考虑到材料以及周边的建筑和小品，形成了一个比较完整的方案。最后，在观察了旁边建筑的屋顶后，我发现左侧建筑都为平屋顶，右侧建筑屋顶有一定斜度，要是想有一定区分并且与环境融合，采用坡顶和平顶结合应该是一个较好的解决方案，于是我将左右两个体块的屋顶改为坡顶，这样也使三个体块有了更好的区分。建筑内部主要采用混凝土墙划分空间，分成三块，因为与小花园有一定联系，我希望建筑可以有贯穿的特点但又不能完全贯穿，于是设置了隔墙，可以对视线有一定的阻隔作用。因为是横向隔墙，我精细地设置了它的长度，最后采用了南北两段70cm隔墙中间保持80cm空间的分隔方式。在材料方面，我主要选择了清水混凝土以及红砖材料，混凝土搭建框架，红砖砌体结构进行填充，右侧也是混凝土框架，这样由玻璃幕墙在内侧填充，呼应了结构的同时，也确保了虚实关系。在绘图时，我用了很多时间画铅笔稿，对最终呈现出的效果还是比较满意的，唯一的不足是没有细化排版，黑白灰区分还是不够明确，下次我一定要做到不仅把每张图表达出来，还要把所有图互相结合起来。最后在排版时，老师依旧发来很多案例供我们学习，我发现这些优秀案例都有自己的特点，可以抓住人的眼球，我也想让排版有一些特色，于是我用灰色排线做背景，用红色突出重点，红灰结合使画面简明得当。在看了其他同学的排版后，我又对字体进行了调整。

感受和收获：在这次设计过程中，首先我对建筑有了更清晰的认知，在一个限定环境内的设计是老师们巧妙的命题，也是对我很好的训练，这让我们提前适应了建筑设计的过程，明确了建筑的产生并不是天马行空，在设计过程中能让我更好地把握空间尺度与人的关系。其次还让我在设计与建模的过程中学会更好地分配时间和把握进度。另外，对软件的掌握也是我们在建筑学中需要不断加强的，我在这次建模和排版都出现了力不从心的情况，需要用的时候我才去学，很浪费时间，并且达不到很好的效果。我从一开始的不知所措，到渐渐形成清晰的思路，再到最后在兴奋中完成自己的作品，每一个环节中，我的创造力、空间想象力都得到了很大的提升，这使我发现了自己的潜力。我觉得生成方案的过程也是考验我们认真度与思考深度的过程。建筑设计不仅是一门课程这么简单，而是让我们从中领悟到一件事情应该如何去做，它的目的与意义很值得我们用心体会与感悟。我认为此次最大的收获是老师所说的，一张高质量的图纸是由每张高质量的小图纸组成的。做事也是如此，一个好的方案、好的结果都是由每一步脚踏实地的努力铺垫出来的，因此过程比结果更重要，过程中的收获才是最宝贵的。

教学反馈

王老师：一年级最后一个作业不再像前面几个一样使用限定的元素进行设计，而是真正设计一个有完整空间和功能的小型公共建筑，同学们可以谈谈完成课题的体会，包括对这个课题难度提升的感受和对本阶段教学的一些意见。

郜同学：相对于板片操作、杆件操作和板片杆件综合运用，我认为体块操作对于后期小型建筑设计有更直观的帮助。我在小型建筑设计中注重从剖面做设计的习惯就是从体块操作中延续下来的，比起之前的训练，这个课题要关注的重点是层与层之间的联系，但这方面也在体块练习中获得了体现，所以在难度的提升上我觉得是合理的。课程从小型建筑设计开始强调前期调研的作用，并且要决定做什么类型的建筑，需要哪些功能等，这些对于规范问题的确定是需要理性思维的，但是从相反角度来看设计也是需要感性思维的，把自己的目标与想法置于整体设计的大框架内，才能做出有灵魂的建筑。我认为功能与空间相互影响，功能通过空间划分实现，空间设计要重视功能划分，如果功能和空间不匹配，那么整体设计空间在使用方面就会有缺陷。

孙同学：完成了之前的几个抽象类型的设计课题，进入小型建筑设计过程时，脑海里总是会涌现出一类想法——这里适合用片墙，这里适合用一些杆件，这些想法是在完成之前几个课题后自然而然形成的一种潜意识，是在训练中不知不觉获得的，会不自觉地影响到之后做设计的某些瞬间。在做小型建筑设计的过程中，我认为最根本的是要有一个贯彻始终的概念和核心，空间和功能要围绕这个概念去推进，这是一个建筑所具有的灵魂，这是和之前设计训练不太一样的地方；空间和功能也要互相配合，功能会限定空间的尺度，空间也会影响功能的划分，空间和功能是相辅相成的。除此之外，我还有一种体会，虽然我在一年级学习到了很多软件方面的应用技能，包括绘图、建模、渲染等，但是在设计方法和流程上我觉得自己的理解还有欠缺，当时大量时间被花在了练习手绘、图纸表达，到后期还加入了建模和渲染，因为觉得这些过程很有趣，就相对把重心放在了上面，反而对设计方法、流程的训练和学习比较忽视。每一个同学情况可能不同，但确实有和我一样想法的同学出现把重心放在学习建模渲染的情况，而设计本身则是稀里糊涂地做完，对于空间的推敲不足，课程结束后在设计方面的训练上其实是有些不足的。就我个人而言，我认为在这个时代设计技能还是非常重要的，目前AI发展也不能完全代替人脑工作，只能做到在每个方面提高效率，例如计算机能辅助我们进行设计，使得效率更高，但是它们还不能综合性地考虑问题。建筑设计中需要考虑的问题很多，实际上下达指令的还是做设计的人本身，这就要求我们有足够高的创新能力、思考能力，以及解决复杂问题的能力，真正需要人去具体解决的问题是这些工具没办法替代的。在评图过程中，有几位老师提醒我要关注设计本身，其实当时的我并不理解，既然有如此简便的方法，为什么还要手绘推敲方案呢？但是在认真思考过后我发现确实应该加强设计逻辑上的训练，多学、多看、多画、多尝试，这样才能建立一套专属于自己的设计思路和方式，每个人的习惯不同，如何能用自己的方法高效地达到自己的目标是很重要的。

崔同学：我认为杆件、板片这些前置练习对后期的小型建筑设计是有帮助的，比较显著的帮助是，这些练习让我们掌握了尺度和空间功能的配合。例如杆件操作，它最后要达到的功能类型是展区，所以它的尺度配合的是人坐下或暂时休息的功能，板片的尺度也配合其用于展览和暂时停留的功能。但我认为这个设计阶段还有一些问题，我们需要一些工具，例如一套更好的组织流线的逻辑，或是既有的规律和设计方法，因为在整个过程中老师更多提出的是我们设计中的不合理处，但如何做出合理的方案需要我们自己慢慢调试修改。并不是所有人都能在课题要求的时间范围内修改出一个比较好的成果，最后可能只有少数人能做出比较优秀的方案，我认为老师可以给我们一些与这个题目更切合的操作方法，而不是让我们自己在大量书籍和案例里去找。因为处在低年级，大家可能没办法很精准地知道自己要做什么，该看什么案例，这个意识是需要时间去培养的，但是一个课题的时间是有限的，对于如何做出一个比较好的设计，总有一些同学会掌握不好。在设计任务上，我觉得难度的提升主要在于对环境的关注，在做建筑设计时需要去做环境调研，但这个课题刚开始时，我不太懂得如何对周围环境进行调研，所以起初把建筑设计得有些突兀，但也是从做这个设计起，我开始意识到了环境调研的重要性。

孙同学：我认为前置杆件、板片、体块的练习其实就是对应了小型建筑设计中的柱、墙和房间这三个建筑空间的基本元素，杆件和板片综合练习就是置入了模数来调节这些元素，从而控制空间的疏密和尺度，因为有了这些练习的加持，所以在做小型建筑课题时不会无从下手，难度的提升过程是比较合理的，从环境认知到杆件和板片的练习，再到小型建筑，其实就是从什么是空间到如何用基本操作手法塑造空间，再到如何把这些手法运用到实际建筑设计中。在进行小型建筑设计的过程中，我是从案例学习开始入手的，结合任务书找一些相似且优秀的案例，找到它们值得学习的地方，并探究其设计是从何而来，例如考虑了哪些场地因素，主要解决哪些环境问题，再通过场地调研发现我自己设计的建筑会面临的问题，以及思考解决方法。然后仍然需要解析案例，切记分析案例时不能只看建筑造型和效果图片，而是要多去阅读文字说明，关注平面的组织关系，学习如何处理各功能空间的关系。最后，我认为在设计一开始就要对整个方案有整体规划，从全局入手，所有的概念、空间、造型、场地、功能等都不要独立设计，它们是相互影响、相互关联的。弄清楚体块关系的同时，也需要考虑各个空间、平面的组织，如何营造有特色的空间，最好对立面风格有一个大概的想法，在平面设计过程中也要考虑整体，分层概念不能太强。

崔同学：我也认为案例分析非常重要，但实际情况是低年级时并不太会解析案例，所以在我看来在一年级时应该学会怎么解析案例，包括案例的生成逻辑、各种手法等，我觉得这是一个重点。

张同学：我认为前序的三种操作练习对于空间塑造是有帮助的，对我来说，对小型建筑设计有最直观帮助的是板片操作，我在饮品店的设计中，多利用片墙进行空间界定，墙与墙、墙与环境之间进行对位，这些都是从板片操作中学习到的手法，还有包括前序练习中对环境的观察，也在饮品店设计中有重要的应用。在难度上，我认为是有一定跨度的，设计上第一次有了功能的详细划分。然后是在材料方面的应用，在不同空间需要使用不同的材料来适配空间氛围，还要考虑材料与材料之间进行的延伸与衔接。立面也是第一次进行设计，开窗的形式与形体功能的协调，以及与周边建筑的协调是有些难上手的，两个地块都处于两个建筑夹缝之间，和周围建筑环境关系非常紧密，所以对环境的观察是相当重要的。由于设计周期较长，刚开始可能不太明白如何做，但在完成设计的整个过程中慢慢思考，解决了这些问题。我的设计是从对环境的观察开始的，最初老师让我们去找“关键词”，就是思考想要什么样的空间，或者说能够解决怎样一个问题，从这两个角度思考环境问题就可以成为一个很好的切入点，然后再以如何解决问题为主线进行推进，例如我当时的方案是想要一个通透的空间，然后能够解决东侧庭院与西侧道路的联系贯通的问题，所以我一直围绕如何解决这个问题为核心进行设计推进。

朱同学：我在这个设计中学到的是要相信自己的设计和老师的指导，尽量在一个设计上持续完善，而不是见到比较好的案例就直接修改自己的方案，要顺着原来的思路，跟着老师的指导一步一步深化。

解同学：我感觉设计课上可以多让学生表达自己的想法，既可以训练设计的表达能力，也能让老师更了解学生的设计思路与目的。当时在杆件与板片操作中，我更注重各种尺度的展廊和展板，以及敞开空间中人们的感受，并且掌握了绘图和空间尺度的知识。而体块操作更加贴合实际，让我们走进实际空间内部，已经有了部分建筑设计的感觉了。本次作业更注重的是空间感，不同空间给人带来的不同感受，不断地寻找合适的光线，增加空间的趣味性。再有就是对建筑材料的了解，不同建筑材料给我们带来的感受不同。前几个练习为校园饮品店设计起到了铺垫作用，并且相比之前，绘图和空间布局方面的强度明显更大，包括一些空间和尺度的关系都需要从实际生活出发，其中比较重要的是卫生间的尺寸和内部空间划分的尺寸。当时老师推荐了一些空间尺度的相关书籍，因为需要先了解各种空间尺度之后，才能更好地完成一个真实建筑的设计。除此之外，最关键的是语言表达方面，有些内容无法用书面语言来表达，有时很难将自己的设计理念清晰地表达出来，在不断积累经验的过程中，我发现应该多读书、多分析案例来丰富自己的理解能力与书面语言的运用能力。

杨同学：我觉得这个设计使我自己形成了一个比较擅长的设计风格，例如体块的交错。后期的设计我也比较擅长从这个角度切入设计体块，体块交错的手法可以让建筑整体更具动态感和视觉冲击力，从而吸引人们的注意力，同时也可以创造出丰富的光影效果，使建筑物更有层次感，而且还会创造出不同尺度的空间，增加建筑内部的空间变化和趣味性。所以我在设计中比较擅长通过差异化设计，使不同大小的体块交错，采用不同的材料、纹理、颜色的搭配，增加建筑视觉效果，创造出灵活多变的室内外空间。

白同学：在饮品店设计这个课题中，我觉得现实中的生活体验尤为重要，我的指导老师在第一节课就要求我们去现实中的饮品店测量各种数据，在去过两三次饮品店之后，我慢慢发现很多家具、门窗、空间的尺寸都和之前预想的不一样，甚至差距非常大，并且每去一家新的饮品店，都会对尺度问题有新的了解。所以我认为在设计的过程中，需要去现实的饮品店测量、感受，从实际入手，以后的每次设计也应该如此，我会尽可能在条件允许的情况下，到类似的一些建筑内参观、学习。另一个要强调的就是案例的重要性，例如，我在这个设计中参考了“住吉的长屋”去做狭长的饮品店空间，因为场地形状极其相似，所以就参考了案例中的空间划分，按照实—虚—实的划分方式，将我的饮品店分为前中后三段，然后又结合场地和饮品店功能的一些需求，去设计成更适合该场地的小型建筑。在综合训练中我学到了许多重要的知识，第一次了解到建筑的结构承重等问题，这也是需要极其注意且充分考虑的重点，虽然目前还没做到真正考虑结构，但这必然是做建筑设计不可或缺的一部分，所以我认为实地的观察和案例学习是很重要的。

高老师：杆件板片这些前置的课程给大家的经验是有关操作方法的，而这个小型建筑设计有环境、功能、空间等，实际上是在培养大家设计生成的逻辑思维，所以我设定这个题目时也想检验在前面几个课题中学到的东西在小型建筑设计课题中是否能给予大家一定帮助，从现在大家的反映来看，前面几个题目对后面的设计确实是有一定铺垫作用的。剩下的就是这个课题中要培养的设计生成的逻辑，这是前面的课题中没有或很少提及的，因为前面的设计并不是完整的建筑，材料是固定的，和环境也没有复杂的关系，没有功能空间的复杂对应关系，这些正是这个课题中主要培养的能力，这些问题都可以通过对案例的分析来解决。通过刚才同学们的发言，我也发现案例分析这部分的训练确实还有欠缺，特别是没有在一年级时把案例分析作为一个任务统一进行布置，更多的是小组内老师要求，而没有系统性的讲解和分析。通过大家今天的讨论和反馈，我也感觉到案例分析的重要性，这会成为今后的教学体系中要加强的一部分。

第3章　知识与技能专题

1. 基本绘图与识图

1）工具及使用方法（图3-1）

图板：图板是用来铺贴图纸，与丁字尺、三角板等工具配合进行制图的平面工具；图板常见规格有A0、A1、A2等，图板尺寸：0号板为900mm×1200mm；1号板为600mm×900mm；2号板为450mm×600mm。

使用方法：将图板置于绘图桌（升降绘图桌、工程绘图桌等），根据绘图者的身高，手动调节桌面高度和画板角度至绘图者适宜高度，并将图板调节与水平面倾斜20° 左右，以便画图。固定图纸时，表面需平整，纸张大小需小于图板大小，左边是工作边，需平直。画图时，用纸胶带、图钉或夹子等工具将图纸固定在图板上。

绘图纸：绘图纸有正反面之分，绘图时，应选用正面画图。识别方法是，用橡皮擦拭，不易起毛的一面就是正面，或采用观察法，反光较亮的一面为正面。常用绘图纸一般分为A1、A2、A3（图3-1）。

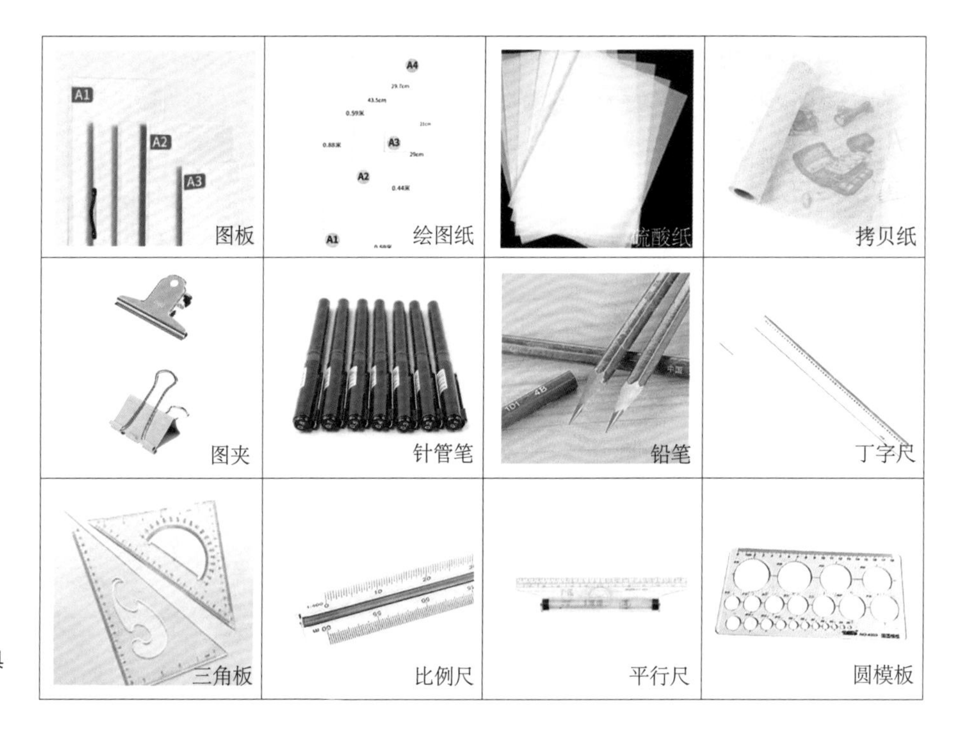

图3-1　基本绘图工具
来源：作者自摄

硫酸纸：硫酸纸具有纸质纯净、强度高、透明好、抗老化等特点，用于手工描绘、草图绘制等。

拷贝纸：拷贝纸具有良好的适印性，适用于手工描绘、草图绘制等。

绘图纸使用方法：绘图纸幅面大小需统一，绘图前需用粗实线画出图框线，所画图样（图形）应在图框线之内，图框线的格式有两种，不留装订边格式；留装订边格式，图纸右下角绘制图签。

硫酸纸及拷贝纸使用方法：将硫酸纸放在需要描摹的图画上，硫酸纸要能盖住整张图画，用遮盖胶带固定硫酸纸，用石墨铅笔把原有的图案照着描在硫酸纸上。

丁字尺：丁字尺是与图板配合画直线的丁字形长尺，由互相垂直的尺头和尺身两部分组成。丁字尺也可配合三角板作图，一般可直接用于画平行线，或用作三角板的支撑物来画与直尺成各种角度的直线。丁字尺多用塑料制成，一般有600mm、900mm、1200mm 三种规格。

丁字尺使用方法：画图时，尺头内侧必须紧靠图板左边，上下移动（禁止用尺身下缘画线），铅笔向右倾斜约75°，自左向右画水平线；较长的直平行线也可用具有可调节尺头的丁字尺来作图；使用时，应保持工作边平直、刻度清晰准确、尺头与尺身连接牢固，不能用工作边来裁切图纸；丁字尺放置时宜悬挂，以保证丁字尺尺身的平直（图3-2）。

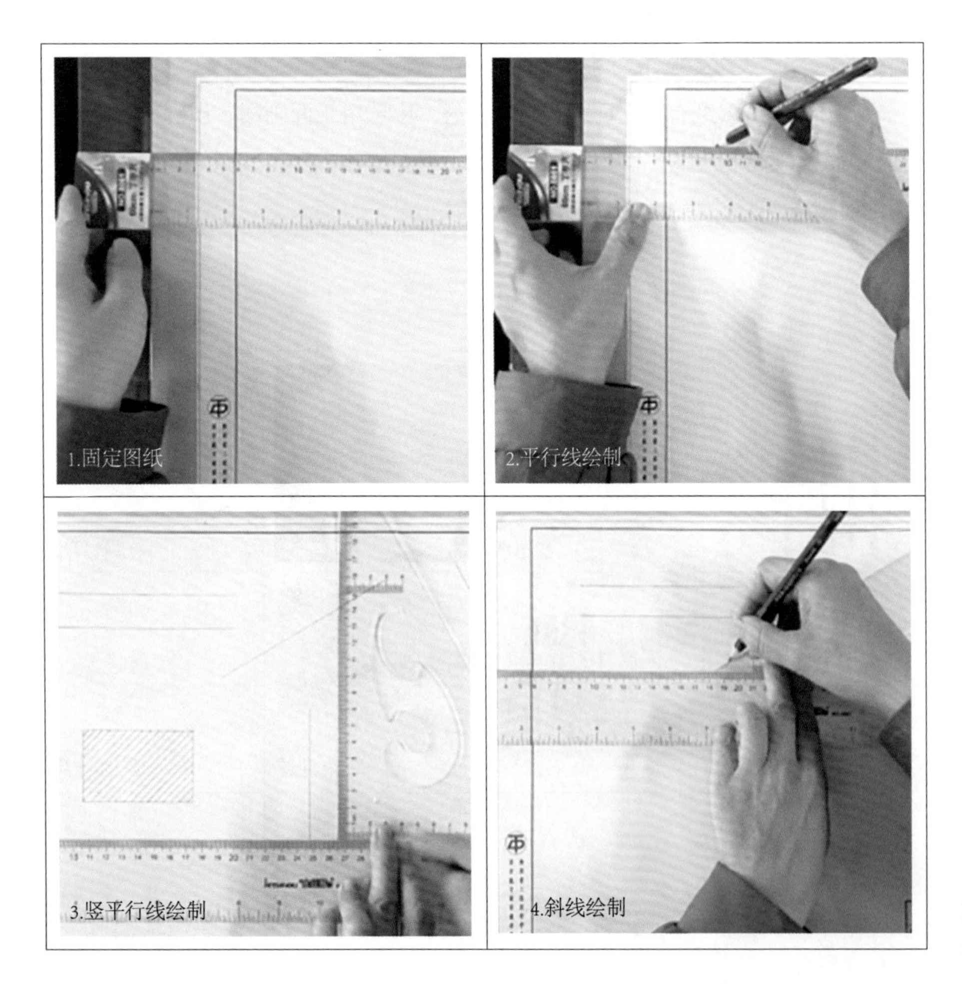

图3-2　丁字尺及三角板的使用
来源：作者自摄

三角板：一副三角板有 45°、30° 和60° 各一块，与丁字尺配合使用时，自下而上画垂直线或画与水平线成15° 整数倍的角度线。用两块三角板配合使用时，也可以画平行线或垂直线。

三角板使用方法：固定图纸，将丁字尺尺头靠在图纸左侧；三角板和丁字尺结合，绘制平行线，距离由三角板的刻度确定；利用三角板绘制30°、45° 和60° 角度线；绘制相互平行竖直线，长度从三角板上刻度确定，距离从丁字尺上刻度确定；利用三角板画图时，丁字尺尺头要始终保持靠近图板左侧（图3-2）。

比例尺：比例尺是绘图时用来缩小线段长度的尺子，大比例有1∶100、1∶200、1∶250、1∶300、1∶400、1∶500，小比例有1∶20、1∶25、1∶50、1∶75、1∶100、1∶125。

比例尺使用方法：若使用1∶100的图就选用1∶100的比例尺，刻度线对齐后读出尺子读数。读出来的读数就是实际尺寸，即单位是m，不需要再转换。

平行尺：平行尺最基本的功能是画平行线（还可以画圆，量角度等）。

平行尺使用方法：随尺子的移动而转动的乳白色滚轴上面印有一列量程为50mm的刻度线，在移动尺子时，滚轴每转动1刻度，平行线间距就是1mm，这样在画平行线时就很容易画出等距平行线。

圆模板：可根据需要画出不同大小的圆，用于图纸中门和轴号、指北针、总平面、植物等。

圆模板使用方法：在指定位置选择所需半径绘出圆形，笔尖垂直圆模板绘制，所用笔的粗细可能会影响圆的大小。

圆规：圆规用于画圆和圆弧。

圆规使用方法：用尺子量出圆规两脚之间的距离，作为半径；把带有针的一端固定在一个地方，作为圆心；把带有铅笔的一端旋转一周。圆规的钢针插脚有两个尖端，画图时，应使用有肩台的一端，使肩台与铅芯平齐，当画不同直径的圆弧时，尽可能使钢针针尖、铅芯插脚垂直于纸面，圆规两脚之间的高度要一样，稍微倾斜30° 左右，使画出的圆的线条流畅。

铅笔：铅笔用于绘图起稿，铅笔的铅芯有软硬之分，分别用B和H表示，B前的数值越大表示铅芯越软（黑），H前的数值越大则表示铅芯越硬，HB的铅芯软硬程度适中。

铅笔使用方法：削铅笔要从无字的一头开始用，以保留铅芯的软硬标记。铅笔应削成锥形或扁平形。锥形适用于画底稿、写字、细线，扁平形适用于加深。

针管笔：铅笔稿绘制完成后，需用针管笔将图描绘一遍。一次性针管笔需准备 0.1～1.0mm 各一支，或购买相邻规格的型号。

针管笔使用方法：画直线时直尺的斜边要在下面，笔一定要垂直于纸面，匀速行笔；画前将笔尖在废纸上轻轻蹭一下，把笔尖上的积墨蹭掉，以免污染纸；如针管笔不下水，可以轻轻上下晃动笔，笔尖中的探针就可以将笔尖上的干墨通掉；探针不要露出笔尖太多，否则会划破纸面。

2）徒手绘图

工具

画笔：铅笔（尽可能选用软笔芯的）、钢笔、墨线笔等。

画纸：素描纸、速写本、拷贝纸、硫酸纸、A4 纸等。

绘画过程中，调整状态应有规律，绘画的手臂要放松并运动自如，左手固定纸，右手下方可垫一张白纸，避免弄脏绘图纸。

线条练习（图3-3）

横线：画直线时有三个阶段，起笔、运笔、收笔，中间轻、两边重。

竖线：手臂放松，手腕同步配合用笔，自上而下起笔、运笔、收笔。

直线练习：画正方形框，在正方形框内进行横线、竖线、斜线的排线练习，尽可能与边缘平行或垂直画线，线的两头尽量控制在正方形框内；在正方形框内再画正方形，一层套一层，控制线的长度；画矩形；两点法画直线，根据所需长度首尾点两点，连接两点画直线（图3-3（5、6））。

斜线：画斜线从左向右，自上而下。

抖线：与直线相同，分三个阶段，线条呈波浪形。

曲线练习：通过画圆练习画曲线，画一个圆，再画多段线，根据轮廓画圆；画任意曲线，然后画多段曲线平行于原曲线（图3-3（7））。

体块阴影练习：阴影是光线被阻挡的结果。当一个光源的光线由于其他物体的阻挡不能达到一个物体的表面时，这个物体就在阴影中。阴影能够使场景看起来真实得多，并且可以让观察者获得物体之间的空间位置关系。通过立方体体块画阴影，在光的背面进行排线，投影暗度大于建筑暗面。画复杂体块，明确明暗关系再进行练习（图3-3（8～10））。

人物练习：在建筑表现图中，人物可以清晰、简单地展示空间的比例，比较身体与空间尺度的关系， 能够直观地感知空间的维度。通过使用人物角色，可以传递一种思路，增加了可读性和象征作用，还可以表达空间的用途、功能特点及使用者的身份。除尺度和深度的作用外，还可以通过人物交流性来传递其他的信息。在练习中由远及近，逐渐清晰，近处人物增加细节，在空间里人物应具有交流性，至少画两个人，或者让人物具有行为性，最后给人物加上阴影（图3-4）。

植物练习：植物是营造空间的元素之一，在建筑表现图中同人物一样具有重要的位置。植物充当配景，同时也是间接性划定和暗示空间范围的手段。通过画折线来画植物的形体。先画一个规则的几何图形，在这个几何图形的基础上再绘制完整的植物（图3-5）。

3）透视练习

画面确定：画面可以用“框景”来选择横向或者竖向构图（图3-6）。

一点透视：横线与竖线平行于画面，所有垂直于画面的线与面交于中心一点。绘制8个正方体和1个正方形，连接对角正方体相交于正方形中心一点既灭点，连接灭点与正方体各角，即为每个正方体一点透视线，加入垂线或者平行线，则获得一点透视正方体（图3-7）。

图3-3 线条及体块徒手练习
来源：作者自绘

图3-4　人物徒手练习
来源：作者自绘

图3-5　环境配景徒手练习
来源：作者自绘

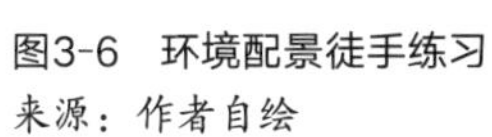

图3-6 环境配景徒手练习
来源：作者自绘

绘图中要注意与画面平行和垂直的面在表达时的区别（图3-8），以及观察者所处位置和视点高度不同时在表达时的区别（图3-9）。

两点透视：竖线平行画面，水平线相交于两点即两灭点，两灭点在同一水平线上。近大远小，近实远虚，近高远低，射线都消失于两边灭点（图3-10）。

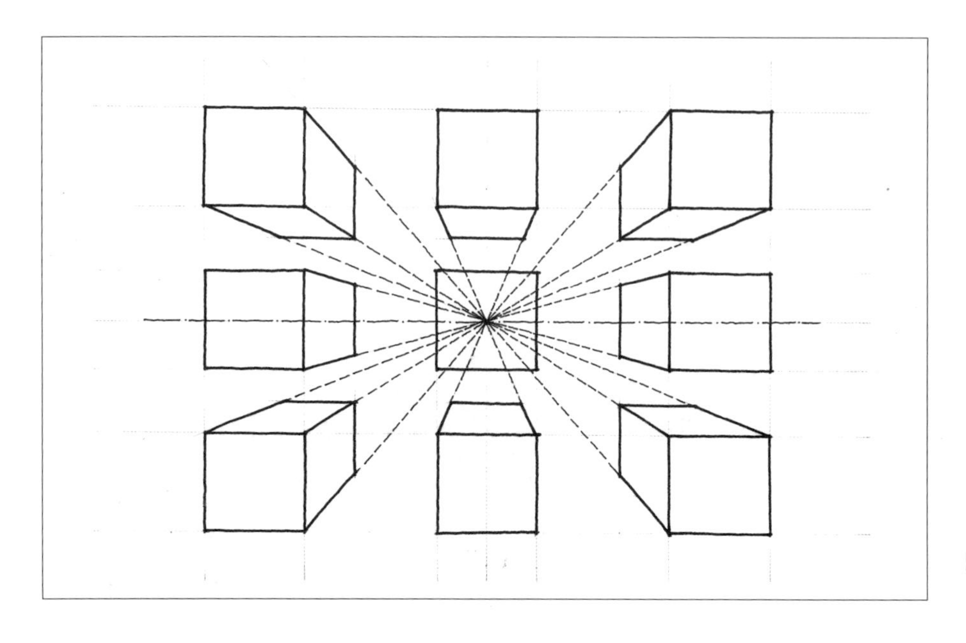

图3-7　一点透视正方体
来源：作者自绘

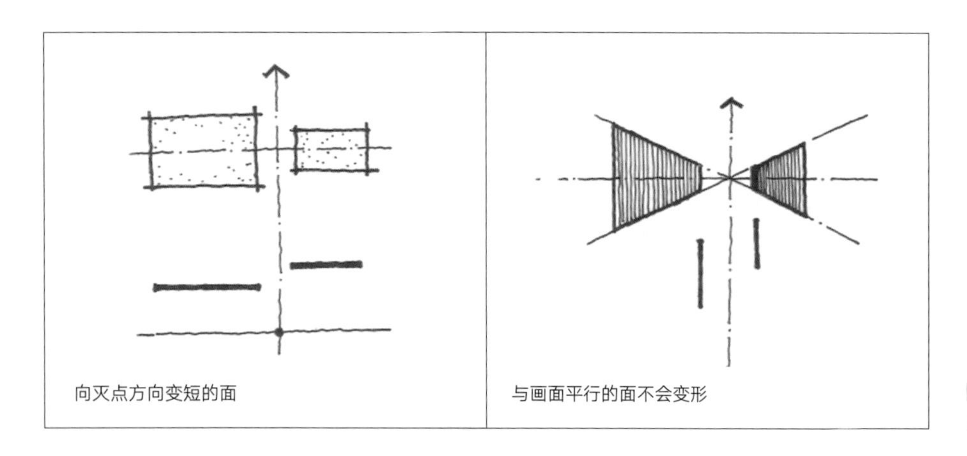

图3-8　平行和垂直面表达的区别
来源：作者自绘

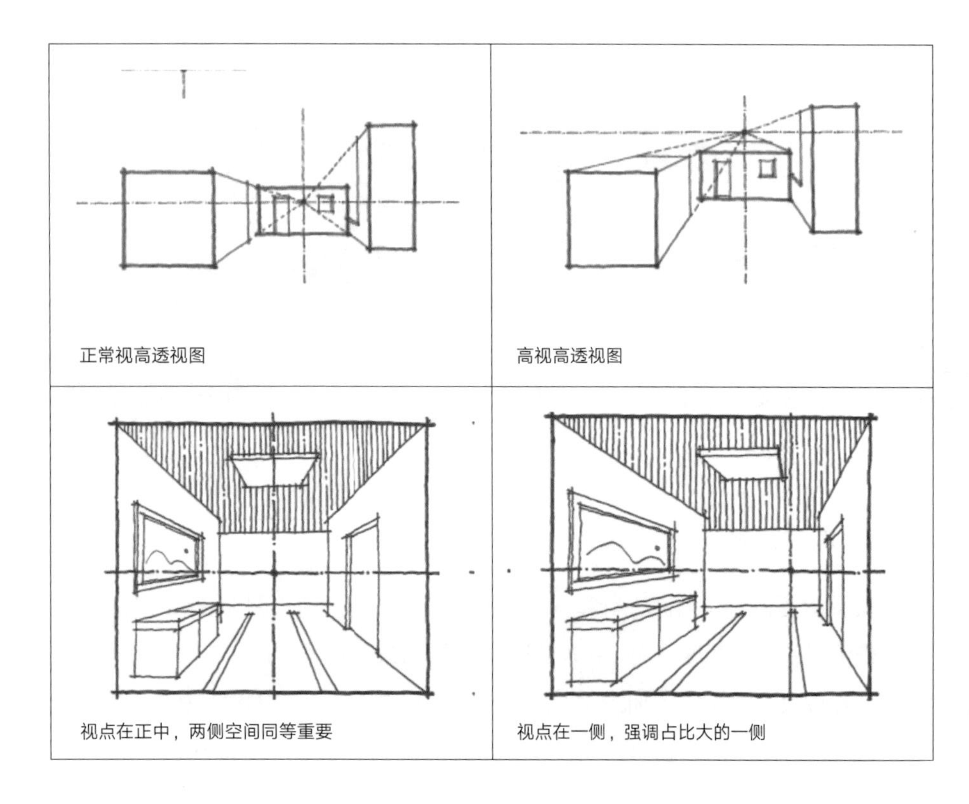

图3-9　位置和高度表达的区别
来源：作者自绘

画一条直线及视平线，在直线的左右两边各选取一个点即灭点， 或称为消失点；在视平线的上方或下方合适位置画一条垂直的线条；把垂直线段的两个端点分别连接至左右两边的灭点；估算左右两边的距离，分别再画出两条垂直线段；把新画出来的线段的两个端点分别连接左右两边的灭点。

两个灭点距离不宜太近，否则将导致透视变形比较严重，两灭点都应在同一视平线上， 切勿一高一低。灭点的位置需依据画面的比例确认。

绘图过程中应注意视平线位置不同，即灭点高度不同，以及观察者与物体远近位置带来的区别（图3-11）。经过反复练习后，表达效果会日臻完善（图3-12）。

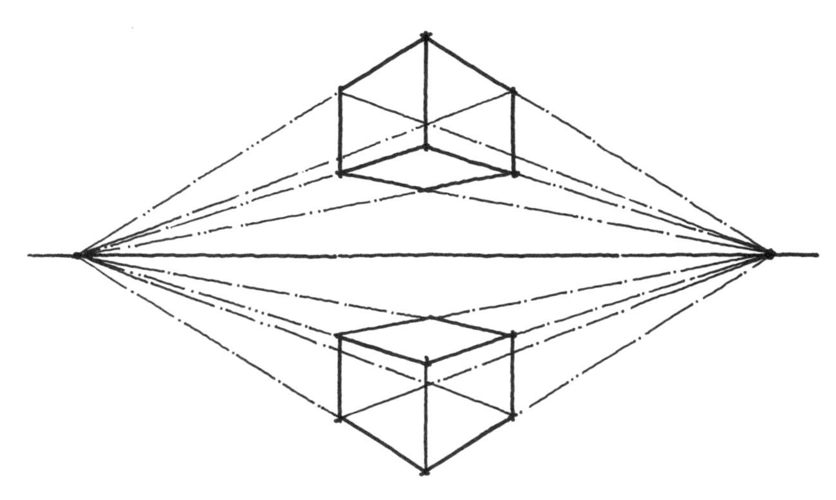

图3-10　两点透视原理
来源：作者自绘

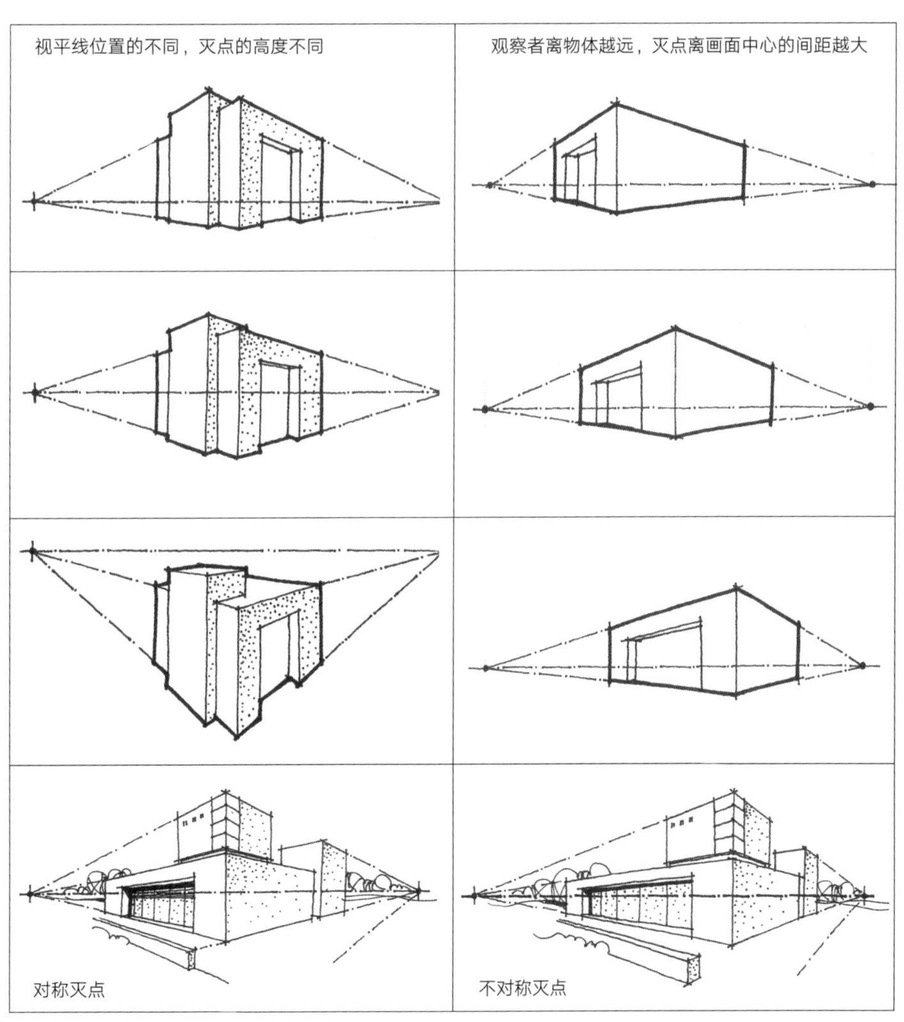

图3-11　两点透视位置及距离表达区别
来源：作者自绘

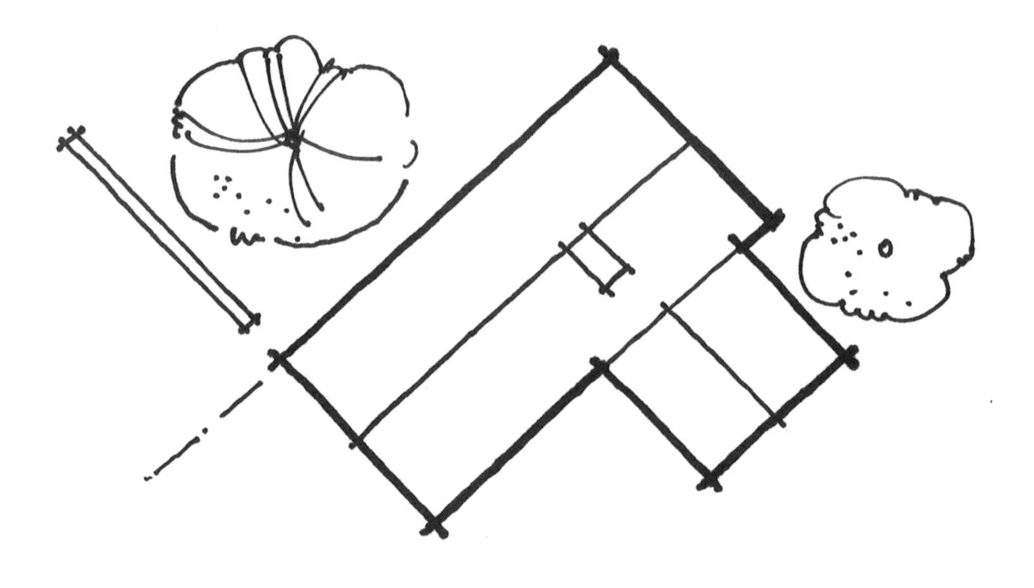

图3-12　两点透视范例
来源：作者自绘

4）建筑轴测图表达

轴测图为平行投影，可真实表现三个方向的尺度，具有可测量性；常用轴测图类型有水平斜轴测图、正等轴测图、立面斜轴测图（图3-13）。

水平斜轴测图：主水平面平行于绘图平面，并以真实的尺寸、形状和比例加以表现。预先将平面旋转45°绘制平面简图；竖向升高，确定高度，接着进行补充线条，线条之间相互平行；绘制时注意对真实尺度的把握；用铅笔绘制完成后，用针管笔进行加深（同一方向上线条一起画完，快速方便）；最后添加细节，布置环境，并且完善阴影以及建筑上色。

正等轴测图：三个方向平面同等重要。绘制正等轴测图，首先确立三个主轴的方向，并且绘图平面上的轴间角为120°，然后按照实际长度绘制出和三个主轴平行的直线，并采用相同的比例尺。

立面斜轴测图：强调平行于绘图平面的主垂直面，并以真实的尺寸、形状和比例加以表现。绘制一个立面斜轴测投影图，首先应该绘制形体上主要表面的立面投影图。这个平面应该是形体上最大、最重要或者最复杂的平面。然后，从立面投影图上的关键点以理想的角度向绘图平面深处绘制后退线。

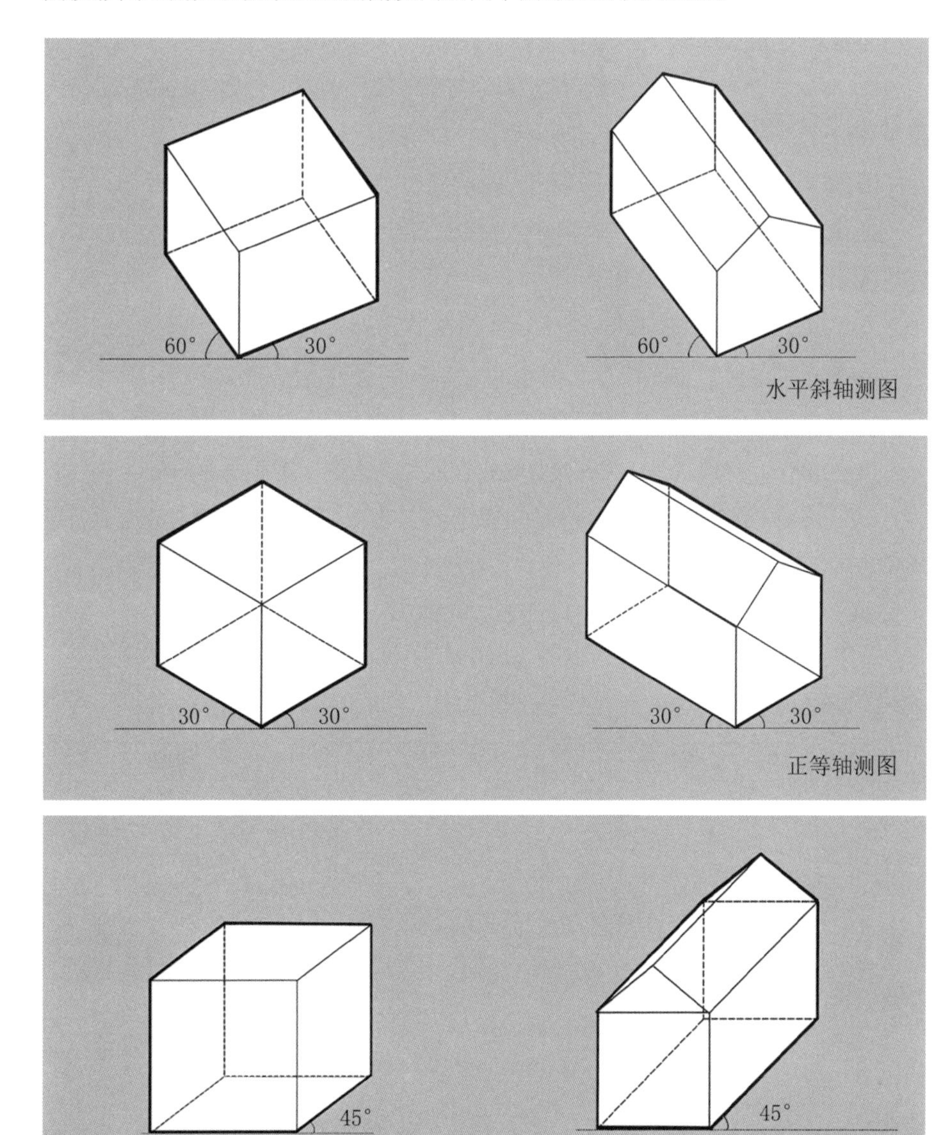

图3-13　常用轴测类型
来源：作者自绘

5）读图识图

图框：图框是图纸限定绘图范围的粗实线框，常分为装订型和非装订型；也可分为竖排版和横排版（表3-1）。

总平面（图3-14）

① 指北针。

② 场地、建筑入口标注。

③ 外轮廓的轴线及总尺寸。

④ 楼层数标注。

⑤ 主要道路及红线的关系。

⑥ 道路及绿化。

⑦ 经济技术指标：总用地面积、总建筑面积、停车位数目、建筑密度、容积率、绿地率。

⑧ 建筑周围设置环形消防车道，宽不小于4m，转弯处倒角半径12m。

⑨ 线型：一道粗线（外）及一道细线用于表示建筑轮廓，若局部层数不同，则用细线表示其投影线。

平面图（图3-15）

① 每层轴网一致，上一楼层轴网编号与下一楼层轴网编号要一致，柱子自上至下要对齐， 每层的柱网一样，顶层有抽柱的情况除外。

② 楼层地面标高标注。

③ 尺寸线等间距（100～70mm），标注文字统一字体和字高。

④ 门洞口尺寸、开启方式标注。

⑤ 柱外皮与走道处外皮齐平，以保证走道疏散宽度。

⑥ 疏散门的开启方向朝人流方向。

⑦ 楼梯间跑向标注，首层上半跑，中间层上半跑、下一跑半，顶层下两跑。

⑧ 中间平台标高标注，楼梯尺寸在平面图和剖面图上表达全面。

⑨ 一层平面图散水表达，室内外地坪标高，出入口处设置台阶或坡道，斜道坡度表示，剖示符表达正确的剖示位置和剖示方向，与剖面图仔细对照投影。

⑩ 一层平面图需画指北针，以表示房屋的朝向。

表3-1 常用图幅图框类型及尺寸

图纸类型		横排版	竖排版	说明
常用情况	装订型	边界线 图框线 标题栏	边界线 图框线 标题栏	常用图幅图框尺寸： A1: 841mm × 594mm A2: 594mm × 420mm A3: 420mm × 297mm
	非装订型	边界线 图框线 标题栏	边界线 图框线 标题栏	

⑪ 房间名称表达，房间名称标注文字应同一字体和字高。

⑫ 各层平面需标出楼面标高，休息平台标高，雨棚标高。

⑬ 剖到的墙线加粗，柱子填充。

立面图（图3-16）

① 尺寸、标高及楼层标注。

② 雨棚表示。

③ 立面材质表示。

④ 出屋面的楼梯间及电梯间表示。

⑤ 外轮廓线及地坪线加粗，地坪线粗于外轮廓线。

⑥ 门窗表示，开启方向表达。

剖面图（图3-17）

① 剖面图中剖到的墙线加粗，剖到的楼板（一般为100mm厚）、梯段、梁涂黑。

② 室外地坪、室内地面、楼层地面、屋顶标高标注，所剖墙体需有定位轴线。

③ 地坪线与剖到墙体的关系，先有室外地坪线、砌墙，再回填室内地面，因此墙将室内外地平线断开。

④ 剖面图与平面图仔细对照投影，与平面图对应。

⑤ 女儿墙、天沟表示。

⑥ 剖到的房间标注名称。

⑦ 楼梯尺寸细化。

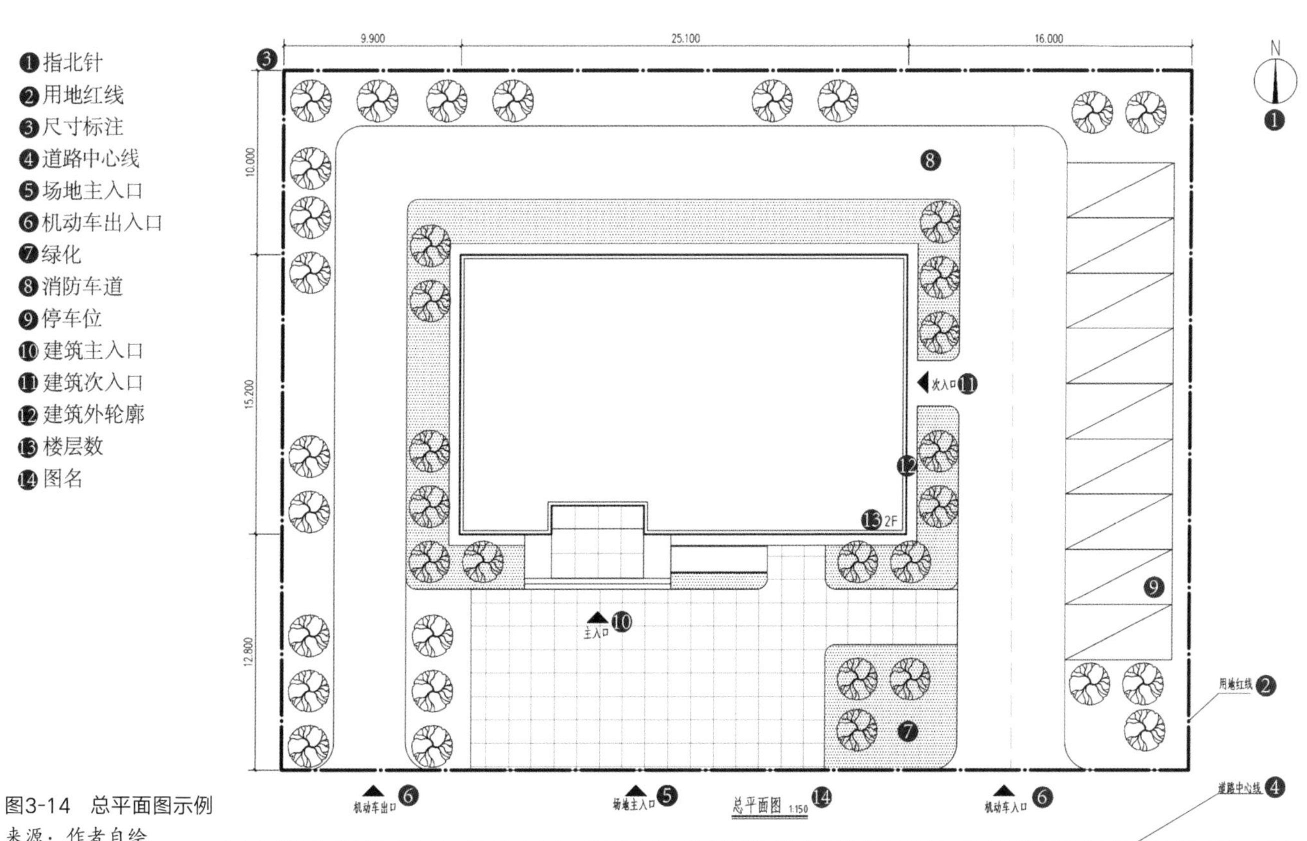

图3-14 总平面图示例
来源：作者自绘

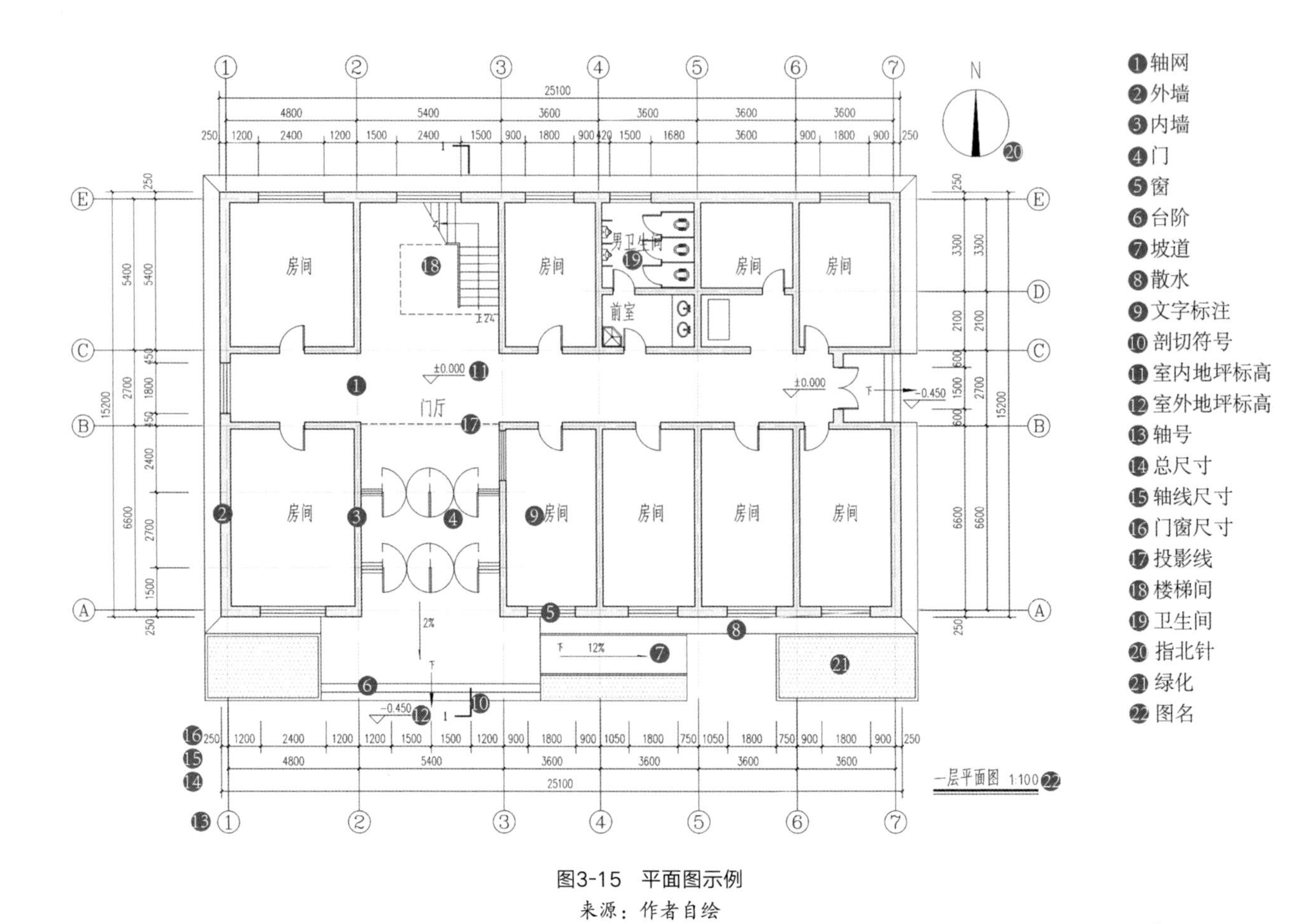

图3-15　平面图示例

来源：作者自绘

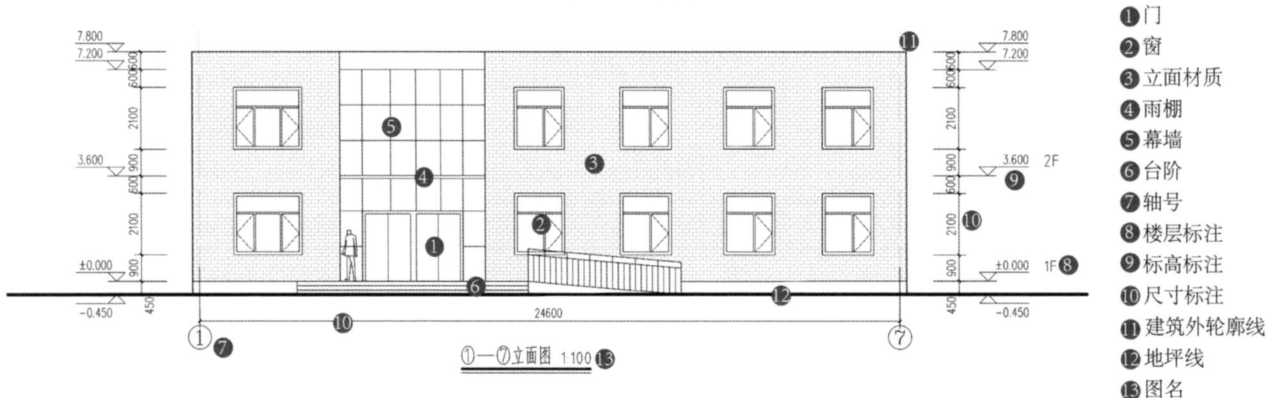

图3-16　立面图示例

来源：作者自绘

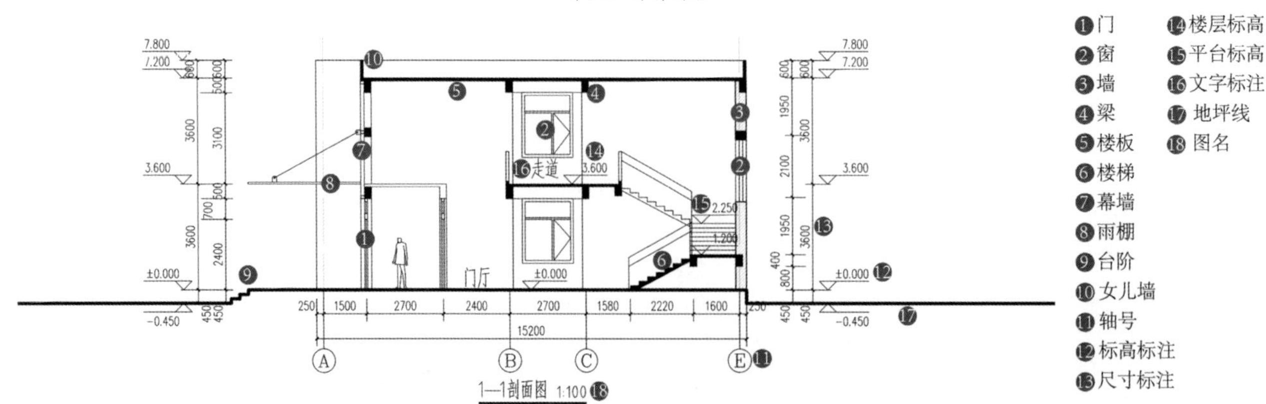

图3-17　剖面图示例

来源：作者自绘

2. 模型制作与表达

1）模型的作用

建筑模型是设计方案的三维立体表现形式，被广泛用于建筑方案招投标、房地产销售、沙盘展示、设计教学等领域。模型具有立体的形态、真实的色彩以及可度量的尺度，比二维平面描绘更精准、更直观，因此常作为推敲和交流的手段。

一年级的设计任务中，手工模型贯穿于推敲设计方案的各环节，在建筑学基础教学过程中具有无可替代的重要作用。随着计算机的普及和软件技术的发展，高效率的计算机模型被越来越多地应用在建筑设计领域，与手工模型协同使用，成为设计方案构思和表达的重要工具，具体作用包括：①有利于结合概念草图推敲方案的手段；②有利于理解建筑空间生成和建造逻辑；③有助于体验和感受建筑的尺度；④有利于建筑方案的记录和成果表达。总结手工模型和计算机模型优劣及应用场景如表3-2所示。

表3-2　手工模型和计算机模型比较

	优势	局限性	应用场景
手工模型	真实的制作体验	效率较低	研究建筑与场地关系、推敲建筑体块和空间、确定建筑结构等方案设计前期各个阶段
	可理解性强	时效性较差	
	多维度多体验感的观察	造价和工艺较高	
计算机模型	操作简单，效率高，造价较低	易造成欺骗性	设计建筑立面和建筑造型、室内外空间家具灯光布置等设计后期细部处理阶段
	模拟性能以及展示多样化、便捷化	受计算机条件限制	
	便于储存、传递、维护	缺少与人身体之间的互动	

2）模型的分类

根据阶段可以分为设计阶段模型和建筑后模型

设计阶段模型是指建筑建造前的方案模型，常常是设计者在设计阶段用于表达设计概念、推敲建筑空间、确定建筑结构关系的三维可视化工具，贯穿于建筑方案的生成、修改和定稿的各个环节。一年级的每项任务都需要用手工模型去推敲设计方案，增强对空间尺度的感受，不断修正设计方案。建筑后模型是指建筑设计方案确定后制作的模型。因为设计方案已经确定，其目的主要是用于陈列、展示和表达设计者的建筑作品。

根据使用的工具和材料可以分为实体模型和计算机模型

实体模型是指利用板材、木材、块材等有机或无机的真实材料通过人工或者机器加工而成的三维模型，通常是建筑物按照一定比例缩小或者简化的建筑实体。一年级阶段主要是运用纸板、雪弗板、木杆等材料手工制作模型。手工模型能更好地表现出方案的尺度、体量、光影、虚实等关系。计算机模型是以计算机为载体，通过使用CAD、3dMax、SU等设计软件和硬件工具搭建的电子虚拟模型。由于其不需要用真实材料搭建，只需要借助计算机平台实现，具有方便、快捷、易修改、易存储和传递等优势，目前已被广泛应用。

3）模型材料

按照一年级训练的任务内容进行总结，手工模型常用到的建筑材料可以根据形状分为板片类、杆件类、体块类以及其他操作的切割和黏合工具（图3-18）。

板片类

一年级用到的板片材料主要是不同厚度和硬度的纸板片，如KT板片、雪弗板、卡纸板、PVC板、瓦楞纸板、木板、有机玻璃板、塑料板等。一般在初期推敲方案的草模阶段选择相对轻薄、容易裁剪和切割的材料，如KT板片、卡纸板、瓦楞纸板等。

KT板片是一种在建筑模型制作过程中常用的材料，板身具有一定的厚度，质地较轻，容易切割，颜色以黑白为主，主要用于前期概念草模及道路地形、等高线的制作。KT板片在切割时容易起毛边，为了使切痕平滑整齐，需要用足够锋利的刀垂直匀速切割。KT板片间的连接一般可以用大头针进行固定，这样方便修改和反复操作。

卡纸板比普通打印纸张厚，一般厚度大于0.5mm，由于其易于裁剪，纸板价格便宜、颜色种类多，便于携带、操作灵活且易于回收，在模型制作和组合过程中，无须特殊设备即可轻松裁切，因此，在制作模型时被广泛使用，它主要用于设计方案阶段的模型制作，如建筑墙体的组合、穿插，也可以将纸板分层堆积表示地面、道路和山体地形等。

瓦楞纸板是由面纸、里纸、芯纸和加工成波形瓦楞的瓦楞纸通过黏合而成，一般分为单瓦楞纸板和双瓦楞纸板两类，具有成本低、质量轻、易裁剪加工、储存搬运方便等优点，80%以上的瓦楞纸均可通过回收再生，相对环保，因此初期草模阶段可以用来推敲，终期成模常常多层黏合作为基地使用。

雪弗板又称为PVC发泡板（PVC expansion sheet）或安迪板，常用于制作成果模型。以聚氯乙烯为主要原料，通过专用设备挤压成型的板材，一般为白色，表面光滑，具有一定的韧性，不变形、不开裂，可锯、可钉、可粘，切痕较平滑等特点。制作模型的雪弗板厚度有2mm、3mm（用于内部墙体制作）、5mm或者8mm（用于底座制作），一般可以用502胶水、U胶粘连固定。

杆件类

一年级作业中用到的杆件类模型材料主要是木条和PVC管材。大家可以从网

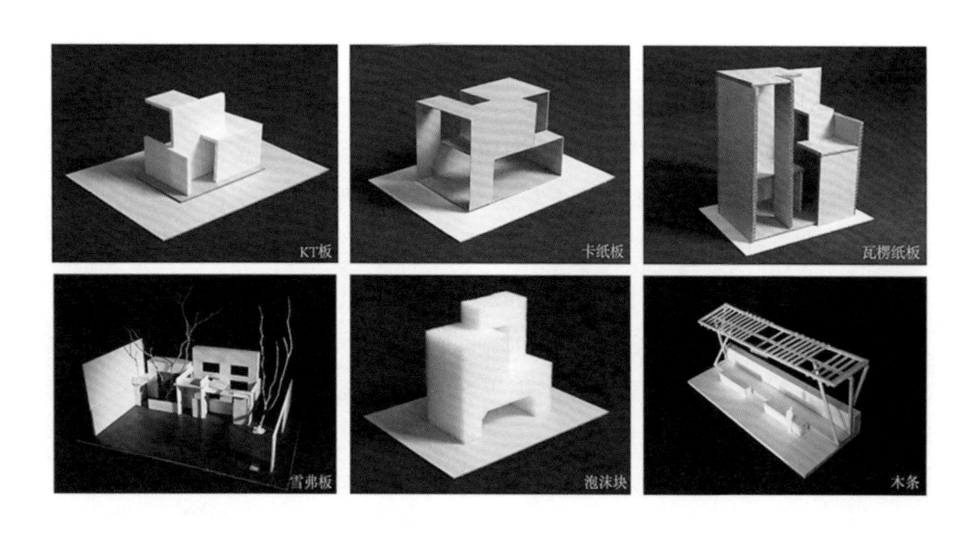

图3-18　模型材料
来源：作者自摄

上购买裁切好的木条模型材料，其中有圆柱形和方柱形，基本上是原木本色，制作1：100或者1：50 的模型，大家也可以根据比例换算后选择相应大小的木棍替代，如一次性木筷、牙签等生活中常见到的木棒。制作中常用木条或木棒做建筑模型的结构和框架，用502胶水或者U胶固定和粘连。

PVC塑料管可以作为柱子在模型中使用。它有方的、圆的或粗的、细的等各种规格尺寸。它中间为空心，常用小刀进行切割。切割比较粗的PVC管时，要小心切割，以免变形。通常在草模初期根据自己模型内的杆件尺寸并结合模型比例将PVC管切割成小段，选择适合要求粗细的管应用在模型中。

体块类

体块模型是用整块材料制作的，体块模型的本质是从体块入手去深化设计的手法，去寻求建筑与外部环境空间的一种比例关系。由于体块模型主要表达的是一种形体的关系，所以一般选用的也都是普通泡沫块、花泥这种可以随意切割削磨的材料。

泡沫块一般用作建筑体量和研究建筑形体，是便捷体积测试的最佳选择。常用到的泡沫是聚苯乙烯泡沫塑料、压缩泡沫板和蓝色泡沫。泡沫块有多种厚度，切割和塑性相对容易，用普通美工刀切割即可。泡沫表面可以用水溶性涂料涂漆，但是不能用强力胶水黏合（如502强力胶水），否则板面会受到腐蚀。发泡塑料由于具有易于加工和修改、成本低廉的特性而常作为沙盘模型、实体和区域规划的底座模型制作。

花泥也叫花泉或吸水海绵，是用酚醛塑料发泡制成的一种插花用品，一般为长方形砖块形状，质轻如泡沫塑料，颜色多为深绿色，吸水后重如石块。花泥易于固定、切割、塑形，吸水性强，与普通泡沫块一样，常作为手工模型材料或用于推敲建筑形体。

工具：常用的切割工具有尺子、画笔、刀具（也可以用手术刀之类等）、剪刀；黏合工具有透明胶、双面胶、502胶水、U胶、白乳胶（概念模型也能用大头钉）；常用的上色工具有颜色涂料、油漆毛刷等；常用的其他工具有镊子、细砂纸、手套等。

4）模型制作过程

一般在推敲方案时制作草模，其制作流程相对简单，制作流程为：材料准备—测量换算—切割部件—组合调整。草模阶段选择相对容易切割和黏合的材料，如卡纸板、KT板片、筷子、饮料管等，工具选择透明胶、双面胶、502胶水、U胶等。

首先，准备好所需的材料和工具。然后，根据实际建筑尺寸，进行测量并按照1：100或1：200的比例进行换算，得到板片和杆件的合适尺寸。接着，开始切割部件，将板片和杆件按照预定的尺寸和比例进行切割，确保精确度和准确度。在制作过程中，我们先制作环境底板，作为模型的基础。然后，根据设计思路，将板片和杆件进行移动和摆放，以探索不同的构建方式和空间组织。在这个阶段，我们可以灵活调整部件的位置，尝试不同的组合方式，并不断反复进行调整和优化。最终，在不断的尝试和实验中固定构件，确定最终的设计方案。草模为我们提供了一个快速验证和修改设计想法的平台，使我们能够更直观地理解和感受建筑的形式和空间，为后续详细设计打下良好的基础。

成果模型制作更精细复杂，制作流程为：设计材料准备—方案图纸尺寸测量换算—切割加工部件—粘接组合—细节部分修整—家具人物等配景。模型制作一般选择不易变形且具有韧性的材料，如雪弗板、木杆等。制作成果模型前一般方案已经确定，首先图纸转换，将平面及立面图纸按照模型制作的要求进行分解和比例调整，可以利用尺规缩放原始图纸，按照制图规范绘制图纸；然后按照图纸加工材料，可以将制作好的图纸复制几份，将图纸附在材料表面，按照方案要求进行切割加工，也可以利用尺规确定好各个顶点的位置。一般先制作基地模型，并用划痕标记构件的位置，再分别加工建筑构件；接着将各部件粘接组合，把加工好的各个部分按照设计方案效果图和平面、立面图的情况进行粘接组装；最后加入配景，处理和丰富空间细节，加入表达空间功能和尺度的配景，如人、树和简单家具等。

研究空间阶段的模型一般选择建筑实际的结构和建造逻辑分部件进行制作，表达时依据建筑的实际建造逻辑分步骤分别展示。相比于2D线条图纸，3D立体模型能够更加准确地表达和理解建筑生成逻辑和建筑结构关系，同时更能够突出方案核心概念，具有更强的表现力。

图纸的质量对于手工模型制作来说至关重要。在画图纸时要注意绘制的精确度和准确度，不同的模型材料对图纸的要求不一样，大家应根据具体的模型材料来进行图纸绘制。

5）模型的表达

模型的比例

在模型制作的不同阶段，我们要根据预期目标选择不同方式表达设计意图，在制作之前选择合适的比例非常重要。建筑模型的比例不仅影响模型展示的精细程度，还影响完整的建筑模型中材料的质感。根据一年级建筑任务书中对建筑物面积和尺寸范围的要求，在前期基地分析时，制作相对小比例的场地模型可以选择1：100或1：200的比例，主要用来推敲建筑体块和环境是否和谐。建筑模型可选择单一材质制作体块模型，用于研究建筑体量与场地环境要素之间的相对关系。此时，模型不需要实际真实建造的细节，多为概括和简化后的抽象模型，为了强调和突出建筑形体、休量虚实或空间设计概念而进行选择性的表达。在发展阶段，可以制作1：50的建筑模型，需要持续性制作多个不同比例、不同精度的建筑单体模型，以解决建筑与场地、建筑空间、建筑尺度与人行为适宜性等问题。后期局部深入研究阶段，可以制作1：30或1：20的比例模型，能够更好地表达建筑的结构关系、室内外布置方式和特征细节。

模型记录

初学阶段，为了更好地理解空间和感受空间尺度，制作模型过程中需要持续性反复观察和记录，一般选择画素描和拍照的方式来强化空间体验。

手绘素描记录：阶段性模型制作完成后进行观察，设计者要放低视点，视线与模型内人视点保持一致，边观察边画素描。重点记录板片、杆件及体块塑造的

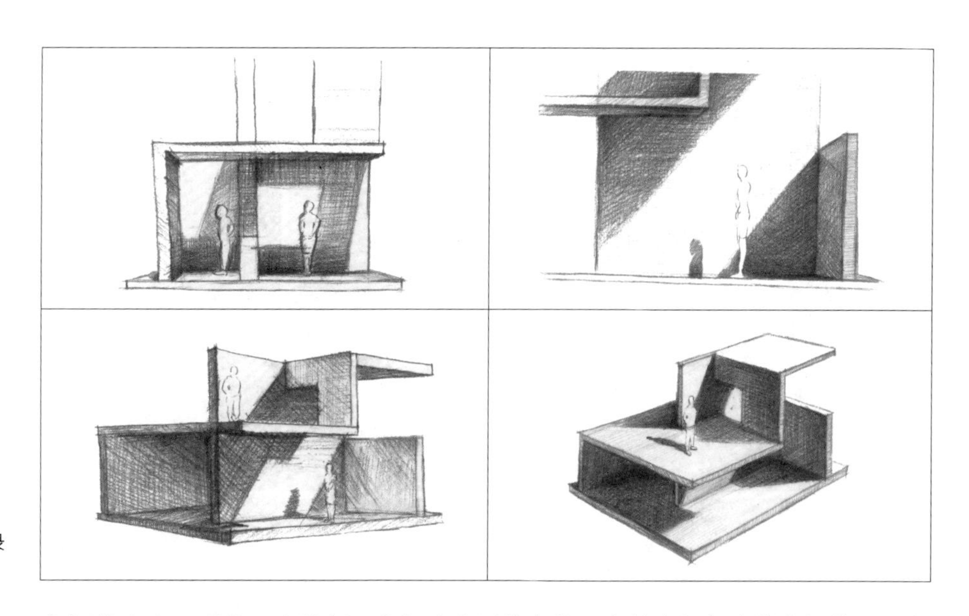

图3-19 素描记录
来源：作者自绘

空间的大小、形状尺度特征、空间内光影的变化、实体空间与虚体空间的联系与差异等，可选择一点透视图和轴测图的方式进行记录，可以置入人物体现建筑的比例关系（图3-19）。

透视图绘制重点应注意：①透视的准确性；②三维空间的纵深感；③空间的比例；④光影的变化。透视图最重要的意义在于，它能够将空间在二维画面里呈现出三维的体积感。为了体现空间的纵深感，我们可以按如下方式处理画面。

（1）近实远虚。在透视图中，将近处物体绘制得更真实、细节更丰富，而将远处的物体以模糊或简略的形式表现，使观者感受到物体之间的距离和层次。

（2）前景丰富后面模糊。将画面中前方的元素绘制得丰富清晰，而将后方的元素以模糊或暗淡的方式呈现，突出主体与背景的对比，增强空间的深度感。

（3）前亮后暗或前暗后亮。利用明暗对比手法，可以使前景物体更明亮，后景物体较为暗淡，反之亦然，以产生明暗对比，强调物体之间的距离和位置。

（4）近大远小。根据透视原理，近处物体看起来较大，而远处物体看起来较小。利用这一特点，在透视图中准确表现不同距离的物体大小，增强空间感。

（5）近纯远灰。利用色彩的饱和度和明暗度来表现距离感。近处的物体可以使用较为饱和明亮的色彩，而远处的物体可以使用较为灰暗和低饱和度的色彩，使画面中的颜色逐渐趋于灰色，表现出远离观者的感觉。

拍照记录：拍摄手工建筑模型时，我们可以巧妙运用不同视角，以表达空间的结构关系和整体布局。一方面，可以将镜头按照人的视点位置伸进空间，从人的视角拍摄，以呈现模型内部空间特征和结构关系；另一方面，可以选择更高的视点进行鸟瞰拍摄，展现建筑与整体环境的关系（图3-20）。

在拍摄时，需注意以下几个方面。首先，确保模型周围背景简洁干净，可以选用黑色底板等作为背景，以突出建筑模型的亮点。其次，要根据设计的意图，选择能够准确表达内部空间特征、结构关系以及体块与环境关系的建筑模型角度，灵活运用鸟瞰和人视角度来拍摄，以突出模型的重要特征。在光线控制方面，柔和的自然光线状态最佳，应优先选择，因为光线对于表现空间的明暗感和进深感至关重要。在拍摄过程中，不断调整构图、光线和角度，确保照片能够完美地展现想要呈现的特点和效果（图3-21）。

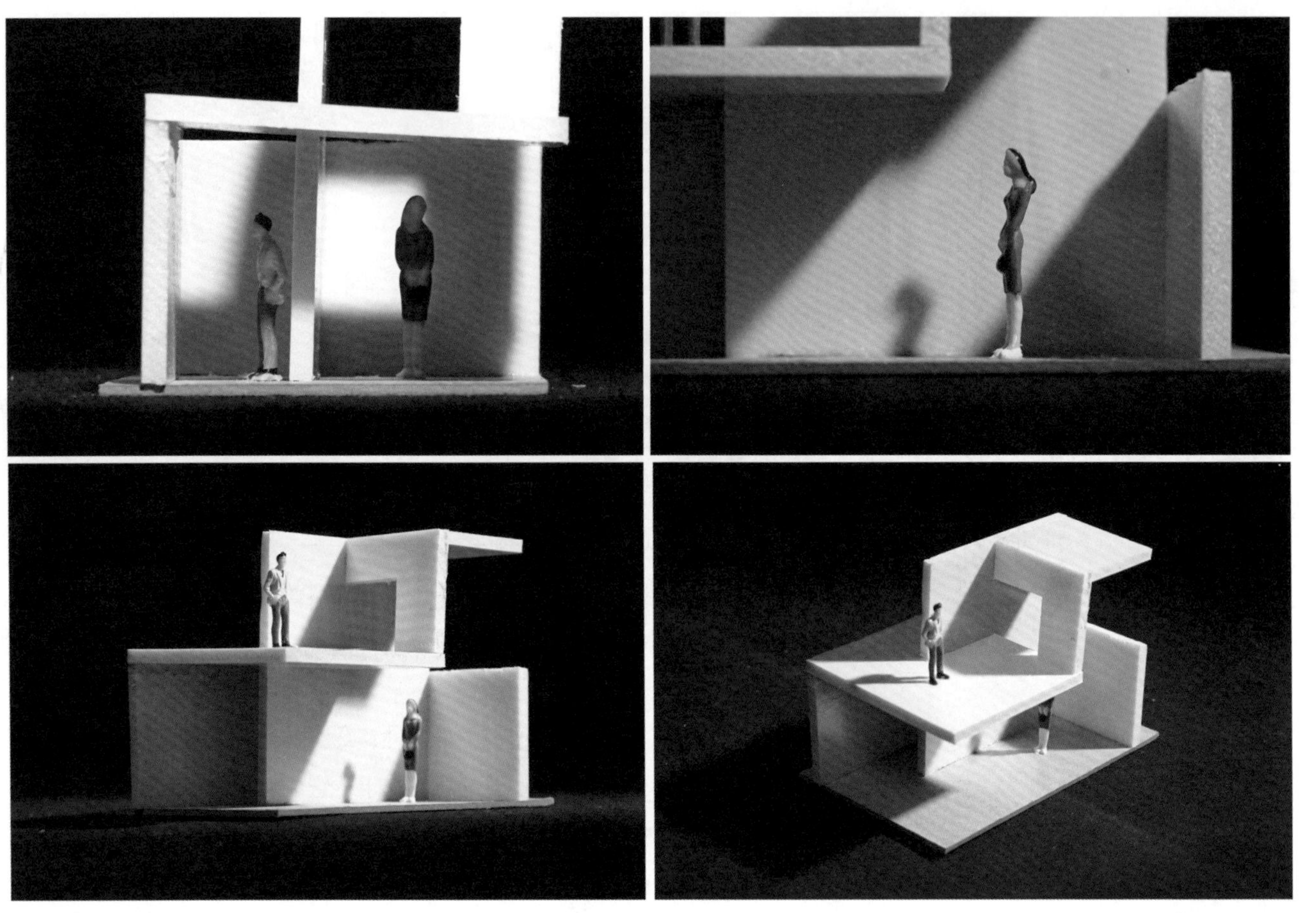

图3-20　拍照记录
来源：作者自摄

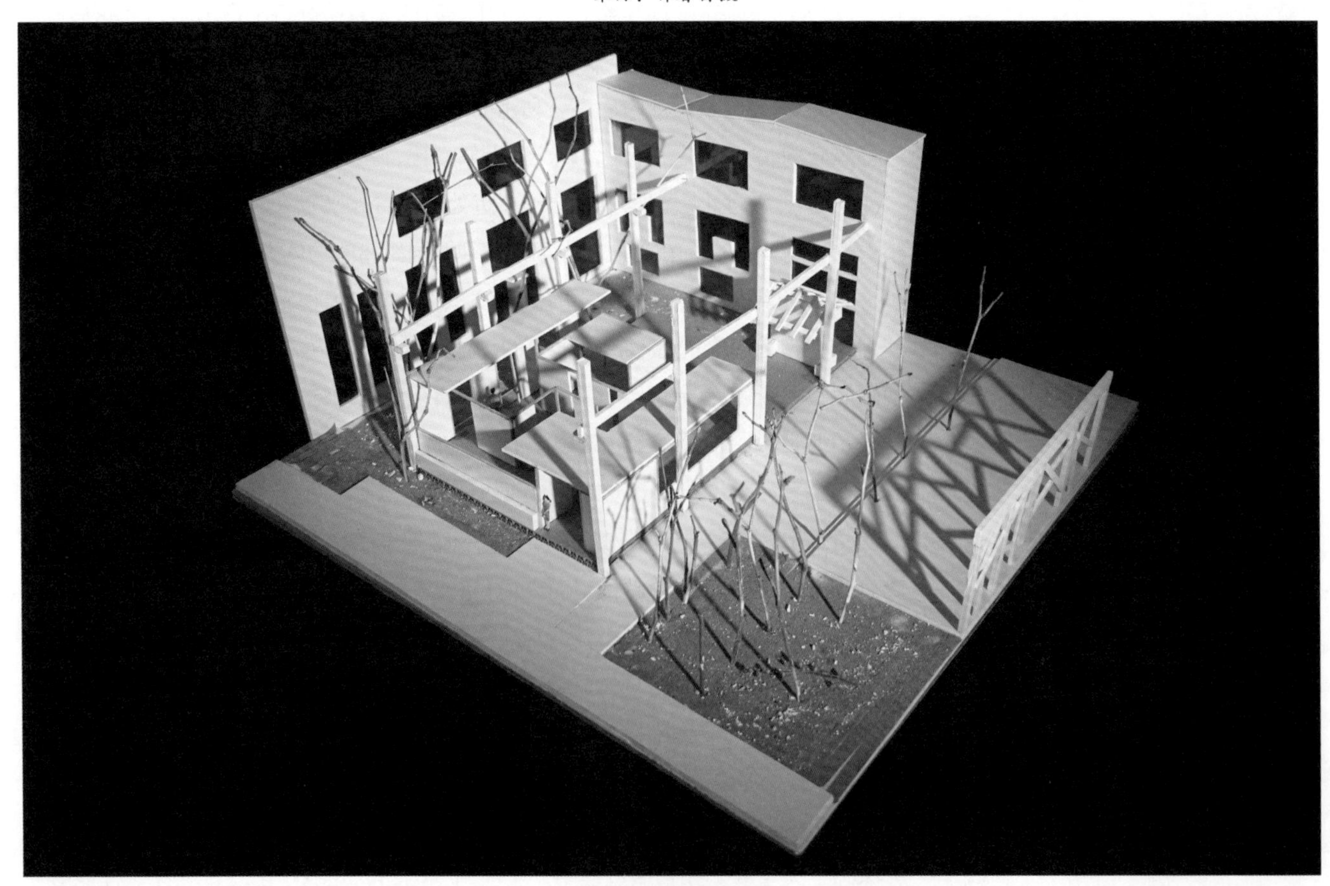

图3-21　模型成果照片
来源：作者自摄

3. 测绘基本知识

1）建筑测绘概述

顾名思义，“建筑测绘”即通过测量建筑获得数据信息，绘制平面图、立面图、剖面图以及轴测图等。

在测绘之前，要知晓本环节的教学目的，可以有的放矢地开展教学活动。首先，测绘是认识和调查研究建筑的重要途径，在这个教学过程中，希望学生们了解建筑的构成、空间、尺度和细部构造，进而培养建筑空间概念、尺度感和设计思维能力；其次，建筑测绘是学习制图的必要过程，习惯了三维世界的认知方式，本专题训练在帮助学生透视化认知方面非常有效，进而掌握建筑研究的基本内容和方法；再次，建筑设计是先有图纸，再依据图纸建造建筑，与之过程相逆，建筑测绘则是从具象的建筑到抽象的图纸，通过反向工作的方式，希望提高制图表现水平、审美能力和分析研究能力；最后，希望在这个教学环节中能够培养团队协作能力，并培养严谨求实的工作态度。

建筑测绘的基本步骤共有六步，即观察对象、勾勒草图、实测对象、记录数据、分析整理、绘制成图。学生在这个专题训练中需要完成三项内容，即实地测稿、整理草图以及正式图纸。

2）工具

尺：在一年级教学中我们常用到的测量工具是钢卷尺，这类卷尺一般不会太长，有3m、5m、7.5m、10m等多种规格，可以基本满足简单的室内空间及家具测量需求。另外还有专门用于测量室外较长距离的皮尺，与钢卷尺的材质不同，皮尺一般采用柔软的材料，且长度较长，有20m、30m、50m、100m等多种规格，皮尺除测量较长距离外，也可方便地测量一些不规则形状的物体。

相机（手机）：在测绘中，相机（手机）主要用来记录被测体的形象及特征。

纸：常用的测绘用纸主要有网格纸、绘图纸、硫酸纸，主要用来记录测量被测体的空间及实体数据。

笔：常用测绘用笔主要包括各种型号的铅笔、钢笔、中性笔、点柱笔。铅笔笔芯的硬度一般软硬适中最佳，尽量选用HB铅笔。

无人机：随着科技的发展，各式各样的无人机也成为主要的测绘工具。空中俯视的角度更利于把握建筑的体块特征、整体形象。

测距仪：测距仪是一种测量长度或者距离的工具，同时可以和测角设备或模块相结合测量出角度、面积等参数。

3）建筑测绘基本步骤

观察对象

测量之初，不是马上从细节开始着手工作，而是需要从整体观察以掌握宏观信息。首先需要在被测量的空间中进行观察，在脑海里构筑起一个类似的空间，掌握空间的组成、各部分的关系、尺度规模等信息，做到心中有数。如有需要，也可以对被测建筑进行拍照，留档记录。

勾勒草图

对被测对象进行初步观察后，要在纸上进行草图的勾勒，对被测建筑的形象特征、体块特点及平面布局进行简单的绘制，以便在测量过程中更好地记录数据。在勾勒草图的过程中，需要注意的是要忠实地记录、测量建筑，切忌主观地忽略或简化某些信息，或者主观地进行修改、设计。绘制草图是测绘成果的最终表现，是测绘工作的重要组成部分，也是后期测绘正式图纸的重要依据，因此，勾画草图应保持科学、严谨、细致的态度。

测绘小组往往三人成组，一人负责绘制草图、记录数据，另两人负责测量，因此绘制草图时切记要规范，要具备很强的可读性，最好存档，方便绘制成图时反复查阅，而不要简单潦草地绘制，致使其他成员难以看懂，这也是注重团队合作的体现。

绘制草图时，有些同学会选用草图纸、硫酸纸，但是为了方便保存和后期查阅，建议选用网格纸绘制，相较于前两种纸张的特点，网格纸更易保存，且不易污损，建议用透明的文件袋将草图妥善保管。

就草图内容而言，应具备三项。第一，务必在每一页测稿上标注测绘项目、图名、日期、测绘者姓名等信息，以便整理存档，万一丢失，再查找时也容易辨识；第二，完整、真实地绘制出测绘对象；第三，如有复杂的细节部位，需要在图上注明，并拍照存档。

开始下笔绘制草图时还要注意一些具体事项：在学习建筑学之前，我们习惯了世界是三维的，但是平面图忽略了竖向维度的信息，只保留二维平面的信息，绘制草图可以非常好地理解正投影的过程，在这个过程中通过训练，矫正透视影响。绘制建筑测量的草图和素描不同，线条需要肯定、清晰，一次成型，而不能多重描绘。通过目测、步量等初步观察方式，尽量做到准确地把握尺度、大小比例等关系，尤其各相关部位的对位关系，如门与窗、柱与梁等都要准确反映。

一年级要求每日完成一张手绘练习，很多同学都喜欢将建筑占满整张纸，而完全没有考虑构图。绘制草图同样需要考虑构图，图占图纸的2/3即可，周围要留白，要给尺寸标注预留空间。

绘制顺序也是同学们需要训练的，很多同学喜欢从某一个细部开始，扩展到整体，这是错误的制图顺序。一般情况下，最好是从定位轴线开始入手，然后绘制柱子，根据柱子再绘制墙体、开门窗，最后深入细部。这个过程和建造房子的过程相似，所以通过绘制平面图要有意识地去理解建造（图3-22）。

实测建筑

测量过程首先可以帮助同学们理解基本的建筑结构和构造；其次可以掌握测距仪、皮卷尺等工具的正确使用方法，而且在其测量过程中可以交叉运用，切实保证测量数据的准确性；最后，通过小组分工与合作，让同学们初步培养建筑设计相关工作所必须具备的团队合作精神（图3-23）。

实测对象时要提前掌握基本方法以及注意事项。

如果条件允许的情况下，同一方向的成组数据必须一次性连续测量，而不是分段测量，再叠加起来，分段测量的每一段可能会有一些误差，累计起来就会出现较大误差。当建筑尺寸很大时，一次性连续测量的长度超过卷尺或皮尺的总长

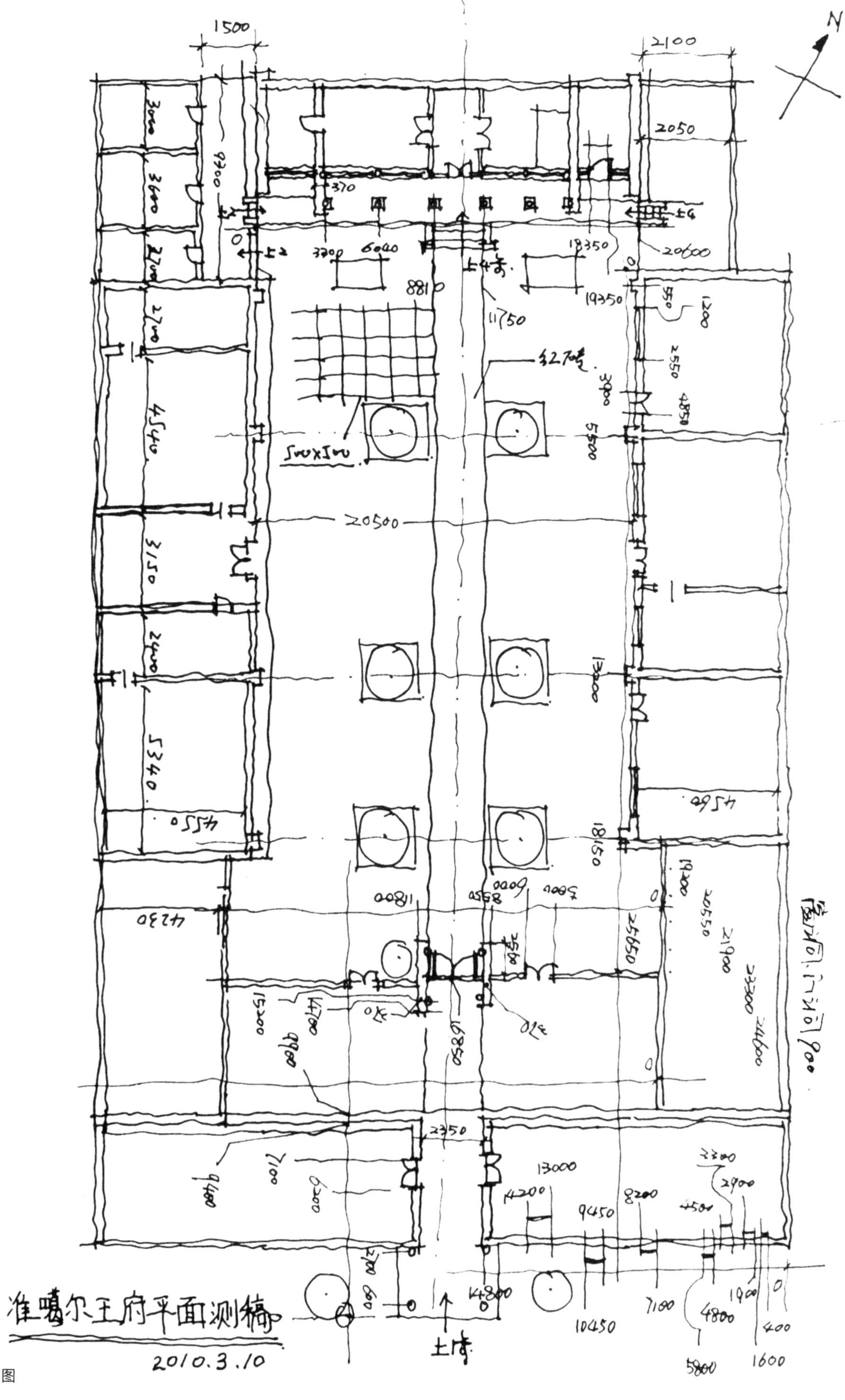

图3-22 测绘草稿图

来源：作者自绘

图3-23 实测建筑
来源：作者自摄

度，可以采用叠加的方法，需要注意的是从哪里结束，一定从哪里开始，中间不可出现空白无数据区域，且尽量不要出现断点。

建筑制图通常以毫米为单位，测绘时亦然，所以读数时不需要读单位，只读数据。但也有例外情况，标高一般采用米作为基本单位。

在竖向测量时要注意地面是否水平，并且要确保尺与地面呈垂直关系。

建筑平面多是矩形，各个房间的平面也多采用矩形，分别测绘四个边后，往往会出现两个平行边尺寸不相同的情况，所以为了保证平面的对称、方正，可以测量对角线。

在测量过程中，难免会出现误差，虽然允许有一定范围的误差，但还是要尽量避免。对测量对象进行测量，还要注意照片的分类存档，以便后期复查细节与数据。

尺寸标注尽量选用与图线不同的颜色，以颜色明亮为佳，这样比较清晰、显眼。对同一边的尺寸，要在一条线上统一标注，而不要分写各处，或者标注线高高低低，以致杂乱无章。

在一年级的教学过程中，常以建筑学院东侧沙龙作为实测对象，根据沙龙室内空间的尺度，使用卷尺是比较便利的工具，测绘方法如下。

测量宽度：首先用右手大拇指按住卷尺头，然后平行拉出卷尺，拉至欲测量的宽度即可。当所要测量的实物表面不平整时，可以借助三角板等工具辅助。

测量高度：以测量室内高度为例，将卷尺的尺头顶到天花板顶，大拇指按住卷尺中部，卷尺再往地面延伸即可。

测量梁宽：首先将卷尺平行地拉伸，形成一个“门”字形，用力顶住梁的底部，梁一边的边缘与卷尺整数数值对齐，再依次推算梁宽的数值。

记录数据

一年级同学可能对长度单位中的厘米和米最熟悉，所以在记录数据前应再次强调统一数据单位，预防由数据单位不同造成的后期数据整理困难与差错。

一般三人组成一个测量小组，两人负责丈量数据，其中一人拿卷尺测量并读尺，另一人辅助测量，第三人则负责记录数据。在记录数据的过程中，当拿卷尺的同学在读尺之后，记录的同学需要复读一遍数值，核实后再记录在图纸上，这是数据记录过程中一个非常重要的细节，是记录者与测绘者在现场的纠错过程，可以最大限度地避免误差。

数据测量难免有误差存在，所以在复核数据时，要注意总尺寸与分段尺寸的关系。总尺寸最好能直接读取，如果分段尺寸相加的结果与直接获得的总尺寸有出入，分尺寸要服从总尺寸，并且将误差分配到每段分尺寸中。

分析整理

建筑测绘是建筑设计的逆向过程，是从实物到图纸的转换工作。分析整理实测对象及数据后，要用平面图、立面图、剖面图、轴测图、局部细节图表达出来。在分析整理过程中要注意二维与三维的关系，平面图与轴测图的对应。

整理测稿是十分重要的环节，首先，对测稿上交代不清、勾画失准或标注混乱之处应重新整理、描绘，以增强可读性；其次，校核并排查遗漏数据。

有时因为测绘过程的误差，或者因年久导致部分构件变形，需要统一尺寸，例如，数量较多的同类构件，如窗、门、栏杆、柱等；相对称的部位和构件，如左右对称的建筑。

4）绘制成图

完成了对实际建筑对象的现场调查、测量，需要将实测数据分析整理，然后用平、立、剖面图表达出来。

绘制成图时要提前知晓以下注意事项。

分析整理数据后，要对图纸进行正确清晰的表达。首先对绘图纸进行版面的设计，进而将总平面图、各层平面图、立面图、剖面图、透视图或轴测图、细部大样图进行合理的填充。要注意平面图、立面图、剖面图表达内容的选取，当有一些细节很复杂，难以表达时，可以简约绘制，再起画另一张图，分别深入各个细部，而不要把所有内容都表现在一张图中。细部的测绘与表达并不是一定需要的，在测绘沙龙时，可能不会有太多的细部需要另起图纸绘制。

成图一定要注意构图均衡、画面统一，与草图不同的是还应注重图面的艺术效果，例如，可适当加绘建筑配景（天空、树木、人物等）及建筑阴影，也可以选择黑白灰或彩色表达。

绘制成图时，有时会发现测绘中有漏量或错量的数据，这不必急于补测，只要及时记录下来即可，待成图绘制完成后，统一补测，否则反反复复测量，影响效率。

在成图时切勿出现“文字+数字”的非专业记录形式，一定要习惯用“平立剖草图+标注”的图示语言来记录。

总平面图

在总平面图中应清楚地表达建筑边界、朝向、地形特点、用地边界、入口位置和与其他建筑的间距等重要信息。平面图表现的内容应包括：

道路位置、幅宽。

相邻地界到建筑物的距离、占地高差。

花坛、树木等绿化。

标注指北针。

总之，通过绘制以上内容，测绘图在总平面图中表达出院落总体布局、院落朝向、各单体建筑位置关系以及各单体建筑面积、院落铺墁方式、排水走向示意等内容。

平面图

绘制平面图的目的是展示实测对象的空间内部格局及具体尺寸。格局通常是通过墙体和内外部环境来划分的，一般来说，平面图是在各层建筑从地面起高1.2～1.5m的位置进行切割、俯视而来，而且建筑每一层的平面都会被单独绘制。平面图表现的内容应包括：

房间的设置。

出入口、台阶、窗、墙的位置。

出入口及房间门开启的方向。

剖切符号、图名、比例以及尺寸标注。

其中最后一项需要特别注意，学生常常觉得这不是图纸的主要内容而忘记。绘制施工图纸时，需要标注三道尺寸线，分别是外包尺寸、开间与进深尺寸、门窗洞口尺寸（包括内部及其他细部尺寸），但是在一年级教学中，我们实测的建筑并不复杂，二道尺寸线即可。

立面图

立面图是描绘建筑内部或外部纵向形式的图纸，不仅可以表现建筑外观的设计，更是表现建筑内部空间和外部形式的联系。立面图表现的内容应包括：

出入口、窗、洞口等开口部分的大小以及位置。

宽大墙砖等外部装饰的纹理。

屋顶材料、外墙材料的接缝以及窗框、格子等。

地基平面。

立面图有以下几项注意事项：在绘制墙面材料纹理时，需要注意尺度问题，以建筑馆为例，外墙采用红砖，在绘制立面时，切记要测量砖的尺寸，并且以图面的统一比例进行绘制。根据以往的教学经验，立面图纸最容易忽略的是地基平面，即立面最底下的一条线，一般略宽于立面，且要画得比粗实线粗一些。为了更直观地看到建筑各部分的前后关系，建筑的外轮廓线需要加粗。

剖面图

剖面图是像切蛋糕一样把建筑切开，舍去一半后从切口处描绘另一半空间的图纸。剖面图可以横切、纵切、斜切或者在不同位置采用不同方向剖切。剖面图表现的内容应包括：

层高、顶棚高、窗高等高度关系。

雨棚等挑出构件。

屋顶及挑檐等的坡度。

各房间地面、顶棚等有高差时，标注尺寸。

地基平面。

剖面图中剖到的部分需要填充，如柱子、梁、墙体，需要注意的是剖面图不要选在一整面墙的位置剖切，如果是这样，就会有大面积的填充，失去了绘制剖面图的意义。剖面图的作用是更好地表达室内空间的关系。

建筑绘图的比例

建筑绘图的比例通常根据图纸类型决定，一般情况可做如下选择。

总平面的比例：1/500、1/1000、1/1500。

平面图、立面图、剖面图比例：1/50、1/100、1/200、1/300、1/400。

节点大样比例：1/5、1/10、1/20。

4. 基本软件应用

好的建筑设计方案创作离不开反复地推敲与修改，在实现设计目的过程中不断遇到问题并解决问题就是这一阶段的主旨。

软件方面，在自己方案草图的基础上，通过三维建模与二维绘图来再现设计，以便从空间及功能等角度与师友讨论，将得到的反馈进行修改后重新生成新的草图，或是直接于模型及图纸上进行推敲深入。总之，这一阶段的工作就是软件与草图的相互促进，在有限的时间，将上述过程反复循环，可以将自己的设计方案尽可能地完善提高。

方案设计阶段的主要工具如下所示。

三维建模：Sketch Up、Rhinoceros、Revit等。

二维绘图：Auto CAD、Revit等。

当设计方案经过深入完善，达到可以出图的程度时，就需要一些软件的润色加持。将自己的设计通过图纸准确而美观地表达出来，是这一阶段努力的方向。

模型层面，渲染器的作用是将平淡无奇的模型通过添加材质及灯光，使其达到类似于实景照片的效果，这之后，将渲染完成的效果图在图像后期软件里进行调色，添加细节等操作，最后就能得到完整的效果图。

绘图层面，用绘图软件绘图也可以在图像后期软件中添加配色、细节等操作，最后能够得到完整的技术图纸。

排版软件的作用是将后期处理完成的图片进行编排，并添加注释，经过上述一系列流程，建筑便完成了从方案到图纸的深化表达。

方案表达阶段的主要工具软件如图3-24所示。

渲染器：Enscape、Vray、Lumion、Twinmotion、Thea等。

图像后期：Adobe Photoshop。

排版出图：Adobe InDesign等。

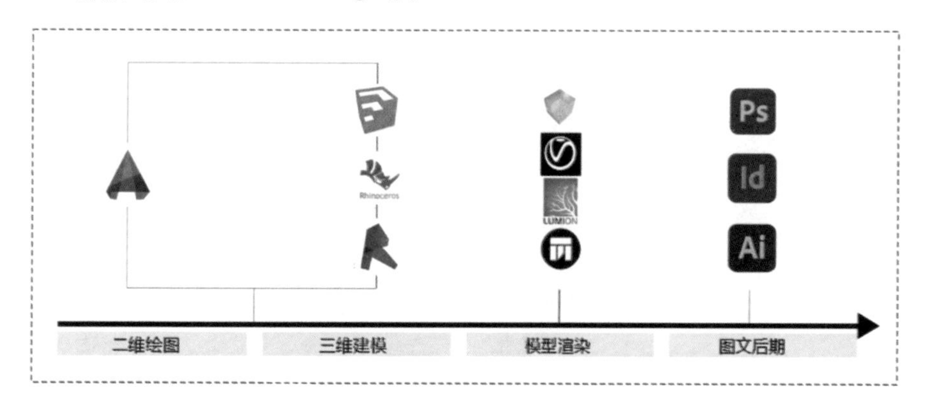

图3-24　工具软件
来源：作者自绘

1）Sketch Up：方案推敲阶段及模型生成阶段的3D建模软件

简介：Sketch Up，即SU，也叫草图大师，是一款面向设计方案开发的三维设计工具。不同于二维的图纸，SU可以直接将我们的创意通过三维模型的形式反映在计算机显示屏上，其创作过程不仅能够充分表达自己的思想，而且完全满足与他人即时交流的需要。

特点：作为一个典型的三维建模软件，SU上手更容易，推拉体块也相对简单，创建规整的模型特别方便，适合初学者学习与使用。在方案推敲阶段及模型生成阶段，由于其简便易用以及良好的软件兼容性，是建筑建模中使用得最多的软件。如今在诸多插件的加持下，SU已经能够处理曲面异形，并且完成大部分建模工作，满足各种设计的需求。但是相比Rhino软件，由于软件自身特性，SU的曲面建模会更加麻烦一些，一般只进行小尺度的曲面建模，无法处理较为复杂的模型。

应用场景：SU支持导出各种常见的文件格式，在大学低年级时期的设计课程里，利用SU建立三维模型，使用剖切工具处理，再设置平行投影，就能得到平面图或者剖面图，虽然不够精确，但能够满足此阶段大部分需求。

操作界面：SU基本的操作界面如图3-25所示，最上部分为菜单栏，其下方是工具集，可放置外部导入的插件（可以通过菜单栏中的扩展程序进行管理）。此外，界面左侧也可以放置工具集，根据自身操作习惯调整。界面右侧是默认面板，是模型的细节显示，也可在此处对模型进行调整。

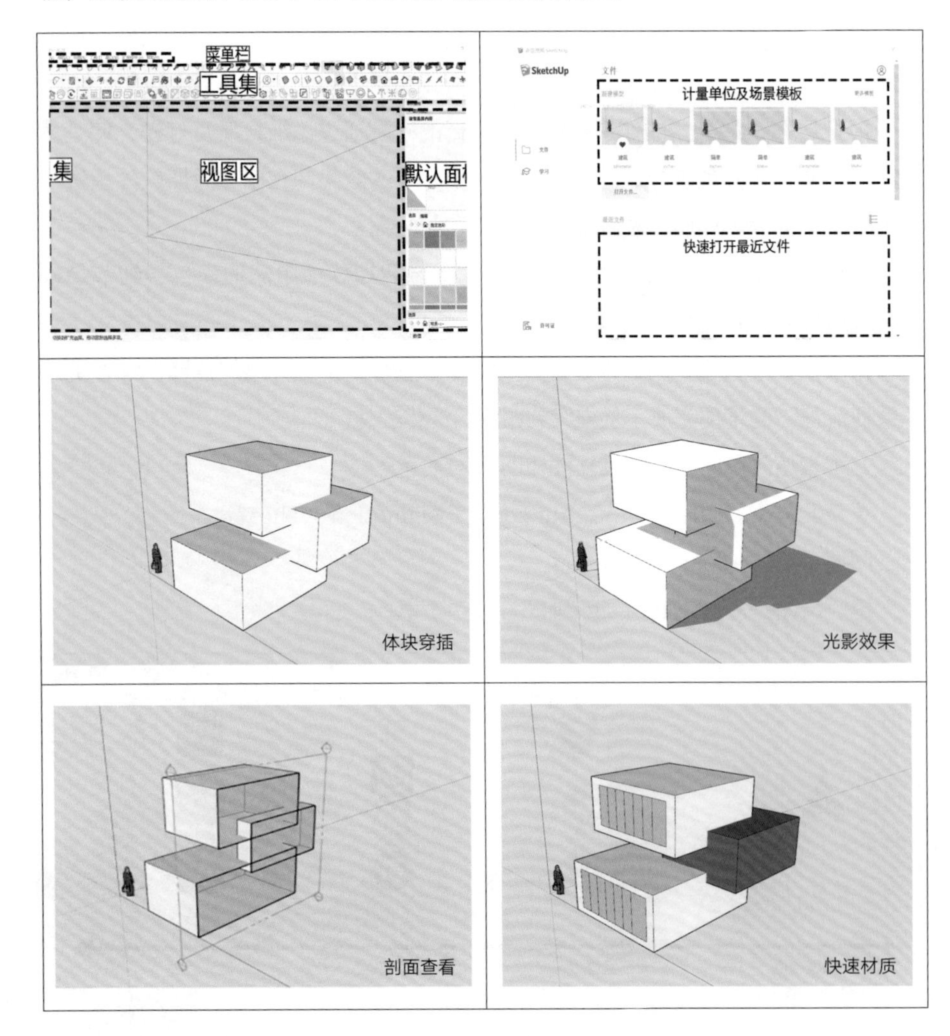

图3-25　Sketch Up操作界面
来源：作者自绘

2）Rhinoceros：擅长曲面与参数化建模的专业3D造型软件

简介：Rhinoceros，即Rhino，也叫犀牛，是一个强大的专业3D造型软件。当SU的规则方盒子不能满足设计需求时，Rhino所提供的曲面工具可以精确地制作所有拥有天马行空造型的模型。Rhino不受复杂度、阶数以及尺寸的限制，它也支持多边形网格和点云。但是相对于SU，Rhino的上手难度更高，对建模思路的准确性要求也更高，其复杂性不利于方案推敲阶段的反复修改，它需要更高的熟练度才能灵活驾驭。

特点：Grasshopper，即GH，是一款可视化编程语言，它作为Rhino的插件，基于Rhino平台运行，是参数化设计方向的主流软件之一。与传统设计方法相比，GH的最大的特点有两个：一是可以通过输入指令，使计算机根据拟定的算法自动生成结果；二是通过编写算法程序，机械性的重复操作及大量具有逻辑的演化过程可被计算机的循环运算取代，方案调整也可通过参数的修改直接得到修改结果，有效地提升设计人员的工作效率。

应用场景：Rhino最初定义是工业建模软件，根据功能可以广泛地应用于三维动画制作、工业制造、科学研究以及机械设计等领域。Rhino所提供的曲面工具可以精确地制作所有用来作为渲染表现、动画、工程图、分析评估以及生产用的模型。Rhino可以创建、编辑、分析和转换NURBS曲线、曲面和实体，并且在复杂度、角度和尺寸方面没有任何限制。随着建筑学习的推进，有时需要进行复杂曲面建筑模型的建立，乃至结合参数化的设计方案，在这些情况下，Rhino都具备较强的应对能力。此外，在方案较完善时，得益于逻辑化的建模流程，Rhino建立的模型相较于SU所建模型能更方便快捷地根据需求进行修改，“牵一发”即可“动全身”，一定程度上避免了重复劳动。

操作界面：菜单栏集成了Rhino常用的命令及设置；指令栏所展示的主要是使用命令时的执行状态、提示下一步操作、参数设置选项及显示操作命令的分析结果等一系列提示类信息；子工具列所展示的主要是对Rhino的命令进行聚类整合；主工具列作为Rhino建模中最常使用的部分，以图标的形式进行呈现；工作视图即建模操作时的模型显示视窗，默认设置下为顶视图、前视图、右视图、透视图四部分组成（图3-26）。

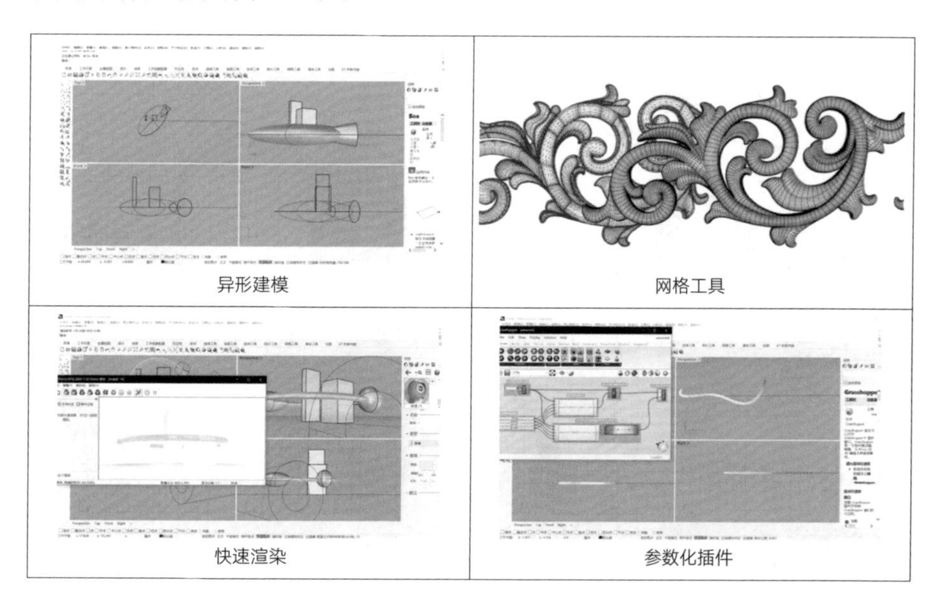

图3-26　Rhinoceros界面
来源：作者自绘

建筑常用渲染器一般有两个重要的属性，即速度和质量，且二者难以并存。

Vray、Thea之类的渲染器属于牺牲了速度而追求质量的类型，渲染一张正图少说也要好几个小时，多则需要一整天，这要视硬件设备的配置及操作的熟练程度而定。这些软件一般上手相对较慢，可以调节的参数非常多，不过潜力极大，只要会使用，其渲染质量无上限（在建筑需要的范围内）。

Lumion、Twinmotion、Enscape之类的实时渲染器走的是另一条路，牺牲质量而追求速度。它们的画面水平上限很明显，很难做出那种以假乱真、细节丰富的渲染，基本上只能在建筑行业里使用，但是优势在于上手简单，速度快，实时显示结果，放置人、树、车、家具之类的配景模型很方便。

3）Enscape：拥有出色交互框架的模型渲染插件

简介：Enscape，即ENS，是一款SU的可视化插件，支持一键渲染和VR漫游体验，可导出图片或影片等文件（图3-27）。

特点：相对于Lumion和Twinmotion这两个同类软件，Enscape最大的优势在于它是Rhino与SU的插件，所以不需要将模型导进导出。在实际工作中进行大量修改设计时，经常在修改后想要即时观察渲染效果，这时如果还要进行模型格式转换就会耽误较长时间，而Enscape的优势就在于，只要设置过一次大致的环境参数和材料，之后每次修改完模型，直接显示渲染结果。

另一个有趣的特点是，Enscape拥有更符合建筑师需求的出色的交互框架，例如：在渲染视图里可以按空格键自动切换到人视角度；可以在背景贴图最亮点自动匹配太阳位置；放置车树人模型时更灵活；具有效果良好的白色模式。这些贴心的设计小细节会让人对软件产生亲切感。目前Enscape的功能其实还不是很齐全，但对于初级阶段的设计即时渲染工作已经可以完全胜任。

应用场景：Enscape不会取代Vray在效果图公司的地位，但是由于它极高的效率，在建筑设计公司内部使用广泛，前景极大。对于建筑学入门阶段的学生来说，主要是加强方案层面的思考，并不需要专业做效果图，由于课业繁忙，新生可能也没有太多时间去研究专业效果图。所以Enscape渲染器对于这个阶段的设计表达较为理想，至少用于表达设计效果已经足够。

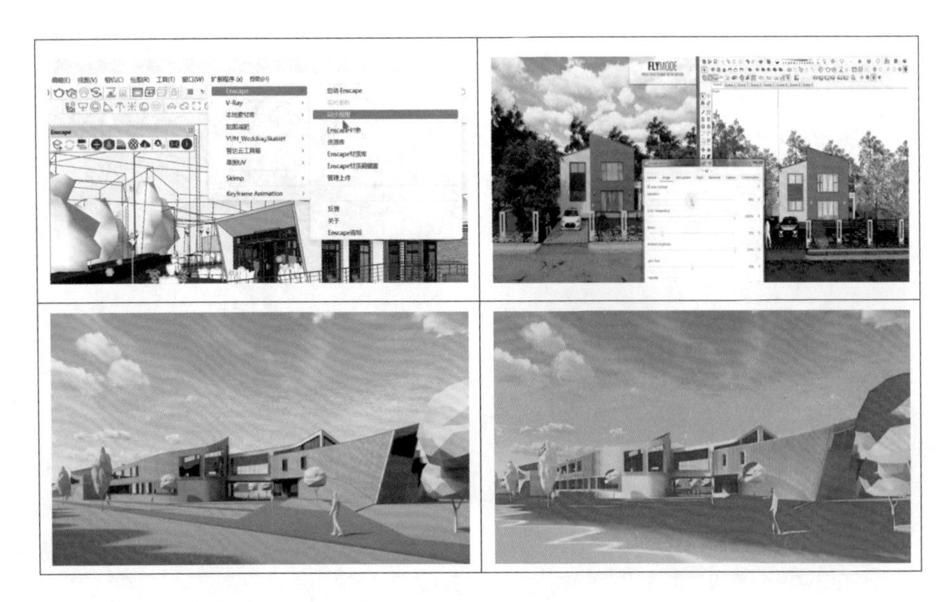

图3-27 Enscape界面
来源：Enscape官网教程

4）Adobe Photoshop：图像加工处理的全能型软件

简介：Adobe Photoshop，即PS，是由Adobe公司开发的图像处理软件。Photoshop主要处理以像素所构成的数字图像，使用其众多的编修与绘图工具，可以有效地进行图片编辑和创造工作。在制作建筑效果图以及许多三维场景时，人物与配景乃至场景的细节常常需要在Photoshop中增加并调整，以达到符合要求的图面效果。

特点：Photoshop的专长在于图像处理，而不是图形创作。图像处理是对已有的位图图像进行编辑加工处理以及运用一些特殊工具进行图层操作、滤镜操作、文本操作等，以达到预期效果；图形创作软件是按照自己的构思创意，使用矢量图形软件等来设计图形。

应用场景：PS作为跨学科泛用的图像处理软件，不管在学习还是工作中都经常使用，其必要性自不待言。计算机配置较低时推荐PS CS6版本的软件，其中包含相对完善的功能，可满足大部分使用场景。如果是正常配置的计算机就推荐PS CC的较新版本，PS CS和PS CC是两个系列，PS CS在前，是比较早的版本，但是操作方式没有太大差别。

操作界面：菜单栏在界面最上方；选项栏用来设置工具选项，根据所选工具的不同，选项栏中的内容也不同；工具箱提供了约65种工具，包含了所有用于创建和编辑图像的工具；面板用来设置颜色、工具参数以及执行编辑命令；状态栏位于文档底部，它可以显示文档的缩放比例、大小，以及当前使用的工具等信息（图3-28）。

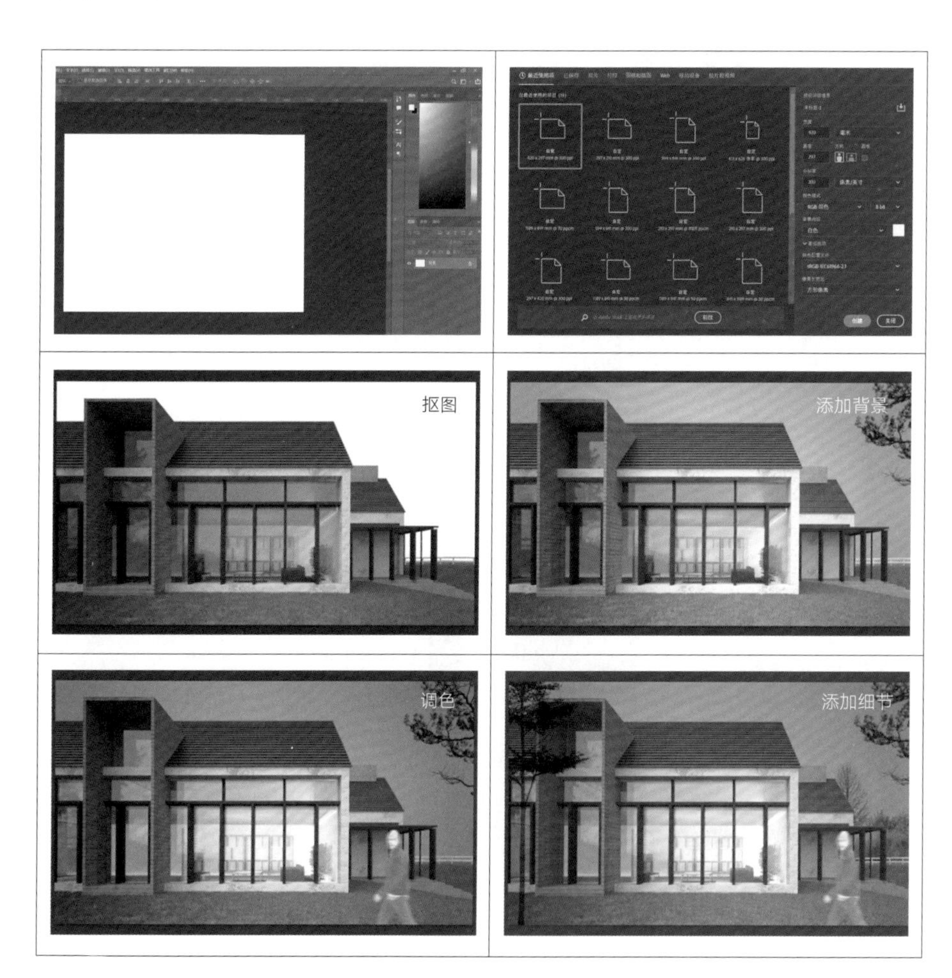

图3-28 Adobe Phoposhop界面
来源：作者自绘

5）Adobe Indesign：一款出众的排版软件

简介：Adobe Indesign，即ID，是由Adobe公司开发的桌面出版软件，主要用于各种印刷品的排版编辑，对文章、报纸、杂志等文字编辑工作有着强大的支持。Indesign对于文案及图像工作者来说使用较为简单便捷，可以很轻松地将文字创作和图像作品进行更美观的编排。

特点：Indesign可以将文档直接导出为PDF格式，而且有多语言支持，在文本处理以及字体选择上有着强大的功能，另外还有图层样式、自定义裁切等图像处理功能。

应用场景：ID与AI、PS等的联动功能，界面的一致性等特点都受到了用户的青睐。Adobe设计套装中，PS处理的位图，AI绘制的矢量图形、插画等，可以直接置入ID里排版。有PS基础学ID其实很简单。

操作界面：拥有Adobe基本界面布局，由菜单栏、属性栏、标题栏、工具栏、面板栏、画板以及状态栏组成（图3-29）。

文字编排　图片无损导入

图片处理　AI与ID的便捷协作

图3-29　Adobe Indesign界面
来源：Adobe官网教程

6）AutoCAD: 功能强大的矢量绘图软件

简介：AutoCAD，有时简称CAD，是Autodesk公司开发的自动计算机辅助设计软件，用于二维绘图、详细绘制、设计文档和基本三维设计，现已经成为建筑行业不可或缺的绘图工具。CAD具有广泛的适应性，它可以在各种操作系统支持的计算机和工作站上运行。

特点：CAD作为矢量画线软件，主要用于绘制方案的线稿和设计施工图纸，CAD不仅能完成二维平面制图，也能进行三维建模或参数化设计，但是在建筑设计领域内，三维建模一般选择其他软件。

为了进一步提高工作效率，基于CAD也诞生了许多二次开发软件，其中建筑系学生使用得最多的就是天正建筑，其操作及功能都更符合国内建筑行业的需求。天正建筑与CAD的主要区别是绘图要素的变化：CAD的绘图元素是点、线、面等几何元素；天正建筑的绘图元素是墙、门、窗、楼梯等建筑类元素。

应用场景：CAD对于建筑行业的重要性自不必说，属于建筑学专业的必备软件，可是在低年级的学习阶段还是主要以建筑认知以及模型、手绘表达为主，中高年级的学生则需要通过学习这类软件，掌握计算机制图的方法。

7）适合建筑学生的网站

（1）建筑学院 。建筑学院是一款相对全面的网站兼App，其中有许多优秀的建筑案例分析、建模出图教程以及讲座公开课资源，甚至还有实习生招聘的信息。

（2）谷德设计网。谷德设计网主要分享一些实际项目的案例分析、建筑师访谈以及工作招聘专栏。

（3）有方空间。在案例分析的基础上，有方空间的特色内容是有建筑新闻报道和游学信息。

（4）ArchiDaily。Archdaily提供了较多国外的建筑项目及咨询。

（5）Architizer。Architizer有“建筑师的Facebook”之称，是一个引领全球建筑潮流的平台，其中的每个项目都有详细的文章介绍。

（6）Divisare。Divisare的网页界面简洁，案例分类细致，通过地点、功能、颜色、材质甚至设计思路等多方面对建筑作品进行划分，可以通过更加精确的检索快速找到自己想要参考的案例。

8）适合建筑学生的公众号

学习建筑过程中，学生需要进行多方位的资料收集、要闻跟进。关注一些质量较高的公众号以提高自身建筑修养。如何判断公众号的质量？首先，各大知名建筑院校的官方公众号是必不可少的，如天津大学建筑学院公众号、东南大学建筑学院公众号等，以及诸多优秀建筑期刊公众号，如建筑学报、新建筑等；其次是知名建筑案例网站公众号，如Archdaily、有方等；最后还要懂得慧眼识珠，在一众私人或小众建筑公众号中找到宝藏，成为自己独特的建筑知识来源。

5. 模型拍照与实景照片合成

1）拍摄设备

相机：在调试相机时，首先建议采用光圈优先模式（A/AV档），设置较小光圈时，会形成较大景深，可以获得更多的细节表现。

其次要注意合适的曝光时间和曝光模式，宁可欠曝（曝光不足）也不要过曝（曝光过度），因为画面呈暗灰色调要比高亮色调更容易进行后期处理。还要注意使用尽可能低的ISO（感光度）数值，保证画质。一般来说，ISO越高，画面呈现的噪点越多，除非环境光非常暗，尽量不要用高ISO值。另外，要使用三脚架及快门线，以保证相机的稳定，获得更好的画面质量。

手机：用手机进行模型拍摄，首先需要注意的是一定要保证镜头的干净，镜头上只要有个小污点就会导致手机对不上焦。曝光上的要求和相机一样，常见品牌的手机在打开相机功能的界面下，用手指接触屏幕几秒即可激活对焦和曝光调节功能，出现调节图标时向下拖动对焦圈旁边的小太阳即可，小太阳为测光框，可以移动到测光点，也可以沿线上下移动进行曝光高低的调节。

推荐使用手机相机专业模式来调节。另外，手机也可以利用三脚架进行固定，为了保证画面质量，尽量不要手持拍摄。

三脚架：在拍摄工作中，首先需要清楚的是，细微的抖动对拍摄画面的影响都是巨大的，使用三脚架可以防止手持带来的抖动，使得镜头进光更加稳定，获得的画面更加清晰，质感更高级；其次，三脚架的精准性可以辅助构图，三脚架的缺失可能使整个构图失去控制。

灯光组：过去常用钨丝灯营造灯光照明，为早期电影打光的必备灯具之一，但由于其低寿命、高耗电、灯体温度高等缺点，近年来更常用的是LED补光灯，它拥有所见即所得的效果，适用于任何场景，且光线均匀稳定，较不受限于拍片空间和环境，使用寿命长且环保。在模型拍摄过程中，常常需要两个及以上的光源，所以在有需要时，除了1～2个大的补光灯，还可以使用小灯管，甚至手机闪光灯等设备来达到理想的打光效果。

除了需要掌握灯具的特色，让他们发挥最大效果外，适时利用控光工具，对场景内的光线进行必要的增减，也是创造理想画面的关键。以下介绍两种控光工具，一是反光板，顾名思义是以反射光源的方式照亮模型，创造出较为柔和的光线，并借此控制光线方向、阴影范围等。而不同反光板也能依其表面材质及颜色，呈现不同程度的反光效果，进而达到理想画面；二是柔光板，有时也能用柔光球、柔光箱或者硫酸纸、纱布等轻薄材质代替，通常放置于光源之前，光线穿透柔光板后能将直射光转化为漫射光，使原本对比较强烈的眩光变为柔和的光线，借以减少阴影的出现，使影像画面更加柔和。

静物台：在模型拍摄时，购买静物台不是必需的，由于其固定性，许多现成的静物台甚至无法满足建筑模型摄影需求。一般需要自制一个静物台，可以用置物架改装，以方便自己改变高度，因为高度太低或者太高会影响打光效果。自制的静物台搭配纯色布景，便能营造一个方便使用的室内摄影场地。

2）拍摄技巧

背景

选择建筑模型背景，首先需要结合模型的材质及色调，选择合适的拍摄场景；其次要强调背景的纯净，不能产生杂乱感；最后需要考虑模型在背景中的构图、比例等因素。

室内摄影棚：室内摄影适合大部分建筑模型拍摄。首先，专业的黑色和白色摄影布是最好的选择之一，粗糙的表面可有效地防止拍摄反光，形成良好的背景，能达到陪衬和突出模型的作用，满足大部分模型的拍摄需要；其次，可以根据模型的材料选择背景颜色，除了黑白两色，灰色和卡其色等也是不错的背景色，可以在模型角的底板和背板衬上灰色卡纸或牛皮纸等其他材料来营造特殊背景（图3-30）。

室外自然环境：如利用自然光在室外拍摄，则会有更多的拍摄背景选择，这时要注意配景的尺度问题，合理选择拍摄背景，避免在画面中出现与模型尺度感不协调的树木或花草。天空和水面是任何时候都不会出错的绝佳背景。

光线

对于模型的拍摄，光源的设置是非常重要的一项内容，合适的光线可以突出模型的特点，传达设计者对形态和空间的构想。

室内摄影灯光：室内拍摄建筑模型需要的人造光源，一般分为主光和辅光两类，由若干个灯具组成，要合理地分配主光和辅光，才能拍摄出理想的照片。

轴测角度的照片要突出模型的立体感，营造立体感需要借助光线形成明暗灰的变化，主光是摄影照明的主要光源，用主光照明能在画面上形成一个明确的视觉中心，吸引观者的视线。主光在画面上只能有一个，如果同时出现两个或两个以上的主光，就会形成多个中心，使人的视觉中心转移。

作为主光的灯具最好放在建筑模型的侧面，与被摄物成30°～60°。角度过小，被摄物阴影较大；角度过大，则光线就比较平淡。辅光也叫副光，对主光照明

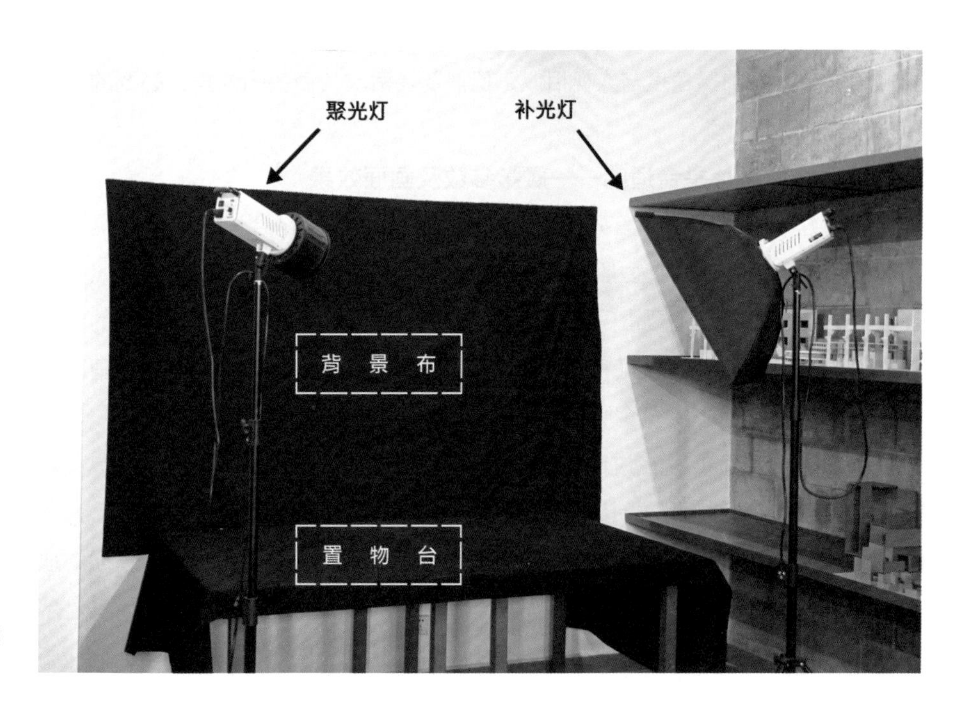

图3-30 室内简易摄影棚
来源：作者自摄

起补充作用，适度冲淡主光所造成的强烈阴影，得以表现景物阴暗面的细部。辅光使光线层次更丰富，使模型的立体感更强。辅光的布光位置一般靠近相机，其亮度应低于主光，否则会造成主次颠倒，影响灯光的造型效果。辅光的高低也需要适当调整。除了模型灯，也可以用小灯管或者手机的手电筒功能打辅光。

室外自然光：在室外利用自然光拍摄时，首先要考虑的是合理选择拍摄时间。上午八点至下午四点左右的日光受大气漫反射的影响较小，呈现的是最能反映出模型材料固有色的白光，过早或过晚拍摄，色温的变化将会引起图片偏色。正午的太阳照射点最高，不利于建筑模型的拍摄，因为此时建筑模型所呈现的光影效果不理想。其次要正确选择光源入射角。有两种拍摄方法，一是选择一个最佳的固定拍摄角度，保持相机和模型的相对位置关系不变，在不同的光线角度下进行拍摄；二是把模型按实际的朝向进行摆放，即固定模型与光线的角度，改变相机的位置对模型进行多角度拍摄。前者突出光影效果，后者注重的是真实效果，可以根据需要选择不同的拍摄方法。

3）拍摄角度

一般建筑模型的拍摄角度有人视、鸟瞰及内部。在模型拍摄前，需要提前设想好自己需要的拍摄角度及构图关系，以免造成拍十张只能用一张甚至一张都用不上的窘迫状况。

人视：人视角度一般选择的高度在1.5m左右，可以借助两个和模型比例一致的尺度人来确定视平线的准确位置，将镜头上下移动直至两个尺度人头部位于同一水平线位置即可。

鸟瞰：拍摄鸟瞰角度照片时，较理想的情况是使用相机配合三脚架从较远的高处进行拍摄，借助焦距的改变把模型放置在画面中合适的位置上。如用手机拍摄，可在同样的位置上拍摄，此时模型在画面中只占据比较小的一部分，拍摄完成再进行剪裁，得到一张构图合适的照片。手机受像素和感光元件限制，不建议改变焦距拍摄轴测角度照片。

内部：内部拍摄注重模型的空间感，是最能表达自己在细节处的设计构想的拍摄角度，这种拍摄角度与人视相似，但需要灵活改变镜头的位置，必要的时候可以对模型进行拆解。

什么样的照片是合适的——摄影参数及画面效果

学习建筑模型摄影，首先要明确什么样的画面效果是合适的，俗话说“眼高才能手高”，合适的模型照片要朴素有力地表达模型想要说明的内容。照片的图面效果及色彩状态主要由手机或相机的相关参数来控制（手机摄像功能的专业模式可以调出各种参数界面），下述照片列举的是模型摄影时容易遇到的画面问题，以下部分是通过介绍各种参数的控制效果来规避这些问题（图3-31）。

曝光：曝光可能存在过曝与欠曝的问题，这两种情况对应到的曝光参数是EV，调整曝光参数可以决定进入镜头的光线量，也就是调整画面的亮暗。为了得到朴素而真实的照片，整体画面必须清晰明确，不能过曝也不能欠曝，通俗地讲，照片内容中，主体不能有太亮而只显示白色的区域，也不能有太暗而只显示黑色的区域（图3-31），这些区域会导致图片表达内容的缺失，不管后期如何调

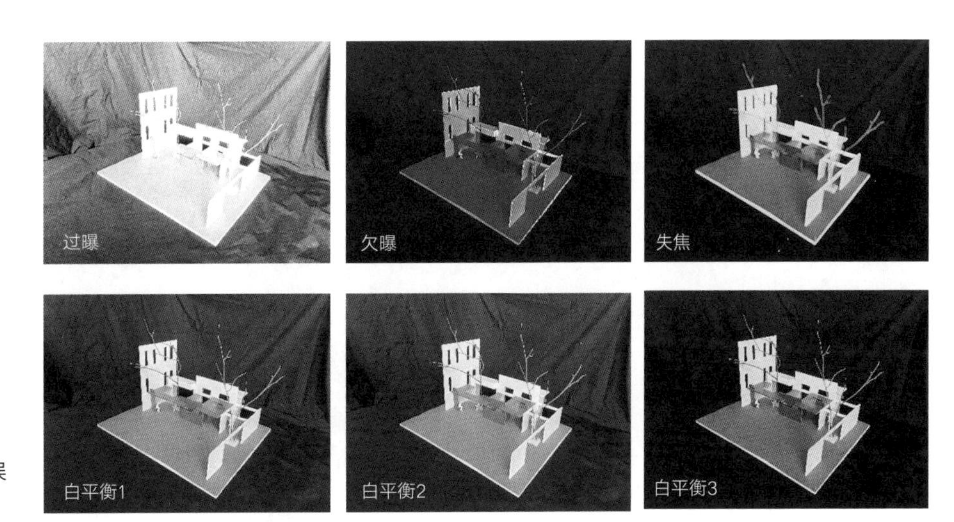

图3-31 各种常见拍照错误
来源：作者自摄

整，已损失的色彩信息无法恢复。此外，感光度（ISO）可以改变镜头对光线的敏感度，ISO数值越高，画面越亮，ISO数值越低，画面越暗，调整感光度也可以解决曝光问题，但需注意的是，ISO大于800时，照片会有噪点或雪花状。

对焦：对焦（AF）的位置及焦距大小可以决定画面的清晰与否，说简单点就是画面中有各种元素，当我们的焦点在哪个部分时，该部分就是最清晰的。上述失焦图片就是焦距不合适导致的画面模糊，需要注意规避。

色彩平衡：光线是有颜色的。例如上述白色模型，在黄色光照下会偏黄，在红色光照下会偏红。这时用相机的白平衡（WB）调整色差，确保白模型拍出来就是白色的。

模型摄影不需要特别专业的拍摄技巧，调整好主要的参数数值，明确了合适的图面效果，就能得到朴素而清晰的模型照片。

拍摄前的准备工作——场景布置及光线关系

拍摄模型照片前首先要进行场景布置，对于建筑模型而言，不同阶段的方案所需要的摄影场景是不同的（图3-32）。

摄影棚：在方案表达阶段，我们的模型最终效果的展示，需要足够清晰而富有空间感的拍摄场景，有条件的话，可以采用摄影棚拍摄，来达到最好的照片效果。一般的模型摄影棚需要背景、平台以及灯光组，有时背景和平台可以用静物台替代。对于白模型来说，黑色摄影布铺成的背景更有利于效果表达，但无论如何，摄影棚背景需要纯净统一，不能产生杂乱感，否则容易喧宾夺主，不利于突出主体；平台用来放置模型，将模型抬高，满足打光及拍摄角度的需求，例如人视效果图，没有抬高的模型很难捕捉合适的角度；对于灯光组，补光设备常用的是LED补光灯，它拥有所见即所得的效果，光线均匀稳定，较不受限于拍片空间和环境。实际拍摄中，一般需要两个或以上的补光灯，分做主辅光，来满足模型的光影效果。除了需要掌握灯具的特色，让它们发挥最大效果，适时利用控光工具，如反光板及柔光板，对场景内的光线进行必要的增减，也是创造理想画面的关键。

简易摄影棚：值得一提的是，如果没有使用摄影棚的条件，也可以通过身边的物件在宿舍或者教室搭建一个简易摄影棚。背景利用墙体或大画板，铺上纯

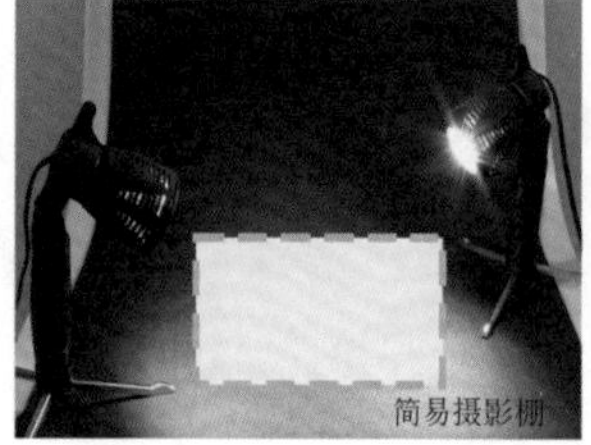

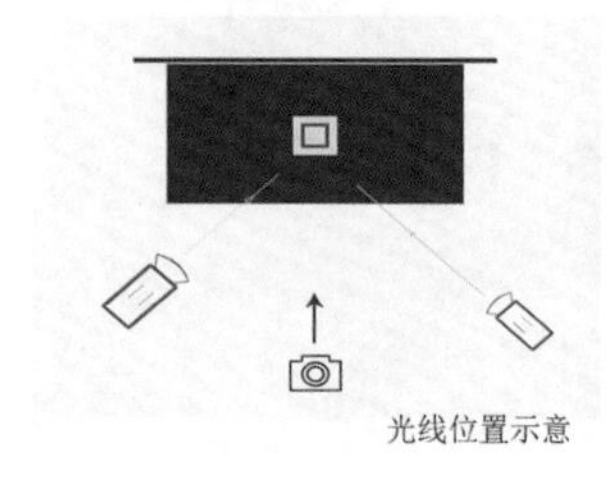

图3-32 不同拍摄场景
来源：作者自摄

色磨光纸面或者布料；平台可以用桌椅或画板代替；台灯、小灯管、手机电筒都可以作为补光设备，硫酸纸、镜子可以做控光工具。另外需要注意的是，室内灯光不能比补光强，否则会对光影效果产生影响，必要时可以关闭室内照明进行拍摄。总之，积累一定经验，简易的设备也能拍出理想的效果。

自然光场景：在方案推敲阶段，我们的模型只需要看实时效果，以应对下一步的调整修改，所以更注重快捷方便，适合自然光场景的拍摄。自然光场景主要追求模型的光影效果，所以一般选择上午或者下午有着合适照度且方向感强烈的光照环境。但由于不再有像摄影棚那样纯净的背景，环境中的建筑、植株都会和模型产生尺度对比，需注意选择合适场景进行拍摄，避免产生违和感。通常情况下，室外场景应尽量简单，不能有过多元素，这样不仅方便后期操作，还能突出模型这一主体。

建筑需要融入环境才算完整，模型也要有合适的场景才能得到表达，拍摄模型照片，场景的成功就是照片的成功。

光线位置关系：光位是指光源投射光线相对于被摄物体的位置或角度。通常情况下，光位有顺光、前侧光、全侧光、侧逆光、逆光、顶光和底光。其中，顺光又称正面光，其光线投射方向跟相机镜头的拍摄方向一致。顺光下的物体阴影少，立体感不强，无透视，较不适合模型拍摄；前侧光的光源位于相机左侧或右侧，被摄物形成明显的受光面、背光面和投影，光比适中，立体感强。前侧光是较合适的模型外部摄影光位，结合主辅光布置关系如图3-32所示；全侧光又称正侧光或阴阳光，光线投射方向与相机镜头的主光轴成90°左右夹角。立体感很强，明暗反差大；侧逆光又称后侧光，光线投射在被摄体左侧或右侧的后方，并与相机镜头的主光轴成135°左右夹角。能较好地表现出被摄体的轮廓美感和立体感，增强画面空间感；逆光是一种来自被摄体的后方，正对着相机镜头的一种光线。常用于拍摄剪影效果，也可以作为轮廓灯或者拍摄半透明物体时使用；顶光和底光分别指从被摄物的上方及下方照射，常用于模型内部的人视效果拍摄。

色彩及阴影细节：在清晰表现色彩和光线细节方面，需要保证色彩平衡恰当及光线的和谐。例如，在偏黄的灯光上罩上一层蓝色玻璃纸，可以调整色彩平衡，用硫酸纸遮挡模型中的窗户可以避免眩光，用柔光板、硫酸纸控制光源可以使模型阴影更加柔和。

人视效果图要点：一是立面角度效果图，其打光规则与上述鸟瞰角度较类似，只需改变光线的高度，使模型立面清晰、美观，并能在各个洞口明确表达阴影效果；二是室内效果图，相对于相机拍摄，这一类效果图用手机拍摄更为合适，手机打光更加自由，拍摄角度更为灵活，更具创造力，需要根据模型特点，先固定摄像头，再通过不断变换灯光设备，找到最合适的位置关系。

拍摄时的注意点——模型的内容表达及整体构图关系

快门按下的瞬间，模型的当前状态就被永久地定格，良好的内容表达及构图意识能让定格下的废片比例大大降低，可以提高效率，节约时间（图3-33）。

鸟瞰角度内容表达：一张拍摄效果良好的照片能够将模型想要表达的内容展现出来。需要争取在有限的图面内完成最多的内容表达，这对于拍摄时的要求是找到最佳的拍摄角度。

在拍摄鸟瞰照片时，模型一共展现三个面，为了使这三个面表达内容最大化，一般选择与模型两立面成45°、与顶面成30°～60°的角度拍摄，但对于不同的模型需要根据其设计特点随机应变，角度问题没有刻板固定的参数要求，将内容表达完善即可。

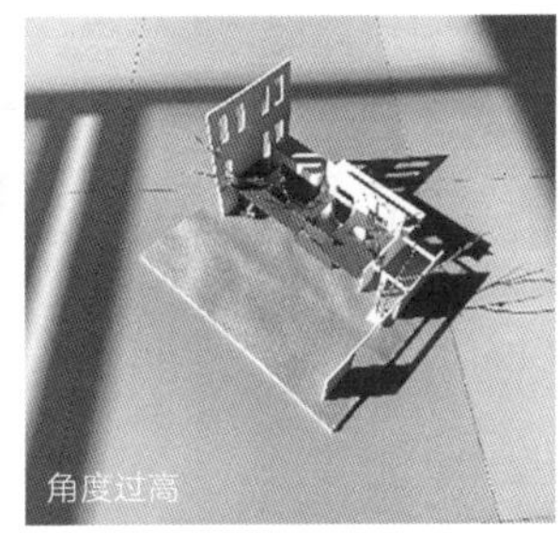

图3-33　拍摄角度视点与构图
来源：作者自摄

人视角度内容表达：拍摄人视或者立面角度时，该类照片只展示1～2个面，值得关注的是拍摄高度，真实场景中的人视视角，视点在1.6m是合适高度，在等比缩小的模型内部，则需要根据模型尺度或比例人来确定适当的拍摄高度，以获得最真实的视觉呈现。

三脚架：不管哪种拍摄角度，都需要保证最小的镜头畸变、避免画面抖动，可以配备三脚架以达到良好的拍摄效果。

构图关系：不论人视还是鸟瞰，在拍摄的最后，是对画面整体构图的把控。上述图片以鸟瞰为例，显示了画面构图及比例需要注意的情况。模型主体需要处于画面中央的位置，且主体边缘与画面边缘应当有一定距离，不能过近或过远，照片构图比例合适能够让表达效果更加充分。

拍摄后的经验及启发——空间感的塑造与挖掘

自然界里的空间形式是最抽象的。空间感总是给人一种不可名状的感觉，可以理解为设计者对空间氛围的营造。作为二维平面的照片、图画等，通过构图、透视、线条控制、光影和色彩处理，可以使人感受到三维空间的整体性、立体性，并使照片的观看者能够很快地联想到其活动、生活的空间环境。

一般来讲，针对同一大小的被摄体，近则能拍得大，远则能拍得小，这种可以觉察其距离感的照片便能很好地体现空间感。除此之外，具有强烈空间感照片的特征还包括透视感强、有空间暗示和引导、远近明暗深浅变化清晰、空间开放封闭的层次富有变化等。空间层次感的体现不一定只存在于水平方向上，垂直方向也可以塑造层次感。

卒姆托在《建筑氛围》一书中提到："把建筑作为一个纯粹的阴暗体块来设计，之后把光放进来，就像在凿空黑暗一样，仿佛光是渗入的一种新体块。"拍摄模型照片空间感的塑造有时就是在寻找这些"光之体块"的最美瞬间。不妨试一试，将光作为画面的重点将人带入空间，寻找空间给人的感动。

结语

要想真正学习建筑模型摄影，需要拍摄者自己动手尝试、不断摸索和思考。不同设计阶段、不同表达深度的模型对布景、灯光的要求有所不同，要分析优秀作品的优点并及时总结自己的失误，不断尝试和思考，才能日趋精进。

4）PS处理模型与实景照片合成教学

在设计成果表达阶段，为了追求更加真实的表达效果，通常会利用软件将模型照片与场地环境照片合成一张图，下面将详细介绍其操作过程（表 3-3）。

通过实体模型制作与表达，建筑学专业学生对空间质感、建筑材料，以及生活氛围的体验能够获得比单纯的图纸学习及计算机模型更好的效果，其中，为了更好地表达模型效果，建筑摄影也是建筑学专业学生需要广泛涉猎和略懂的内容。苏黎世联邦理工学院（ETH）一向有拍摄1：20室内模型照片作为室内效果图的传统，而这一习惯也为学生理解建筑产生了良好的效果。

表3-3　模型与实践合成

一、背景图片获取 1. 根据自己的模型状况选择合适的场地。 2. 选择合适的视角拍摄背景照片。 3. 将场地的实景照片导入Photoshop软件。	**二、模型照片获取** 1. 在背景照片的同一视角拍摄模型照片（注意光线关系与模型位置）。 2. 模型与背景的两点透视关系保持一致。 3. 将模型照片导入Photoshop软件。

三、模型抠图提取 1. 将模型照片栅格化以方便对图片进行操作。 2. 使用“多边形套索”工具勾勒模型边缘。 3. 选择“反向”将背景扣除，得到单独的模型。 注：使用“多边形套索”工具时可按住shift键使鼠标处于正交模式以方便选取图像。	**四、模型图片粗调** 1. 将模型移动到背景中合适的位置。 2. 调整模型与场景的透视关系，可通过编辑栏→“变换”→“自由变换”工具让模型的灭点与场景的灭点相互对应。 3. 适当将不符合比例的模型边角进行裁剪。

五、模型图片微调 1. 若模型不够整齐，可通过Ctrl+R组合键快速调出参考线，将其放入场景中比对模型。 2. 利用辅助线与“自由变换”工具调整模型的线条关系，对模型进行微调。 3. 进行适当裁剪，使得竖向线条垂直于水平线，达到两点透视效果。	**六、模型-背景匹配** 1. 将图片扩大或缩放到与场景匹配。 2. 利用“移动”工具，找到合适位置摆放模型。 3. 使用“裁剪”工具将背景裁剪到与模型合适的比例，主要让模型处于背景的中心位置。

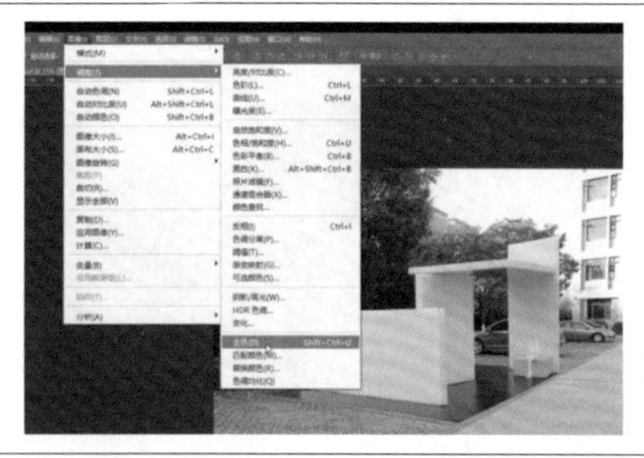

七、整体色调粗调

1. 将模型与背景进行“图像”→“调整”→“去色”处理。
2. 通过将模型与背景的色调统一至黑白状态，使得二者能够更好地契合。
3. 注意黑白灰关系，模型与背景在色调统一的前提下需要保留一定细节。

八、整体色调微调

1. 选择“图像”→“调整”→“曲线”命令，改变明暗度，调整使背景与模型更好地融合。
2. 主要注意模型的整体色调。

九、光影关系调整

1. 缩放至模型的交界处检查模型光影。
2. 对模型反光中不符合规律的部分进行调整，在需要调节的部分使用“多边形套索”工具建立选区，以免影响正常区域。
3. 在选区内使用“仿制图章”工具进行涂抹调整，直至阴影关系符合要求。

十、添加人物贴图

1. 在场景中导入人物贴图。
2. 将人物调整到与场景合适的比例。
3. 利用“移动”工具将人物放置在场景合适位置，符合人视和灭点的要求，可以用Ctrl+R组合键调出辅助线，检查人物与模型的灭点是否契合。
4. 将人物进行去色处理，通过曲线的调整与背景融合。

十一、制作人物阴影

1. 复制人物的图层。
2. 将复制的图层在图像栏上调整色阶到最低，使该图层图像变为黑色。
3. 右击选择“垂直翻转”，通过分析场景的光影角度调整阴影的方向，将其移动至合适位置以制作阴影。
4. 以创建蒙版的方式，用硬度为0的深色画笔在蒙版上涂抹一部分，使阴影实现渐变的效果。
5. 若阴影过于明显，可调整其图层的不透明度以达到更接近真实的效果。

十二、强化模型阴影

1. 新建一个图层。
2. 观察图片的光线方向以及模型整体阴影情况，找到需要强化阴影的地方。
3. 通过“多边形套索”工具找到模型要添加阴影的位置，填充黑色。
4. 通过橡皮擦擦除或“蒙版”工具实现阴影的过渡，使阴影更加真实。
5. 若阴影过于明显，可调整其图层的不透明度以达到更接近真实的效果。

	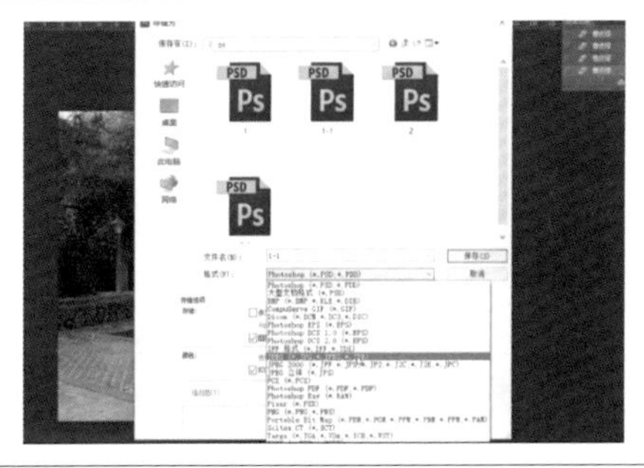
十三、细节与构图调整 1. 可微调一些细节，如利用“仿制图章”工具涂抹调整，使背景或模型墙面部分更加干净，没有污点，消除图片细节部分的杂乱感，使画面整体更加纯净和谐。 2. 添加一些需要的环境细节，以更好地表达自己的设计概念。 3. 通过“裁剪”工具调整整体构图，使得模型主体位于画面中心位置。	十四、图片保存 1. 选择“文件”→“另存为”命令，选择JPEG的图片格式保存。 2. 如需后期修改，则需要另外多保存一个PSD格式的文件。 3. 在整个操作过程中，注意及时保存。

下篇
“建筑建造”课程教学

第4章　课程简介

1. 教学背景

建筑建造是建筑设计的物质化过程，包括材料制备、构件生产与加工、构件转运、现场建造装配等阶段，使用后拆除是建造的逆向过程。建筑院校开展的建筑建造教学，主要以构筑物和小型建筑为对象，学生通过设计、建造、运行、拆除全过程的亲身体验与团队协作，锻炼解决实际问题能力、深化设计能力和培养品质把控能力。近年来，建造教学正逐渐被纳入建筑学课程体系中，在专业能力培养目标达成度上发挥着不可替代的支撑作用。鉴于此，内蒙古工业大学建筑学专业在2020版培养方案中设立了较为体系化的建造系列课程，已经历5个学期的教学探索。

在课程体系中，建造教学一方面是设计教学重要的补充延伸和检验反馈，另一方面正逐渐发展形成自身的理论、方法与技术，支撑着未来在建筑领域从事设计服务、工程实践、技术开发、项目管理、科学研究与教育教学等工作的“宽口径”新型建筑学人才培养目标。其重要性体现在以下方面。

提升设计能力：对初学者而言，建筑设计需要掌握通过草图、草模互动推敲、协同推进的基本方法。在低年级课程中常见的小型实物制作，是该方法进行训练的有效方式。高年级与研究生建造教学目标，主要集中于提高设计深度和质量，指向真实建造，培养建筑师工程设计职业能力。

加强动手实践：建造活动可视为结合建筑学专业知识技能训练的劳动教育，具有树德、增智、强体、育美的综合育人价值，有助于使学生树立正确的劳动观点和劳动态度，养成劳动习惯，促进德、智、体、美、劳的全面发展。学生通过亲身劳动的建造过程，体会知识与实践相结合的意义，通过小组协作造屋，理解个人与团队的关系。

整合专业知识：建造成果达成不仅需要建筑方案设计和深化设计能力，还需要整合建筑材料、建筑力学、结构选型、构造节点、流程管理等专业知识。面对以实际使用为目标的建筑建造题目，学生需在前述专业知识的基础上强化学习和灵活应用建筑物理、建筑设备与建筑构造知识，满足建筑保温隔热、防水防火、环境调控等性能要求。

拓展建造知识：建筑建造在建筑学领域中常被视为一类知识应用的实践过程，关于建造方法技术的凝练较少。随着新型装配式建筑的科学研究与工程实践探索，设计与建造逐渐整合为一体。学生亟须掌握建造知识与方法，积极拓展自身工程职业能力至建筑全寿命周期范畴，从而避免局限在建筑设计阶段。

回归基本问题：建造教学让学生深入地体验和理解建筑的实际问题和性能目标，从而避免陷入风格化设计手法。基础建造教学即对设计、材料、空间、制作的质朴回应。面向真实使用的建造教学，期望学生关注材料建造、性能控制、空间心理需求、成本控制等建筑学专业基本问题，培养学生求真务实的建筑观。

关注地域传承：各地传统民居的地域性建造，均承载着长期以来的在地营建技艺。近年来，较多高校开始选择以所在地区传统材料和营建技艺为主题，着重培养学生对本土材料与建造技术的传承和发展意识。课程主题包括基于天然材料的建构、不同地区的生土营建、历史乡村的可持续更新等。

建立社会责任感：通过项目选题深入贫困乡村，通过建造教学引导学生理解建筑职业的社会责任感。乡村环境改善类建造题目能够利用乡村相对宽松的建设限制，改善窘迫的环境品质，并能为贫困地区带来一定的关注和人气，进而可通过新植入触发器，促进其长期持续的发展。

目前，部分国内院校和教学团队对建造教学体系进行了研究和实践探索，分别从教学目标、课程知识安排、教学任务设置，以及与设计课、原理课相结合等方面对建造教学做出深入阐述。建筑建造与设计、专业知识深度结合的体系化教学正在逐步展开。

2. 课程体系

内蒙古工业大学的建筑学专业人才培养目标，是培养基础扎实、服务地域，且具有一定创新能力的建筑领域高水平应用型人才。为实现总体培养目标，建造教学体系化设置，能够较好地支撑专业设计能力和知识运用能力，促进学生理解和掌握全寿命周期视角的建筑设计、建造和性能控制理论，更进一步为学生树立质朴求真的建筑观、建筑师职业的社会责任感，以及地域建筑技艺的传承与发展意识。面对建筑行业转型与高质量发展新时期，创新型建筑工程人才专业能力培养能够支撑地域高品质人居环境建设，推进国家建筑新型工业化、信息化、智能化的产业现代化高质量发展。

内蒙古工业大学建筑学院秉承扎实根植于地方、服务于地方的教学观、科研观、实践观，针对内蒙古地区经济技术薄弱、生态环境敏感、历史文化丰富等特征，探索形成了一系列地域性较强、高质量人居环境建设导向的科研和实践成果。建筑建造在教学、研究、实践等方面互为支撑、相互促进的模式中发挥着重要支点作用。基于此，建筑系在2020版建筑学专业培养方案中，设立了纵向贯通本科四年、横向连通设计课主线与理论课辅线的建造课程体系（图4-1）。

建筑建造系列课程一年级至四年级教学内容的纵向设置，依次为较大尺寸模型、真实尺度构筑物、系统整合的建筑，符合建筑的“材料—构件—系统—建筑”层级化构成特点。不断深入的课程设置，有利于学生逐渐加深对建造基本知识和原理的理解，同时有序吸纳建筑力学、建筑构造、建筑物理、数字技术、建筑材料、建筑设备、建筑经济与施工等课程内容，将建筑理论知识与设计能力融会贯通。

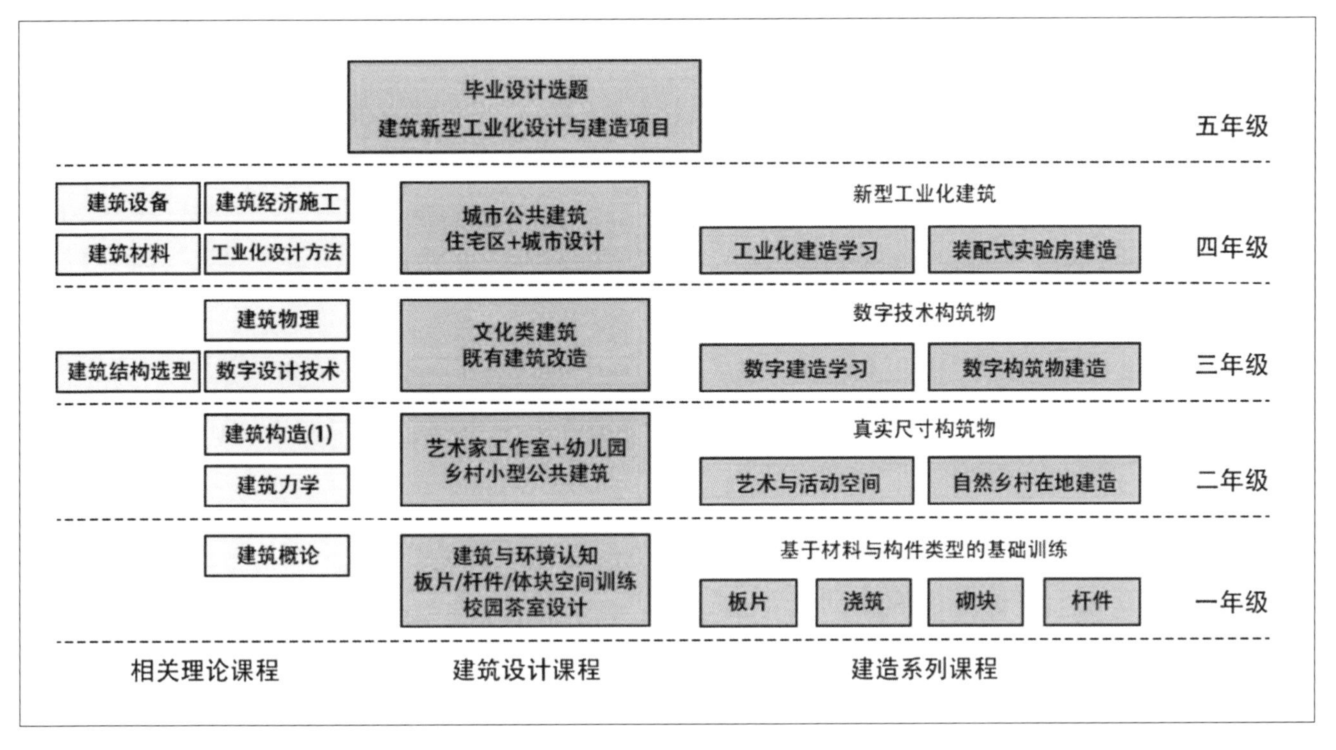

图4-1 建筑学院基础教学体系
来源：作者自绘

一年级建造课程为每周平均3学时，与建筑初步课同步进行。二年级至四年级建造课程均为每学期3周共24学时，在同学期的建筑设计课和理论课结束后开设。五年级毕业设计教学进度为14周，学生将经历从设计至建造的完整过程，其本科阶段知识体系得到系统整合与拔高。

3. 专题概述

新版的建筑建造课程体系，经过建筑学专业2020级学生6个学期和2021级学生4个学期的实践探索，各年级基础教学组织和课程内容已相对稳定。低年级至高年级的建造系列课程目标设定，遵从学生由感性体验到理性学习、从单一建造目标训练到综合知识技能运用的循序渐进过程。低年级以学习建造基础知识和培养基本能力为主，高年级以提升实践和创新能力为主。

一年级建造课程目标是通过大比例模型设计与制作，了解常见材料特性、构件类型和连接方式，学习建造基础知识。依据常见的建筑材料特性和建筑构件类型，教学内容分为板片、杆件、砌块、浇筑4个专题训练。考虑到新生普遍缺少专业知识和制作技巧，教学单元先从瓦楞纸板搭建开始，之后是石膏/水泥的浇筑实验。第二学期依次是黏土砖块制作与模型搭建，以及木制杆件的模型搭建。成绩评价主要由个人模型方案与小组实体建造两部分组成。评价标准是构件设计是否符合材料特性，连接方式是否符合传力特点，以及方案形态空间的建造难度。

二年级课程目标是掌握运用建筑材料、连接节点和建造原理，设计建造完成真实尺度构筑物和环境小品。秋季学期的建造课程安排在建筑设计课完成之后，学生可以延续艺术家工作室和幼儿园设计的思路，选择自己建造课构筑物的主题，如艺术展览空间、工作室空间、儿童活动空间等。所用材料限定为一种主要标准化构件，如木方、木板、砖块、竹筒等。相比一年级的基础训练，题目主要在建造尺度和设计主题上增加了难度。课程分为个人方案模型阶段和小组实体搭建阶段。评价重点是材料特性、结构逻辑、连接构造和空间表现力。

二年级春季学期的建造课，延续了同一学期建筑设计课的乡村建筑题目，主题为自然或乡村中的环境小品。学生通过调研表达场地特质，开始收集附近1km内适宜建造的材料，选择非标准加工的自然材料，设计建造一个构筑物或环境小品。完成的实体建造作品应通过材料、工艺和设计语言等方式紧紧锚固于特定场地，体现在地性，并且具有美化环境、促进交流活动等价值。建造费用由学生自行承担，成本控制在每人100元以内。评价重点分为三个方面，一是构件设计与连接构造是否符合材料特性和结构逻辑，二是作品与所处场地特质的紧密关联程度，三是作品是否方便人们使用和促进交流活动。

三年级课程结合数字技术理论课，运用数字化设计、生产、建造知识，完成真实尺度的构筑物。四年级课程旨在提高学生对建筑设计、结构构造、性能控制、装配式建造等相关知识的综合运用能力，完成一栋装配式实验房设计，弥补过去教学中理论知识与设计能力相互分离的不足。五年级毕业设计选题设置设计建造项目，增强一部分学生的新型建筑工业化设计建造理论与技术的应用能力，学生运用相关理论课程知识，设计建造一栋整合结构系统、围护系统、装饰装修系统、设备管线系统的小型装配式建筑。

通过“材料—构件—系统—建筑”逐级提升的建造专题教学，加深学生对建筑设计与建造的专业认识，加强学生在建筑全寿命周期范畴的工程职业能力。

第5章　课程训练专题

1. 板片实验

1）任务书

学习目标

板片实验专题的设置目的是引导学生初步理解或掌握建筑中的墙板、楼板、屋面板、拱板和薄壳等板式构件特点，学习需达成的基础知识目标、应用能力目标、创新思维目标。它包括以下内容。

（1）理解板式构件的材料特性、受力特点、连接构造、结构组构等知识要点。

（2）掌握并运用所学材料知识、构造知识和建造原理进行方案设计与建造的应用能力。

（3）激发对材料、建造、形态互为支撑的创造性设计、工程集成与全流程管理的系统性思维。

任务内容

板片实验任务是用瓦楞纸板设计并建造一个尺寸为3m × 3m × 2.4m的构筑物。构筑物要求有完整的屋顶，内部空间可进入，并具有一定的形态复杂度。

教学安排具体分为4个阶段：首先，教师介绍板片组成结构整体的基本原理、瓦楞纸板特性、常用连接节点等内容，学生通过课堂讲解和材料实验等方式，了解材料特点、连接方式、组构方式等基本知识。其次，每位学生在30cm边长的立方体范围内，用普通打印纸设计并制作一个比例为1：10的构筑物模型，应符合有顶、可进入和形态复杂度等任务要求，验证基本构件单元、连接节点、组成结构的有效性，优化完成1：10手工模型，进行实施方案评选。再次，由4～5人组成团队，用瓦楞纸板制作多个构件单元（比例为1：1），反复验证和优化构件单元和连接构造。最后，团队在3小时内建造完成构筑物，课后完成图纸、视频、手册等成果。

构筑物结构应充分发挥瓦楞纸板的材料力学特性，节点符合传力特点和强度要求，构筑物形态具有美感，内部空间富有变化和光影效果。

作业成果包括：

- 1：10手工模型

- 1：1实体构筑物
- A1图纸1张（文件不大于15MB）
- 建造视频（文件不大于50MB）
- 建造课程手册（文件不大于15MB）

评价标准

评价标准与学习目标相对应（表5-1），主要评估各项目标的达成度。

（1）基础知识与学习情况（40分），通过1：10手工模型、建造课程手册作为阶段性成果进行评价。评分项包括材料特性、板材受力特点、连接构造、作业完成度等。

（2）应用能力（50分），通过1：1实体构筑物、A1图纸、建造视频作为最终成果进行评价。评分项包括构筑物完成情况（是否存在超时、变形、违规）、结构效率（形成的空间容积/纸板重量和连接件重量）、形态空间效果等。

（3）创造性与系统性思维（10分），依据实体构筑物、A1图纸、建造视频中体现的设计与建造的创造性、工程集成与全流程管理的系统性进行综合评价。

表5-1　评价标准

目标项	分数 / 总分	主要指标	成果形式
基础知识与学习情况	40/100	纸板材料特性 板材受力特点 连接构造 作业完成度	个人作业： 1:10手工模型 课程手册
应用能力	50/100	构筑物完成情况 结构效率（空间容积/构件重量） 形态空间效果 团队协作能力	小组作业： 1:1实体构筑物 A1图幅 组内互评表
创造性与系统性思维	10/100	设计与建造的创造性 工程集成与全流程管理的系统性	小组作业： 1:1实体构筑物 A1图幅 建造视频

2）设计方法

基础知识：常见建筑板材包括混凝土板、石膏板、木板、玻璃板、塑料板等。主要的共性特征是板材有一定的面积，长和宽尺寸较为接近。相对于其他材质，板是具有两个方向的二维特点，同时可以具有围合和支撑顶面的双重作用。不同材质的板厚度不同，设计时需注意操作的难易程度。

材料特征：瓦楞纸板（corrugated board）是由两层纸板之间加波纹瓦楞而构成的板材。瓦楞纸板按照颜色分为白色和原色，按照原纸层数可分为二层／三层／四层／五层／七层纸板等，按照楞形分为U形、V形、UV形等，市面通用为UV形。纸板的正面和背面不同，一面有条纹，另一面没有条纹。瓦楞纸最常见的用途是快递箱包装。该材料易于获得，但纸板颜色、类型、厚度会随时间发生变化。

瓦楞纸按照纸板的层数分类，层数越多，抗平面压力就越强，同时缓冲变形吸震的能力就越好。瓦楞纸板在两个方向的力学特性存在明显差异，顺着瓦楞方向，抗压能力较弱；垂直于瓦楞方向，承载外部压力最强，抗弯能力也相对更好。

构件成型：考虑瓦楞纸板受力特性，其用于制作临时构筑物时，多被加工成长条状板、平板、曲面板、U形板、方筒和圆筒等。长条状纸板通常通过编织方式形成较大的面，用于进一步构成构筑物的顶面、墙面，或者采用插接方式形成格栅和网架，用于构筑物的地面、屋顶和墙面。平板可以进行重复构件成型，形成更大的板面或形成腔体。U形板与平板类似。曲面板、方筒和圆筒因瓦楞纸本身的材料限制，在弧度、曲线等精细度上很难做到视觉上的完美，选择成型特别需要考虑。

连接构造：瓦楞纸板常用连接方式包括插接、螺栓、绳结、胶粘等。插接节点仅用纸板，无须其他辅助材料，连接强度较高，建构感强。螺栓连接的节点强度高，螺栓重复排列可形成较好的韵律感。绳结节点与螺栓原理相似。但是，由于纸板本身力学强度较低，节点处的板材接触面容易变形损坏，需做加强处理。

结构组构：常用于纸板的结构有折板结构、薄壳结构等。折板结构中的每一片板面通过折叠提高板片的刚度，通过重复折叠，可使多片的刚度累积，从顶部传至底部，需要注意每个板片的连接及受力传递的问题。薄壳结构则是通过单体的重复形成曲面，主要承受空间曲面内的轴向力，注意板片与板片之间的传力以及接近地面位置的稳定性问题。

空间特征：板片结构与其他结构相比，在二维平面方向上可以做得很大，但在跨度上受限较多，很难做跨度较大的结构。在高度方向可以达到一定的高度，但仍需要注意高度方向上的受力和抗倾覆情况。板片的空间围合度相对较高，建造中应考虑封闭面积与开敞面积的相对比例及设计效果。围合度高会导致外部光线的进入较少，因此可以根据人的视觉感受来调整围合与开敞的程度。

案例分析

折板结构：折板结构是由若干薄板以一定的角度相交，连成折线形的空间结构体系。比起单独的一片平板，折叠形成了空间结构，因而提高了空间整体的结构刚度，既可承重，又可围护，用料相对较省。因其板面相对于整体空间来说厚度较薄，具有轻盈之感，所以跨度不宜过大。典型的折板结构主要由折板、边梁和横隔组成。折板主要起承重及维护作用；边梁连接了相邻折板，加强折板的纵向刚度，同时增加折板的平面外刚度；横隔一般布置在端部，使折板结构形成几何不变体系，并作为折板边梁的纵向支座。折板按其截面形式，有折线多边形、槽形、V形、梯形等形式。折板的连接构造处应适当加强。

薄壳结构：薄壳结构本体是指使用刚性材料以各种曲面形式构成的薄板结构，其主要受力是空间受力，因而主要承受曲面内的轴向力。薄壳结构就是曲面的薄壁结构。按形式可以分为筒壳、圆顶薄壳、双曲抛物面壳等。薄壳结构的优点是将受力均匀地分散到物体的各个部分、自重轻、节省材料、跨度大，缺点是不宜承受集中荷载。

拱形结构：拱形结构是中间承受轴向压力，并由两侧支座提供水平推力而形成的曲线或折线构件。当跨度变大时，拱支座的水平推力也会相应变大。在实际工程中，为减小水平推力，通常设置水平拉杆或采用柔性拱支座。筒拱是由弧形的拱顶及两侧承重墙共同组成的结构，交叉拱是筒拱垂直相交形成的，四角有柱子，中间不需要承重墙，便于内部得到大空间，且有利于采光。帆拱是在方形平面四个角柱上做券，四个垂向券拱之间砌筑一个过四个切点的相切穹顶，水平切口和四个发券之间所余下的球面三角形称为帆拱。

网架结构：网架结构是由许多杆件按照一定的规律组合而成的网状结构，分为平板网架和曲面网架，相对于桁架结构更为稳定，是一种空间结构。网架结构的优点是其材料使用的经济性，由于其使用的杆件数量多，但每根杆件受力小，所以可以使用更少的材料来达到更高的强度和稳定性。网架结构还具有很高的空间利用率和良好的视觉效果，适用于大跨度、大空间的建筑结构，如体育馆、展览馆、飞机库等。

操作方法

基本思路：面向真实尺度制造和装配的设计，英文简称DfMA（design for manufacture and assembly），大致应遵循“微观材料特性—中观构件单元—宏观组成结构”的层级建构和“构思—设计—实验—建造”的路径实施。

瓦楞纸板与普通板材相比，其顺楞方向上有更好的抗弯性能。因此，较小尺寸的板材不容易变形，但当尺寸较大时，单层瓦楞纸板仍会在弯矩作用下产生较大挠度。为应对这一问题，构筑物整体结构可采用小尺寸板片单元组成的筒拱和薄壳结构，使板片构件以受压为主；或者将大尺寸平板加工成折板、格栅等构件形式，以抵抗较大弯矩和失稳情况（图5-1）。

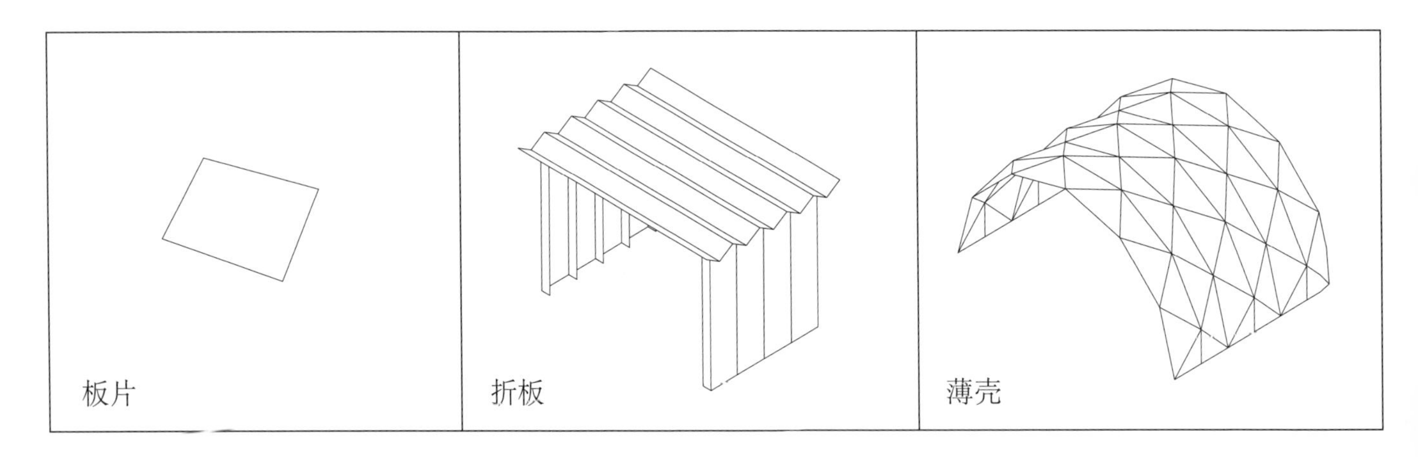

图5-1　板片建造方法示意
来源：作者自绘

单元构件组成整体结构时，竖向构件较容易成立，主要难点在于水平构件及其与竖向构件的节点强度。此外，构筑物与地面的连接方式和强度，对整体结构稳定性有重要影响。

实施步骤

调研构思：理解纸板实验任务书中的要求，进行初步构思和观察调研。认真思考板式构件的受力特点和连接方式，对已建成项目或构筑物进行调研考察，对瓦楞纸板进行初步试验。构思方案的可行性，同时积累构造知识、加工构件的知识。

草模设计：通过对实例分析或对自然界物体的抽象，用普通A4纸制作1∶10模型，着重设计构件单元、节点连接、结构组构。在分析各个纸板和节点的受力情况过程中，不断通过小比例模型进行试错和调整，完善方案设计。

节点设计：针对小模型优化的各种不同类型、受力特征的构件和节点，全部进行1∶1瓦楞纸板节点实验。观察瓦楞纸板损坏特征，验证节点强度有效性，确认纸板加工和节点连接可操作性，进一步优化方案。

装配建造：提前1～2周采购所有材料及配件，加工全部单元构件。在课堂上于3小时内完成装配建造。

拆除回收：评价和展览完成后，拆除构筑物，回收并妥善存放瓦楞纸板和连接件，以便后续利用。

I 三生万物

设计思路

瓦楞纸板是由挂面纸和通过瓦楞辊加工而形成的波形瓦楞纸黏合而成的板状物，其内部波形瓦楞结构类似拱形结构，能起到防冲减震的作用，具有良好的力学特性。

在瓦楞纸板搭建的课程设计中，通过研究不难发现，瓦楞纸板垂直瓦楞波形受力时与平行瓦楞波形受力时具有不同的力学特性，通过合理的设计可利用其本身的结构支撑构筑物整体重量，发挥出瓦楞纸板的材料特性。同时考虑到经济性、加工难度、材料利用率等方面，我们放弃了利用其他工具固定瓦楞纸板的方式，选择了由单一瓦楞纸板标准件组合插接形成立体结构。

设计的最初我们设想使用多边形来组成复杂结构，由于三角形是最简单的多边形，且具有结构稳定性，所以我们选择了三角形作为标准件的基本形态，以三角形构件组成的构筑物也可保证其整体结构的基本稳定性。与三角形关系最紧密的多边形是六边形，通过对三角形和六边形两者之间平面关系的分析，利用二者相互共通的特征，调节几何形体之间的关系，可将其延伸到三维空间组成立体结构，构建出多孔统一协调的立面。

由于所设计的构筑物是由标准件拼插构成，所以需要对三角形的开槽凿插进行精巧准确的设计，通过计算可将模型所需标准件限制为两种规格，通过设计两者之间的插接规律，利用单一的面元素构建和谐的曲面，而不需使用一钉一线，即可形成具有律动性的、半围合的通透空间，展现出一种叠变的美感。在最终设计的成果中，可以不断看到“三”的元素，正所谓“道生一，一生二，二生三，三生万物”。简单的事物也能聚合嬗变为复杂的事物，构筑物拔地而起。

教师点评

组构（构件组成的结构）总体较合理。由于三角形板片单元较好地发挥出瓦楞纸板的抗弯性能，所以材料重量较轻，形成空间较大，结构效率高。节点采用板片开槽插接方式，符合纸板易加工的特点，同时保证了各个连接处在安装角度、拼插长度上有不同灵活度的要求。整体结构呈穹顶状，有效缩短了屋顶的结构跨度，并将上部的结构自重更多地以压力形式，沿构件和插接节点向下逐层传递，减少单层纸板受弯和插接节点受拉等不利状态。

建造过程安排较高效。首先构件采用高度标准化的单元，简化板材种类，便于标准化作业，提高了构件加工速度。插接节点无须借用其他材料，且节点具有一定角度的灵活性，现场安装速度快，装配效率高。

构筑物完成效果总体良好，三角形板片构件单元呈现较好的节奏感和韵律感。整个构筑物透空表面，不仅节省材料、减轻自重，同时产生丰富的内外视觉效果和光影变化。设计创造性在于化繁为简，小组成员仅使用两种规格的三角形纸板相互拼插的方式，构成一个围合面积较大且视觉效果丰富的空间。

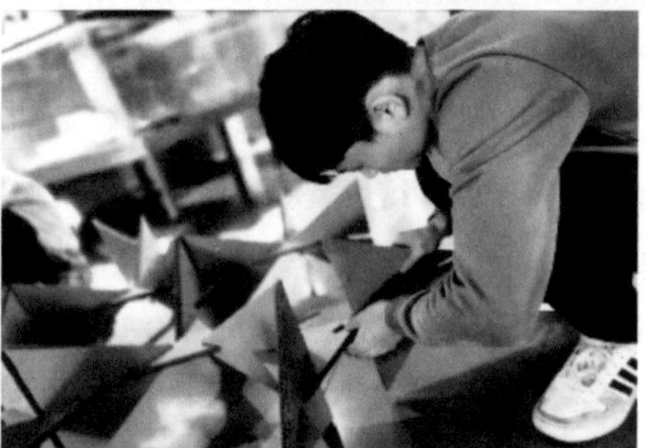

成员：郜雷雨　石承飞
饶帮尉　于海跃
药润楠　李牡丹

Ⅱ LIGHTCOMB

设计思路

LIGHTCOMB是以六边形空心纸板筒组成的蜂巢结构支撑水平折板形成的小型纸板构筑物。在方案设计的初期，我们考虑了很多适合做最小单元的单体，在经过对形式的探讨和小比例模型的模拟后，我们选择了结构稳定性更强、组合上更加灵活，并且加工方式简洁的由长方纸板折成的六边形空心筒。横向由折板在顶部进行连接，一侧延长单体做围护。

进行实体建造前，我们制作了7个小单元进行受力测试，尝试了几种连接方式，最终确定了以5cm螺栓配合螺母和垫片进行连接，每面用2个螺栓进行固定。但在实际建造单元体变多后，受力与试做时情况不同，形变更加严重，这是模拟建造时的一个不足。建造过程中我们还遇到了许多问题，例如小模型和等比例模拟没有很好地反映出实际建造的受力情况，预制作的单体有少量误差，从单体来看并不明显，但大量单体组合后误差会逐渐累积，对结构稳定性产生很大的影响。实体建造时，有些单元体受力不均导致了结构的塌陷，我们的解决方法是裁切了一些同样大小的六边形纸板填入六边形筒作为支撑，成功地解决了问题。

就整体来说，蜂巢型的支撑结构在保证通透效果的同时具有较好的稳定性，在实体搭建过程中插入的六边形板也使两侧的支撑结构具有一定的变化，增添了趣味性，但是由于小单元体尺寸有些差异，整体存在许多不够精美的细节，这是我们对纸板性质不够了解造成的。我们总结了瓦楞纸构筑物设计的要点：单体不能过大，单体中减少弯折的结构、连接方式简洁的设计更适合瓦楞纸建造。节点使用了较多金属构件，对于纸板建造来说，在材料的纯粹性上有所欠缺，纯粹的材料和巧妙的连接方式对提升审美感受有很大的作用，这也是我们在设计中可以更加深入思考的一个方面。我们认为建造不只关注建造活动本身，建筑学的建造还应关注审美感受和建造品质，需要通过对材料特性的了解，对细节的把控和不断积累经验方可达到。

教师点评

作业的整体组构较为合理。六边形的空心桶对于瓦楞纸来说，具有一定的结构强度。在整个体量变大后，局部构件出现不稳定和变形情况，学生及时反思和改进，在六边形中间适当加入支撑面板进行加强。节点采用的是每面用两个螺栓进行固定的方式，对纸板来说，有点力度过强，容易出现裂缝甚至损坏板面整体硬度。因而在节点精美的程度上稍显逊色。

建造过程安排合理。首先进行单体的不同尝试，简化单体，制作统一的单体，然后进行复制操作，提升了建造效率。但单体中的小误差也会因为数量的累计使误差累积，最后对结构的稳定性影响较大。构筑物完成效果总体良好，六边形的单元不断进行重复，韵律感较强，同时出现实心和空心两种六边形穿插，虚实结合，这种视觉的变化也呈现出光影的不同。

设计的创造性在于重复中寻求变化，在同一个单体的形式中，尝试适当的变化，既有韵律也有变化的节奏，而变得有趣味起来。

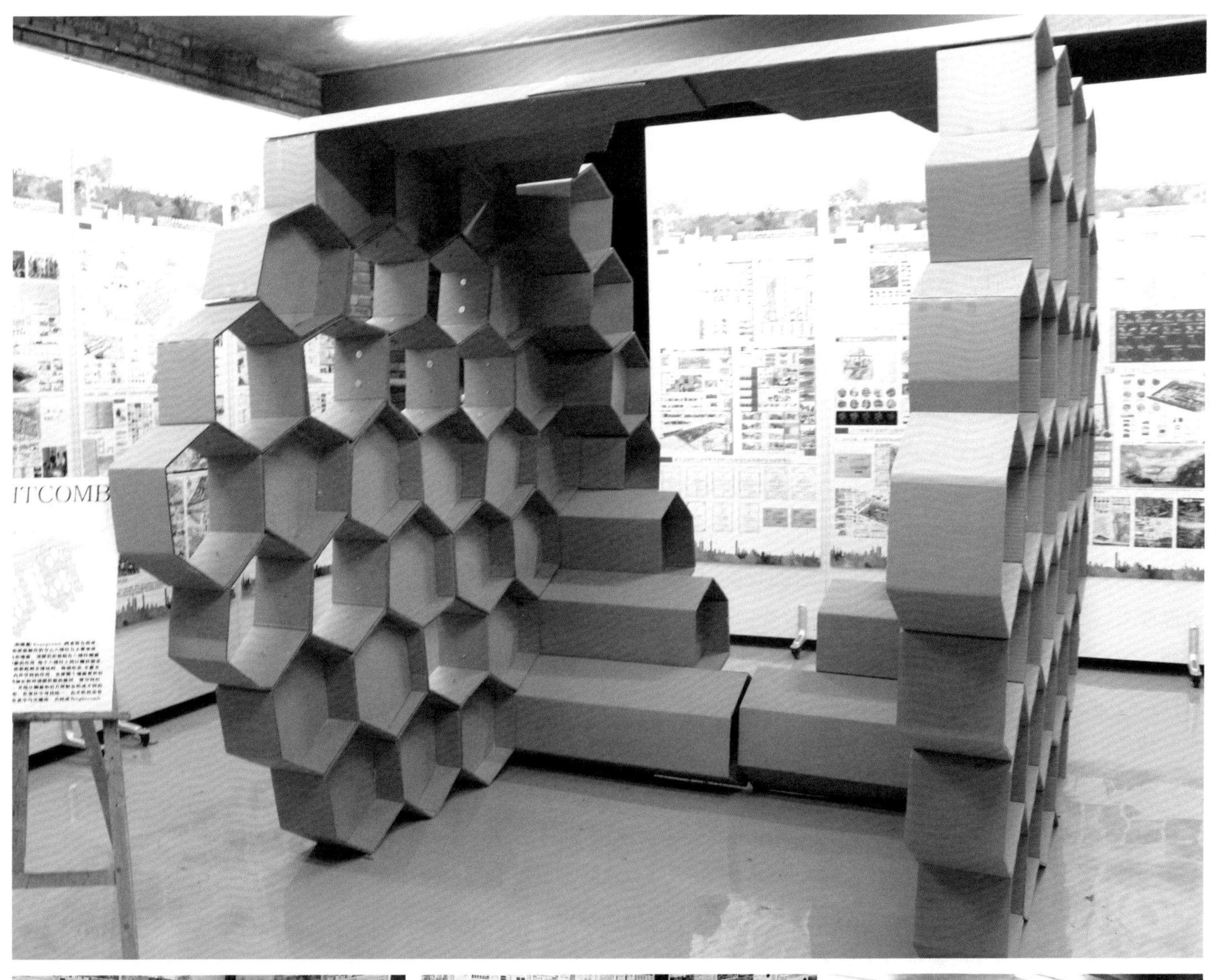

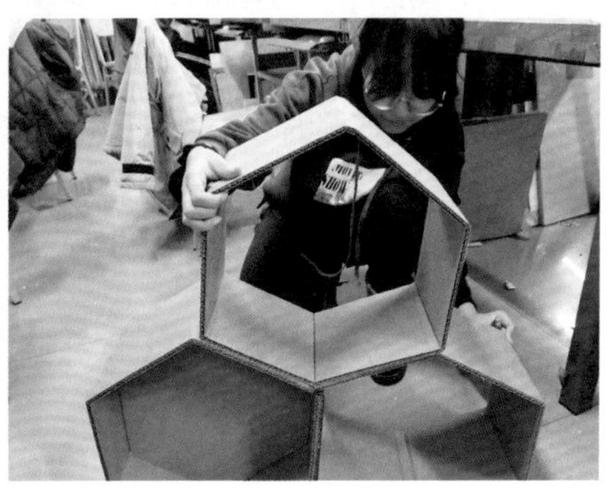

成员：解　瑶　常欣怡
黄　颖　李德喜
郑博文　肖太塍

III 网架穹顶

设计思路

纸板建造课程设计意在利用纸板特性进行空间建造。经过查阅案例，我们锁定了一种不同于插接的“绑接”：通过纸板与纸板之间的压紧自锁，来实现三角单元体之间的连接。六个三角形用连接件绑接在一起后，我们发现形成的六边形单体具有良好的受力性，越施加向下的力结构越紧实，在搭建大模型时，理论上顶部不会因自重而坍塌。

在从上往下开始添加单元体的过程中，我们想到了足球，在适当的位置添加五边形便使它有了弧度，逐渐形成一个穹顶，但如果完全按照足球形式，单元体会十分巨大，根据纸板特性，弯折等问题的不可控性大大增大。于是我们尝试将圆形变为椭圆面，也使得外观上比球形更加有趣。这使最先确定的连接方式出现了局限性：这种绑接自锁向下很好的受力性使它向上受力时十分脆弱，没有外力也会自崩瓦解，导致经过半径最大截面该往回收时不能往回收，而这时还未满足高度要求，高差近一半的情况下必须做出改变，在绑接时跳出弧形限制，或是加底座。第一种情况得到的远比第二种纯粹。在尝试无果后，我们彻底放弃第一种选择，转而尝试加底座，选择了四边形垂直插接。

建造时遇到的问题与设计时有根本的不同，其本质是前后尺度与材料的矛盾。频频出问题的是连接件，自锁挤压力过大会被崩开，过小时松动起不到连接作用。出现问题的根本原因是纸板的厚度，小模型使用的卡纸薄，厚度影响基本不计，不需要高精度，而使用瓦楞纸板时，厚度影响被放大。经过改进，将连接件弯折处捏薄，六边形才变得稳定美观，找到了最合适的状态。在搭建的过程中，将不稳定的地方用绳子绑了起来，最终建成时再拆掉，拆卸后却是稳定的，表现出它具有的严谨性：缺少一块增加一块都是不稳定的，它最终的样子是唯一的。

教师点评

作业的整体组构较为合理。三角形这个形状对于瓦楞纸来说，结构强度较高，六个三角形通过绑接在一起，形成的六边形具有良好的受力性能。因为忽略了纸板厚度带来的弯折程度不够精细，导致单元的精确度下降。通过及时的反思和改进，在六边形中间适当加入五边形，并且及时调整曲面弧度。节点采用的是用连接件绑接的方式，但是对于厚纸板来说，绑接并非最适合的连接方式，导致自锁的节点崩开的情况经常发生。过程中增加了用绳子绑的程序，建成后又拆掉。

建造过程安排合理。遇到问题尝试不同的思路解决，建造过程中更改单体的不同组合，从而解决问题，突破连接方式的局限性。没有考虑到板厚的问题，因而在建造过程中遇到了小比例模型不曾遇到的问题。构筑物完成效果总体良好，六个三角形进行自锁绑定，同时出现五边形和六边形穿插组合，韵律中又有变化。设计的创造性在于突破局限，不断尝试解决办法，不断调整单元之间的连接、六边形的美观，以及增加整体的稳定性。

成员：张梦婕　李文静

2. 浇筑实验

1）任务书

学习目标

板片实验专题设置的目的是引导学生初步理解或掌握建筑中的混凝土、石膏、黏土等浇筑成型构件特点，学习需达成的基础知识目标、应用能力目标、创新思维目标。它包括以下内容。

（1）理解浇筑类构件的材料特性、支模方式、制作工艺、受力特点、结构组构等知识要点。

（2）掌握并运用所学材料知识、构造知识和建造原理进行方案设计与建造的应用能力。

（3）激发对模具、实体、空间三者相互制约、互为支撑的批判性思考和创造性设计思维。

任务内容

浇筑实验任务是用石膏/水泥等材料，设计并制作一个40cm × 20cm × 20cm的长方体模型。模型要求包括：①长方体的8条边必须完整，不得破坏；②内部空间应占模型总体积的50% ~ 70%；③至少3个面上有开口，用于引入光线和观察内部空间；④模型中间应设置一道剖切面，可以打开并展示内部效果；⑤模型各部分完整无破损，并且表面平整。

教学安排具体分为4个阶段。首先，通过教师讲解和分组实验等方式，学生2人一组制作模具，现场完成10cm × 10cm × 10cm的小型石膏模型。其次，使用2种泡沫板，其中一种作为“空间”，另一种作为“实体”，设计制作一个40cm × 20cm × 20cm的长方体模型，选择恰当位置切开，去除内部作为“空间”的泡沫板，观察空间效果，不断优化设计方案。再次，依据设计方案制作最终成果使用的模具。需注意的是，模板应包括作为“空间”的泡沫部分，加上“实体”外部长方体“盒子”。模具制作要求尺寸精准、连接可靠。最后，在模具中浇筑石膏，待强度符合条件脱模后，清理干净石膏表面，继续晾干并展示。课后，制作完成图纸、课程手册。

作业成果包括：

- 10cm × 10cm × 10cm小型石膏模型（过程阶段）
- 40cm × 20cm × 20cm泡沫板设计模型（过程阶段）
- 40cm × 20cm × 20cm最终石膏模型
- A1图幅2张（文件不大于15MB）
- 建造课程手册（文件不大于15MB）

评价标准

评价标准与学习目标相对应（表5-2），主要评估各项目标的达成度。

（1）基础知识与学习情况（40分），通过小型石膏模型、泡沫板设计模型、建造课程手册作为阶段性成果进行评价。评分项包括浇筑材料特性、模具制作、浇筑工艺、作业完成度等。

（2）应用能力（50分），通过最终石膏模型、A1图纸作为最终成果进行评价。评分项包括浇筑材料特性、制作工艺、形态空间效果。

（3）创造性与系统性思维（10分），依据最终石膏模型、A1图纸中体现的设计与建造的创造性进行综合评价。

表5-2 评价标准

目标项	分数 / 总分	主要指标	成果形式
基础知识与学习情况	40/100	浇筑材料特性 模具制作和浇筑工艺 作业完成度	小型石膏模型 泡沫板设计模型 课程手册
应用能力	50/100	浇筑材料特性 制作工艺 形态空间效果	最终石膏模型 A1图纸
创造性与系统性思维	10/100	设计与建造的创造性	最终石膏模型 A1图纸

2）设计方法

基础知识

浇筑是一种无压成型的方法，常在陶瓷工业中应用，且有200多年的历史。常用的浇筑材料为石膏和混凝土，混凝土在实际工程中常用，作为课程作业，混凝土的操作相对较难，需要注意的事项较多，所以特别建议学生用石膏作为作业材料。

材料特征：石膏粉（gypsum）通常为白色，有时因混入杂质而呈现灰色、浅黄色或浅褐色等。石膏粉通过加水就具有胶凝材料的性能，胶凝材料是指在一定条件下，在空气中能够从浆体变成固体，并能凝结其他物质，具有一定强度的复合材料。

构件成型：构件的形状取决于模具设计的造型。石膏粉加水后变成可以流动的浆体，所以需要外面有模具，模具承接液体，液体在内部凝固。为了便于脱模和后期展示，模具只作为可以分割的两部分，也可以制作成一部分，中间用挡板分割成为两部分。模具除了外框、内部的填充或模体所在的位置，脱模后都是空的部分，而模子中空的部分将来由石膏填充后，成为最终的实体部分。

制作工艺：石膏成型的配比不同，通常建筑石膏粉的混水比约100g粉:60～80g水，普通高强石膏粉配比是100g粉:55～60g水，高强石膏粉是100g粉:35g水。石膏粉与水按说明书的比例配料，混合均匀后注入模具，为了使做出来的模型表面光滑无气泡或凸起的小点，需要在注入模具后不断使用工具进行振捣。振捣应从内部用工具或从外部整体掂模具，石膏表面没有明显的小气泡即可。振捣后放置干燥，干燥约1h后脱模成型。脱模后边缘或与模体粘连的地方用刀子进行细微加工，也可用砂纸进行打磨。

常见问题：根据学生失败案例总结以下常见问题。①材料配比不对，水太多造成凝固较慢或难以凝固；②没有进行充分的混合和振捣，脱模后气泡、空鼓现象较为严重，实体面不整齐；③正反模做反，实体和空间在模具设计时没有分清楚；④脱模之后没有进行细致打磨，造成与模具相连部分较为粗糙，表面不够平整、光滑；⑤反模黏合不牢固，导致成品未按照模子成型。

空间构成：石膏浇筑后形成的体量围合感较强，因密实的外表与材质本身的特性而使其具有很强的体量感，因此在设计模具时需要考虑成型后的实体与空间的交叉和比例关系，即虚实结合。因为学生偶尔会搞错模具的正反，不过也会出现因形态的不确定性带来新的空间，这也会是新的发现。

案例分析

外与内的虚与实：实体和虚体的表现在建筑的内外表达上，虚实对于墙面，窗为虚，墙为实；虚实对于顶面，洞口为虚，屋顶为实。所谓实就是大面积实墙围合的空间；所谓虚即由柱子、栅栏、花窗等形成的半围合空间，或者没有任何围合的空间。虚实是拉开节奏的一种方式，在四周围合的墙面和顶面上进行开窗或开洞，营造虚实结合的氛围。

内部布局的虚与实：相对于建筑内外的虚与实，在建筑内部的平面布局、空间构成上也会出现虚与实的对比。实体带来的是力量感，而虚空则是透气感。建筑内部空间的虚和实也体现在疏密关系上。实多是一些真实存在的要素，而虚是流动的，可以是空气、风、光或影子。虚实相生，因为实体的存在才能体现出虚空的特别，而因为虚空的存在，才能体现出实体的力量感。

操作方法

基本思路：浇筑成型材料建造的难点，主要集中于两个方面：一是充分发挥浇筑型材料抗压较优的特点，同时避免其抗弯、抗拉、抗剪性能的不足；二是模具制作必须精准牢固。考查重点是如何在符合材料受力特性和制作工艺的条件下，实现具有感染力和表现力的形态空间效果（图5-2）。

整体设计应采用减法即挖出的操作手法，并保持余下的实体部分比例为1/3～1/2且结构稳定合理，不宜在模型中出现过长、过薄、悬挑的构件。需特别注意，剖切面会将整体结构一分为二，设置剖切面时，应避免出现悬挑过长的构件。

图5-2 浇筑建造方法示意
来源：作者自绘

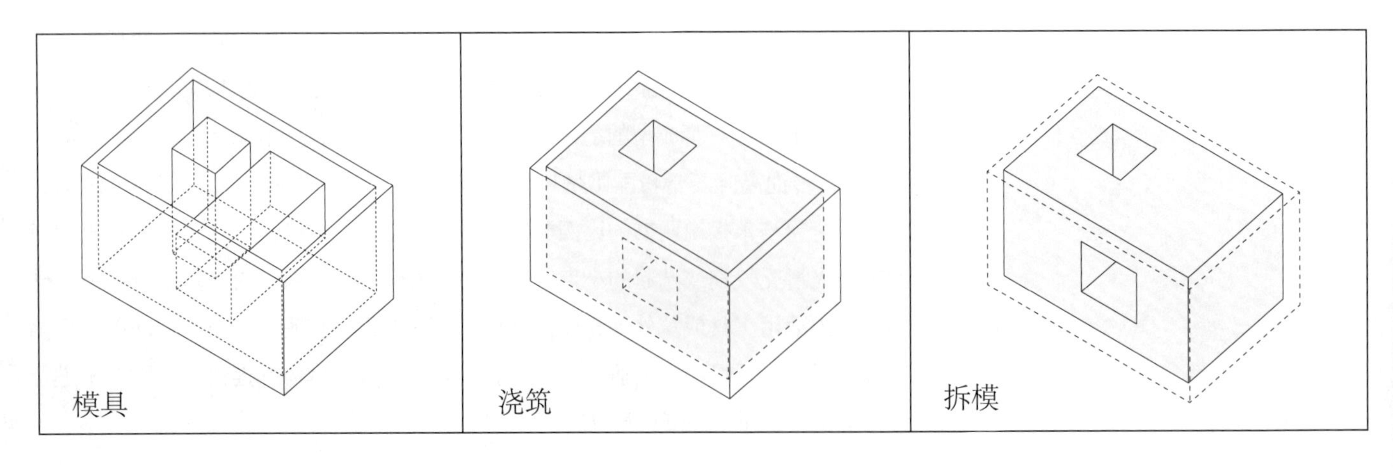

模具制作不仅与设计效果有关，更是重要施工工法，务求切割精准、粘贴牢固、贴合密实，同时应易于拆除。模具肌理纹路也能起到辅助空间表现的作用。

实施步骤

准备材料：材料包括石膏、挤塑板、水。工具包括矿泉水瓶、油料、泡沫板切割机、工具刀、胶水等。

制作模具：取挤塑板制作浇筑石膏所用模具，依据设计方案用泡沫板切割机精准加工挤塑板，如果用工具刀切割难以做到表面平整。尤其应注意将各块挤塑板用胶水粘紧，否则后期经常出现石膏在浇筑时渗出、内部挤塑板漂浮等问题。模具内表面应涂抹凡士林等油料，以方便后期的石膏脱模。

调配石膏：石膏与水的体积比（相比质量比容易称量）计算好后，可用矿泉水瓶确定水的用量，石膏应分多次均匀掺入并匀速搅拌至良好的调配状态。

浇筑振捣：由于石膏硬化速度较快，将调配好的石膏迅速注入模具，同时搅拌振捣，清除内部气泡。用铁丝刮平模具表面溢出的石膏，同时也除去气泡。

拆除模具：静置1～2h后，可拆除外层模具。内部模具应视石膏干燥情况静置数小时后再拆除。石膏干燥速度与诸多因素相关，如配比黏稠程度、空气温度与湿度、模具表面光洁度、模型用料多少、内部空间凹凸程度等。如拆模过早，石膏硬化不充分，易出现塌落和断裂。

设计过程

此次石膏设计相当于在实体中做减法，因石膏外廓为标准长方体，具有较强的雕塑性，所以我希望将其设计为一处纪念性场所，通过单一的路径与不断变化的光影引导，使人通过一个长长的狭暗通道后视野豁然开朗，强化人在此场所内的神圣体验。

在制作初期需要准备的工具材料主要有石膏、挤塑板、钢锯条、手钻、手套以及各种刀、胶水等。由于老师所提供挤塑板的厚度为1.8mm，为了方便后期模型的制作，我根据挤塑板的厚度关系调整了模型内部空间的尺寸，以便于反模的加工。模型内部空间设计完成后即可推敲反模的形状，设计板片的切割拼接方式，使用切割机对挤塑板进行精准切割可使模型更加精确。为后期脱模方便，需要在反模表面涂抹油料，如凡士林、动植物油脂等。

石膏浇筑过程首先要调制石膏料配比。石膏 ：水为1∶1.2，可使用饮料水瓶来确定水的用量，把石灰均匀多次撒进桶里，用棍棒持续匀速搅拌使之均匀即可。石膏料干固时间较短，将石膏搅拌至浓稠酸奶状即须迅速倒入模具中，使用铁丝等工具消除石膏表面和内部的气泡，可使模型的表面尽量平整光滑，等石膏静置5～6min就可以开始拆除模型最外面的模具。浇筑到脱模要等待2h以上，过早拆除反模会导致模型开裂。另外在制作过程中一定要注意将反模粘接牢固，否则在浇筑过程中反模极易漂浮移位或石膏浆从模具中渗出，多次补石膏会导致模型断层或与要求比例不符。

这次石膏模型制作课程，我深有体会，起初以为自己从没有接触过石膏模型，做起来会很困难，但在实际动手时，遇到的一些麻烦也都顺利解决了。虽然制作过程有点艰辛，但完成时内心是很快乐的，我在掌握石膏模型制作方法的同时也培养了自己的耐心，很感谢任老师在这次设计中的耐心指导，使得这次作业圆满完成。

教师点评

总体根据浇筑材料的流动性及塑性较好地完成了作业。对于反模的制作和形状进行反复的推敲，这点是很难得的，制作工艺比较精美，完成度较高，每一步都考虑得比较完善，包括严格控制水的用量、涂抹润滑油等。特别是及时根据反模材料的厚度变化，调整了内部空间的尺寸，使其更便于脱模以及整体空间形态薄厚适宜，凸出与凹进比例恰当，没有出现大面积的透空或实体。完成的整体形态空间效果很好，除了建造，还考虑设计中的疏与密，以及精神空间中的光线与视线的相互关系。

空间变化相对丰富，有细节有看点。在完成制作的过程中还考虑了设计，赋予空间功能——精神空间的内涵，巧妙地运用光影和视线的变化进行路径的引导，展示出学生设计手法运用得较为全面，对任务理解得较为透彻。

成员：郜雷雨

II 相对性

设计过程

设计的直接灵感来源于艺术家莫里茨·科内利斯·埃舍尔的画作，埃舍尔是艺术世界里的数学家，数学家中的艺术天才。石膏任务发布之前，老师恰好在美术课上讲到了埃舍尔的画作，这也是我第一次了解到这位艺术家，他如科学家一般的思考方式以及作品中浓厚的数学特质，让我清晰地感受到他创作的思维逻辑，即循环、递归、矛盾、自然、反重力、视觉欺骗。于是我立刻准备在作业中尝试呈现类似的效果，又由于埃舍尔描述的是不可能世界，在三维世界中难以实现，所以在埃舍尔的众多画作中，我选择了比较容易实现的、以反重力为主题的《相对性》作为参考。要达到反重力的欺骗效果，最重要的元素就是站在各个平面上的人以及连接各个平面的阶梯。这样一来设计思路也就比较清晰了，设置多个阶梯连接到中心的交换空间，准备几个立于阶梯上的比例人表现反重力的效果，最后将中心留出，稍微体现出递归的概念。

起初做概念模型时，我们使用的材料为超轻黏土，虽然这种材料与石膏一样具有较好的可塑性，但是黏土稳定成型所需的时间较长，并且相互分开之后的黏合性变差了许多，并不是一种理想的材料。于是我在网络上购买了更容易切割、成型的鲜花泥作为新的模型材料。进入模型试验阶段，因为模型是中心对称的结构，用挤塑板做一个1/4的反模进行试验即可。但我在试验过程中犯了两个较大的错误，浇筑和脱模的过程都不太顺利。一是石膏搅拌的时间过长，呈现出很黏稠的状态时才开始倒入模具，以至于出现了石膏流体还没完全流入模具就干掉的情况。二是模具粘得太紧，在脱下面的模具时没有控制好力度，脱下模具时因为惯性将上面左右横跨的阶梯撞断了。有了经验教训后，我将模具中的体块进行了细分，事先切割好要拿掉的部分，让脱模更容易，脱出时的体块也更小，减少碰撞的概率。虽然最后正式脱模的气泡还是有些多，但是总体还算满意，用刻刀稍微修饰一下即可。

回顾起来，在正式浇筑前的试验过程是十分重要的，熟悉流程之后能够避免不少问题，让我们及时根据问题进行调整。

教师点评

作业的完成度较高，总体按照任务要求，以及材料制作时具有流动性、成型后具有塑性的特点，较好地完成了本次作业。充分理解了浇筑材料的特性和制作工艺。总体看来，制作工艺是完整的，在最初的模型制作上，尝试了不同的材料进行制作，同时尝试多次反模的制作以及最终效果的演示，实践证明，反模的不断推敲确实会带来更多有意思的实验结果。在空间设计上，从绘画中抽象出实体空间，特别是一些比较难于表达的概念如反重力、递归，在本次设计中进行了有意思的尝试，这也是难能可贵的设计思路。

该设计还考虑了中心对称的造型，四个角设计一致，但最终呈现的模型并没有单调之感。每一个单元平台大小一致，韵律感表现较好，设计了不同升起，韵律中又有变化，对阶梯递归的概念表达清晰。设计不同开口的1/4反模，使得最终的成果可以组成两种方式，空间的变化性较好。

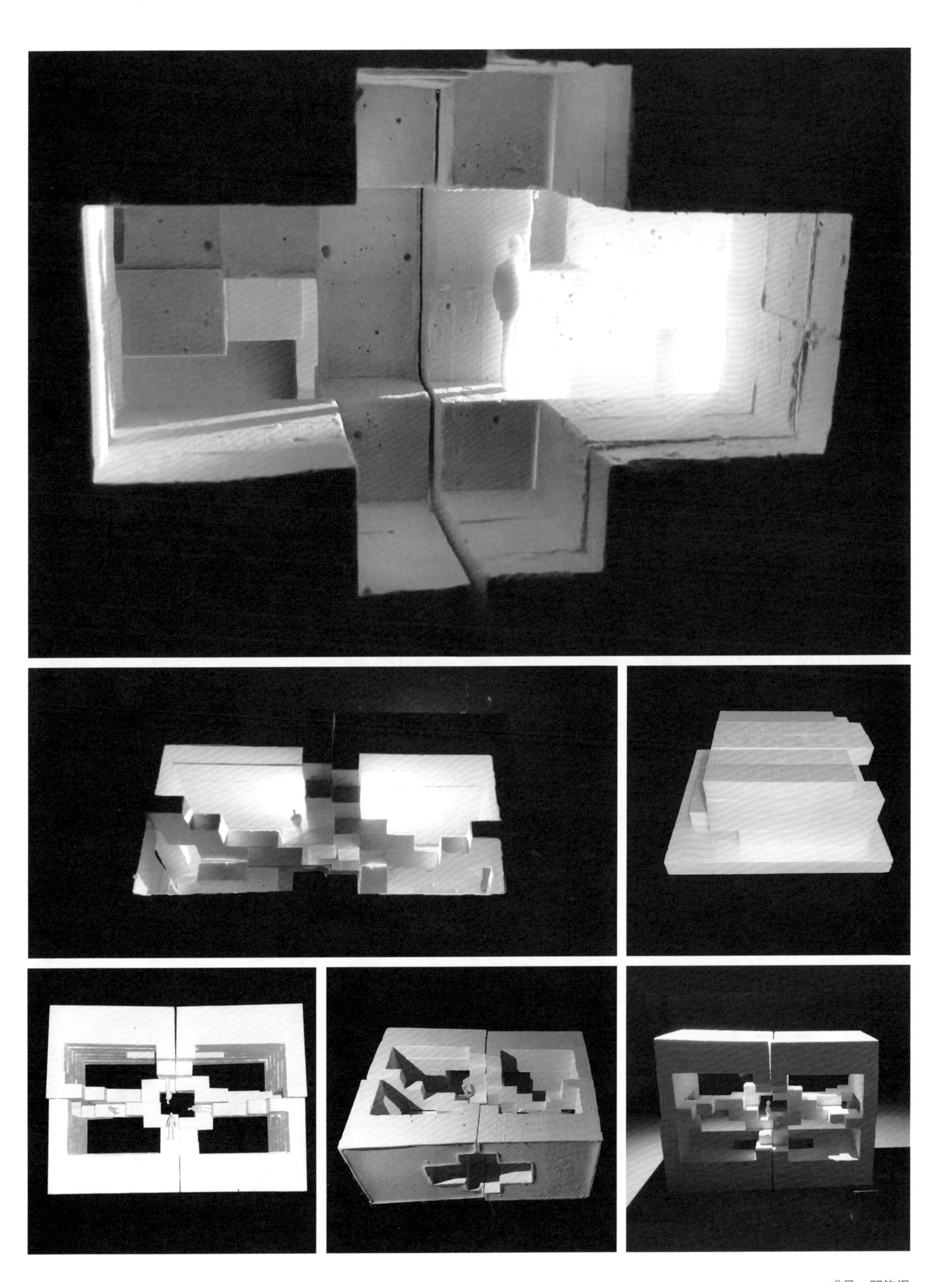

成员：邓钧译

III 嵌合

设计过程

还记得第一次翻阅石膏建造的任务书时，我未能很好地理解“浇筑石膏实体”这一操作在建造中的意义。老师在课堂上讲解任务书时，以天然溶洞与钟乳石为例，解释了石膏建造在空间中需要满足的要求：石膏实体需要在外部面上设置开洞与内部空间相通，且内部空间所占体积不小于石膏体积的一半。尽管我在进行设计构思之前，已经观看过高年级同学的现场示范教学，但是仅凭借草图和草模单独对空间进行设计仍然是一件困难的事情。同时，正模与反模之间的结合也让我感到较为棘手，很难预想到两种模型中浇筑的石膏会出现何种效果。以前我试着制作树脂模件时曾经使用过硅胶模具与PVC模具，最终完成作业后，我对于模具的材料也有了全新的认知。

一开始，因为对空间的思考不够详尽，我也尝试着使用计算机软件来辅助空间的思考，但我在尝试制作草模的过程中发现，尽管手工切割材料的效率有些低，但是实体模型比计算机模型要直观得多。在空间设计的阶段，最令我记忆深刻的便是老师对于“空间”这个概念的讲解。如果只以直来直去的开洞贯穿石膏面，只为达成作业目标，则过于单调而无趣；而有趣的空间可以通过穿插与咬合，产生虚与实、无与有的关系。老师的引导让我放弃了之前对于石膏实体进行一些近似于装饰的操作，转而开始真正思考空间之间的关系。在方案基本定型后，我们便以组为单位进行最终的石膏浇筑过程。

由于我们没有把握好模型的精准程度和石膏的配比浓度，也低估了脱模的困难程度，在合作中出现了意想不到的失误，第一遍和第二遍实验均以失败告终。我吸取了失败的经验教训，谨慎地进行了两次模型的浇筑，最终在时间限制内尽可能做出了最好的模型，并在高年级同学的指导下完成了制作过程。石膏作为一种优良的材料，安全、舒适且环保，粗糙的质感中又不失细腻。但是在石膏建造中，我无须以这样的知识为重点，而是亲自触碰温热的、湿润的、尚未成型的石膏，体验“浇筑”这一过程于建造的意义。

教师点评

整体较为完整地完成了作业，也较好地理解了浇筑材料的流动性及塑性。虽然失败的经验较多，最终也较好地完成了本次作业。制作工艺总体良好，但细节表达精细度不足，特别是脱模之后表面不够光滑，可能是振捣不充分导致的。两次失败的经验，使其更为深刻地理解了模具制作时的精准要求以及石膏本身配比的重要性，也为最后的成功积累了经验。

在建造过程中需要实际动手制作模具，对正反模的理解，实体模型会更为形象，便于动手直接调整。反模如果可以再推敲设计，在空间表达上能比较好地呈现空间的虚与实，内外连通以及空间的互相咬合、穿透等概念。外表的洞口与实体内侧的空间连成一体，内部空间的比例尺度较为适宜。在光源的引入之后，空间的变化性更为丰富。设计反模时，如果可以更好地考虑两部分的相互关系、相互比例，成果可能会更有趣。对任务书的理解开始有一定的偏差，也能及时调整思路，回归空间本体，尝试有趣的空间设计，值得肯定。

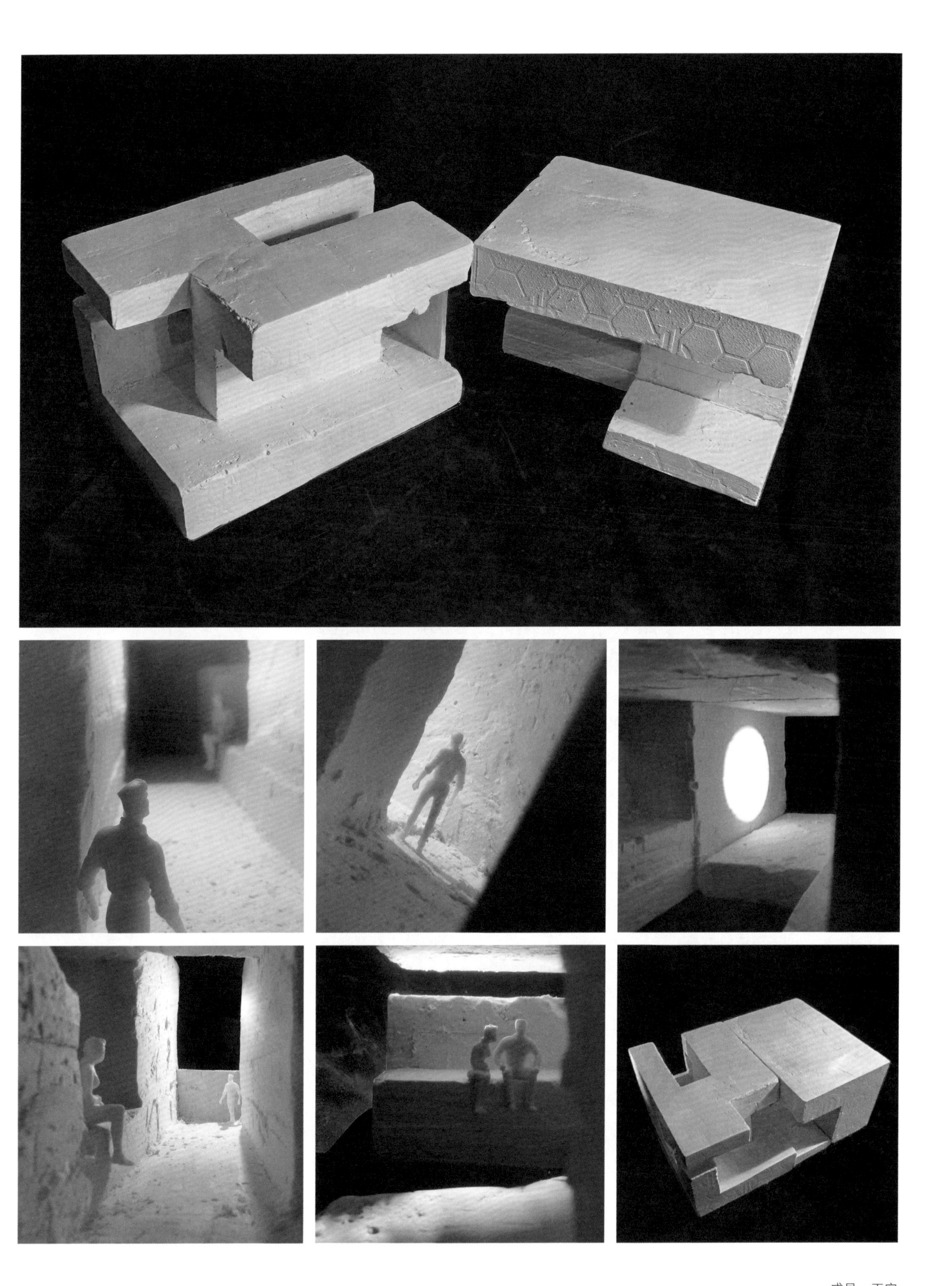

成员：王安

IV 洞天

设计思路

在保证石膏体外轮廓的长方体下，浇筑制造其内部空间，内部空间的体积要不小于模型总体积的50%。这个任务一出，我第一个想到的便是高老师在建筑概论里提到的太湖石。太湖石，漏皱瘦透，其特点就是空间的多变且连续。石膏体干了之后会脆硬，很难制造太湖石的形象，但是如果把太湖石形象提取出来作为空间原型，在石膏体中营造出形态多变、连接沟通的空间意境，也是一件很有趣的事情。

前期用黏土做小的设计模型时，只要用一根圆柱形的笔穿插戳洞就可以完成。但是真正做石膏浇筑时，怎样设计它的反模？我第一个想到的是细沙，沙子遇水后可以凝结，但容易散开，它有很强的可塑性，可以用塑料薄膜做它的载体。结果是塑料薄膜承载的沙子越多，固形越难，表面越粗糙，重量也越大。用塑料薄膜装沙子的反模，很难连通多个洞口。我只能放弃用沙子做反模的方法，转而用太空泥。刚开封的太空泥可塑性很高，满足了我对内部空间要有规律的需求，它的表面可以涂一层凡士林，十分光滑，意味着石膏体内部空间的表面也可以浇筑得很光滑。捏造完预期构建的形状之后，将太空泥暴露在空气中数小时，它的表面就会变硬，形成一稳定的实体。模型做得很顺利，太空泥干了之后，就像泡沫一样，有一定的稳定性，也很软，方便从石膏体内取出。为了更贴切地模仿自然空间的生成，我将内部空间涂成黑灰色，这样也突出了石洞的深邃感。

整个作业给我的感受是非常有趣的。在许多不确定因素下不断尝试，能激发我很多的思考。我对图底转换和空间反转有了深入的认识，学会了使用和水泥性质相似的石膏材料。

教师点评

作业的完成度高，总体按照任务要求，以及材料制作时具有流动性、成型后具有塑性的特点，较好地完成了作业。充分理解浇筑材料的特性和制作工艺。

制作工艺精美，特别是各个洞口的处理较为圆滑，对于反模的制作考虑得比较完善，尝试多种材料推敲，这是一种不断改进、调整为更好的设计态度。在洞的内侧涂色，拍照时彩色光源的引入，使其效果更为奇特。反模的材料运用得当，最终内部的脱模痕迹也形象地表达了洞的意向。空间效果很特别，是非常特别的“洞”的意向。在多数学生进行矩形切割设计时，该同学创新性地开拓了思路，没有受传统思维的局限。其设计意向源于太湖石，很好地将目标模型与之融合，特别是在反模的形态设计方面，需要花费更多的精力设计模具。

反模的制作与设计其实是图底关系的训练，该同学意识到了图底与空间的反转，理解了任务的训练目的。

GLEEMA
LOVER
DREAMEF
DESIGNER
POET
ARTIST
TRAVELLER
ILLUSTRATO

成员：饶帮尉

3. 砌块实验

1）任务书

学习目标

砌块实验专题的设置目的是引导学生初步理解并掌握建筑中的各类土坯砖、标准砖、砌块等标准化块材承压构件的成型工艺与砌筑方式，学习需达成的基础知识目标、应用能力目标、创新思维目标。它包括以下内容。

（1）理解砖和砌块类构件的材料特性、制作方式、受力特点、砌筑方式、结构组构等知识要点。

（2）掌握并运用所学材料知识、构造知识和建造原理进行方案设计与建造的应用能力。

(3)激发对块材、砌筑、空间三者相互关联的系统性思考和创造性设计思维。

任务内容

砌块实验任务是用1∶16的模型砖，在边长为30cm的立方体范围内，设计并搭建一个模型。模型需满足以下要求：①模型砖连接只能使用黏土，不得使用胶水；②内部空间有屋顶覆盖，且最小跨度不小于20cm；③内部空间的最大高度不小于20cm；④门洞尺寸不小于15cm × 7.5cm；⑤形态外观或内部空间具有较好的表现力。

教学安排具体分为4个阶段。首先，通过教师讲解，学生2人一组制作制砖模具，并应用黏土和胶凝剂（如水泥等）手工制作240mm × 115mm × 53mm的标准砖3块，并进行抗压强度测试。其次，学生2人一组应用黏土、红胶泥、面粉、糯米等天然材料制作具有一定黏性的黏结剂，作为连接砂浆供下一步模型砌筑时使用。最后，每位学生独立使用1∶16模型砖和天然材料黏结剂，砌筑一个满足任务要求的模型。课后，完成图纸、课程手册等内容。

作业成果包括：

- 手工标准砖3块（过程阶段）
- 30cm × 30cm × 30cm最终砌体模型（最终阶段）
- A1图幅1张（PDF文件不大于15MB）
- 建造课程手册（PDF文件不大于15MB）

评价标准

评价标准与学习目标相对应（表5-3），主要评估各项目标的达成度。

（1）基础知识与学习情况（40分），通过手工砖、建造课程手册作为阶段性成果进行评价。评分项包括砖外观特征、砖力学强度、作业完成度等。

（2）应用能力（50分），通过最终砌体模型、A1图纸作为最终成果进行评价。评分项包括砌筑工艺合理性、形态空间效果。

（3）创造性与系统性思维（10分），依据最终砌体模型、A1图纸中体现的设计与建造的创造性、系统性进行综合评价。

表5-3 评价标准

目标项	分数/总分	主要指标	成果形式
基础知识与学习情况	40/100	砖外观特征 砖力学强度 作业完成度	手工砖模型 课程手册
应用能力	50/100	砌筑工艺合理性 形态空间效果	最终砌体模型 A1图纸
创造性与系统性思维	10/100	设计与建造的创造性、系统性	最终砌体模型 A1图纸

2）设计方法

基础知识

砖、砌块及石材是建筑工程中常用的块体砌筑材料。红砖又称实心黏土砖，价格低廉。但因其原材料为不可再生的资源，且制作过程会产生污染，大量使用已被禁用。砌块的尺寸较大，施工效率较高，保温效果较好，在建筑工程中应用越来越广泛。砌块外形与标准砖一样，是用长宽高限定的直角六面体。按其密实情况可分为：实心砌块（空心率＜25%或无孔洞）、空心砌块（空心率≥25%）和多孔砌块（表观密度300～900kg/m^2）。

材料特征：砖的尺寸通常为240mm×115mm×53mm，以黏土、页岩、煤矸石和粉煤灰等为主要原料，经成型、焙烧而成。砌块根据原材料的不同可以分为混凝土空心砌块、加气混凝土砌块、粉煤灰砌块、轻骨料混凝土砌块和煤矸石砌块等。当砌块的主规格高度为115～380mm时，统称小型砌块。中型砌块主规格的高度为380～980mm，大型砌块的主规格高度大于980mm。

砖的物理特性是抗压强度远大于抗拉、抗弯和抗剪强度。砖的承重能力比较好，且性能稳定。

构件成型：砖墙的砌筑主要保证砌筑的整齐有规律、便于施工，为保证墙体强度和刚度，通常采用上下皮错缝搭接、避免通缝，在墙体的交接和转角处砖块应搭接砌筑，以提高墙体的整体性。

连接构造：砌块的接缝是保证砌体强度的重要环节，砌块与砌块间常用砂浆进行连接。在干燥的条件下使用砂浆，既可选用气硬性胶凝材料（石灰、石膏），也可选用水硬性胶凝材料（水泥）；若在潮湿环境或水中使用砂浆，则必须选用水泥作为胶凝材料。对于砌筑砂浆用砂，优先选用中砂，既可满足和易性要求，又可节约水泥。毛石砌体宜选用粗砂。砂浆的主要技术指标有流动性（稠度）、保水性、抗压强度等，通常灰缝（水泥砂浆）的厚度以8～12mm为宜。空心砌块因其中心有空间，可在中心插入其他构件进行加固和连接。

结构组构：为了保证砌体结构的整体性和利于结构承载，砌体结构组砌的方法有全顺、两平一侧、全丁一顺一丁、三顺一丁和梅花丁等。砌筑时应注意砂浆饱满（＞80%）、内外搭砌、上下错缝，错缝长度不小于砖块厚度，空心砖采用上压下1/2砌筑。

空间构成：砖、砌块形成的多为墙体，砖在平面上的面积非常小，可以通过多次的重复及迭代形成平面或立面上的扩展、延伸，单层的墙体可以形成一定的高度，需要借助其他材料的受力进行高度上的扩展，如钢筋、柱子等。砖墙的不同砌筑方法可以出现不同围合度的空间，可以是密不透风的，也可以是带有镂空、弧形的墙体。而后者可以将光线和视线引入空间内部。

案例分析

立面墙体：砖是文化的象征，不仅是中国，对其他国家也是如此。可用砖在规则的面状墙体上进行不规则的排列，与周边形成独特的几何关系。也可用砖进行规则的凸出与凹进，或者单块砖进行旋转的渐变，或者多种砌法进行组合。还可以在同一面墙上同时出现封闭与透空、规则与变换，使立面更加丰富。

弧形墙体：弧形墙体需要在砌筑时控制好墙体的弧度，即每块砖的走向和竖向灰缝的宽度要保持均匀，通常通过弹双面线进行控制。也可以与异型砖进行交替错砌，逐层叠涩内收，每层都进行平面上的砖块角度旋转，用灰缝填补砖块之间的三角形缝隙。

拱形结构：拱形结构是中间承受轴向压力，并由两侧支座提供水平推力而形成的曲线或折线构件。当跨度变大时，拱支座的水平推力也会相应变大。在实际工程中，为减小水平推力，通常设置水平拉杆或采用柔性拱支座。砖砌的拱形结构可以用木材或钢筋，在拱下方先搭建支撑，然后进行砌筑，以保证其弧度。可以用拱形的材料出形，用水泥砂浆填缝进行加固。

操作方法

基本思路：考虑到砖和砌块有多种外形尺寸、成分级配和制作工艺，为便于理解，本实验先以制作黏土砖为例，介绍同类块材的基本表观特征和抗压强度性能，再通过烧结砖、空心混凝土砌块案例研究，讲解建筑物基础、地面、墙体、屋顶等部位符合砌块材性的砌筑方式。最后对前两步学习知识和原理进行应用，设计搭建砌体构筑物模型（图5-3）。

图5-3　砌块建造方法示意
来源：作者自绘

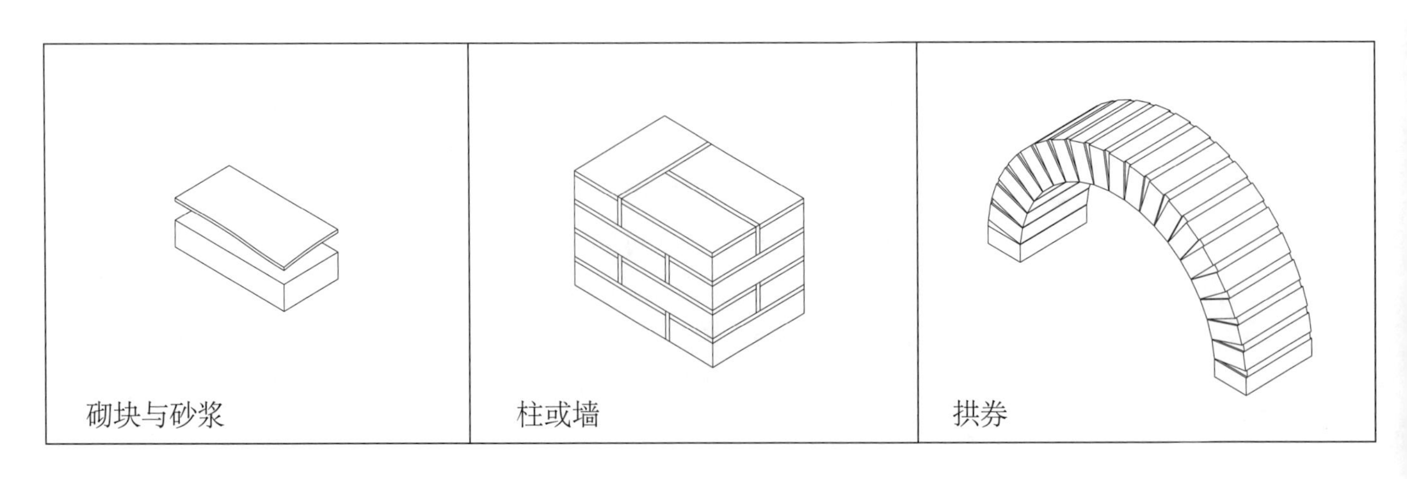

实施步骤

材料制备：黏土砖的主要成分为土、细砂和水。由于各地土壤成分配比有较大差异，在制砖前需通过加水搅拌，沉淀后观察等方式，确定当地土壤的成分级配。之后，经过样品强度测试确定原料配比。教学实验中不建议添加胶凝材料。

模具制作：以240mm×115mm×53mm为内部尺寸制作模具。模具材料通常选择木板或钢板。模具两侧应配有把手，以方便搬运。

黏土砖制作：将原料充分混合后注入模具，依据存储空间温度和湿度情况，避光静置数小时，待强度达到要求后脱模，晾干。

性能测试：制作完成3块黏土砖，先进行外观尺寸和表面性状测量，主要观察收缩率和坍落度。随后进行抗压强度测试。抗压强度是墙体用砖和砌块的重要指标。其他性能参数如吸水性、抗冻性等相关知识和原理，可于高年级教学中补充扩展。

设计过程

无论是农村常见的砖混自建房和平日司空见惯的红砖建筑馆，还是亲自在建造课上搭建的砖木方亭，红砖对于我来说都是一种熟悉且亲切的材料。当我思考如何以砖实现“顶的覆盖”这一要求时，首先出现在头脑中的便是砖拱，砖这种砌块材料想要在受力状态下实现跨度最优美的方式，就是让砖头互相受压成拱。砖拱对于西北人来说，并不是陌生的形式——黄土高原的民居窑洞便经常会采用砖来砌拱。

在我开始试着制作模型的拱顶部分后，很快就遇到了第一个问题：以方的砖块起圆的拱顶，砖之间必定会出现缝隙。在实际的建造中，往往可以通过制造特定尺寸的砖或者在砖缝之间填充泥土或砂浆来解决这个问题，但是模型砖只有固定的尺寸，我只能尽量找到砖块受力的平衡点，耐心地完成整个拱形。当然，这个问题可以使用强力胶水来解决，但是对于最终真实比例的构筑物建造过程，这将会是一个不具有参考意义的解决方法。

第二个问题则在于连接的节点。在拱顶制作完成后，我发现拱顶的弧度可控性较弱，由于等比例缩小后的模型与现实生活中的受力情况并不相同，小型模型可以降下来成为一个缓拱，也可以拱起来成为一个圆拱。拱顶本应确定成型后与下方的砖柱形成合理的连接节点，以控制它的弧度，但现在我只能按照目前适于模型的合理弧度，确定下方的砖柱间距。对于学生来说，如果想要在实际的建造过程中成功地建造出拱顶构筑物，那么便无法回避关于材料本身性质与材料连接节点的思考与实践。

路易斯·康曾经说：“建筑师不是在圆自己的梦，而是在帮助砖头完成它们的梦想。”红砖有它独特的朴实、秩序与简洁感，如果你看到由砖而起的拱，能否体会那份同时积淀着历史与艺术的梦想?

教师点评

总体上组构合理。砖墙及砖拱均是最常用的基本搭建形式。在下部的墙体部分，运用最常用的水泥砂浆连接方式完成单体墙体，一丁一顺的砌筑结构使得墙体较为稳定，结构效率高，符合砖块连接的特点，同时保证了各个砖块连接稳定的要求。上部的结构呈拱顶状，单层砖块起拱，并将上部的结构自重更多地以压力形式，沿拱脚和墙体向下逐层传递，减少了拱脚受压等不利状态。建造过程安排较高效。

首先构件采用高度标准化的单元，提高了构件的加工速度。现场安装速度快，装配速度快，效率高。构筑物完成效果总体良好，直墙面和砖拱的配合组合呈现较好的节奏和韵律感。整个构筑物空间通透，不仅节省材料、减轻自重，同时产生了轻盈的感觉。设计创造性在于通过不同的思路解决设计问题，尝试从不同的角度进行拱顶搭建，再确定下方砖柱之间的间距。

成员：王 安 张铭轩 王长江

II 层叠

设计过程

对于这个任务，我们最初的想法是设计一个与自然、与外界有联系的空间。如何吸引人群并与场地形成一个自然的呼应是最主要的问题。设计内容可以分成两项——砖墙的设计和木结构的运用。设计面积为3m × 3m的区域，在这样的面积中设计墙体，考虑人的尺度感是最为重要的。墙体并不是用来隔开人们的，所以不应该繁杂密集，只需强化空间的界线并根据场地限定部分流线即可。相对于给人感觉粗犷的红砖，木头的纹理更能给人一种自然温和的感觉。如何将两种性质的材料结合在一起，无论是设计，还是在实际建造方面，都是最需思考的问题。

在木结构的形式方面，为了与场地呼应，方形是最自然的设计形态。木头形成的木墙沿着砖墙自然地将空间包围起来，与砖墙虚实结合。但木头轻盈易脆，与稳重的红砖相比，它的存在显得较为轻浮。双层木头互相叠合，增加了厚重的质感，也强化了木结构的承载能力，延长整个节点及结构的使用寿命。砌块的承重效果较好，将砌块放置于木结构与砖墙相接处，可以完美地缓解两者连接的问题。压力通过竖向的杆件传递到砌块上，而砌块再将压力传递于下面的砖块中。并且砌块的内部空心，可在其中灌满水泥砂浆加固节点。

我们先将地面铺满砖块，在此之上开始砌墙。二四砖墙承重能力较好，对其进行部分镂空的处理，丰富了空间的趣味性且节约了一部分的材料。建造的过程中永远会出现问题，木结构的搭建可费了我们一番力气。我们决定先将木结构搭建出来，再把它置于砖墙之上。为了更好地固定杆件，我们使用“╳”的打钉方式，呈现效果较好且节约成本。在砌块表面打孔，灌满砂浆，置入钉子与木方结合，木结构之间互相支撑，使整个结构成功地置于砖墙之上，牢牢结合。这次建造课程给我带们来了非常深远的影响，和理论课不同，我们作为设计者可以亲自参与建造感受材料。这个建造作品的诞生是所有人努力与智慧的结晶。

教师点评

总体上组构合理。砖墙的砌筑以及木方的运用均符合材料本身的基本特性。砖建造的墙体受压强度较高，而木材较为轻盈，搭建在上方，进行装饰及围合成为顶部空间，两种材料既有重量上的对比，也有做法上的对比。同时还形成整体，两者又有融合。

建造过程安排较高效。首先构件采用高度标准化的单元，提高了加工速度。现场安装速度快，效率较高。在搭接木结构的过程中遇到了困难，但是通过设计打钉方式，成功地解决了问题。构筑物完成效果总体良好，是砖墙和木条的组合。在砖墙的砌筑上有实体墙面和镂空墙面两种砌筑方式，使得整个构筑物下部较为通透，将人在其中的感觉考虑在设计中。在木材的设计中考虑到与场地的呼应问题，在形式和组合方式上与周围形成共鸣。考虑到砖和木材两种材料不同的自身特性，并能够通过恰当设计方式使之形成整体。设计创造性在于实际建造从人的感受出发，保留两种材料各自的特点，同时进行融合与尝试。

成员：高　原　王　安　张　琦　解　瑶　耿文萱　门嘉鑫
孙　术　葛　瑞　乔　治　孙一堃　李远鹏　郑锦阁
常欣怡　药润楠　韩嘉旭　杨东东

III 新铺作

设计过程

我们设计并建造的$9m^2$大小的亭子，灵感来自斗拱结构，但是在结构的设计上并没有借鉴斗拱的受力方式。在设计过程中，我们特别注重细节和比例的控制，以确保亭子的整体效果和落地性。我们在亭子的角码连接上下了不少功夫，使其能够起到稳定结构的作用。同时，砖砌的螺旋状柱子也能够增加建筑的美观性和稳定性。

为了确保亭子的质量和精度，我们借助了一些专业的工具和设备，如手电钻、切割机、铁锤等。在建造过程中，我们注重团队合作，一些志同道合的伙伴一起完成了这个项目。虽然统一购置的木材质量不高，但是经过加工和处理，能够适应一定的环境变化。同时，还特别设计了亭子两侧的顶部，采用了木方铺陈的方式，既减小了结构压力，又达到了一定的遮阴效果。

在整个设计和建造过程中，我们遇到了一些挑战和困难。一开始，对于设备的使用并不熟练，进行了许多实验和尝试。在设计的过程中，也遇到了一些难以解决的问题，例如如何使亭子更加稳定和牢固，如何在材料质量不高的情况下确保结构的精度和强度等。但是，通过不断地尝试和实践，最终克服了这些困难，成功地完成了这个项目。

此外，在团队合作方面，我们也收获了很多。在和伙伴们一起完成项目的过程中，我们学会了如何与人合作，如何倾听别人的意见和建议，如何协调不同意见的冲突等。这些经验对我们未来的职业生涯和人际交往都非常有帮助。

这个$9m^2$的亭子虽然只是一个小项目，但是它对于我们来说意义重大。它让我们更深入地了解了建筑结构和材料的应用，也让我们学会了如何从零开始设计和建造一个小型建筑物。这对于我们未来的学习和探索都非常有帮助，希望这个亭子能够为更多的人提供启示和灵感。

教师点评

总体上组构合理。砖柱的砌筑以及木方的运用均符合材料本身的基本特性。砖柱并非传统的方柱，而是进行了旋转上升的砌筑，既满足了整体的稳定性，又具有美观性。建造过程安排较高效。虽然螺旋柱的建造较为烦琐，但是创造性地先制作了模具进行控制螺旋的角度变化，使得每一次的旋转都有固定角度，可以较好地把控成品效果。在上方木方安装的过程中，在角码的设计与连接上进行了多次尝试，最终效果较好。同时对于细节的精细度控制较好。构筑物完成效果良好，运用斗拱的意向，进行再次设计和演变。螺旋柱的设计使得结构的美观性和观赏性增加，也使得整体的效果较为精美。从搭建角度来讲，砖柱上立木柱子也是常用的建造手段，结构的整体稳定性好。设计创造性在于化繁为简，运用模具进行角度的把控，很好地呈现了螺旋的效果。

成员：牟　维　于海跃　高世豪　刘奕辰　严雨田
崔靖阳　郑博文　旭　光　马玉珍　张纪鑫
刘宇涵　石承飞　潘家鑫　王宇欣　凌泽健

Ⅳ 折木穿梁

设计过程

该方案的设计灵感来自中国古建筑。在建筑初步课上，我们从高老师关于中国古建筑的精彩讲述中得到启发，了解到梁柱和墙体在中国古建筑中属于两个不同的系统，前者支撑屋顶，后者构建围护结构。这种独立但相互依存的结构体系是中国古建筑的重要特点。希望在本次亭子建构设计中，也能实现这种独立而又相互依存的结构体系，让支撑结构和围护结构各自成为一个系统，共同塑造出恰当的空间形态。

亭子的支撑结构是由木构部分构成的，灵感源自中国古建筑的梁架结构。我们采用化繁为简的方法，重新构思木结构建筑的空间氛围。屋架部分的木方大多采用相互穿插、斜向连接的方式，形成正方形的单体，这种设计精妙地将受力从亭子的顶端传递到三个菱形结构上。中间的三个菱形分别嵌入一条短木，使菱形更加稳定，同时全部的力被传递到地面的两根柱子上，形成非常稳定的结构。亭子的围护结构由两面红砖墙、一面空心砖墙和两个砖凳构成，环绕着木构架。为了确保围墙高度齐平，同时考虑到人们在长椅上休憩时的舒适感受，我们决定用红砖砌墙20层，空心砖竖砌3层，使墙体高度约为1.2m。这样亭子的南面、北面和东面都被矮墙半围合，再加上西边场地紧邻的长矮墙，亭子内部的空间被清晰地围合了出来，同时又能与周围环境自然融为一体。

在进行砌块墙制作之前，需要进行多项准备工作。首先，需要对施工现场进行清理，保证施工环境整洁。其次，需要进行测量和标记，以确定砖墙的高度和位置。在砌墙过程中，使用的红砖需要事先被水冲刷过，使之少量吸水以保证砖与水泥砂浆的黏合。固定水平线，顺着线进行砌墙，确保砖墙整体平衡和稳定。具体的砌墙方式需要根据设计要求和墙体承重能力来决定。每两块砖之间需要保留一定的缝隙，以增强墙体的密封性和稳定性。填缝材料可以使用砂浆等材料。最后，需要对砖墙进行修整和打磨，以营造出更为精致的效果。

在整个课程中，我们更深刻地认识到了从纸上设计到实际建造存在的巨大差异。尽管看似很简单的一个小亭子，但实际建造过程却充满了挑战。曾经我们一度认为，我们的设计过于简单，但是在经历了整个建造过程后，才明白无论多么简单的设计，都有其极为理性的建造逻辑。

教师点评

总体上组构合理。砖墙及砖凳的设计及建造均符合材料本身的基本特性。木屋架的部分采用菱形穿插、斜向连接的方式，运用了较多的角码，但是斜向的设计使得构件的受力只能通过角码进行传递，所以上部的稳定性稍有不足。建造过程安排比较高效，在细节处理上也较为完善，如先进行场地处理，砖块用水冲刷，以及水平线固定等。精细的建造过程才能保证结果的完美。构筑物上部木构是方案采用了斗拱意向，并重新进行演绎，最终建成效果良好。螺旋柱的设计使得结构的美观性和观赏性增加，也使得整体的效果较为精美。从搭建角度来讲，砖柱上立木柱子也是常用的建造手段，结构的整体稳定性较好。设计创造性在于化繁为简，将复杂的梁架结构进行简化，重新加入设计。

成员：饶帮尉　游曼俪　黄　颖　赵　楠　李牡丹　周　瑄　刘语欣　郑雅心
郜雷雨　刘　涛　于青青　王亦萌　李德喜　邓钧泽　李　洋　罗江佑

4. 杆件实验

1）任务书

学习目标

杆件实验专题的设置目的是引导学生初步理解并掌握建筑中的混凝土、钢、木等框架结构的标准化杆件设计建造应用方法，学习需达成的基础知识目标、应用能力目标、创新思维目标。它包括以下内容。

（1）理解杆式构件的材料特性、受力特点、连接方式、结构组构等知识要点。

（2）掌握并运用所学材料知识、构造知识和建造原理进行方案设计与建造的应用能力。

（3）激发对杆件、结构、空间三者相互制约、互为支撑的系统性思考和创造性设计思维。

任务内容

杆件试验任务是用尺寸为40mm × 40mm × 2400mm的木方，围合建造一个尺寸为2.4m × 2.4m × 2.4m的具有形态复杂度、屋顶覆盖、空间限定的构筑物。具体要求包括：①充分使用标准尺寸的木方材料；②节点设计应符合材料强度，并充分发挥木构材料加工特点；③结构系统传递受力应逻辑清晰，结构组构应符合材料力学特性；④构筑物形态设计具有美感、单元构件和节点表达富有节奏韵律。

教学过程分为4个阶段。首先，学生通过教师讲解，分小组对木棍、木方、木片、纸筒等杆件材料进行加工和连接试验，掌握木材的材料特性与杆件的受力特征和连接方式。其次，在边长为24cm的立方体范围内，用4mm × 4mm截面木方模型，设计搭建一个有形态复杂度、屋顶覆盖、空间限定的模型，比例为1：10。再次，评选出若干份设计方案，8人合成小组对优选方案的结构组构、空间设计、连接节点、形态美感进行深化设计，同时针对方案不同部位制作1：1比例节点大样进行验证和改进。最后，各组按照优化后的设计方案在8h内完成建造，并绘制A1展板，制作建造视频，完成个人建造手册。

作业成果包括：

- 1：10手工模型（过程阶段）
- 1：1节点大样（过程阶段）
- 1：1实体构筑物（最终成果）
- A1展板1张（PDF文件不大于15MB）
- 建造视频（MP4文件不大于50MB）
- 建造课程手册（PDF文件不大于15MB）

评价标准

评价标准与学习目标相对应（表5-4），主要评估各项目标的达成度。

（1）基础知识与学习情况（40分），通过手工模型、节点大样、建造课程手册作为阶段性成果进行评价。评分项包括木方连接方式、结构系统合理性、作业完成度等。

（2）应用能力（50分），通过最终实体构筑物、A1展板、建造视频作为最终成果进行评价。评分项包括构件设计、节点设计、结构组构设计、形态空间效果。

（3）创造性与系统性思维（10分），依据最终实体构筑物、A1展板、建造视频中体现的设计与建造的创造性、系统性进行综合评价。

表5-4　评价标准

目标项	分数/总分	主要指标	成果形式
基础知识与学习情况	40/100	木方连接方式 结构系统合理性 作业完成度	1:10手工模型 1:1节点大样 课程手册
应用能力	50/100	组构合理性 连接节点设计 形态空间效果	实体构筑物 A1展板 建造视频
创造性与系统性思维	10/100	设计与建造的创造性 杆件、结构、空间协调系统性	实体构筑物 A1展板 建造视频

2）设计方法

基础知识

木材是古老而又常见的一种建筑材料，无论是在国内还是国外，因其特殊的质地与特性，拥有久远的使用历史。

材料特征：木材的触感温和、易加工、耐久度好、稳定性强。木材的分类主要有软材和硬材两种，但这并非根据硬度所决定，而是根据植物学进行划分，有些软材的硬度比硬材还高。在用途方面，树干外层年轻的部分称为边材，内部是心材，通常心材颜色深，防腐性和耐久性更好，而边材水分较多，易蛀虫或腐朽，但渗透性好，易于着色。木材的变形在各个方向上不同，顺纹方向最小，径向较大，弦向最大。我们通常在市面上见到的木方、板材等，都是采伐树木后进行二次加工得到的。

构件成型：常用的木材构件有木方和木板等，木方俗称方木，是将木材根据实际需要加工成一定规格与形状的方形条木，主要由松木、椴木、杉木等树木加工而成。通常的规格是2.4m长，其截面有2cm × 3cm、3cm × 4cm、4cm × 4cm几种。板材是指做成标准大小的扁平矩形的建筑材料板，常用来做墙壁、天花等构件，有薄、中、厚、特厚之分。

连接构造：木材的连接通常有胶粘、榫卯、金属连接、齿连接四种方式。胶粘方式是强度最低的一种，建造中不建议使用。榫卯是古建筑和家具制作中的常用方式，设计较复杂，但效果也最好，利用木材承压传力，以简化梁柱连接的构造。金属连接通常用金属类的钉子，有螺钉和圆钉两类，注意木料的最小厚度、螺栓和钉的最小排列间距。齿连接是常用于桁架节点的连接方式，将压杆的端头做成齿形，直接抵承于另一杆件的齿槽中，通过木材承压和受剪传力。

结构组构：木杆常用的结构包括桁架结构和网架结构。桁架结构各个杆件的受力均以单向受拉或者单向受压为主，内力特点是只有轴力而没有弯矩和剪力，因而轴力为桁架的主内力。相比于三角形桁架，梯形桁架的稳定性得到了很好的提升，在跨度较大时，比实腹梁节省材料，减轻自重和增大刚度。网架结构具有空间受力小、重量轻、刚度大、抗震性能好等优点，但其制作安装较平面结构复杂。

空间构成：杆件所形成的空间在平面和高度上都可以达到很大的范围，尤其是杆件的跨度。因其本身构件较为纤细，其围合度可以密实，也可以稀疏，注重虚实结合。在光线的处理方面，杆件围合后，可以让光线透过支撑结构射入内部，形成各样的光影，成为建造中的亮点。同样视线也可以透过层叠的结构，很好地观赏到内部，实现视线的交流。

案例分析

桁架结构：桁架结构常用于厂房 、体育馆、桥梁等大跨度的建筑中，多用于建筑的屋盖，是一种格构化的梁式结构。根据桁架的外形，它可以分为平行弦桁架、折弦桁架、三角形桁架；以桁架的几何组成方式可以分为简单桁架、联合桁架、复杂桁架；按所受水平推力可以分为无推力的梁式桁架和有推力的拱式桁架。

网架结构：网架结构是由许多杆件按照一定的规律组合而成的网状结构，分为平板网架和曲面网架。

木材也可以成为组成网架的基本杆件，但因为木杆件本身不具有弯折性，因而需要更多的角码进行组装，使得整体系统更加稳定。虽然角码很多，但因木材本身的特质使得整体效果很轻盈，纤细的杆件也使得其韵律性很好地展现了出来。

吊杆装饰：吊顶吊杆是室内安装吊顶必要的一种杆件，主要是连接空间顶部的基础和整个吊顶系统的杆件，吊顶的造型分为吊杆条、吊杆线，材质通常为金属和木材两种，用螺栓固定在顶部，吊杆的长度可以自由调整，用以调节吊顶系统的高度，吊杆也是吊顶是否牢固的关键。在作业中可以运用木材的龙骨与金属吊杆的组合方式进行多次的贯穿与组合。

操作方法

基本思路：本实验为面向制造和装配的设计，遵循“微观材料特性—中观构件单元—宏观组成结构”的层级建构和“构思—设计—实验—建造”的路径，针对木方自身的材料特性，选择相应的加工方式和连接节点。单元构件组成整体结构时，主要难点在于，木方因其截面尺寸较小，作为竖向构件和横向构件时，极易在弯矩作用下损坏。杆件可考虑形成如束柱、桁架、平面网架、空间网架等组合构件形式，以增加强度和刚度。同时需注意构筑物与地面的连接方式和强度，提高整体结构稳定性（图5-4）。

实施步骤

调研构思：了解杆件实验任务书要求，认真思考杆式构件的受力特点和连接方式，对已建成项目或构筑物进行调研考察，对木方进行初步试验。

草模设计：通过材料及其连接试验，使用4mm×4mm截面木条制作1∶10模型，着重设计构件单元、节点连接、组合构件、结构组构。分析各个木方杆件和节点的受力情况，不断通过小比例模型优化方案设计。

节点设计：针对上述各类构件和节点，全部进行1∶1木方节点试验。观察木方和节点破坏特征，验证节点强度有效性，确认木方加工和节点连接可操作性，进一步优化设计。

装配建造：提前采购木方及其配件，提前加工全部单元构件。最终于4h内完成装配建造。

拆除回收：展览完成后拆除构筑物，妥善回收木方和连接件，或者制成家具放置于合适的室内或室外环境中。

上述所有步骤，应全程拍照、摄像记录。

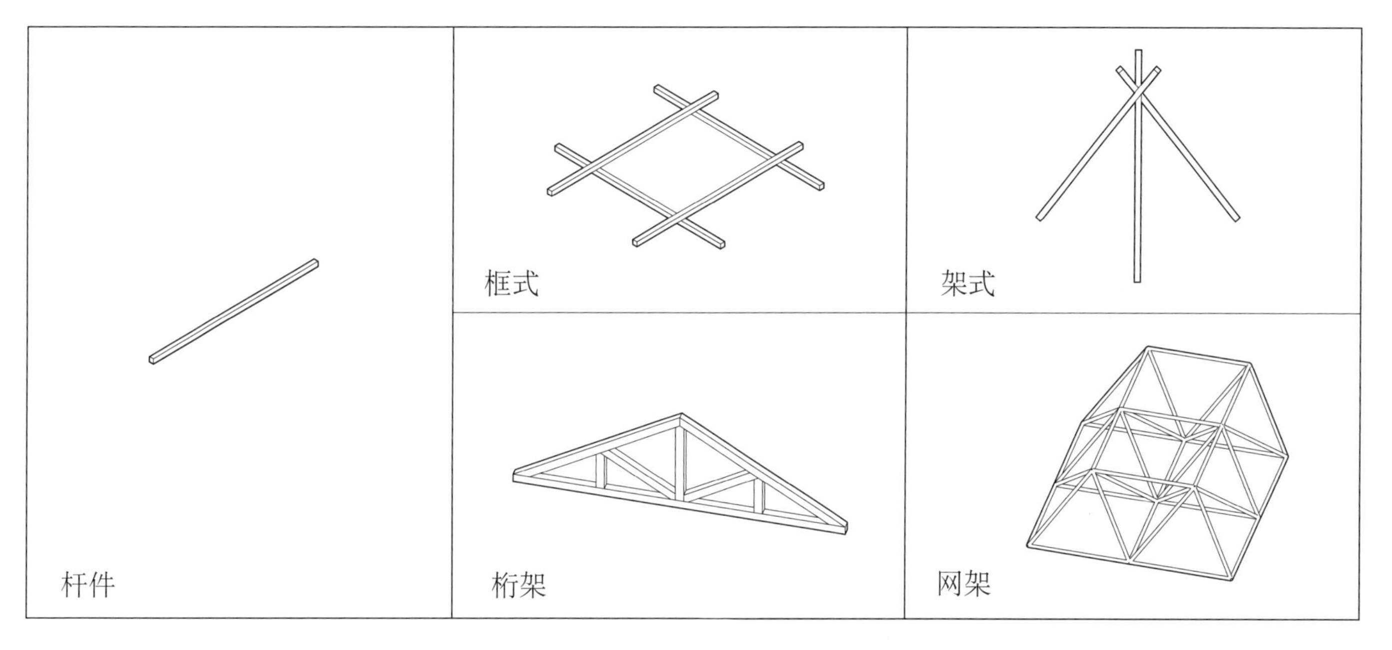

图5-4 杆件建造方法示意
来源：作者自绘

I 方圆

设计思路

本次设计要求以2400mm × 40mm × 40mm的木条进行搭建。由于材料单一，我们在设计之初便希望以简单的搭接方式和形体来呈现这一次的空间建构，依靠木条本身的长短变化形成一定的节奏感和韵律感，从而让人们获得丰富的体验感。首先想到的就是用最简单的方形作为基本的外形，之后又在方形中套入一个球形空间，在内部形成一个层层渐变的、灵活的空间。我们据此确定了木条平铺并层层相接向上的搭接方式，根据内部球形空间的需要来确定每一层木条的长短和数量。

制作过程大致分为材料准备、分部建造、整体装配三个阶段，具体如下。

材料准备：主要包括材料搬运、材料切割和材料分类三个过程。将材料搬运到指定地点后，需要根据设计图纸来确定每种尺寸的木条数量，之后在2400mm长的木条上画出切割线以方便切割。切割完成后再根据不同的尺寸进行分类放置。至此前期材料准备工作完成。

分部建造：在建造步骤方面，由于方案有横竖两条对称轴，因此将建筑分为四个相同的部分，分别搭建。每个部分由2～3人负责，同时开始搭建。由于每个部分的形状近似漏斗形，顶部和底部较大，中部较细，因此搭建至中间部分时，将构件躺倒在地上以便搭建上层部分。在细部连接方面，我们在四个角部插入了三根钢筋以保证整体的稳定性，并在每一个木条搭接的节点都用角铁和螺栓连接，作进一步固定。

整体装配：将四个相同的构件都制作完成后，先将它们立起来并在顶部用长木条两两相连，这样便形成了两个较大的构件，再将两个大构件在顶部用另一个方向的长木条相连组合，便完成了整体的制作。

本方案整体大方简洁，层层渐变的形态以及每层木条间形成的镂空使得内部空间通透而灵活，并对应了建筑馆室外空间的轴线和停车场的轴线，使得整体与周围环境形成了很好的呼应。

教师点评

整体组构比较合理，符合木条的受力特点，层层进行叠加，为了避免中部的杆件塌陷，90° 叠加的杆件间距较近，这样很好地利用了杆件本身的传力特点。建造过程安排比较合理，准备、分部、整体建造的流程步骤合理。特别是当遇到问题时，可以换个思维解决问题，立着不好组装的时候想到躺着组装好每一个部分，再立起来进行整体拼装。

总体效果良好，通过两个最基本形态的交错，形成有意思的外部实体空间和内部虚空部分。创造性的思维是化繁为简，虽然杆件是渐变长短的，看上去每根的长度都不同，但是学生想到裁切时将不同长短的杆件分类放置，便于建造时方便取用，将复杂的问题简单化。

成员：蒋慧佳　刘晋元　边鹏飞　张如鉴　梁晨昊
韦　洋　韩豪威　陶金玉　林子悦　张晓童

II 行百里

设计思路

设计的出发点是任务书上的一个要求：设计要考虑与环境相协调。我们组的搭建场地在沙龙广场的角落，而在广场靠近马路一边的片墙上有利用废弃角钢搭接的景观，所以初步考虑在广场角落利用同样的形式来做搭建与之呼应。手工模型阶段首先要做出一个方框，接着随意搭几根棍，为了模仿角钢相互搭接的形式还做了不同的两层框架叠加在一起，如此的五个面组成一个没有底面的正方体。

在老师点评之后得知了这个设计的缺陷，一味地为了模仿而忽略了木方本身的特性与角钢的不同，并且随意搭接的木方在实际搭建时由于切割角度过多会很难加工。于是我们在正方体框架的基础上尝试更多的平面图案样式，最终敲定了90°和45°相交这两种拼接形式。

由于在老师的指导下提前考虑了可能出现的问题并做了相对充足的准备，我们进行实际搭建的过程并未出现太多问题，因此在标记好每个木方的长度、切割角度和搭建顺序后，小组成员便开始了分工合作，有人负责切割，有人负责运输，有人负责记录，有人负责搭建。搭建时是在地上用螺栓连接木方，装好每个面后再进行最后的组装。而负责切割和运输的同学在完成切割后顺便做了休息的木凳。最后提前半天完成了搭建，整个过程虽然很累，但搭建完成以后每个参与的同学都非常开心和激动。

当时年少懵懂无知，整个过程中一直都对自己的设计方案和最后的搭建成果非常满意，对于当时老师们的许多评价和意见都不甚理解，现在回想起来老师的看法都是正确、中肯的。对于那次的任务书来说，我们的设计方案可以称得上失败，仅仅是利用五个单薄的平面搭出一个方方正正的空间，没有有趣的空间变化，没有新颖的节点设计，只是在表面图案上玩了一些花样而已。另外最后确定的图案样式也是参考了网上一篇利用grasshopper做表皮的文章，而当时根本不知道何为grasshopper，所以手动搭接体现出的随机性不那么强烈，调整的过程也耗费了大量的时间。搭建过程还算顺利，一些之前没考虑到的问题也都很快得到了解决，这些都得益于老师的亲自指导和组员之间默契的合作，这是一次非常难忘的经历。

教师点评

总体来说，结构的组构比较合理，符合木方的基本特性，进行拼接后，多出现三角形的斜杆，也使得每个正方形更加稳定，杆件通过金属螺栓进行连接，也是常用的木杆连接方式。

在建造过程中，为了使操作更简便，同时符合角钢、木方的操作手法，在不断验证后，仅保留90°和45°相交两种拼接方式。通过优化角度和基本构件，使得搭建本身也更为便捷，高效地完成了整体的建造，但是也有不足。方案更多地考虑了每片墙体的形式，对于空间的塑造缺乏更深入的设计和理解。

创造性思维主要体现在于无序中寻找有序，远看没什么规律，但是仔细看可以发现其中的韵律以及设计者的初心。

成员：庞富元　伊宏伟　周润妍　苏嘉辰　赵树杰
王晨宇　李思瑶　杨梦瑶　马晓伟　薛志强

III 翃

设计思路

设计意向来源于扇动翅膀的飞鸟，利用竖向木条高度的逐渐变化转化成顶部横向木条的角度变化。形制参考了广州星海音乐厅的屋顶结构，在适当的视觉角度下，顶部两个相对高的侧角形成了飞鸟的两翼，使构筑物变得生动形象。竖向木条和顶部横向木条又围合成了供人通行的空间，使构筑物具有了实用性。

在制作过程中，主要考虑木条固定方式和细部节点：解决屋顶两个方向的木条的固定和连接问题，最后决定用一小段木条作为其相互之间固定的媒介，将两个方向的木条分别固定在小木条的两个相邻面，既使两个方向木条可以稳固连接，又可以保证相互之间的垂直。然后测试整体结构的可行性，主要测试横向木条是否能够支撑住平面上与之相垂直的上层木条的重量。制作基底时，整理木条的数量，将木条横向排列，用两根长螺栓连接并固定，使其相互之间有一致的间隔距离。制作竖向支撑结构时，将竖向木条切割成不同的长度，按长度由短到长分别固定在基底的两侧，同时为了增强支撑结构的稳定性和连续性，用横向的几根木条将其连接在一起。制作顶部结构时，将木条用螺栓依次固定在两侧竖向结构的顶端，固定完成后，在上面再铺设与之相垂直的木条，两者之间用小木条固定。

总体上，最终建成效果体现了造型上的丰富变化，将竖向长度转化成为横向角度，将直线的木条组合成了视觉上具有弧度的平面。不足的是，围合空间单一，整体构筑物底部变化较为单调。其他可改进的地方是，为了使顶部两个方向的木条之间连接牢固，使用了一小段木条作为连接的固定方法有一点不够纯粹，其实破坏了木条之间的连接结构和整体美观性。

教师评价

总体上组构合理。木条的格构结构较好地体现了其受力及传力的特点，材料重量较轻，有种很轻盈的感觉，正好符合了鸟的翅膀这个主题。节点采用格构化的组成，整体表现出很强的韵律感，也较好地表达了上部的轻盈之感。侧面的结构类似古建筑屋顶的举架，从上向下逐层传递力，底部有很大面积的底座作为支撑，稳定性得到了保证。

建造过程安排较高效。首先构件采用标准化的单元，简化了连接方式，便于标准化作业，提高了构件加工速度。插接节点使用了角码进行杆件之间的固定，且节点具有一定的稳定性，还进行了横向的实验，现场安装速度快，效率高。

构筑物完成效果总体良好，呈现较好的节奏感和韵律感。整个构筑物透空表面，不仅节省材料、减轻自重，同时产生丰富的内外视觉效果和光影变化。

设计创造性在于在韵律中寻找变化，通过媒介解决较为复杂的问题，将问题化繁为简。

成员：任启轩　刘佳乐　张铭轩　张　印
　　　刘　昱　周振锋　刘　翊　王志鹏
　　　毕振赫　李　宁　程广洋

IV 光与影

设计思路

设计旨在营造一个半封闭的独立休憩空间，在近似于立方体的空间中，运用木材和砖结合，底部采用两侧砖块堆砌围合墙壁，之后，大面积采用木条进行顶部和侧部围合，不失遮蔽作用的同时在通风采光上都有较好的效果。

我们首先学习了从底部奠基到中部墙的围合搭建，再到后期钢筋穿进木条进行顶部搭建。在搭建过程中，我们学到了许多的技巧，包括用砖做底部的垫层，同时用沙子让基部更加稳固密实。我们第一次手动制作并使用了七分砖，同时掌握了水泥砖墙的搭建。将木条与钢筋结合，需要在木条上进行精准定位才能保证钢筋穿入木条时不会出现前期搭建时出现的木条、钢筋弯曲程度极大的问题。

在本次建造设计与搭建的过程中，我们在老师和相关技术工人的带领下学会了许多新的技能，包括电钻的简单使用、木条钻孔的定位、确定墙体的垂直角度，以及我们引以为傲的垒墙技术、抹面技术。除此之外在炎炎夏日，小组成员之间互相帮助并集思广益，让建造的过程“累并快乐着”。

在本次建造之后，我也意识到概念设计与实体搭建之间的差距，将想象中的设计做出来并不难，难的是对设计进行计算并落实实地搭建，因为实地搭建过程中遇到的问题往往是措手不及的。例如我们搭建过程中的木条弯曲程度，是我们远远没有想到的，甚至影响到后期的搭建，这些问题就需要大家一起想办法解决，同时这也是前期设计阶段不容易想到的，所以这告诉我们，在每次设计过程中都需要让每一个概念有实际结构的支撑。

教师评价

总体来说，构件的组成较为合理，叠落的木方通过垂直的穿插，呈现出稳定的结构特征，特别是在端部的位置进行叠放，韵律感体现得较为明显。在顶部运用了钢筋插入木方中，以保证整体屋顶的稳定性。木结构杆件之间主要受压力作用，其实不太符合杆件的受力，但是因其间距较近，同时进行双层墙体的设计，避免了一部分的受力问题。

建造过程较为高效，因为都是结构化单元的重复，可以较快地完成搭建。建造过程中解决了顶部木杆件弯曲变形的问题，在杆件上打孔，插入钢筋进行结构上的加固。

完成的效果比较理想，完美地实现了当时的设计，在考虑整体遮蔽性的同时，也考虑到了整体的透光性，木杆件的间隙较好地将光线引入，成为若隐若现的一道风景。

制作过程将设计通过建造实际落地，执行性较好，实际结果也全面地表达了最后想要的效果。

成员：杨　凯　王　超　耿　硕　贾彤硕　石承飞
刘颜鸣　申　明　陈　乐　高世豪　庞丹丹
吴思蒙　李巧玲　马　昕　李婧博　武静怡

5. 标准化构件组构

1）任务书

学习目标

标准化构建组构是在一年级“建筑建造”和“建筑初步”前序课程学习基础上，综合应用杆件、板片、块材等标准化建筑构件进行设计建造的训练，相比于一年级的专题实验，在任务规模、复杂程度、创新性等方面，难度有所提升。学习需达成的基础知识目标、应用能力目标、创新思维目标包括以下内容。

（1）理解杆件、板片、块材等标准化构件的材料特性、受力特点、连接方式、结构组构等知识要点。

（2）掌握并运用所学材料知识、构造知识和建造原理进行方案设计与建造的应用能力。

（3）激发对构件、结构、空间三者相互制约、互为支撑的系统性思考和创造性设计思维。

任务内容

任务分为两个自选主题——艺术空间和休憩空间，其中艺术空间的围合度较强，校园休憩空间则较为开敞。学生需选择1～2种常用标准化建筑材料，针对某一主题设计建造一座构筑物。前期方案的设计由个人完成，优选方案的深化设计和建造由5～10人小组协同完成。

设计目标：

（1）合理选择与设计构件形状和连接节点，充分利用材料特性，符合传力特点。

（2）考虑空间所要呈现的品质要求（如高度、跨度、悬挑、倾斜、扭转、透空等），合理进行结构组构。

（3）真实表达材料质感，空间效果具有强烈的光影感和表现力。

标准化材料可选择种类较多，杆件类如原木、胶合木、纸筒、型钢、铝合金型材等，板片类如木板、定向刨花板、石膏板、水泥纤维板、平板玻璃等，块材类如砖、空心砌块、EPS（聚苯乙烯泡沫）保温模块等。

作业成果包括：

- 1∶10手工模型（过程阶段）
- 1∶1 节点大样（过程阶段）
- 1∶1 实体构筑物（最终成果）
- A1展板1张（PDF文件不大于30MB）

评价标准

评价标准与学习目标相对应（表5-5），主要评估各项目标的达成度。

（1）基础知识与学习情况（30分），通过手工模型、节点大样作为阶段性成果进行评价。评分项包括材料特性、连接方式、结构组构、作业完成度等。

（2）应用能力（60分），通过最终实体构筑物、A1展板作为最终成果进行评价。评分项包括构件设计、节点设计、结构组构设计、形态空间效果。

（3）创造性和系统性思维（10分），依据最终实体构筑物、A1展板中体现的设计与建造的创造性与系统性进行综合评价。

表5-5　评价标准

目标项	分数/总分	主要指标	成果形式
基础知识与学习情况	30/100	材料特性 连接方式 结构组构 作业完成度	1:10手工模型 1:1节点大样
应用能力	60/100	构件设计 节点设计 结构组构设计 形态空间效果	实体构筑物 A1展板
创造性与系统性思维	10/100	设计与建造的创造性 构件、结构、空间协调系统性	实体构筑物 A1展板

2）设计方法

基础知识

标准化构件通常是指工业化生产的预制构件，这些构件是在工厂车间完成生产，在建造当地配合专业技术完成组装的建筑构件。标准化构件常用的有梁、柱、外墙板、楼板、楼梯等。

材料特征：标准化构件因其提前在工厂进行预制，可以有效地缩短建筑周期，施工时造成的环境污染也较少，特别是住宅的建造中，因其构件相同或近似，运用较多。标准化构件因其制作遵循统一标准，构件本身精度高，同时因其制作生产环境稳定，构件质量也较好。

构件成形：预制构件制作的过程中，包括模具的制作和安装。就像乐高积木的拼插一样，构件能否顺利装配、成功脱模，精度是否平整，主要取决于模具设计与制作精度。作为本次作业中的构件，只要是设计统一、便于高效建造的组件，一种或两种即可不断进行重复变换或迭代。

连接构造：一个节点可以有多重连接方式，不同的材料有不同的连接方式，构件的连接方式不同，组合后的结构强度也不同。构件的连接分为铰连接和刚连接。铰连接是指被连接的构件在连接处不能相对移动，但可以相对转动，如合页等。刚连接是指被连接的构件在连接处既不能相对移动，也不能相对转动，如榫接、焊接、螺栓等。

生产流程：标准化构件的生产及安装流程主要可分为设计、制作、施工和检验。设计包含建筑施工图设计、建筑构件及其模具设计。制作包含模具的安装、混凝土的浇筑、脱模、修补及养护、检测等。施工就是指在现场进行构件与节点的组装与拼接。最后进行整体的检验验收。

空间构成：标准化构件也可以是在平面上进行延展，例如玻璃幕墙、玻璃肋及玻璃组成一个构件，通过在立面上的不断重复、扩展，形成整面玻璃幕墙。或者是在空间上进行重复，例如网架结构、桁架结构，每一个杆件加上其连接节点形成新的单元，不断进行空间上的重复和迭代，形成整体的空间结构。

案例分析

网架结构：是由许多杆件按照一定的规律组合而成的网状结构，分为平板网架和曲面网架。金属及木材杆件都可以成为组成网架的基本杆件，网架结构具有空间受力小、自重轻、刚度大、抗震性能好等优点，常用作体育馆、影剧院、展览厅、候车厅、雨棚等建筑或构筑物的屋盖。缺点是因为汇聚于同一个节点上的杆件较多，制作时较为复杂。

桁架结构：常用于厂房、体育馆、桥梁等大跨度空间的建筑中，多用于建筑的屋盖，是一种格构化的梁式结构。根据桁架的外形可以分为平行弦桁架、折弦桁架、三角形桁架；以桁架的几何组成方式可以分为简单桁架、联合桁架、复杂桁架；按所受水平推力可以分为无推力的梁式桁架和有推力的拱式桁架。

平面重复：通过1～3种不同形状，进行平面的相互组合以及构成的方式进行排列组合。在二维空间中形成更大、更广甚至成片的整体效果。对于每个形状本身的重复或是变化，可根据整体效果进行细微调整，以保证整体的虚实有致、节奏明晰。每个组合构件的节点应相对简单且易于操作，以便高效建造。

操作方法

基本思路：本训练是面向制造和装配的设计，基本路径遵循“微观材料特性—中观构件单元—宏观组成结构”的层级进行建构。设计难点在于材料构件特性与形态空间效果之间的矛盾和协同。建造难点在于不同材料的恰当使用和连接构造。

调研、设计、试验三种方式，并非像一年级专题训练时依次序进行，更多的是，需要在一面墙或一个屋面的尺度上进行综合使用，以找到构件与效果最佳适配方式。由于构件受到标准化尺寸限制，构思的创造性较大可能通过形态空间复杂度、结构组构方式和特定连接节点实现（图5-5）。

图5-5 工业化构件建造方法示意
来源：作者自绘

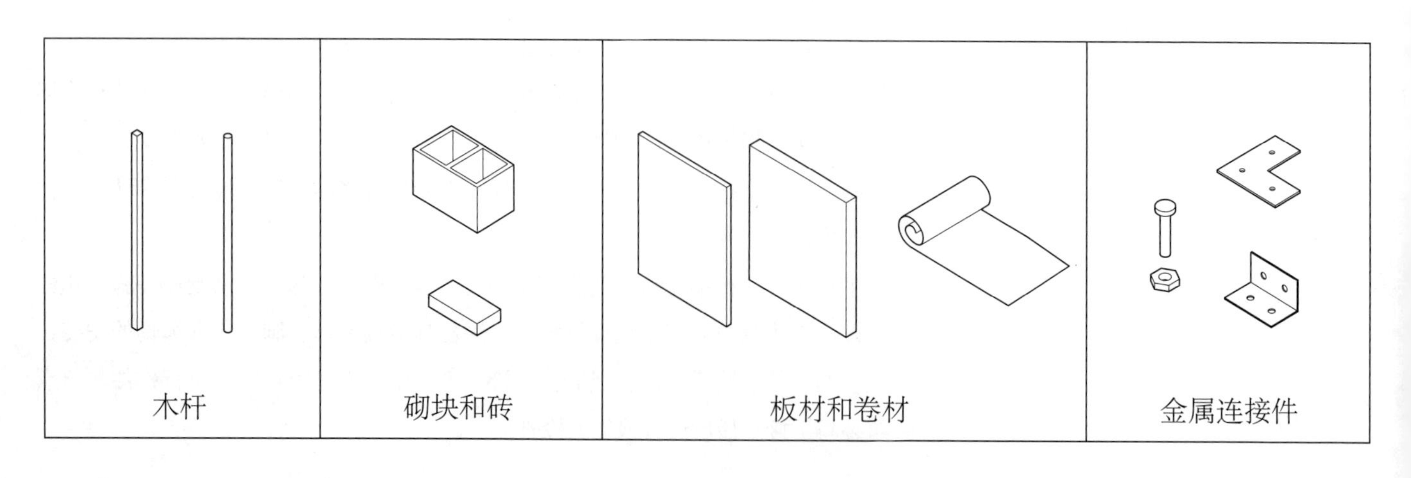

实施步骤

概念构思：理解任务书中的要求，进行概念构思，要求形态空间效果有创意。

草模设计：依据上一步概念构思，进行标准化构件调研。设计方案实现效果应与主选材料构件相互适配。二者的适应性主要体现在力流传递效率、建造实施效率、形态空间挑战度、材料界面效果等方面。在该阶段，应选择恰当的构件单元、设计节点连接方式、优化结构组构方式，以支持效果呈现。

节点设计：制作多个不同类型的构件形式和节点形式，进行1∶1瓦楞纸板节点实验。评估构件尺寸冗余和破坏形式，验证节点强度，考虑材料利用率、节点传力效率、建造效率的提升方法。

装配建造：提前1周采购构件、连接件和工具。在课堂上于8h内完成装配建造。

拆除回收：评价和展览完成后，拆除回收构件和连接件并妥善保存，以备他用；或者制成景观家具，以美化环境。

上述所有步骤，应全程拍照、摄像记录。

标准化构件组构优秀作业展示

Ⅰ 折光穿梁

设计思路

本设计的概念源于中国古建的梁架关系的构造，我们希望通过简化复杂的设计，重塑木结构建筑的空间氛围。用透明且轻质的亚克力板去模仿古建筑中屋顶的瓦片，给木建筑以轻盈灵动的感觉。

我们学习了传统木建筑中的抬梁式和穿透式两种结构形式，并将其运用到设计中，用简洁的木条进行空间重构。同时结合我们在建筑初步中学习的杆件、板片和体块空间要素的设计原则，用每一榀屋架形成的虚态的板片去划分空间，用支撑的杆件去模糊内外界限，让内外空间通透而有序，营造出休闲空间的自由氛围。屋架部分由木方相互穿插、斜向连接形成方形的单体并组合为交错的单元。亭子顶部采用3.5cm的方木，而底部支撑采用5cm的方木。五品木方由七根横梁穿过形成顶部结构，九根支柱落下，木结构如树木般向上生长繁盛。玻璃采用半透明5mm厚的阳光玻璃板，颜色取用淡绿、淡蓝、淡紫或白色四种环保色，以颜色梯度排列，形成了微妙的空间色彩变化，四片交错相接，单体两两相对的淡彩有机玻璃置于木构架中。

搭建过程中，为了保证支撑五品屋架的七根横木顺利穿插，这些横木的规格必须统一，令我印象最深刻的建造环节便是整个亭子的翻转。因为前期为了方便穿插七根横木，整个屋架和七根支柱都是倒置在地面上的，所以需要把整个木构亭翻转过来支撑。所有同学齐上手，先将整个木构架抬高，然后往一侧倾斜，倾斜到一定程度后将柱子抬起。由于木结构有良好的韧性，所以靠近边缘且受到瞬间冲击荷载的支柱只是发生了暂时性的形变，并未折断。

“折光穿梁”的成功搭建，让我们知道了书本知识与实际应用的结合有多么重要，另外，时间调配和工程管理也是搭建成功必不可少的要素。

教师评价

总体上组构合理。借用古建筑中木方做屋架的用途，同时加以演化，进行简化抽象。在每一个方形单元的内部还加上了彩色玻璃板，使得原有单一材质中出现了特别的色彩。玻璃板较为轻薄，采用细小的金属件进行连接，不影响整体的安装效果，是一次不错的尝试。

建造过程安排较高效。首先构件采用标准化的单元，用木方穿插、斜向连接，设计方形的单元，然后进行交错拼接，便于标准化作业，提高了构件加工速度；斜向的围合不仅节省材料，也可以减轻自重。现场安装速度较快，装配效率高。

构筑物完成效果总体良好，方形的屋架与下方的柱子形成半围合的空间，构件的不断重复呈现出较好的节奏和韵律感，整个构筑物下部透空，人进入内部体验，能同时感受到丰富的视觉效果和光影变化。设计创造性在于借鉴与转化，从古建筑的屋架中捕捉元素，进行提取与转化，运用在作业设计中。

成员：饶帮尉　解　瑶　王　安　杨　凯　李德喜

II 虹桥展厅

设计思路

本次设计仿用汴河虹桥设计，以较短的木梁交叠而成，这种木构杆件体系充分发挥木材自身良好的抗拉压力学属性，解决了“短材”跨越“大空间”的问题。木拱桥具有结构轻盈、制作简单和形式优美等优点，且能在安全、经济、美观中找到平衡点。

方案按计划敲定后，我开始修改SU模型，确保模型精度，在上面将所有的螺栓、工具准备好，其实这也是个完善搭建思路的过程。中途与高老师还有一位结构工程师进行了很长时间的商讨，考虑到了各种建造时可能发生的意外。但是供货商出现了问题，由于木方不够结实，导致中途顶的塌陷，严重影响了我们的进度。搭建之前，大家按数据锯好木方，并与高老师讨论好工具采购清单。我担心出差错，晚上回去又算了几遍，总之工具与材料足够，很感谢学校对我们建造学习的大力支持。

但是此次过程因为中途木材的断裂，展板由悬挂式被迫改为地立式，所以浪费了15m长的钢丝绳。并临时加装了一大批螺栓，一班的同学在搭建过程中出现了一些问题，所以又陆续添设了很多螺栓。高老师提到要注意保证工具及材料的整理，所以建造过程全程安排了两位同学专门保管核对工具，由他们负责记录统筹工具用量。我们将七个木方合为一片，七片木方合为一批。

可以发现，中间有一部分木方是错开的，这可难倒了我们的技术人员。刘同学信誓旦旦地跟我说：“全班，除了你，没人看得懂这张图。”我只好着手于技术讲解，先是培养了核心骨干常同学、刘同学、王同学等，然后一教三，三教九，培养了很多技术骨干，大家中途给我纠正了很多错误。出现变动的是锯木组，当时各个组长提出要自己锯，等锯木组锯完会拖延他们的进度，对于这种积极的想法我果断给予肯定，大家协商了很多技术问题，感到十分了不起，总之建造是个相当有意思的过程。

教师评价

总体上组构较为合理。用木材解决空间大跨度问题，其实这具有很大的挑战，因为受限于木料本身的抗拉性弱等特点，引入了钢筋作为支撑材料，进行再次加固整体结构。木方做拱形空间的难点在于中心拱顶的强度问题，需要更为精准的设计和计算。

建造过程较为高效，从人员安排、材料控制到分组建造，虽然因为材料的质量问题出现不少困难，但可以通过其他方式有效地解决，也体现了集体的力量。

构筑物整体完成效果较好，上部有拱形的顶进行围合，下部又有实用性的展板，可供学生作业展览评图。既有形式的表达，又有实际的功能。

创造性思维主要体现在，运用了相似联想提炼了设计的最初意向，更为精细全面地考虑问题，提供多向思维解决一个问题。

方案设计：杨东东

成员：建筑学专业2020级2班全体同学

III 伞形展厅

设计思路

此次展厅设计的出发点是基于对评图过程的一些思考。参与过数次评图后，我们对于评图已经有了一定的理解，在理解的同时也发现了一些需要解决的问题，以及需要纠正的缺点：①多套图纸并排张贴，冥冥之中会产生一种对比与竞争感，这种心理层面的对比会在潜意识中对评图的成绩造成一定的影响；②个人评图结束后，大家会互相借鉴图纸设计，在空间中的行走就产生了复杂且容易交叉的流线；③模型倘若一直摆在地上，只有鸟瞰角度，或是拿个凳子架高或是拿到老师面前，都是比较费时费力的。

解决方法有三个：①拉大展板之间的距离，减少通道的宽度，避免距离图纸过远形成对比，尽量避免对成绩评定的干扰；②宽敞的空间令流线更加通畅，避免人流交叉，迎面无处躲避等可能出现的情况；③将模型抬高一定高度，并且将底部留有便于拿起模型的空隙，无论是看模型的角度，还是拿起模型都更加方便，也减少模型受损的可能。

结合以上解决方法，设计了伞形单元来组织该展厅，将三种需求糅合在一起，倒三角的形式也能引导使用者的视线，且能给讲解与答辩的学生有一定安全感的空间氛围。

制作过程中首先统计耗材，做材料用量的估算，简化工作流程，将分散杂乱的工作步骤排序整合，变成单一任务，以减少工作的复杂度。人员分组时，以参与制作者不同的行为习惯与做事态度为依据进行分组。比较细心的同学负责前期材料准备和模型部分。相互之间有所配合与默契的同学负责构筑物搭建部分（根据单元的大小和组件数量来分配人数），从而在效率和进度上达到一定的平衡，避免影响到后续的设计课内容。

感谢老师给我机会和同学们倾力配合，使我顺利地完成了任务。个人觉得在材料统计上，应将两个班级的材料统计多核对几次；在人员分配上也存在不合理，过于注重效率而忽略了部分人的体验感。总而言之，我从本次建造任务中学到了很多，也会在日后的工作经历中注意这些以往容易忽略的问题。

教师评价

总体上组构较为合理。用木材进行空间网格状的搭接，比较符合杆件的特点，仅有杆件内力和轴力，不受剪力的作用。构件节点采用角码和金属钉进行连接，受力良好。既有空间高度上的形象特征，同时也有设计功能可供评图时使用。

建造过程较为合理，先完成一个单元的建造，再进行重复制作。虽然上部的体积较大，但下部的自重更大，使得整体模型的稳定性较好，运用的基本上是杆件的穿插连接，比较符合杆件的特点。

总体完成效果很好，而且实用性很强，伞状的顶使得相邻的几个伞面共同构成了更大的顶，空间的围合性也较强。

创造性思维体现在问题导向设计成果上。采用逆向思维，从解决问题出发进行新的设计，克服了思维定式。从反面想问题，得出了一些创新性的设想。

方案设计：贾彤硕

成员：建筑学专业2020级1班全体同学

6. 自然构件组构

1）任务书

学习目标

自然构件组构延续二年级“建筑设计”主题，聚焦乡村人居环境提升。课题引导学生在乡村和自然环境中，就地取材实施自主建造。学习需达成的基础知识目标、应用能力目标、创新思维目标包括以下内容。

（1）理解块材、杆式、板式、塑性、索型等如石头、竹竿、门板、泥土、麻绳等非标准化构件的材料特性、受力特点、加工方式、连接方式、公差协调等知识要点。

（2）掌握并运用所学材料知识、构造知识和建造原理进行方案设计与建造的结构组构应用能力。

（3）理解自然建造与乡村环境、社区居民之间建立的在地性和社会价值。

（4）激发对材料、构件、场地三者相互制约、互为支撑的系统性思考和创造性设计思维。

任务内容

学生以1～2人为一组，选择一处需要进行改善提升的乡村或自然场地，如村落、乡道、田野、河畔、草原、山林等。深入考察场地的特质、需求和物质，收集附近1km内适宜建造的材料，为场地构思设计一个构筑物或环境小品，可以是座椅、矮墙、凉亭、公告墙、标识物等。可选用材料包括但不限于石头、废砖、土坯、乔木、小径木、竹竿、废钢条、藤条、门板、窗扇、布艺、泥土、麻绳等。

任务目标：

（1）合理选择场地，分析场地需求和场所精神，记录各类物质要素。

（2）灵活运用自然材料和废旧材料，通过恰当工艺和设计语言，建造环境小品。

（3）环境构筑物能够被理解为特定场地“土生土长”的有机组成部分，体现其在地性。

（4）构筑物具有美化环境、促进交流活动等价值，也可进一步扩大影响，激活所在区域的受关注度和活动频度。

作业成果：

- 1：10手工模型（过程阶段）
- 1：1 节点大样（过程阶段）
- 1：1 实体构筑物（最终成果）
- A1展板1张（PDF文件不大于30MB）

评价标准

评价标准与学习目标相对应（表5-6），主要评估各项目标的达成度。

（1）基础知识与学习情况（30分），手工模型、节点大样作为阶段性成果进行评价。评分项包括材料特性、连接方式、结构组构等。

（2）应用能力（60分），通过最终实体构筑物、A1展板作为最终成果进行评价。评分项包括构件设计，节点设计，结构组构设计，材料、构件、场地体现的在地性。

（3）创造性与系统性思维（10分），依据最终实体构筑物、A1展板中体现的社会价值，对构筑物、场地、活动协调系统性进行综合评价。

表5-6　评价标准

目标项	分数/总分	主要指标	成果形式
基础知识与学习情况	30/100	材料特性 连接方式 结构组构	1:10手工模型 1:1节点大样
应用能力	60/100	构件设计 节点设计 结构组构设计 材料、构件、场地体现的在地性	实体构筑物 A1展板
创造性与系统性思维	10/100	构筑物的社会价值 构筑物、场地、活动协调系统性	实体构筑物 A1展板

2）设计方法

基础知识

自然材料是指材料产自天然，未经人手深度加工的材料，自然界本身有未经加工或基本不加工就可直接进行使用的材料。有天然的金属、有机材料、木材、竹材、草等，也有来自动物界的皮革；天然无机材料有大理石、花岗岩、黏土等。

回收材料是指经过工业化加工成型且使用后，再次进行使用的材料，主要包括废纸、塑料、玻璃、金属和纺织物五大类生活垃圾。

材料特征：自然材料具有强烈的个性特征，材料的性能各不相同，具有强烈的地域性，表现在不同地区的差异性。例如南方的竹子、不同地区出产的石材等都在材料特性上有比较明显的不同。

回收材料是适宜回收循环使用和资源利用的废物。回收的目的主要指增加材料利用的总体寿命，降低资源有限的压力。回收材料主要根据回收材料的形状，是否存在使用功能等决定其是否可以进行二次利用。

构件成型：不同的材料受力特性不同，例如瓦楞纸板用于制作临时构筑物时，多被加工成长条状、平板、曲面板、U形板、方筒和圆筒等，在二维平面方向上可以做得很大，但在空间跨度上受限较多。例如杆件可以用在高度较高的造型和空间结构，但是其杆件受压和受剪相对较弱。制作时需要考虑材料的特点设计造型。

制作过程：对于自然材料，首先进行收集，对材料的数量和品质有一定的计算与控制。其次对于不同的材料进行初步处理，特别是回收材料，进行等级的分类与表面处理。因为自然材料的不确定性，可能会根据材料调整部分设计，以便更好地表达最初的设想。最后依据材料特性和设计思路进行建造。

空间构成：自然材料也可以像标准化构件一样在平面上进行延展，例如织物类、块材类可以组成一个构件，在平面、立面上进行不断拼接，扩展形成二维空间。或者材料本身具有很好的空间延展性，在空间上进行重复，如网架结构、桁架结构，每一个杆件加上其连接节点形成新的单元，形成整体的空间结构。

案例分析

合成材料：织物、布料等材料可以通过周边框架的合理安排，相互配合，表现出颜色以及形式上的变化，通常具有较强的遮蔽性，可能是顶面，也可能是侧墙面。织物或布料围合后具有很强的轻盈感，创造出另类空间。

自然材料：自然材料指直接从自然界取材的，如石材、竹木等材质，保留本身的颜色、质地，采用日常生活中常用的连接方式，而非工业化、零件化的连接方式，从自然中取材，最终运用于自然，融于自然，同周边的景色、建筑等相辅相成，如花架、遮蔽的廊子等，让构筑物不仅成为点缀，最好加入实际的使用功能。

回收材料：纸类、瓶子回收后进行设计并再次使用，可以创造出很多意想不到的空间或效果。处理好回收物清洁和卫生问题，从回收材质本身的性质出发，选择合适的连接方式，也可以进行空间的限定。材料回收后可能会有破损或强度减弱，在设计之初考虑到这部分材料的合理运用，可以成为差异化的表现形式。

操作方法

基本思路：本题目是面向美丽乡村建设的自然建造练习。场地调研解读和居民诉求访谈是确定设计任务的前置条件。自然构件的特征是尺寸的非标准化和材性不确定性，同时也是设计和建造的难点。学生在前期对杆件、板片、块材、塑性、索形等工业化标准化构件已有一定学习，了解各类构件的基本组合方式。

自然建造练习基本遵循“微观材料特性—中观构件单元—宏观组成结构”的建构层级和实施方法。设计和实验过程需特别关注结构材料、填充材料、表面材料的区别和整合。进一步提升成果价值，须着重思考和回应场所的精神性和日常性（图5-6）。

实施步骤

调研构思：理解任务书中的要求，选择一处较熟悉的乡村或自然场地，进行实地踏勘、调研。

记录：通过徒手绘制、拼贴等方式表现场地的总体特质和广泛分布的物体特征；通过对当地居民访谈等形式，了解实际使用或环境改善的诉求。

设计：依据居民诉求和场地调研，选择一个具体实施场地，进行概念构思，设计应运用场地1km范围内可收集的材料。

节点设计：用收集到的自然构件制作多个不同类型节点形式，进行多样组合实验。考虑初始自然材料构件的利用效率、优化节点传力效率、验证节点强度，提高建造效率。

装配建造：提前1周收集材料和构件，准备连接件和工具。在8h内完成装配建造。

使用：评价和展览完成后，观察后续使用情况。

上述所有步骤，应全程拍照、摄像记录。

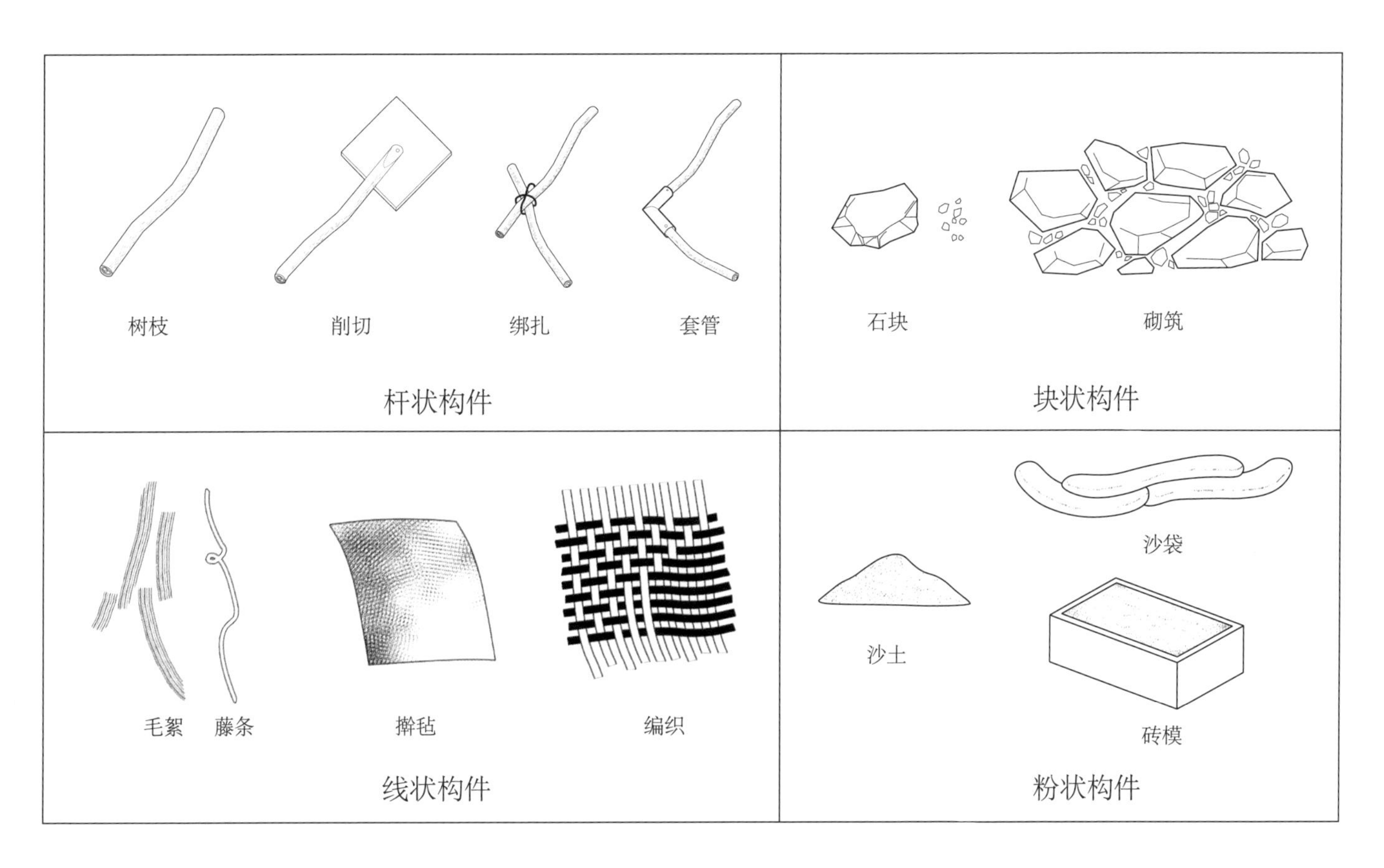

图5-6 自然构件建造方法示意
来源：作者自绘

自然构件组构优秀作业展示

I 冠云亭

设计思路

此构筑物建造选址于河南乡村一胡同出口东侧，位于三岔路口的街角，周围是红墙黛瓦的四合院，此场地为村民数年来茶余饭后聚集的场所。过去道路两侧种植一排郁郁葱葱的杨树，但近年村委会为消除春日杨絮带来的种种危害，组织村民将其尽数砍除，由于此后村民未在道路两侧栽种其他树木，导致此处中午时分无阴凉处可待。为了活跃邻里气氛，增加村民日常交流，遂计划于此处搭建一凉亭。

建造凉亭是为村民提供一处遮阴休憩的场所，为保证凉亭结构的稳固，选择使用韧性较强的竹子来搭建其主要框架，顶部则使用较轻的棉布料覆盖用以遮阳。遮阳所用布料经设计以接近船帆的形式呈现，通过对布料的扎染加工，使其在经阳光照射时于顶部呈现出蓝天白云的意象，微风拂过，布料随风飘摇，似白云于头顶拂过，故为此作品命名冠云亭。设计理念关键词：船帆、律动、遮阳、传统工艺扎染、阳光照射、蓝天、白云缥缈。

建造准备过程主要包括布艺处理、竹艺处理、场地处理三部分。布艺处理主要包括对原浆布料脱浆、漂白、裁切、捆扎、染色、缝合等步骤，竹艺处理则主要包括砍伐、去枝、画线、裁切等，对场地处理主要为清理、放线、定桩位、挖孔。亭子的主体搭建使用的主要材料为裁切好的竹子与扎染加工后的棉布料，使用的主要工具为人字梯、铁丝、老虎钳、水平仪、针线等。

竹子使用共计37根，亭子结构的6根柱使用直径60mm、长3000mm的竹子（其中埋入地下部分约700mm），亭子顶部使用7根长2850mm、16根长3000mm、8根长5200mm，共计31根直径约为30mm的竹子。竹子与竹子的连接节点处通过铁丝打孔固定。棉布使用共计16m^2，使用5条宽900mm、长2800mm的棉布，1条宽1200mm、长2800mm的棉布缝合为一整张。

建造成本共计约25元。其中竹子免费砍伐，棉布料由长辈赞助，其余花费包括靛蓝染料20元、铁丝3元、螺栓若干约2元。

教师点评

总体上组构合理。材料的获得比较方便，在连接节点上也采用常用的连接方式，用铁丝捆绑竹子，用针线进行扎染布的连接。

建造过程中除了基本的搭建，还将当地的扎染技术运用到作业中，发扬了传统手工艺。值得肯定的是自己用棉布扎染，也符合了整体的设计理念，蓝天、白云、帆动等。

总体完成效果很好，外观上受力也较为合理，竹子搭建的结构辅以随风而动的布帆，虽然简单，但是满足了最初的设想——亭子，让人们可以有遮阴的休闲空间。创造性在于设计植根文化，最终又以新的方式回归于生活。

成员：郜雷雨

II 树下石椅

设计过程

设计内容是使用自然材料徒手制作适合环境的构筑物、环境小品。我家在内蒙古通辽市扎鲁特旗，因为家在农村，说到自然材料，我第一想到的就是石头，而且在家门附近的石头墙被水冲垮了，刚好有石头可以使用，所以想在自家的李子树下建造石头座椅，并且在周围留出洞口放置花盆，花和绿树互相衬托，之后再把石头上面和转角处用红砖和泥土砌筑，这样石椅就变得有趣味了。后期为了体现乡村气息，还加入木柱子、废旧轮胎。

先用卷尺量出基底尺寸，画出基底，并沿画出的轮廓内侧用砖和泥土砌筑三至四层，再往中间垒石头，大块比较整齐的石头放在外层，小块石头填充缝隙，找不到合适的用锤子修。砌到与砖差不多高再砌筑砖，如此重复。等砌筑到座椅的高度，留出座位宽度，后面用砖砌筑成条状，用木条做梁封顶。左边是砖砌台阶，右边用废旧轮胎、铁丝固定在砖砌长条上，中间用长木柱做攀爬植物的架子，最后用水清洗石头与砖表面的泥土。

石头的搭建需要耐心，因为石头的形状大小不一，形态各异，用锤子修理也很不容易，很费力气。用料大部分是石头，少部分是砖，还有一点木料和旧轮胎，基本采用自然材料，完美打造乡土气息，基本无造价，夏天可以坐在这里乘凉、聊家常、喝茶水。砖的砌筑也不简单，特别是上面放花的地方，砖是竖向排上去的，中间泥土控制不好很容易造成砌筑倾斜。这个设计的关键在于砖与石头的混合搭建，砖使整体看起来方正、规整，石头则表现自然。一开始的计划是砌筑更高一点的砖，但高度受树限制，如果在更高点的树下，其效果应该会更好。

教师点评

总体上组构较为合理。砖和石材的搭配虽然在日常生活中较为少见，但是本次作业效果良好。将石头承重放在下面，为了保持效果的完整性，用砖砌筑外形，形成一个整体。石材采用原始的垒砌方式，砖材用当地常用的泥土作为连接。

建造过程比较合理，石材的处理难度较大，依然想出来大块放下层，用小石材填充内部的空隙，使得石材部分能够满铺受力承重。砖的砌筑让整体更为规整、有序。

总体效果比较好，很好地融入环境，不仅考虑了材料从当地取用，也考虑了结合树的形态以及放花盆的位置，使得原有的座椅靠背出现了装饰性变化，与环境结合得比较紧密。

创造性思维将设计与生活结合起来，设计来源于生活，又重返生活。

成员：李远鹏

III 野外之家

设计过程

我想在自己家乡给放牛的人构建一个能休息、避暑、遮阴以及避雨的地方，让他们在工作之余免受极端气候带来的影响。谈及内蒙古，很多人首先会想到蒙古包，白色的蒙古包坐落在大草原上，周围围绕着牛羊，相信这是很多人想象中的草原，其实在民间有很多种方式做成遮风挡雨的构筑物，不仅局限于我们所知的蒙古包。拱结构自古以来就被广泛用于我们的生活：桥梁、屋顶或其他构筑物，它的构造简单，跨越空间大，优秀的耐久性以及美观的外表，使其经过多年仍被运用于我们日常生活中。

主要材料：①柳条（蒙语名为查干布尔嘎苏），柳树生长在有沙土的地方，每年修砍，让它生长更茂盛。它的韧性很强，是用来绑东西以及编织的好材料。②木材，柳树枝在构筑物中用于支撑柱子和桁架，把木材的树皮去掉，光秃秃的树干可防止在土里快速腐朽。③竹条，具有刚性和弹性，容易弯曲，易于做曲面。

节点处理：①矮棍与地面之间的连接，在插入地面的矮棍下方约0.35m的位置埋入柳枝树皮起到防腐作用，在前后两处各埋5条，共计10条柳枝。②柳条与柳条之间的编织，把粗柳条每3条一组插在土里形成一排编织架，然后用细柳条在排架上编织。③柳条与竹条之间衔接，使用细的柳条来捆绑。④竹条与地面的衔接，由于竹条是细长的无法与地面衔接，所以借助矮棍的支撑和地面连接，矮棍和竹条一起埋进土里。

制作过程：首先立柱子，然后在柱子上边加横梁（直径4～6cm木材）成为主架。其次把编织好的材料架在主架上，然后用柳条捆绑固定。竹条部分依次架过横梁，同时在地面部位添加矮木固定底部。再次用柳条捆绑矮木和竹条。最后使用长柳条把拱状的立面开口封住一边，另一边留一扇门的空间，防止野生动物闯入。此建筑物高度2m，长度2.5m，宽度1.8m。

最终成果：在自然界有很多种材料可以被我们利用，这就像是自然对人类的馈赠，在如今钢筋水泥的“巨兽”中，鲜有自然的绿色相伴。人们不应该脱离自然，建筑也是如此，我希望人们的行为与自然相互交融，你中有我，我中有你，实现绿色建筑，人与自然和谐相处。

教师点评

总体上组构较为合理，充分运用了各类材料的显著特征进行建造。运用了柳树枝做骨架，用竹条的易弯曲性做曲面，用柳条的柔软及韧性进行编制做覆盖。建造过程较为合理，先立柱，再用横梁进行结构的加固，最后用覆盖材料当顶面。既有围合性，又能进行遮蔽，节点采用当地材料进行绑扎，整体结构合理。

总体效果很好，从造型来讲，比较接近当地建筑物，拱形顶的提取以及侧墙竹条与木材的绑扎均来源于本地建筑物的建造手法。创造性体现在对当地本土建筑的演绎与转化，同时材料和建造手法都比较环保，值得发扬。

成员：旭光

IV　林间

设计过程

在进行在地建造的过程中，我们首先需要对场地做出选择。考虑到可实施性、便捷性等诸多因素，我注意到了乡村道路上常见的绿化树林。它们间隔相同，排列紧密，挺直修长，呈网格状分布。这些树木为美化路容，减少噪声，创造凉爽、舒适的气候环境做出了很大贡献。而我不由得思考，如此常见的行道树还能够在哪些方面发挥更大的价值呢？我最终选择了一片树林，它的西侧与北侧是居民房以及街道，东侧为原生树林，南侧为道路，同时该处也是村子的出口之一，经常有村民从南侧通过进行农耕。因此，我选择在这里制作一处景观装置，为疲乏的村民提供一片可以休息的场所。

树林中绿浪滚滚，我希望加入一些横向的限定因素与高大树木形成一种强烈的对比，营造一种飘逸浮动的感受，丝滑的布料是我的第一选择，可是考虑到其材质的不可控性以及节点过于简单，我将限定结构换成了木条。飘逸浮动的感受如何实现呢？夏日的云朵以及鸟儿振翅的形态给了我灵感，我希望借用木条的起伏翘角模拟鸟儿振翅欲飞的姿态，通过连续的高低起伏的木条，形成一种波动飘逸的感觉。

理想状态下，我想在结构木条上方同样以木条搭接进行顶部空间的遮蔽，白色木条形成一朵绿浪中浮动的白云。但是，由于材料数量的限制，该设想无法实现，于是我最终选择了利用柔软易得的麻绳。只保留结构木条，上方遮蔽材料选择麻绳进行一圈圈的缠绕。确定了材料以及形式，就需要寻找建构方法。最后我通过学习了解到了一种木匠平时用来绑扎木棍的方法——木匠扣，也称套结，这种方法可以很好地固定十字交叉的木棍，同时再辅以少量的铁钉，即可完成建构。

该构筑物建成后，我同时整理场地道路，使其变成一个村民们的休憩空间，增加了他们户外交流的舒适度，特别是为那些农忙时节农耕的人提供了歇息的场所。整个建造过程中，我也遇到了很多使用电子模型建造所想象不到的问题，对于“在地建造”这一教学环节，我想设计不仅需要结合场地，更需要脚踏实地动手干，坐在计算机前永远掌握不了设计的真谛，只有投身广阔天地进行实际建造，才能够提升设计能力。

教师点评

总体上组构较为合理。外围的框架采用木条进行搭建，内部用麻绳进行织网形成相对遮蔽的空间。杆件与杆件通过绑扎套结，也通过部分铁钉进行结构的加固。

建造过程比较合理，首先进行材料的选定，然后进行结构构件，即木杆的连接，最后进行麻绳的编织，以及屋顶的覆盖建造。

总体效果较好，在树林中限定一片可供休憩的场所，给予其实际功能。材料的选用接近自然，同时建造在树林中，环境融合较好。

创造性的设计思维有不断试错，尝试新的解决办法，变换更经济、可操作且能达到相同效果的材料进行搭建，运用了转换思维的方式解决问题。

成员：王佳琪

V 张拉

设计过程

我创造的艺术装置采用了张拉结构，是一件利用槽钢和钢索构建而成的艺术品。在这种结构中，槽钢提供了张力，而钢索则提供了拉力，共同构成了整个装置的稳定结构。

在创作过程中，我不断地尝试和创新，希望能够创造出一件既具有艺术价值，又具有实用性的装置。因此，在设计和制作的过程中，我考虑了许多因素，如稳定性、美观度和实用性等。首先，在设计阶段，我进行了大量的计算和尝试。我需要精确计算每个零部件的尺寸和位置，以确保装置的整体稳定性和美观度。同时，我也需要考虑到装置的实用性，以确保其能够实现预期的功能。接着，在制作的过程中，我和我的伙伴需要运用多种工具和设备，如手动弯管机、虎口钳等，来加工槽钢和钢索。这个过程需要我们具备一定的技术和耐心，以确保每个零部件的精准度和质量，为此我和队友寻求了一些汽修工人的帮助。

在装置的搭建过程中，我们也遇到了许多挑战。由于槽钢非常重，我们需要使用一些特殊的工具和设备来搭建整个装置。我们尝试了很多连接方式，历经了许多失败才成功搭建。最后，我们采用了一些彩带扎结的方式，形成了双线性曲面的效果，使得整个装置更加美观和稳定。

通过创作这个装置，我和我的伙伴不仅提升了创造力和技术能力，也积累了许多经验。这个装置不仅具有艺术价值，同时也是我们创造美好事物的过程中所积累的经验和智慧的体现。我相信，在未来的创作过程中，我们会更加努力，创造出更加出色的作品。

教师点评

总体上组构比较合理。槽钢和钢索通过彼此之间的张拉实现整体结构的稳定，钢材和钢索通过打孔、穿孔连接。槽钢本身通过互相支撑搭接，形成较为稳定的结构。

建造过程比较合理，先搭建槽钢和钢索拉结，整体结构稳定后再进行红色线绳的配合与装饰。槽钢自重较大，所以在槽钢与钢索之间的力度先拉满，经过精确的计算后再搭建，同时在细小零部件的精度和质量上进行了多次有益的尝试。

总体效果比较理想，艺术效果性表达得比较充分，但是在空间实用性方面相对表达不足。

创造性体现在将工业制品生活化，槽钢本身运用在大型建筑中较多，在构筑物中使用也是有意思的尝试。

成员：牟维

VI 瓶舍

设计过程

本次设计要求学生以1～3人为一组，深入观察一处场地，如乡村、近郊、水岸公园等，通过徒手绘制、拼贴等方式表现场地总体的特质和其中广泛分布物体的特征。收集附近1km内适宜建造的材料，为场地构思设计一个构筑物或环境小品，依据小组人数考虑其大小，可以是座椅、标识物、矮墙、构架、凉亭等。完成作品应通过材料、工艺和设计语言等方式紧密锚固于特定场地，具有美化环境、促进交流活动等价值，可以考虑后续进一步扩大影响，激活所在区域的受关注度和活动频度。

因为本次作业是一人建造，能力有限，所以设计得比较简单，但其实这个设计的实用性很强。我在没材料、没人力、没场地的三没设计的情况下，本着经济实惠且可实施性的态度，设计了一个塑料瓶凉亭。建造用了一天，但实际还有前期的准备工作，这才是最费时间的。我在清晨与老大爷争时间捡水瓶，晚上还要受到别人的白眼，与其说建造过程，不如说是寻求材料的过程，在我的不懈努力下，我用十几天时间收集了大小200多个塑料瓶，所以我的建造成本非常低，还能体验一回捡垃圾的生活。建造过程很简单，就是挂线和挂瓶，搬花盆，用洗衣液洗瓶子，晒瓶子……挺有意思的吧。搭建后亭子的使用效果很好，很凉爽，双排塑料瓶中空，有效起到了降温效果。我在这个暑假还是很赚的，凉亭设计制作简便，但材料收集较为不易，需要跑很多地方去收集。

材料包括塑料瓶200多个、工程线、绳索等，报价预算在20元以内，搭建用时一天半。

教师点评

总体上组构比较合理。塑料瓶瓶身有一定的支撑力，在瓶口和瓶底用线绳串连起来，底部的瓶子装水后增加了整体结构的稳定性，顶部的瓶子仅起遮蔽和装饰作用即可。

建造过程比较合理，首先收集废弃材料，然后进行材料处理，搭建过程中，先在地面进行连接，然后再进行空间上的连接，总体完成度较高，同时建造过程中只用了两种构建连接方式，便于高效地完成建造。总体完成后，形成了比较明显的韵律感，当不同高度的瓶子装水后，阳光射来，可以产生不同的光影效果，有很好的观赏性。

创造性思维体现在用简单的材料搭建出较大的纳凉空间，将复杂的问题简单化。

成员：杨东东

VII 陋室

设计过程

选择一处需要进行改善或提升的乡村或自然场地，如乡道、田野、河畔等，收集附近适宜建造的自然材料或废旧材料，为该场地构思设计一个构筑物或环境小品。构筑物具有美化环境、促进交流活动等价值，同时也可进一步扩大影响，激活所在区域的受关注度和活动频度。

拿到这个任务书，寻常人的第一想法应该是寻找场地，但是我们反其道而行，先寻找材料，因为我们认为先找到适合搭建构筑物的材料，才能知道我们要搭建什么，然后再去给该构筑物寻找合适的“落脚地”。

调研时在该村附近我们收集到若干废弃原木木材，我的第一想法就是将这些木材作为构筑物的承重结构，一个凉亭“映入眼帘”，那么接下来就是寻找合适的材料做顶棚，在不远处的垃圾站我们收集了一些废弃凉席。

寻找场地时该村一处烧烤点院落成为我们的重点调研对象，该院落东南角有一处旱厕，其入口处有三棵杏树，因此我们打算改善旱厕与入口的关系。

三棵树的点位刚好形成一个高低错落的三角形，因此将具有稳定性的三角形作为构筑物的元素，将捡来的木材横向搭在树枝分叉处，再将木材竖向连接，所有的接口处用麻绳捆绑，麻绳呈天然木色，与木材很好地融合在一起，最终呈现中间高两边低的灰空间，再将废弃竹席高低错落地搭在顶部，顶部呈波浪形，与凉厅配合恰到好处，给人清凉舒适的感觉。将院落与旱厕很好地过渡衔接。木质材料防腐措施采用保鲜膜配合干燥剂的包裹方式。最后设置洗手盆与凳子，给予了空间利用感和价值，方便烧烤点顾客如厕结束后洗手清洁。

本次设计场地位于东乌素图村内一烧烤点的主入口处，主入口北侧临一旱厕，为改善旱厕与入口关系、排队如厕、厕后清洁等问题，为入口与旱厕接壤处以木棍与废弃竹席限定出一个灰空间，将木材和周围环境里的树木用麻绳捆绑的方式连接起来，与环境巧妙结合的同时也将环境里的树利用了起来。此次设计很好地限定了如厕路线，设置洗手盆与凳子的配合给予了空间利用感和价值，得到了村民和游客的赞美和认可，成果展示后可以不用拆除而保留下来。空间虽简单，但却大大改善了环境，正如那句“斯是陋室，惟吾德馨”，我们认为虽然构筑物很简陋，但是却合我们的心意。

教师点评

方案巧妙利用原有场地中三棵矮树，结合新加入三根废弃圆木形成稳定结构。所限定的空间尺度恰当，为其背后旱厕延伸出适宜的过渡空间。构件的连接方式、节点防腐处理等体现出学生对建造原理和耐久性的关注。成果总体呈现出建筑设计与建造原理较高的结合度。作为一次低年级课程作业，能够得到烧烤点业主、游客的广泛认可并得以保留，是对学生极大的鼓励。

成员：张梦婕　李文静
陈　鑫　武浩麟

VIII 绿光谷

设计过程

首先我们将构筑物的建造地点定在村庄中间树林里的泉眼位，旁边是一条小溪，雨水季节会有水流，适合亲人朋友在此歇息聊天。我们利用两棵大树，一根树桩，形成一个三角形的框架。在整体框架搭建好后，再根据设计的模型和思路估计大概需要的材料。接下来就是材料的收集，我们从村子里收集各种有用的材料，找到不同大小的木桩和树枝、一张铁网、一块木板。

在建造过程中由于材料的限制，我们因地制宜并对原有的建造设计和材料进行了改造。下面就是建造的详细过程。先在两棵大树中间横着放上一个木桩，木桩搭在树干上再用绳索固定，再把木棍切成座椅大小的长度，将木棍单排绑在一起形成秋千的座椅，将座椅的两边用绳子挂到上面的横梁上形成一个秋千，秋千承重的能力很好，可轻松承载一个成年人和一个小孩子的重量。为了固定好三角支柱中的大木桩，横着放了一个木桩，并将大木桩和大树固定起来，以防止扭动不牢固等问题，横放的木桩和秋千上的木桩高度一致。横放的木桩下面放了收集到的铁网，将铁网的两端用绳子固定在旁边的树上，再收集一些树枝串在铁网上，起到围合空间的作用，也起到遮阳避风的效果。接下来是制作构筑物的顶部，先比量好尺寸，把三个树枝绑成三角形，形成三角架，中间加了用果树条编织而成的篱笆，上面再铺上一层树叶起到更好的遮阳作用，顶部和横放的两个木桩形成两个三角形，使得构筑物更有层次感。建造中的固定方法都为绳结与藤条的编织。为延伸场地的边界感和增强人在场地的方向感，从旁边的石头堆收集水泥砖与木板，拼造成桌子与板凳。最后美化场地，用收集的石子铺在场地内。

此次搭建的构筑物利用了三角形的稳定性，用三角形元素搭建既牢固又具有空间感和层次感的栖息地，该方案场地环境优美，背靠小溪，绿树遮阴，是个很好的休闲娱乐场地，构筑物的建造源于自然，融于自然。构筑物牢固美观，具有层次感和空间感。

教师点评

方案所用材料取自自然，经过设计梳理呈现出较为清晰的“结构—围护骨架—界面”构件层级，最终成果又融入树林之中。以三角形为主要单元的结构构件具备良好稳定性，巧妙适应了非标准尺寸自然材料存在定位和限位不精确的特点，相较于方形空间单元更节省梁柱构件，也更具有空间透视上的丰富性。斜向木杆以绑扎编织的树枝、树叶作为覆盖，起遮阳避风作用，塑造光影斑驳效果，与周边自然生长的树木具有较好的形态关联。铺地、桌椅、秋千等环境小品增加了空间实用性。

成员：谢铁明　皇甫融
郝宇龙　孟祥瑞

第6章　教学研讨与总结展望

1. 教学研讨

在建筑建造系列教学方案运行5个学期后，师生共同组织了一次较大规模的座谈会，参与讨论的包括主讲教师3名和二三年级学生20名。座谈会围绕学习目标、学习过程、学习成效与成绩评价、教学反思4个内容展开。

1）学习目标

伊若老师：请大家谈一谈，如果不看任务书上的描述，你们认为建筑建造课的学习目标有哪些？

赵同学：我认为在建造中比较重要的是对于材料特质方面的了解。例如，我们用编织手法制作纸板建造，连接的节点处效果会更好一些，但是也产生一个后果——实体搭建时整体受力有问题，到现在也没有想到好的解决方法。

伊若老师：纸质材料其实是可以做成较大空间的，但是这要基于对结构和材料的了解，以及对节点的尝试。

李同学：对于石膏建造，我认为审美也是进行内部空间设计的重要问题。

王同学：我觉得石膏建造对于理解浇筑这个建造手法和理解石膏这一材料性质都很有帮助，但是对于空间的理解就没有那么深刻。

赵同学：对材料操作的部分，收获要更多一点。节点操作学得比较好一点，其余学到的内容就少很多。而且这几个作业材料比较单一，木方占绝大多数，接触的材料种类不多。

伊若老师：看来大家都意识到了材料的特性、操作训练的学习目标。还有其他目标吗？

旭同学：上建造课时快到夏季了，以往夏季我们在乡下经常会做一个临时休息的棚子，每年都做。我和奶奶聊这个建造课作业，正好借这次建造课的机会自己搭建一个为他们提供休息的地方，她非常开心，我觉得很有意义。

部同学：做自然建造这个作业时，第一个想法就是去奶奶家。因为从小对那里比较深刻的印象就是吃饭时会回去，但现在这种机会比较少了，想着奶奶年纪也大了，社交会变少，感觉她会孤单，就做了这个建造。

鹏同学：我家在农村。农村有很多石头墙，所以说到自然材料，我就想到了用石头，正好家里的石头墙有塌陷的部分，就顺势利用了，做了树下石椅。

伊若老师：在自然建造练习里，很多同学注意到建造可以改造环境并提升社会价值。

高老师：另外，几位同学提到了乡村环境里自主建造的启发。作为学建筑的人，走到任何一个地方都需要深入观察，其实这是学习建筑的一种很好的方式，实际上是一个建造意识的培养。有了这种意识，未来可以做更多的拓展与创新。

凯同学：咱们建造课的最终目标是哪个？是侧重方案设计还是建造材料？

伊若老师：你问了一个非常核心的问题。目前预想来看，建造课的目标不是学习设计，否则完全可以把建造教学放在设计课里，按照设计课的目标走，没有必要单独开课。目前我们强调，基础目标是材料和连接，中阶目标是结构和建造，高阶目标是构件—结构—空间—形态，到高阶时才会与设计结合。

2）学习过程

伊若老师：大家感觉建造课布置作业完成起来困难吗？之前的学习积累足够吗？

解同学：我的纸板建造过程还是比较难熬的。在我们拿到新材料之后，由于对材料性质了解较少，马上着手进行设计还是有一定难度的。还有，当时对结构受力不太了解，在搭建实体时采用了很多加固方法才把模型支撑起来。

旭同学：我当时对瓦楞纸板的性质没那么了解，认为它的质地很软，具有易塑性，很方便制作，但是实际上手之后发现完全不一样。

张同学：我们的纸板模型总体上是一个个小单元，通过绑接的方式连接在一起，形成一个类似球状的形体。小模型的制作还是比较成功的，但是最后大模型制作过程中出现了单元之间无法两两互相卡住的情况，最后我们是在瓦楞纸板表面画很多道子，使得其表面有较大摩擦力的条件下才将单元两两互相卡住。出现这个问题的原因和前期的小模型制作有一定关系，因为小模型规模比较小，这个问题影响比较小，并没有获得我的关注，以至于最后在成品制作过程中，这个问题被放大很多倍。

解同学：如果在这些训练开始之前，做一些小实验来帮助我们了解这些材料，可能最终效果会更好一些。另外还有一点是参考案例的提供。

杨同学：我认为难度可以，建议在训练期间再多添加几次小训练。

伊若老师：大家都提到了这一点，以后会增加几个小环节，如材料实验、节点实验、制作实验。

高老师：我想问一下大家关于石膏的操作步骤。因为2020级已经给大家实际演示过，包括之后石膏粉和水已经被很清晰地量化了，为什么2021级同学还会出现后期有半数同学需要重做的情况？你们觉得原因是什么？

李同学：当时两个班是分成两批去做的模型，第一批几乎有一半同学失败了，第二批总体来说比第一批好一些，可能和经验传授有一定关系。很多同学当时制作的水和石膏粉的混合液体量不太够，倒进挤塑板做的反模内只占了其中不到2/3的空间，等再次混合好倒进去已经来不及了。

张同学：制作石膏时，我们是3个人一起浇筑的模型，水和石膏粉的配比就出现了错误，导致最后那个同学的材料不太够，其石膏模型也就没有成形。可能这项训练本来不确定性就很强，加上材料也是一个重要的不可控因素，后来有很多同学第一次石膏建造模型失败了。之后的同学就先用模具装满水，确定水的量，然后再与石膏粉混合，比之前的同学成功率高一些。

解同学：我们（2020级）不知道能不能成功，所以提前买了几袋石膏粉备用。

伊若老师：石膏建造方面需要问问郜同学，他在石膏建造的介绍内容中写得非常清楚，包括其中的一些难点和整体操作步骤的联系，对于我们写教材都能提供很好的参考。

郜同学：之前学校有工地还在施工时，会有多余的水泥，所以我自己就用水泥做了一次模型，发现那个模具特别容易出问题，需要注意的地方比较多。经验主要有两点，一是石膏粉和水的配比，二是模具的制作。在配比方面，老师已经给了很精确的比例，只要按照比例混合就不会出现什么问题；在模具制作方面，很多同学的模具粘得不够牢固，所以向模具倾倒混合液体时会出现模具崩裂、液体流出的情况。可能在这个训练中需要在前期增加一些关于加工模具的详细介绍。

伊若老师：郜同学在介绍中说过，模具切割不能使用刀，需要用线割机进行操作，保证了整体模具的精度，模具的面需要更平滑，才能在黏合的时候拼得更紧密。

郜同学：还有，内部的模具定型后，外部的模具会用胶带进行二次加工加固。因为石膏浇筑进去后，整个模型会很重，模具特别容易散，所以要进行二次的加固。

伊若老师：砖木作业的实施难度好像普遍比较大?

原同学：我认为有必要在成品建造之前做一次试验，加深对材料建造的理解。一年级建造作业的瓦楞纸和石膏，它们的体量都比较小，挽救的可能性会更大，相比而言，砖木和纯木这两个作业，一旦某个节点出错了，整体就有可能完全搭不起来了。

凯同学：砖木作业在设计前期，可以把“材料之间连接方式”挑出来重点讲一下，这样会在后期施工时，更能把自己想要的东西表达出来。

牟同学：预算这方面出现的问题也不好控制。

伊若老师：有时我们所想的节点赶不上现场的变化，最常见的一个变化就是材料的变形。在做小比例模型时，即使用了同种材料，也很难预料到变成2m时的材料对整个的外部有什么影响。

高老师：我觉得在砖和木头这个作业中，老师帮助介入挺多的，还请来了结构工程师帮忙计算。二年级木方作业后来搭建时，龙骨选材有点细了，再加上提供的木方质量不是很好，会出现断裂，后来同学们又临时在上面加了第二层。说明你们已经可以针对结构、材料做一些调整了。

伊若老师：自然材料建造，最大的挑战可能是设计很难做到很准确，因为自然材料的长短、粗细、曲直不一，在实施的时候也有很多不确定的因素。你们的方案是在实地搭建之前就建好模型了吗?

杨同学：当时我就想着怎么把这个作业做完，还做得比较成功。我就想用轮胎做，我最初的想法就是用轮胎做柱子，用塑料瓶做顶。但是轮胎拖回来的可能性较小，后来我就想着用塑料瓶做，开始从垃圾桶里找塑料瓶，花了挺长时间的。

于同学：我们搭建那个临时棚子，以前是每年搭一个，这次希望做一个好一些的，可以用两三年吧。以前的棚子都是两根木头相互斜撑形成三角形剖面，我想做一个拱形的。结构用的是柳木杆，木头可以埋地做基础，有一个防腐的办法是把木头的外皮去掉，这样它们就不会再生长了，这是一种乡下的办法。搭建过程因为时间有限，只做了一部分，我想再继续做下去，搭建一个大一点的，但是缺了一部分材料，当时我在我们家附近发现有些竹材，竹材本身也是有一定的可弯曲性的，于是就用这些竹材做衔接继续进行下去了。找材料编织时用的是细柳条，因为我以前帮忙做过这些，发现细柳条本身非常适合编织。

伊若老师：那你就是想了一个大概的形态，具体的连接方式并没有提前利用软件做出模型或是制作一个小模型，全靠大脑的一些记忆以及之前的一些经验在搭建。如果单纯从理论上设计这样一个棚子，需要融合太多的结构原理、力学原理、材料原理、建造原理，远比不上他们这种在乡村有很长的生活观察和建造经验。

伊若老师：部同学在自然建造作业中按照自己的想法染了布，对布料做了缝纫加工。你在做这些尺寸时是怎么思考的？那几根竹竿是可以设计出来的，但是布料挂上去的效果比较难设计，你是提前画过图吗？或者是在模型中模拟过大概的效果？

部同学：布料垂下来的尺寸是可以按照一定范围来计算的，例如两竿之间的布料大概会垂下来多少。

伊若老师：你是提前估计了一下，最后放上去的效果有按照你设计的样子呈现吗？还是你现场又做的？

部同学：都是设计好的。

伊若老师：在自然材料的使用上，如果你在前期设计好，还要按照这个结果实施，一个是难度大，另一个就是效果不尽如人意，这是一个比较灵活的地方，因为它不太像木方、砖之类的工业化材料。那竹子呢，你是买的还是收集的？

部同学：我是偶然在有个地方看到竹子，本来想用粗的，但实际都很细。

琦同学：我做自然建造作业最开始是选址，农村其实有很多可以建造的地方，选了比较常见的绿化树林，因为树木很笔直细长，有一种秩序感，是一种纵向的空间，我就想在里面塑造一个横向的空间，我觉得我们那里很少有灰空间，缺少这样的交流空间。所以我想做一个给大家夏日休憩的空间，我选的场地是村子的主入口，我认为在那里搭建的使用率比较高。材料的选择和连接方式我觉得比较有难度，连接方式是从网上学到的，叫木匠扣，就是把木棍以垂直的方式连接起来，这个是比较难实现的。

牟同学：我的作业是在一个4S店旁边空地，用了他们搭建厂房剩下不用的槽钢，由会焊接的师傅教我们焊接。槽钢很重，有30～40kg，我们尝试了很多方法才立起来。先在地上把拉索都拉起来，我一开始想用拉绳的结构，但槽钢太重了，没能拉起来，就先把拉索都立起来了，立起来之后槽钢会有一定弯曲，反而能用拉索拉住了。焊接是为了立起来时保证安全，在后期其实没有结构上的作用。红色的线就是装饰作用，是立起来之后穿上去的。在槽钢上有原本穿螺栓用的孔，线就穿在那个孔里。

伊若老师：钢结构和拉索涉及结构知识。力学课知识在建造课里有用吗？

同学们：力学课内容比较抽象，很难跟实际比较复杂的情况进行结合。

伊若老师：高年级建造课应该加强力学和结构原理的融合。对标准材来说是有可能计算的，重点是需要把它抽象成力学原理。

伊若老师：大家对教学内容和课堂组织有什么建议吗？

杨同学：老师可以找人专门做一个小网站，把建造课需要的知识上传，如机器、设备的知识视频等。我有时想造一些异形建筑，不知道学院有没有这个设备，不知道该怎样使用，也不知道管理设备的老师是哪一位。可以做一个网站，让我们自己去查找。在网站上传前几届学生做的优秀案例，让后面的人参考学习。

凯同学：未来，是不是可以去建筑的施工工地看一下，例如浇筑混凝土、搭架子之类的？

郝老师：如果让你真实地在这里建造一个有柱支撑的梁，从钢筋绑扎到混凝土浇筑，放在低年级时有兴趣做吗？会不会觉得太枯燥？

琦同学：我在其他学校见过您说的这种建造梁的作业绑扎，就是按照比例使用实际的材料去搭建，我不觉得枯燥，这还是比较有意思的。

贾同学：我觉得以后可以增加材料的多样性，例如郝老师提到混凝土梁的建造。建筑构造的课程内容是否也能关联在一起？例如构造、排水是不是也有可能会涉及一些。

王同学：那建造课有没有可能和别的课上一个联合课，例如二年级上学期的建筑历史和建造课联合；下学期是建筑构造和建筑课联合；三年级上学期是建筑材料和建造课联合。

琦同学：高年级是不是可以加入对新型建筑建造方式了解的课程？

伊若老师：课程知识融合是一个好的方向，不过需要时间来整合教师团队和协调教学进度。

伊若老师：现在的课程安排你们觉得合理吗？

贾同学：二年级建造课压力相对较小，课程量少，没有一年级时那么紧凑和有逻辑。

赵同学：建造教学周期可以集中一点，放在学期后半段，或者像认知实习一样，用一个整体的时间，集中精力把这个东西做完。

伊若老师：那现在三周的授课方式你觉得怎么样？

赵同学：感觉有些赶，因为现在三周是分散的，中间还要穿插别的课，我们每节课做的东西改动很大，有的来不及改。

琦同学：建筑建造有些赶的原因可能是建造课和设计课交织在一起。

伊若老师：你们建议在一年级将建筑初步和建造并行式地每周都安排一定的学时，延续十几周，还是二年级前面设计课后面接着三周建造课？或者觉得两个都有问题？

琦同学：我觉得两个都有问题。根本的问题在于，建筑建造和建筑初步是断开的，要做两套东西，即使分成两个阶段，最后的三周内也要做设计课。

伊若老师：设计课和建造课在组织上需要协调好。

3）学习成效与成绩评价

伊若老师：我想知道的是，建造课让你们感觉学到了什么知识和能力？

同学们：对于用过的材料基本了解了，不过也只限于低级加工方式，对于没用过的材料还是不太了解。

解同学：建造课让我们学到的，首先是我们手上拿到的材料的性质，固定方式、连接方式是怎样，这是最直观的。其次是一个简单的工程流程意识。我觉得这是一个以小见大的过程。 最后是了解到建造行为本身，例如让我们重新审视了手工能达到的高度，对最平实的手工建造保持一种尊重、敬畏。

杨同学：我觉得最重要的收获是团队协作。建造课上我们可以交流，要解决很多人际问题，包括要买材料、借场地，都要和人打交道，团队协作和交流的能力是我学到的很重要的能力。

贾同学：我觉得尺度感也是一个很重要的方面。我们一入学都用SU建模，一个小小的屏幕里装着几十米的大体量的东西，实际建出来可能也就是5～8m，实地感觉不一样。

高老师：贾同学说的尺度是一个很重要的概念，就是建筑师对于尺度的体验。你能知道真实的3～5m到底什么样？包括材料，建造这么大的空间需要材料是什么样数量级？

伊若老师：建造课中有一个很重要的部分，大家始终没有提到，就是结构。结构合理是建造成功的基础。如果想要提升建造能力，要对材料力学性能、整体结构效率、耐久性、易建性等进行改进。

伊若老师：你们觉得，在完成之后，老师应针对你的作品就所学知识进行评价吗？

杨同学：没有反馈。

伊若老师：之前的课程确实没有太多反馈，这样你们就不知道接下来要怎么做，以后我们会注重反馈。

高老师：相对而言，老师给分数还是比较公正的吧？

伊若老师：你们有没有觉得每次的评分和自己判断相差很大，例如自己或者对其他同学？

张同学：主要是希望在成绩评完之后再讲解一下优秀作品，因为有时真的会对其他同学不太了解。不知道他的设计哪一部分好，我的设计哪一部分好。有时大概知道，但是需要老师给讲解一下，而且我们也需要去分析别人的作品。

伊若老师：就是说，其实你们只得到了一个分数，觉得这个高分的设计可能是真好，但是并不知道具体好在哪里。

张同学：主要是这样讲解过后可以学到更多。可以更加清晰地了解到这个方案的优缺点和我们可以借鉴的地方，大家不用自己去猜。

高老师：这是需要老师来给大家讲解吧？让大家心里更清楚一些。

郝老师：好的。非常感谢各位同学，2020级作业给我的教材提供了特别有意义的参考，为今后我们指导基础教学也提供了很多思路。所以谢谢你们之前的作业，我们都有收入正在编写的教材。

4）教学反思

通过座谈会得到的反馈来看，学生基本理解了建造系列课程的教学目标。但是当自评学习目标的达成度时，学生普遍认为仅局限在少数几种材料的加工操作体验，以及建造流程体验。未来教学应增加多种常见材料，强化材料性质知识和连接方式学习，逐步将材料特性与构件成形加工、结构组构的知识原理进行整合。部分学生表达出对新型建造方式的学习兴趣，目前课程体系中已包含自然建造和数字建造，应于高年级增加工业化建造教学，加强专业能力培养与行业总体发展需求的紧密联系。如若开设工业化建造专题，课程体系尚需增加BIM建筑信息技术和建筑工业化原理两门辅助课程。

建造课程与设计课程在授课进度方面存在较难协调的矛盾。一年级建造课属于实验课，采取与设计课并行授课时，需将教学内容控制在课内时间完成；二年级至四年级建造课更适宜在设计课评图结束后，开设为期1周的实践课，避免两门课内容过度互相干扰。

建造课与建筑设计、建筑材料、建筑结构、建筑构造、建筑物理、建筑历史等课程的交叉融合，是未来教学改革的潜在方向，目前尚存在师资团队和教学组织上的难度。

2. 教学总结与展望

历经三年的教学实践，教研组梳理总结出一套贯穿本科阶段，教学内容层次递进的建筑建造课程体系：一年级新生通过四组制作和搭建实验开始感性认识材料特性、构件类型、连接构造和传力特征；学生在二年级分别运用标准构件和自然材料建造构筑物和环境小品；三年级应用数字技术设计和建造构筑物；四年级学习建筑工业化设计与建造理论技术，完成装配式实验房；五年级毕业设计时，部分学生继续选择装配式设计与建造题目，相关专业能力进一步提升，并在此过程中，逐步有序地纳入结构、构造、材料、物理、数字技术、设备节能等课程知识，将建筑学科专业知识与设计能力相融合。

建造课程开展需要提前考虑气候、场地、安全、经费问题。室外实体建造受气候影响较大，对地处严寒和寒冷地区的院校而言，季节是建造课程内容安排的决定性因素。单个建造场地普遍不大，可考虑在场馆周边灵活分散设置。多数构筑物与地面连接较弱，存在安全隐患。

目前，多数院校已就建造学教学对建筑学专业人才培养的支撑作用形成一定共识，但是课程设置和开展仍受到制约，其中的重要原因是缺乏具有专业知识和实践经验的师资，以及缺少与各课程内容相适应的总结建造理论技术方法和优秀案例的教材。期望随着教学和研究的持续深入，师资和教材的困难将逐步得到解决。

参考文献

[1]　顾大庆. 空间、建构与设计[M]. 北京：中国建筑工业出版社，2011.

[2]　张彧，张嵩，杨靖. 空间中的杆件、板片、盒子：东南大学建筑设计基础教学研讨[J]. 新建筑，2011（4）：53–57.

[3]　丁奔. 密斯・凡・德・罗结构要素的表现[J]. 城市建筑，2021，18（26）：114–116.

[4]　汤凤龙. 流动与匀质之间：巴塞罗那馆之“几何建构”解读[J]. 建筑师. 2009（5）：47–57.

[5]　朗曼，徐亮. 抽象构成与空间形式[M]. 北京：中国建筑工业出版社，2020.

[6]　程大锦. 建筑绘图[M]. 6版. 天津：天津大学出版社，2019.

[7]　普林茨，迈耶保克恩. 建筑思维的草图表达[M]. 赵巍岩，译. 上海：上海人民美术出版社，2005.

[8]　克莱默，顾大庆，吴佳维. 基础设计・设计基础[M]. 北京：中国建筑工业出版社，2020.

[9]　SPIRO A，KLUGEF. How To Begin?[M]. Zurich：Gta publishers，2019.

[10]　史密特. 建筑形式的逻辑概念[M]. 肖毅强，译. 北京：中国建筑工业出版社，2003.

[11]　吴越，陈翔. 建筑设计新编教程1：设计初步[M]. 北京：中国建筑工业出版社，2022.

[12]　埃伯勒，艾舍. 9×9：一种设计方法[M]. 翻译组，译. 南京：东南大学出版社，2022.

后记

从2019年开始，我们尝试对建筑学专业一年级的课程体系进行重新梳理，借助2020版培养方案的修订，对原有课程体系做了较大幅度调整。以内蒙古工业大学建筑馆作为教学背景，以“具身认知”作为教学理念，重构了基础教学阶段核心课程“建筑初步”的课程架构，将设计任务与学生所处教学环境和身体、感觉、经验高度关联，引导学生全面调动自身感官，在真实体验中学习思考建筑空间建构原理与方法。在教学过程中强调学生沉浸体验结合教师理性分析的教学方法，有效形成从身体感知到设计逻辑的知识内化过程。与此同时新增“建筑建造”课程，这门以强调动手实践为主要教学内容的课程对于初学建筑的学生理解设计与建造的关系有着重要的作用。我们还将原有“建筑概论”“建筑制图与阴影透视”等相关课程在教学内容及学时安排上做了相应调整，建立了一套以“建筑初步”为核心课程的基础教学课程体系，通过近几年的教学实践收获了较为满意的教学成果。

本书主要对内蒙古工业大学建筑学专业基础教学阶段近五年的教学实践进行了总结与展示，参与这一阶段教学改革与实践的教师全身心投入教学工作的同时也参与了本书编写工作。其中，马悦老师完成第2章课程训练专题2和第3章知识与技能专题1编写、王婷老师完成第2章课程训练专题3和第3章知识与技能专题2编写，托亚老师完成第2章课程训练专题4和第3章知识与技能专题3编写、郝宇老师完成第5章课程训练专题1-4的编写。特别感谢2004级校友李国保为本书绘制大量精美插图。同时也要感谢在编写本书过程中付出辛勤劳动的建筑学专业2020级同学：解瑶、饶帮尉、王安、张琦、门嘉鑫、赵楠、耿文轩、游曼丽，他们不仅有优秀作业入选本书，也在本书编写过程中不厌其烦地帮助老师进行版式和内容的调整。

本轮教学改革与实践恰逢新冠疫情期间，教学过程在线上、线下不断转换，给教学带来诸多不利影响，但我们仍希望以此为基础继续深入探讨建筑学基础教学改革，为边疆民族地区建筑人才的培养尽绵薄之力。期待建筑教育界同仁给予批评指正！

本书编者：高旭　伊若勒泰

2024年6月